# 装配式建筑技术手册

## （钢结构分册）

### 设计篇

江苏省住房和城乡建设厅
江苏省住房和城乡建设厅科技发展中心　编著

U0285590

中国建筑工业出版社

**图书在版编目（CIP）数据**

装配式建筑技术手册. 钢结构分册. 设计篇／江苏
省住房和城乡建设厅，江苏省住房和城乡建设厅科技发展
中心编著. —北京：中国建筑工业出版社，2022.8
ISBN 978-7-112-27842-8

Ⅰ. ① 装…　Ⅱ. ① 江…　② 江…　Ⅲ. ① 装配式构件－
钢结构－建筑设计－技术手册　Ⅳ. ① TU3-62

中国版本图书馆CIP数据核字（2022）第160386号

责任编辑：张　磊　宋　凯　张智芊　王华月
责任校对：孙　莹

**装配式建筑技术手册（钢结构分册）设计篇**

江 苏 省 住 房 和 城 乡 建 设 厅
江苏省住房和城乡建设厅科技发展中心　编著

\*

中国建筑工业出版社出版、发行（北京海淀三里河路9号）
各地新华书店、建筑书店经销
北京建筑工业印刷厂制版
北京市密东印刷有限公司印刷

\*

开本：787 毫米×1092 毫米　1/16　印张：30¾　字数：635 千字
2023 年 2 月第一版　　2023 年 2 月第一次印刷
定价：**118.00** 元
ISBN 978-7-112-27842-8
（39770）

# 《装配式建筑技术手册（钢结构分册）》
# 编写委员会

主　　任：周　岚　费少云

副 主 任：刘大威　陈　晨

编　　委：蔡雨亭　张跃峰　韦伯军　赵　欣　俞　锋
　　　　　胡　浩

主　　编：刘大威

副 主 编：孙雪梅　舒赣平　曹平周　杨律磊

参编人员：徐以扬　朱文运　庄　玮　韦　笑　丁惠敏

# 审查委员会

岳清瑞　王立军　曾　滨　王玉卿　肖　瑾
黄文胜　汪　凯　杨学林　顾　强

# 设计篇

主要编写人员：舒赣平　张　宏　夏军武　范圣刚　董　军
　　　　　　　孙　逊　赵宏康　沈志明　谈丽华　江　韩
参编人员（按姓氏笔画排列）：
　　　　　　　王海亮　卞光华　朱灿银　庄　玮　宋　敏
　　　　　　　张　萌　张军军　罗　申　罗佳宁　周军红
　　　　　　　周海涛　赵学斐　郭　健　曹　石

# 制作安装篇

主要编写人员：曹平周　陈　韬　杨文侠　厉广永　吴聚龙
参编人员（按姓氏笔画排列）：
　　　　　　　丁惠敏　万家福　王　伟　石承龙　孙国华
　　　　　　　李　乐　李大壮　李国建　宋　敏　张　萌
　　　　　　　陈　龙　陈　江　陈　瑞　陈　磊　陈晓蓉
　　　　　　　周军红　费新华　贺敬轩　顾　超　徐以扬
　　　　　　　徐进贤　徐艳红　高如国　董　凯

# BIM 应用篇

主要编写人员：杨律磊　张　宏　卞光华　谢　超　吴大江
参编人员（按姓氏笔画排列）：
　　　　　　　马少亭　韦　笑　叶红雨　刘　沛　许盈辰
　　　　　　　汪　深　沈　超　宋　敏　罗佳宁　陶星宇
　　　　　　　黑赏罡

# 序

  装配式钢结构建筑具有工业化程度高、建造周期短、自重轻、抗震性能好、材料可循环利用等优点，是典型的绿色环保型建筑，符合我国循环经济和可持续发展的要求。加快推进装配式钢结构建筑的应用与发展，对促进我国城乡建设绿色高质量发展和建筑业转型升级具有重要的推动作用。同时能做到藏钢于民，藏钢于建筑，加强国家对钢铁资源的战略储备，意义十分重大。近年来得益于国家和相关部门推动及经济发展的需求，我国钢结构行业取得了蓬勃发展，市场规模远超世界其他国家，行业发展前景非常广阔。尤其在全球高度重视温室气体排放的背景下，钢结构迎来了更好的发展机会。

  尽管取得了较大的发展成绩，但与世界先进水平相比，我国钢结构行业仍然大而不强，在自主创新能力、资源利用效率、产业结构水平、信息化程度、质量效益等方面还存在差距。装配式钢结构建筑应用和发展过程中，仍然存在一些问题需要进一步解决，如钢结构主体与围护系统的协调变形差、高性能与高效能钢材使用率低、钢结构一次性建造成本较高、从业人员技术水平有待提高等。

  江苏省是建筑业大省，建筑业规模持续位居全国第一，长期以来在推动装配式建筑的政策引导、技术提升、标准完善等方面做了大量基础性工作，取得了显著成效。为推动装配式钢结构建筑应用，江苏省住房和城乡建设厅及厅科技发展中心针对目前推广应用中存在的问题，在总结提炼大量装配式钢结构建筑研发成果与工程实践的基础上，组织编写了《装配式建筑技术手册（钢结构分册）》。全书系统反映了当前多高层装配式钢结构建筑的成熟技术体系、设计方法、构造措施和工艺工法，具有较强的实操性和指导性，可作为装配式钢结构建筑全行业从业人员的工具书，对于相关专业的高校师生也有很好的借鉴、参考和学习价值。相信本书的出版，将对装配式钢结构建筑应用与发展起到积极的促进作用。

中国工程院院士

2023 年 1 月

# 前　言

　　江苏省作为首批国家建筑产业现代化试点省份，自 2014 年以来，通过建立工作机制、完善保障措施、健全技术体系、建立评价体系、强化重点示范、加强质量监管等举措，推动全省装配式建筑高质量发展。装配式建筑的项目数量多、类型丰富。截至 2021 年底，江苏累计新开工装配式建筑面积约 1.249 亿平方米，占当年新建建筑比例从 2015 年 3% 上升至 2021 年的 33.1%。

　　装配式钢结构建筑是装配式建筑的重要组成部分，目前装配式钢结构建筑数量仍相对较少，钢结构住宅技术体系也不够完善。为提升装配式钢结构建筑从业人员技术水平，保障装配式钢结构建筑高质量发展，江苏省住房和城乡建设厅、江苏省住房和城乡建设厅科技发展中心组织编著了《装配式建筑技术手册（钢结构分册）》。手册在总结提炼大量装配式钢结构建筑研发成果与工程创新实践的基础上，从全产业链的角度，分设计篇、制作安装篇、BIM 应用篇进行编写，系统反映了当前多高层装配式钢结构建筑的成熟技术体系、构造措施和工艺工法等，在现行国家标准的基础上细化了相关技术内容。为了引导新一代信息技术与装配式钢结构技术的融合发展，手册围绕结构、外围护、设备管线和内装四大系统，在装配式钢结构全寿命周期系统地提供了 BIM 应用解决方案。手册选取近年来江苏有代表的工程案例汇编成章，编者力争手册具有实操性和指导性，便于技术人员学习和查阅。

　　"设计篇"主要由东南大学、中国矿业大学、南京工业大学、东南大学建筑设计研究有限公司、启迪设计集团股份有限公司、江苏丰彩建筑科技发展有限公司、中衡设计集团股份有限公司、南京长江都市建筑设计股份有限公司、江苏省建筑设计研究院股份有限公司、宝胜系统集成股份有限公司、中建钢构江苏有限公司、中通服咨询设计研究院有限公司编写。

　　"制作安装篇"主要由河海大学、中建钢构江苏有限公司、江苏沪宁钢机股份有限公司、江苏恒久钢构有限公司、中建安装集团有限公司、中亿丰建设集团股份有限公司、宝胜系统集成股份有限公司、江苏丰彩建筑科技发展有限公司、中铁工程装备集团钢结构有限公司、江苏新蓝天钢结构有限公司编写。

　　"BIM 应用篇"主要由中衡设计集团股份有限公司、东南大学、江苏省建筑设计研究院股份有限公司、中亿丰建设集团股份有限公司、中通服咨询设计研究院有限公司编写。

　　本手册以图表、算例、案例等表达形式，提供便于相关专业技术人员查阅的技术资料，引导从业人员在产品思维下，以设计、生产、施工建造等全产业链协同模式，通过技术系统集成，实现装配式建筑技术合理、成本可控、品质优越。

本手册的编写凝聚了所有参编人员和专家的集体智慧，是共同努力的成果。限于时间和水平，手册虽几经修改，疏漏和错误仍在所难免，敬请同行专家和广大读者朋友不吝赐教、斧正批评。

# 目　　录

# 第1章 装配式钢结构建筑集成设计理念与要求

20世纪以来，建筑工业化建造方式开创了建筑业全新的建造模式，在推动人类城乡居住环境和基础设施建设进程中取得了前所未有的辉煌成就。伴随着工厂化预制建筑产品生产、全新装配集成技术及其新型建筑材料的发展，大力推进并实现绿色高品质、高效率和低资源消耗的装配式钢结构建筑的开发建设，既具有显著的社会、经济和环境效益，也是国际工程建设领域的重要发展方向。

近年来，装配式钢结构建筑在国家政策的激励引导及各省市政府的大力推动下得到迅速发展，相关技术标准陆续颁布实施，开展了一系列创新性探索研究、实践试点和工程示范，成效显著。但是，与国际先进的装配式钢结构建筑建造方式和技术集成水平相比，我国装配式钢结构建筑还处于积极探索与转型发展期，广大技术人员和业内人士对装配式钢结构建筑仍存在基本认识和顶层设计较片面、可持续发展模式和市场能力不足、新型建筑设计与建造理论方法及其技术集成体系不完善、装配式部品部件产业化水平落后和全产业链配套能力差等一系列问题，总体技术水平还有较大发展空间。我国新型建筑生产建造模式的转型升级，不仅关系到装配式钢结构建筑的发展及其技术革新，更涉及理念的转变、模式的转型和技术路径的创新。

新型生产建造方式下装配式钢结构建筑应该具备以下特征：实现钢结构建筑主体及内装的全方位设计标准化、部品部件生产工厂化、施工装配化、装修一体化、管理与运维信息化（智能化）。基于此，本书第1章首先重点对装配式钢结构建筑集成设计理念及相关技术要求、基本组成系统及其相辅相成关系进行介绍和阐述。

## 1.1 一般规定

### 1.1.1 基本原则

装配式钢结构建筑设计要遵循装配式建筑一体化集成设计原则，以标准化为基础，遵循模数和模数协调标准，采用模块化的设计方法，按"少规格，多组合"的原则，实现"系列化"和"多样化"的目标。

装配式钢结构建筑设计理念需要以系统工程的方法为指导，以 BIM 技术为工具，以建筑功能为核心，以结构系统为基础，以工业化的围护、内装和设备管线系统为支撑，综合考虑建筑平面、外立面与结构系统、围护系统、内装修系统及设备管线系统的协同与集成，最终实现结构系统、外围护系统、内装修系统与设备管线系统的一体化集成设计。实现装配式钢结构建筑一体化集成的基本设计方法主要包括标准化、模数化、模块化等。基本实施原则包括协同化、精益化等。

## 1.1.2 集成设计

集成设计是指建筑结构系统、外围护系统、设备与管线系统、内装系统一体化的设计。集成设计是装配式钢结构建筑的基本设计理念，其核心是依据制造业"系统工程"的理论基础和方法，用系统集成的理论，将装配式建筑看作一个复杂的系统，将其当作一个整体来研究和实践，以系统解决装配式建筑各行业、各专业、全流程的协同问题，融合设计、生产、装配、管理及控制等要素手段，推动从设计到建造的一体化集成，缓解碎片化问题。装配式钢结构一体化集成应用的主要内容包括：

（1）结构系统集成设计：采用标准化、通用化的预制钢结构建筑结构构件进行集成设计。优化结构构件的规格，以满足构件加工、运输、堆放及安装的参数要求。

（2）外围护系统集成设计：应对外墙板、幕墙、外门窗、阳台板、空调板及遮阳构件等进行集成设计。

（3）设备与管线系统集成设计：管线与管井应综合设计、集中布置，管线应预留、预埋到位。选用模块化产品、标准化接口，并为功能调整预留扩展条件。

（4）内装系统集成设计：室内装修与其他专业设计同步进行，采用支撑体与填充体相分离、设备管线与结构部分相分离等集成技术。采用装配式楼地面、墙面、集成吊顶、集成式厨房、集成式卫生间等构件系统。

体系集成和技术集成是集成设计的集成特点。在建筑体系集成的设计过程中，体系内部各系统随设计进程而优化内部关系，并对这些要素进行梳理和整合，实现设计的优化和升级。而落实到实践中，都需要转化为对技术集成的应用，建筑师需要结合体系集成的设计特点，预先综合匹配不同的建筑技术解决方案，增强集成设计的适应性和可建性。此外，对于装配式钢结构建筑来说，一体化集成设计还包括应用 BIM 技术时的建筑信息集成。在设计过程中，通过整合各个专业的设计要素来提高效率及准确性。其次，集成各专业设计人员与各参与方进行密切配合，把形式、功能、性能和成本因素结合在一起，进而降低成本并提高效益。最后，需要从软件和硬件条件两个方面进行技术支持，建立适合装配式建筑特点的数据库及项目管理平台。

### 1.1.3　构件分类与分件

装配式钢结构建筑是由不同的构件组成的系统，因此一体化集成理念体现在具体的构件上，需要对构件进行系统分类。建筑构件是构成建筑的基本物质要素，其不局限于传统建筑构成理论中将"点、线、面、体"视为构成建筑空间和形态的基本要素，建筑构件还包含性能、功能、尺寸、层级、属性等物理参数的"技术类"信息。这些建筑构件所组成的"构件集合体"构成了与建筑功能要求相对应的建筑构件系统。基于系统工程理论，装配式钢结构建筑可以划分成主体结构构件系统、外围护构件系统、内装构件系统和机电设备构件系统，这四类建筑构件系统构成了整个建筑。

# 1.2　结构系统

装配式钢结构建筑的结构系统，是由钢结构构件通过可靠的连接方式装配而成，以承受和传递荷载作用的整体。结构系统设计的主要依据是《装配式钢结构建筑技术标准》GB/T 51232，同时应满足相关国家规范标准的要求。结构系统应与外围护系统、设备与管线系统、内装系统一体化集成设计。

### 1.2.1　结构系统集成设计理念

装配式钢结构建筑由结构系统、外围护系统、设备管线系统和内装系统四个系统集成为整体，单纯的结构系统装配不能称作装配式建筑，也不能参与装配式建筑的评价。所以，装配式钢结构建筑的结构系统设计不仅要考虑结构本身的性能及装配要求，还应主动满足建筑系统、设备管线系统、内装系统装配的要求，彻底扭转目前在装配式钢结构建筑领域重结构、轻建筑、无内装的错误做法，这是装配式钢结构建筑整体集成设计对结构系统设计的基本要求。

装配式建筑的建造过程，是基于部品部件进行系统集成实现建筑功能并满足用户需求的过程。这个集成的过程，各系统之间的交叉和影响比传统钢结构建筑复杂得多。从思维、理念，到技术、经验都需要有一个根本的转变，必须用产品化思维，站在建筑系统集成的层面上，去思考和解决结构设计问题。

在装配式钢结构建筑的集成设计中，要做到以建筑功能为核心，以结构布置为基础，以工业化的围护、内装和设备管线部品为支撑，综合考虑建筑户型、外立面、结构体系、围护系统、设备管线、构件防护、内装等各方面的协同与集成，实现结构系统、外围护系统、设备管线系统和内装系统的协同。否则就会出现例如结构的用钢量优化了，但钢结构构件尺寸过多，加工不便，同时构件高度不一，嵌入式围护系统的墙板安装时需要裁剪，现场工作量的扩大等种种问题。结构系统设计时应依托行业已有的各专项标准，通过合理选用已有标准并进行适当调整，以更好适应四大系统集成统一的要求。

## 1.2.2 结构系统设计的基本原则和要求

装配式钢结构建筑的结构系统设计应符合如下基本原则和规定：

（1）装配式钢结构建筑的结构系统应按传力可靠、构造简单、施工方便和确保耐久性的原则进行设计。

（2）装配式钢结构建筑的结构设计应符合《工程结构可靠性设计统一标准》GB 50153 的规定，结构的设计使用年限不应少于50年，其安全等级不应低于二级。

（3）装配式钢结构建筑荷载和效应的标准值、荷载分项系数、荷载效应组合、组合值系数应符合《建筑结构荷载规范》GB 50009 的规定。

（4）装配式钢结构建筑应按《建筑工程抗震设防分类标准》GB 50223 的规定确定其抗震设防类别，并应按《建筑抗震设计规范》GB 50011 进行抗震设计。

（5）装配式钢结构的结构构件设计应符合《钢结构设计标准》GB 50017 和《冷弯薄壁型钢结构技术规范》GB 50018 的规定。

（6）装配式钢结构的钢材牌号、质量等级及其性能要求应根据构件重要性和荷载特征、结构形式和连接方法、应力状态、工作环境以及钢材品种和板件厚度等因素确定，并应在设计文件中完整注明钢材的技术要求。钢材性能应符合《钢结构设计标准》GB 50017 及其他有关标准的规定。有条件时，可采用耐候钢、耐火钢、高强钢等高性能钢材。

## 1.2.3 结构系统设计的关注重点

1. 结构系统设计依据更加明确

根据《装配式钢结构建筑技术标准》GB/T 51232，现有标准规范能满足绝大多数装配式钢结构建筑的需求，结构体系选择、结构最大高度确定、设计方法和结构设计指标都与《钢结构设计标准》GB 50017 和《高层民用建筑钢结构技术规程》JGJ 99 等行业标准的要求相同。《装配式钢结构建筑技术标准》GB/T 51232 增加了适合钢结构住宅使用的钢框架内填剪力墙板结构和交错桁架钢结构的相关设计技术要求；对结构的竖向构件推荐采用钢管混凝土柱，有利于减小构件截面并减轻空心构件竖向传声效应，同时采用该做法的建筑可提高装配率。

2. 舒适度要求更加严格

为保证住宅居住者的舒适感受，《装配式钢结构建筑技术标准》GB/T 51232 要求装配式钢结构住宅在风荷载标准值作用下的层间位移角不应大于1/300，屋顶水平位移与建筑高度之比不宜大于1/450。同时提出高度不小于80m的装配式钢结构住宅以及高度不小于150m的其他装配式钢结构建筑应进行风振舒适度验算。这些要求比其他行业标准的要求更为严格。

3. 节点连接方式更加适应装配

钢结构的节点连接主要有两种做法——栓接和焊接，现场栓接比焊接更容易操作。《装配式钢结构建筑技术标准》GB/T 51232增加了带悬臂梁段翼缘焊接—栓接组合形式、梁柱节点外伸端板连接这类全栓接方式，可更好地体现装配式钢结构的技术优势。

4. 楼屋盖要求更加突出装配式建筑特点

楼盖、屋盖是结构系统的重要组成部分，可以采用压型钢板组合楼板、钢筋桁架楼承板组合楼板、预制混凝土叠合楼板及预制预应力空心楼板以及免支撑支模现浇楼板等，《装配式钢结构建筑技术标准》GB/T 51232都给出了设计原则。

不同楼板的选择和使用要求（如是否有吊顶、板底的处理方式）、造价和施工便利性等因素有关，也影响建筑装配率的计算。

为保证结构安全性和整体性，《装配式钢结构建筑技术标准》GB/T 51232对非全现浇楼板进行了限制："抗震设防烈度为6、7度且房屋高度不超过50m时，可采用装配式楼板（全预制楼板）或其他轻型楼盖，但应采取下列措施之一保证楼板的整体性……"和"装配式钢结构建筑可采用装配整体式楼板，但应适当降低最大高度。"这些规定与其他标准的规定相比更为严格。

5. 采用新技术应有可靠依据

目前装配式钢结构在建筑领域出现了很多新技术，《装配式钢结构建筑技术标准》GB/T 51232允许采用新技术和新材料，但要求采用时应有可靠依据。

# 1.3 外围护系统

装配式钢结构建筑的外围护构件形式较为简单，构件形式以"板式构件"为主。板式构件大体可分为单一材质板（最主要是水泥基板，必要时可加钢丝、钢筋网片）、复合材质板等。这两种板式构件通过连接件附着在结构骨架上，通过不同的组合方式形成外墙、屋顶等主要外围护构件。

## 1.3.1 墙板构件体系

1. 单一材质墙板

（1）蒸压轻质加气混凝土ALC板／块（轻型）

ALC（Autoclaved Lightweight Concrete）是蒸压轻质混凝土的简称，是高性能蒸压加气混凝土（ALC）的一种。ALC板是以粉煤灰（或硅砂）、水泥、石灰等为主原料，经过高压蒸汽养护而成的多气孔混凝土成型板材（内含经过处理的钢筋增强）。ALC板既可做墙体材料，又可做屋面板，是一种性能优越的新型建筑板材。ALC板最早在欧洲出现，迄今在日本、欧洲等地区已有四十多年的生产、应用历史。目前国内厂家的生产技术和生产设备主要引自日本和德国。该材料不仅具有好的保温性能，也具有较佳的隔热性能。当采用合理的厚度时，不仅可以用于保温要求高的寒冷地区，也可用于隔热要求高的夏热冬冷地区或夏热冬暖地区，较好满足节能标准的要求。ALC板具有科学合理、成熟的节点设计和安装方法，它在保证连接节点强度的基础上，确保墙体在平面外的稳定性、安全性；同时，在平面内通过墙板具有的可转动性，使墙体在平面内具有适应较大水平位移的随动性。

（2）预制混凝土外挂墙板（重型）

预制混凝土外挂墙板主要是指安装在主体结构上，起围护、装饰作用的非承重预制混凝土外墙板。预制混凝土外挂墙板从生产到安装主要包含以下工序流程：钢模具组装、绑扎钢筋笼、埋设金属连接件、合模、混凝土浇筑、脱模、运输周转、现场安装外墙板预埋件、定位件安装直至墙板连接（图1-1）。

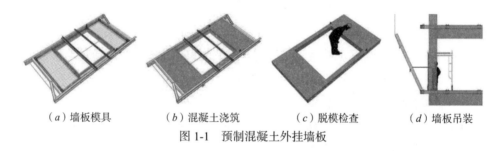

（a）墙板模具　　　（b）混凝土浇筑　　　（c）脱模检查　　　（d）墙板吊装

图1-1　预制混凝土外挂墙板

2. 复合材质墙板

（1）轻钢骨架复合墙板（轻型）

采用多层、多种材料复合而成的外墙板称为复合墙板。在复合中要考虑墙体防潮、防水、保温隔热和防风等要求，同时还要考虑材料的选择、各个层次的构造、节点和接缝的处理及制作和安装条件等。轻钢骨架复合外墙板的组成一般有以下几个层次：

1）骨架，通常用槽形（C形）薄壁轻钢龙骨制成单元墙板的外形框架，内部视墙板的刚度需要，设置横档、竖筋或斜撑。除薄壁型钢外，视情况还可采用木材、纤维水泥板以及混凝土饰面板的肋等作为支承骨架（图1-2）。

2）外层面板，包括采用表面经过处理的金属压型薄板、有色或镜面玻璃、经过一定防火和抗老化处理的塑料、水泥制品板（如石棉水泥板、纤维水泥板、钢丝网水泥面层板等）、木制品以及其他新型面层材料。外层面板节点多用油膏或专用弹性材料嵌缝。

3）内层面板，通常采用纸面石膏板、胶合板和木质纤维板等。其表面常用涂料、油漆或贴壁纸，接缝中可用腻子刮平或另加压缝条。

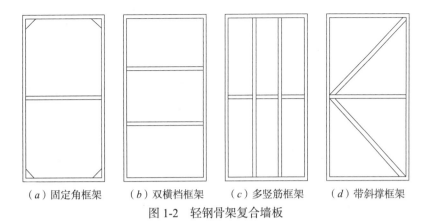

(a) 固定角框架　　(b) 双横档框架　　(c) 多竖筋框架　　(d) 带斜撑框架

图 1-2　轻钢骨架复合墙板

4）保温层，常设置在内外面层之间，材料有玻璃棉、岩棉、矿棉等制成的毡毯以及加气混凝土等。

（2）双层保温复合外墙板（重型）

双层保温复合外墙板由多层材料复合而成（图 1-3）。

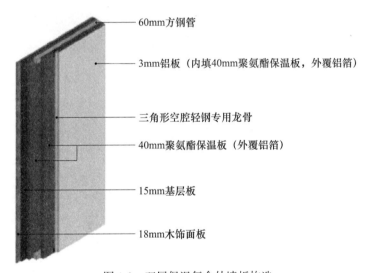

60mm方钢管

3mm铝板（内填40mm聚氨酯保温板，外覆铝箔）

三角形空腔轻钢专用龙骨

40mm聚氨酯保温板（外覆铝箔）

15mm基层板

18mm木饰面板

图 1-3　双层保温复合外墙板构造

1）分别安装在 60mm 方钢管结构构件的两侧，内、外围护体之间形成了封闭空气腔。

2）内、外保温均采用外侧覆有铝箔的聚氨酯保温板作为内芯，可以防辐射热，加强了复合墙板的保温隔热性能。

3）木饰面作为围护体内面层，将性能与室内装修相结合。

4）墙板用竖向三角形空腔轻钢专用龙骨，将相邻墙板的铝板边缘用线型卡扣构造，卡固在一起，连接在方管结构体上。不仅安装过程简单快捷，而且能有效地保证墙板的防水性和空气密闭性。

### 1.3.2　屋盖构件体系

1. 屋顶

装配式钢结构建筑体系的屋面宜采用轻质高强、耐久、耐火、保温、隔热、隔声、抗震及防水性能好的建筑材料，同时要求构造简单、施工方便，并能工业化生产，如压型钢板、太空板（由水泥发泡芯材及水泥面板组成的轻板）、石棉水泥瓦和瓦楞铁等。屋面可分为有檩体系和无檩体系。有檩体系的檩条宜采用冷弯薄壁型钢及高频焊接轻型 H 形型钢。檩距多为 1.5~3m，直接在其上铺设压型钢板（图 1-4）。

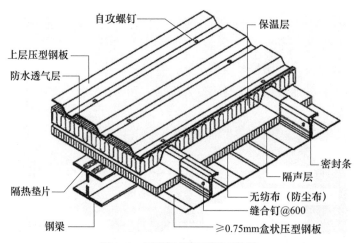

图 1-4　压型钢板轻型屋面构造

压型钢板和太空板是两种最常用的轻型屋面。压型钢板是有檩体系中应用最为广泛的屋面材料，采用热镀锌钢板或彩色镀锌钢板，经辊压冷弯成各种波形，具有轻质、高强、美观、耐用、施工简便、抗震、防火等特点。当有保温隔热要求时，可采用双层钢板中间夹保温层（玻璃纤维棉或岩棉）的做法。太空板是采用高强水泥发泡工艺制作的人工轻石为芯材，以玻璃纤维网（或纤维束）增强的上下水泥面层及钢边肋复合而成的新型轻质屋面板材，具有刚度高、强度高、延性好等特点，具有良好的结构性能和工程应用前景。

屋面也可分为平屋顶、坡屋顶等。平屋顶只需在楼板上铺设防水层或彩色钢板，之后设置排水坡度与排水沟即可。坡屋顶先搭建好屋架，在屋架上设置钢檩条，再铺设彩色钢芯夹板，既有一定的美观性，又有很好的保温、防水效果。坡屋顶还有一种建造方法：在钢檩条上铺设纤维板，再铺设防水层、瓦片等，最好选用大且薄的瓦片以减轻屋顶重量，较常见的有纤维水泥防水瓦形屋面。

2. 楼板

在装配式钢结构建筑中，楼板构件相对特殊，一般是由轻型钢构件、现浇混凝土和其他辅助材料共同组成的复合结构构件，通常采用上覆混凝土的压型钢板和其他几种防水纤维板加钢筋网片现浇的楼板形式（图1-5）。

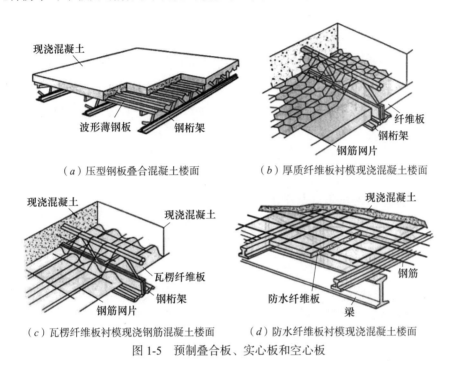

（a）压型钢板叠合混凝土楼面　　　　　　（b）厚质纤维板衬模现浇混凝土楼面

（c）瓦楞纤维板衬模现浇钢筋混凝土楼面　　（d）防水纤维板衬模现浇混凝土楼面

图1-5　预制叠合板、实心板和空心板

# 1.4　设备及管线系统

## 1.4.1　基本要求

装配式钢结构建筑的设备与管线设计宜采用集成化技术、标准化设计。当采用集成化新技术、新产品时，应有可靠依据。各类设备与管线应综合设计、减少平面交叉，合理利用空间，设备与管线应合理选型、准确定位。设备与管线宜在架空层或吊顶内设置。设备与管线安装应满足结构专业相关要求，不应在预制构件安装后凿剔沟槽、开孔、开洞等。公共管线、阀门、检修配件、计量仪表、电表箱、配电箱、智能化配线箱等应设置在公共区域。

集成式厨房、卫生间应预留相应的给水、热水、排水管道接口，给水系统配水管道接口的形式和位置应便于检修。采用集成式卫生间或采用同层排水架空地板时，不宜采用地板辐射供暖系统。应选用耐腐蚀、使用寿命长、降噪性能好、便于安装及更换、连接可靠、密封性能好的管材、管件以及阀门设备。供暖、通风、空气调节及防排烟系统的设备及管道系统宜结合建筑方案整体设计，并预留接口位置；设备基础和构件应连接牢固，并按设备技术文件的要求预留地脚螺栓孔洞。

装配式钢结构建筑的设备及管线系统应在符合国家和地方现行相关标准规范规定的基础上进行设计。设备与管线穿越楼板和墙体时，应采取防水、防火、隔声、密封等措施，防火封堵应符合现行国家标准《建筑设计防火规范》GB 50016的规定。设备与管线的抗震设计应符合现行国家标准《建筑机电工程抗震设计规范》GB 50981的有关规定。除此之外，还应执行装配式建筑各项技术规程的规定。

### 1.4.2 给水排水系统及管线设计

1. 建筑中共用给水排水、消防管道及阀门等的设置

给水总立管、雨水立管、消防管道及公共功能的控制阀门、检查口和检修部件应设置在套外的公共部位。其中雨水立管指建筑物屋面等公共部位的雨水排水管，不包括为住宅各户敞开式阳台服务的各层共用雨水立管及设于住宅敞开式阳台的屋面雨水共用雨水立管。分区供水的横干管应布置在其服务的套内，不应布置在与其无关的套内。采用远传水表或IC卡水表而将供水立管设在套内时，为便于维修和管理，供检修用的阀门应设在公共部位的横管上，而不应设在套内的立管顶部。应将共用给水、排水立管集中设在独立的管道井内，并布置在现浇楼板区域。

2. 建筑中给水管道的设置

给水管道暗设时，应符合下列规定：

（1）不得直接敷设在建筑物结构层内。

（2）干管和立管应敷设在吊顶、管井、管窿内，支管可敷设在吊顶、楼（地）面的垫层内或沿墙敷设在管槽内。

（3）敷设在垫层或墙体管槽内的给水支管的外径不宜大于25mm。

（4）敷设在垫层或墙体管槽内的给水管管材宜采用塑料、金属与塑料复合管材或耐腐蚀的金属管材。

（5）敷设在垫层或墙体管槽内的管材，不得采用可拆卸的连接方式；柔性管材宜采用分水器向各卫生器具配水，中途不得有连接配件，两端接口应明露。

管道敷设于架空层内时，应符合下列规定：

（1）敷设于架空层内的管道，应采取可靠的隔声减噪措施。

（2）给水管明装时管道需做防结露保温。

（3）给水管与排水管共设于架空层或回填层时，给水管应敷设在排水管上方。

沿墙接至用水器具的小管径给水立管，如遇轻体砌块墙体时，需在墙体近用水器具侧预留竖向管槽，管槽定位及槽宽应考虑结构设计模数并避让钢筋。一般管槽宽30～40mm、深15～20mm（开槽方式参照图1-6、图1-7），管道外侧表面的砂浆保护层不得小于10mm，当给水支管无法完全嵌入管槽，管槽尺寸又不能扩大时，需增加装饰面厚度。

穿梁管道应在梁内预留孔洞，孔洞尺寸一般大于所穿管道1～2档，遇带保温管道，则预留孔洞尺寸应考虑管道保温层厚度。

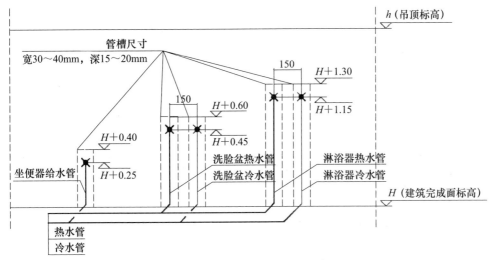

图 1-6　卫生间管槽示例（给水干管设于建筑垫层内）

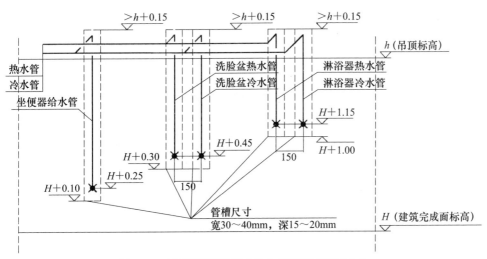

图 1-7　卫生间管槽示例（给水干管设于吊顶内）

3. 卫生间排水管道的设置

（1）住宅套内排水管道应同层敷设，并应结合房间净高、楼板跨度、设备管线等因素确定降板方案，器具排水竖管不得穿越楼板进入另一套内。同层排水卫生间的楼板及建筑地坪皆应做好防水工程，防水做法参见图1-8、图1-9。

（2）高层住宅室内采用硬聚氯乙烯排水管道，当管径大于或等于110mm时，在以下管道部位，必须设置防止火势蔓延的阻火圈：

1）不设管道井或管廊的立管穿越楼层的贯穿部位。

2）横管穿越防火分区隔墙和防火墙的两侧。

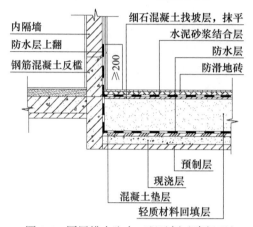

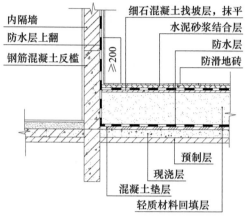

图1-8 同层排水防水工程示例（降板型）　　图1-9 同层排水防水工程示例（垫层型）

3）横管与管道井或管窿内立管相连接的墙体的贯穿部位。阻火圈的耐火极限不应小于现行国家标准的有关规定。

（3）同层排水形式可采用排水横支管沿装饰墙敷设、排水横支管降板回填（架空）敷设及整体卫浴（横排）等形式，给水排水专业应向土建专业提供相应区域地坪荷载及降板（垫层）高度要求，荷载要求应确保满足卫生间设备及回填层等的荷载要求，降板（垫层）高度应确保排水管管径、坡度满足相关规范要求见表1-1。

同层排水形式及注意事项　　　　　　　　　　　表1-1

| | 注意事项 |
|---|---|
| 同层排水采用排水横支管降板回填（架空）敷设 | 排水管道采用普通排水管材及管配件时，卫生间区域降板或垫层高度不宜小于300mm，并应满足排水管设置最小坡度要求 |
| 采用同层排水特殊排水管配件 | 卫生间区域降板或垫层高度不宜小于150mm，并应满足排水管道及管配件安装要求 |
| 同层排水采用整体卫浴横排形式 | 降板高度 $H$＝下沉高度－地面装饰层厚度（图1-10），装饰层厚度根据土建不同工艺要求取值 |

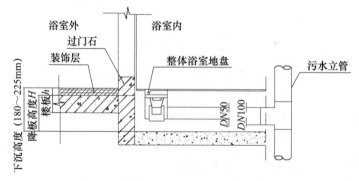

图1-10 整体浴室降板高度示意图（横排）

4. 给水立管与部品水平管道连接方法

给水系统的给水立管与部品水平管道的接口宜设置内螺纹活接连接。

5. 给水排水管道的预留套管、孔洞设置要求

（1）管道穿过墙壁和楼板，应设置金属或塑料套管；管道的接口不得设在套管内。

（2）给水、消防管穿预制梁、柱预留普通钢套管尺寸参见表1-2。

给水管预留普通钢套管尺寸表（单位：mm）　　　　　　　　　表1-2

| 管道公称直径 | 15 | 20 | 25 | 32 | 40 | 50 | 65 | 80 | 100 | 125 | 150 |
|---|---|---|---|---|---|---|---|---|---|---|---|
| 钢套管公称直径（适用无保温） | 32 | 40 | 50 | 50 | 65 | 80 | 100 | 125 | 150 | 150 | 200 |
| 钢柱管公称直径（适用带保温） | 80 | 80 | 100 | 100 | 125 | 125 | 150 | 200 | 200 | 250 | 250 |

（3）排水管穿预制楼板预留孔洞尺寸参见表1-3。

排水管穿预制楼板预留孔洞尺寸表（单位：mm）　　　　　　　　表1-3

| 管道公称直径 | 50 | 75 | 100 | 150 | 200 | 250 | 300 |
|---|---|---|---|---|---|---|---|
| 圆洞 $\phi$（适用塑料排水管） | 80 | 125 | 150 | 200 | 250 | 300 | 350 |
| 钢套管公称直径（适用金属排水管） | 80 | 125 | 150 | 200 | 250 | 300 | 350 |

（4）阳台地漏、采用非同层排水方式的厨卫排水器具及附件预留孔洞尺寸参见表1-4。

排水器具及附件预留孔洞尺寸表（单位：mm）　　　　　　　　表1-4

| 排水器具及附件种类 | 大便器 | 浴缸、洗脸盆、洗涤盆、小便斗 | 地漏、清扫口 | | | |
|---|---|---|---|---|---|---|
| 所接排水管管径 | 100 | 50 | 50 | 75 | 100 | 150 |
| 预留圆洞 $\phi$ | 200 | 150 | 200 | 230 | 250 | 300 |
| 预留方洞 $B \times B$ | 200×200 | 150×150 | 200×200 | 230×230 | 250×250 | 300×300 |

（5）设备及其管线和预留孔洞（管道井）设计应做到构配件规格化和模数化，符合装配整体式混凝土公共建筑的整体要求，预制构件上预留的孔洞、套管、坑槽应选择在对构件受力影响最小的部位。

6. 管道及其预留套管、孔洞的防水、防火、隔声措施要求

金属排水管道穿楼板和防火墙的洞口间隙、套管间隙应采用防火材料封堵。建筑内受高温或火焰作用易变形的管道，在贯穿楼板部位和穿越防火隔墙的两侧宜采取阻火措施。

塑料排水管设置阻火装置应符合下列规定：

（1）当管道穿越防火墙时应在墙两侧管道上设置；

（2）高层建筑中明设管径大于或等于 $DN110mm$ 排水立管穿越楼板时，应在楼板下侧管道上设置，当排水管道穿管道井壁时，应在井壁外侧管道上设置。

穿过楼板的套管与管道之间缝隙应用阻燃密实材料和防水油膏填实，端面光滑；穿墙套管与管道之间缝隙宜用阻燃密实材料填实，且端面应光滑。管道的接口不得设在套管内；管道穿越楼板和墙体时，孔洞周边应采取密封隔声措施。

7. 管道预埋及管道支吊架的相关要求

管道预埋的相关要求如下：

（1）设备管线宜与预制构件上的预埋件可靠连接；

（2）成排管道或设备应在预制构件上预埋用于支吊架安装的埋件；

（3）太阳能热水系统集热器、储水罐等的安装应考虑与建筑一体化，做好预留预埋。

管道支吊架的相关要求如下：

（1）敷设管道应有牢固的支、吊架和防晃措施；

（2）固定设备、管道及其附件的支吊架安装应牢固可靠，并具有耐久性，支吊架应安装在实体结构上，支架间距应符合相关工艺标准的要求，同一部品内的管道支架应设置在同一高度上；

（3）任何设备、管道及器具都不得作为其他管线和器具的支吊架。

## 1.4.3 供暖通风空调系统及管线设计

1. 供暖通风空调管道穿建筑物相关要求

（1）穿越建筑物基础、变形缝、防震缝的供暖管道，以及埋设在建筑结构里的立管，可采取埋设大口径套管内填以弹性材料等措施预防建筑物下沉而损坏管道的措施。

（2）供暖管道必须穿越防火墙时，应预埋钢套管，并在穿墙处设置固定支架，管道与管套之间的空隙应采用耐火材料严密封堵。

（3）可燃气体管道、可燃液体管道和电线等，不得穿过风管的内腔，也不得沿风管的外壁敷设。可燃气体管道和可燃液体管道，不应穿过通风、空调机房。

2. 钢结构建筑中供暖通风空调管道的设置要求

供暖系统应符合下列要求：

（1）供暖系统宜采用热水作热媒；

（2）集中供暖系统中需要专业人员操作的阀门、仪表等装置不应设置在套内的住宅单元空间内；

（3）供暖系统中的散热器、管道及其连接管配件等应满足系统承压的要求；

（4）供暖管道应按相关规范要求作保温处理，当管道固定于钢梁、钢柱等钢构件上时，应采用绝热支架；

（5）钢梁柱的预留孔与穿越管道之间的空隙应充分考虑管道热膨胀的变形量。

通风与空调系统应符合下列要求：

（1）通风与空调系统风管的材料应采用不燃材料制作；

（2）空调冷热水、冷凝水管道、室外进风管道及经过冷热处理的空气管道应遵照相关规范的要求采用防结露和绝热措施，空调冷热水管应采用绝热支架固定；

（3）室内外空调机组之间的冷媒管道应按产品的安装技术要求采取绝热措施；

（4）空调室内机组的冷凝水和室外机组的融霜水应有组织地排放；

（5）通风机安装时应设置减震、隔震装置；

（6）空调室外机组直接或间接地固定于钢结构上时，应设置减震、隔震装置。

其他要求：

（1）管道波纹补偿器、法兰及焊接接口不应设置在钢梁或钢柱的预留孔中；

（2）当有垂直管道穿越楼板，应预留套管；

（3）采暖空调冷热水管的固定支座设置于钢结构上时，应考虑管道热膨胀推力对钢结构的影响。

3. 供暖供回水共用总管道及阀门等的设置要求

在套外公共部位设置公共管井，将供暖总立管及公共功能的控制阀门、户用热计量表等设置在其中，各户通过总阀或表后进入户内的横管可以敷设在公共空间地面垫层内入户。对于分区供水的横干管，属于公共管道，也应设置在套外，而不应设置在与其无关的套内。低温热水地面辐射供暖系统和章鱼式供暖系统的分、集水器宜设置在架空地板上面或其他便于维修管理的位置。

装配整体式居住建筑设计低温热水地面辐射供暖系统时应符合下列规定：

（1）供水温度不宜超过50℃，供、回水温差宜等于或小于10℃，系统的工作压力不应大于0.8 MPa；

（2）宜按房间划分供暖环路，并配置室温自动调控装置，在每户分水器的进水管上，应装置水过滤器和户用热量表；

（3）地面辐射供暖系统的加热管不应安装在地板架空层下面，应安装在地板架空层上面；地面加热管上面不应设置与该系统无关的其他管道与管线，地面加热管铺设应预留其他管线的检修位置；

（4）地面辐射供暖系统的加热管上面不宜设计采用湿式填充料，宜采用干式施工。干式及湿式地面辐射供暖典型地面做法如图1-11、图1-12所示。

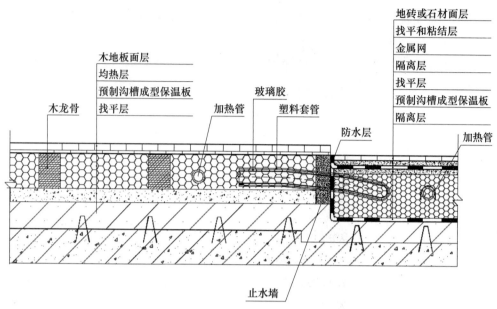

适用于卧室、起居室、餐厅等非潮湿区域          适用于卫生间等潮湿区域

图 1-11　干式热水供暖地面做法

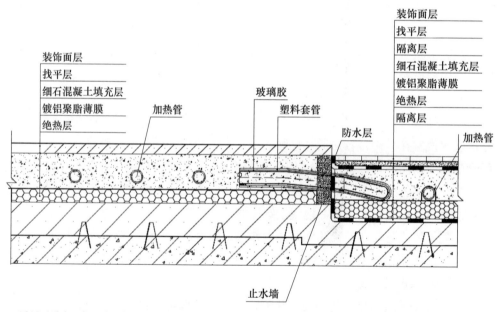

适用于卧室、起居室、餐厅等非潮湿区域          适用于卫生间等潮湿区域

图 1-12　湿式热水供暖地面做法

装配整体式建筑当采用散热器供暖时应符合下列规定：

（1）装配式居住建筑室内供暖系统的制式，户外宜采用双立管系统，户内宜采用单管跨越式系统、双管下供下回同程式系统，也可采用章鱼式供暖系统；

（2）装配式公共建筑供暖系统的划分和布置应能实现分区热量计算，在保证能分室（区）进行室温调节的前提下，宜采用区域双立管水平跨越式单管系统，系统主立管应设置在统一管井内。

4. 供暖系统管道、空调系统、土建风道等设置要求

供暖系统的管道设置：

（1）采用地面辐射供暖供冷时，生活给水管、电气系统管线不得与地面加热供冷部件敷设在同一构造层内；

（2）装配整体式居住建筑户内供暖系统的供回水管道应敷设在架空地板内，并且管道应做保温处理；当无架空地板时，供暖管道应做保温处理后敷设在装配整体式建筑的地板沟槽内。

空调设施的设置：

（1）装配整体式居住建筑的卧室、起居室应预留空调设施的位置和条件；

（2）采用分体空调的装配式住宅的卧室、起居室的预制外墙上预留的空调冷媒管及冷凝水管的孔洞，孔洞位置应考虑模数，躲开钢筋。其高度、位置应根据室内空调机（立式或挂壁式）的形式确定。

卫生间、厨房通风道的设置：

（1）当采用竖向通风道时，应采取防止支管回流和竖井泄漏的措施；

（2）排油烟机的排气管道可通过竖向排气道或外墙排向室外。当通过外墙直接排至室外时，应在室外排气口设置避风、防雨和防止污染墙面的构件；

（3）当厨房油烟通过外墙直接排至室外时，应在室外排气口设置避风、防雨和防止污染墙面的构件，并应在预制外墙上预留孔洞。

土建风道的设置：

（1）装配整体式建筑的通风、空调系统设计中，当采用土建风道作为通风、空调系统的送风道时，应采取严格的防漏风和绝热措施；当采用土建风道作为新风进风道时，应采取防结露绝热措施；

（2）装配整体式建筑的土建风道在各层或分支风管连接处在设计时应预留孔洞或预埋管件。

居住建筑风管水管（或冷媒管）的设置：

装配式居住建筑如设置机械通风或户式中央空调系统，宜在结构梁上预留穿越风管水管（或冷媒管）的孔洞。

5. 建筑中供暖空调管道的预留套管、孔洞设置及管道支吊架的设置要求

建筑中供暖空调管道的预留套管、孔洞设置：

（1）地下室或地下构筑物外墙有管道穿过的，应采取防水措施。对有严格防水要求的建筑物，必须采用柔性防水套管；

（2）装配整体式居住建筑设置供暖系统供、回水主立管的专用管道井应预留进户用供暖水管的孔洞或预埋套管；

（3）预留套管应按设计图纸中管道的定位、标高同时结合装饰、结构专业，绘制预留图；预留预埋应在预制构件厂内完成，并进行质量验收；

（4）风管穿过需要封闭的防火、防爆的预制墙体或预制楼板时，应设预埋管或防护套管，其钢板厚度不应小于 1.6 mm。

预留预埋应遵守结构设计模数网格，不应在围护结构安装后凿剔沟、槽、孔、洞，孔洞需避让钢筋，详见图 1-13。

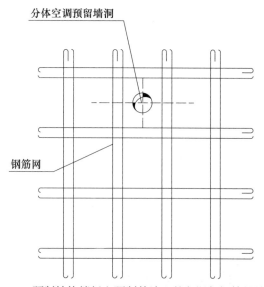

图 1-13　预制结构楼板和预制外墙上的留洞与钢筋的关系

管道及其预留套管、孔洞的防水、防火、隔声措施：

（1）防烟、排烟、供暖、通风和空气调节系统中的管道及建筑内的其他管道；

（2）防火隔墙、楼板和防火墙处的孔隙应采用防火封堵材料封堵。

风管穿过防火隔墙、楼板和防火墙时，穿越处风管上的防火阀、排烟防火阀两侧各 2.0m 范围内的风管应采用耐火风管或风管外壁应采取防火保护措施，且耐火极限不应低于该防火分隔体的耐火极限。

管道支吊架：

（1）吊装形式安装的暖通空调设备应在预制构件上预埋用于支吊架安装的埋件；

（2）暖通空调设备、管道及其附件的支吊架应固定牢靠，应固定在实体结构上预留预埋的螺栓或钢板上；

（3）敷设管道应有牢固的支、吊架和防晃措施。

### 1.4.4　电气与智能化系统及管线设计

#### 1. 钢结构建筑的电气设计基本要求

（1）装配整体式建筑电气设计，应做到电气系统安全可靠、节能环保、设备布置整体美观以及维护管理方便。

（2）装配整体式钢结构公共建筑宜开展建筑和室内装修一体化设计，做到建筑、结构、设备、装饰等专业之间的有机衔接。

2. 电气、电信主干线的设置

（1）电气、电信主干线应集中设在共用部位，便于维修维护。

（2）低压配电系统的主干线宜在公共区域的电气竖井内设置，弱电管线埋设宜与装配式结构主体分离，竖向管线宜集中设置在建筑公共区域的管井内。必须穿越装配式结构主体时，应倾留孔洞或保护管。

3. 电气管线及其敷设、连接、施工等要求

电气管线及其敷设要求：

（1）电线电缆敷设宜根据钢结构住宅的特点，采用模数化且符合产业化要求的敷线方式。管线宜采用暗敷的方式，预制墙板、楼板中宜预制穿线管及接线盒；钢构件的穿孔宜在钢结构厂制作，其位置及孔径应与相关专业共同确定，墙体内现场敷管时不应损坏墙体构件。

（2）当户内电气线路采用 B1-1 级难燃电缆时可不穿管敷设；阻燃级别在 B1-2 级及以下的弱电线缆均应在保护管或线槽内敷设，且线缆敷设中间不应有接头。

（3）沿叠合楼板现浇层暗敷的照明管路，应在预制楼板灯位处预埋深型接线盒。

（4）弱电管线在内隔墙中敷设时，宜优先采用带穿线管的工业化内隔墙板。

（5）当敷设条件允许时，弱电管线宜在吊顶夹层内及地面架空夹层内敷设。

（6）住宅建筑套内配电线路布线可采用金属导管或塑料导管。暗敷的金属导管管壁厚度不应小于 1.5mm，暗敷的塑料导管管壁厚度不应小于 2.0mm。

（7）潮湿地区的住宅建筑及住宅建筑内的潮湿场所，配电线路布线宜采用管壁厚度不小于 2.0mm 的塑料导管或金属导管。明敷的金属导管应做防腐、防潮处理。

敷设在钢筋混凝土现浇楼板内的线缆保护导管最大外径不应大于楼板厚度的 1/3，敷设在垫层的线缆保护导管最大外径不应大于垫层厚度的 1/2。线缆保护导管暗敷时、外护层厚度不应小于 15mm；消防设备线缆保护导管暗敷时，外护层厚度不应小于 30mm。

预制叠合板内预留接线盒及预制叠合阳台板照明线路敷设做法详见图 1-14、图 1-15。

电气管线的连接和施工要求：

（1）金属导管严禁对口熔焊连接；镀锌和壁厚小于等于 2mm 的钢导管不得套管熔焊连接。

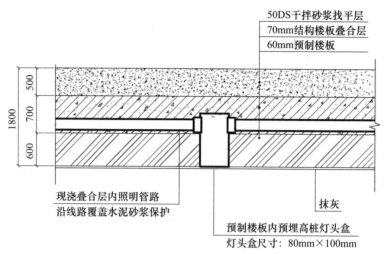

图 1-14　预制叠合板内预留接线盒做法大样

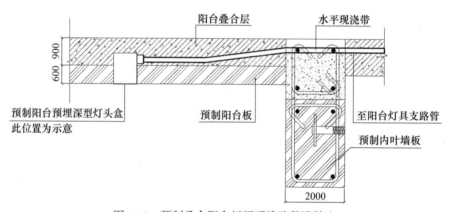

图 1-15　预制叠合阳台板照明线路敷设做法

（2）金属导管内外壁应防腐处理；埋设于混凝土内的导管内壁应防腐处理，外壁可不防腐处理。

（3）暗配的导管，埋设深度与建筑物、构筑物表面的距离不应小于15mm；明配的导管应排列整齐，固定点间距均匀，安装牢固；在终端、弯头中点或柜、台、箱、盘等边缘的距离150～500mm范围内设有管卡。

（4）沿建筑物、构筑物表面和在支架上敷设的刚性绝缘导管，按设计要求装设温度补偿装置。

（5）绝缘导管敷设应符合下列规定：

1）管口平整光滑；管与管、管与盒（箱）等器件采用插入法连接时，连接处结合面涂专用胶合剂，接口牢固密封；

2）植埋于地下或楼板内的刚性绝缘导管，在穿出地面或楼板易受机械损伤的一段，采取保护措施；

3）当设计无要求时，埋设在墙内或混凝土内的绝缘导管，采用中型以上的导管。

（6）金属、非金属柔性导管敷设应符合下列规定：

1）刚性导管经柔性导管与电气设备、器具连接，柔性导管的长度在动力工程中不大于 0.8m，在照明工程中不大于 1.2m；

2）可挠金属导管或其他柔性导管与刚性导管或电气设备、器具间的连接采用专用接头；复合型可挠金属管或其他柔性导管的连接处密封良好，防液覆盖层完整无损；

3）可挠金属导管和金属柔性导管不能做接地（PE）或接零（PEN）的接续导体。

4. 预制构件上配电箱、配线箱等箱体设置要求

与传统建筑相比，装配式钢结构建筑在预制构件上设置的家居配电箱、配线箱和控制器要求更加精准，故设备布置应做到布置合理，定位准确。

（1）每套住宅应设置不少于一个家居配电箱，家居配电箱宜暗装在套内走廊、门厅或起居室等便于维修维护处，箱底距地高度不应低于 1.6m。

（2）弱电箱、弱电出线终端与强电配电箱及电源插座等宜保持一定距离，且二者边距不宜小于 200mm。

（3）除特殊要求外，弱电出线终端的安装高度宜为中心距最终铺设完成后的地面 300mm，并宜与无特殊要求的强电插座的安装高度一致。

（4）同类弱电箱及弱电管线的尺寸及敷设位置应规范统一，并与建筑模数、结构部品及构件等相协调。

（5）电缆最小允许弯曲半径详见表 1-5。管卡间的最大距离详见表 1-6。

电缆最小允许弯曲半径 表 1-5

| 电缆形式 | | 电缆外径（单位：mm） | 多芯电缆 | 单芯电缆 |
|---|---|---|---|---|
| 塑料绝缘电缆 | 无铠装 | — | 15D | 20D |
| | 有铠装 | | 12D | 15D |
| 橡皮绝缘电缆 | | | 10D | |
| 控制电缆 | 非铠装型、屏蔽型软电缆 | | 6D | — |
| | 铠装型、铜屏蔽型 | | 12D | |
| | 其他 | | 10D | |
| 铝合金导体电力电缆 | | — | 7D | |
| 氧化镁绝缘刚性矿物绝缘电缆 | | <7 | 2D | |
| | | ≥7，且<12 | 3D | |
| | | ≥12，且<15 | 4D | |
| | | ≥15 | 6D | |
| 其他矿物绝缘电缆 | | — | 15D | |

注：D 为电缆外径。

| 敷设方式 | 导管种类 | 导管直径（单位：mm） | | | |
|---|---|---|---|---|---|
| | | 15~20 | 25~32 | 40~50 | 65以上 |
| | | 管卡间的最大距离（单位：m） | | | |
| 支架或沿墙明敷 | 壁厚＞2mm刚性铜导管 | 1.5 | 2.0 | 2.5 | 3.5 |
| | 壁厚＜2mm刚性铜导管 | 1.0 | 1.5 | 2.0 | — |
| | 刚性塑料导管 | 1.0 | 1.5 | 2.0 | 2.0 |

### 5. 钢结构构件上孔洞、沟槽预留

从安全和经济两方面考虑，钢结构构件上的孔洞和沟槽应做好预留。具体情况见表1-7。

钢结构构件上孔洞、沟槽预留 表1-7

| | 相关要求 |
|---|---|
| 条件受限，钢结构预制构件中需预埋管线或预留沟、槽、孔、洞的位置时 | 预留、预埋应遵守结构设计模数网络，不应在结构构件安装后凿剔沟、槽、孔、洞 |
| 设备及其管线必须暗埋时 | 应结合结构楼板及建筑垫层进行设计，集中敷设在现浇区域内 |
| 其他要求 | 预制构件上为设备及其管线敷设预留的孔洞、套管、坑槽不得影响构件完整性与结构安全 |

构件预留孔、洞和预埋件的检验见表1-8。

预制构件尺寸允许偏差及检验方法 表1-8

| 项目 | | 允许偏差（mm） | 检验方法 |
|---|---|---|---|
| 预留孔 | 中心线位置 | 5 | 尺寸测量 |
| | 孔尺寸 | ±5 | |
| 预留洞 | 中心线位置 | 10 | 尺寸测量 |
| | 洞口尺寸、深度 | ±10 | |
| 预埋件 | 线管、电盒在构件平面的中心线偏差 | 20 | 尺寸测量 |
| | 线管、电盒与构件表面混凝土高差 | 0，-10 | |

注：检查中心线、孔道位置偏差时，应沿纵横两个方向测，并取其中偏差较大值。

### 6. 穿越预制构件的电气管线、线槽均应预留孔、洞，严禁剔凿

（1）预制构件预埋时应按设计要求标高预留过墙孔洞，在加工预制梁或预制隔板时，预留孔洞应在预制梁或预制板材的上方，吊顶敷设，保护套管应按设计要求选材。

（2）预制构件时应注意避雷引下线的预留预埋，在预制柱体下侧应预埋不少于两处规格为100mm×150mm，厚度应不低于为8mm的钢板，钢板与主体内的竖向

主体钢筋焊接，其钢板与下侧穿梁钢筋紧密焊接，焊接倍数必须达到要求。

7. 防雷引下线、等电位端子板／等电位接地

（1）建筑物宜利用钢筋混凝土屋顶、梁、柱、基础内的钢筋作为引下线；在易受机械损坏的地方，地面上 1.7m 至地面下 0.3m 的引下线应加保护设施。

（2）构件内有箍筋连接的钢筋或成网状的钢筋，其箍筋与钢筋、钢筋与钢筋应采用土建施工的绑扎法、螺丝、对焊或搭焊连接。单根钢筋、圆钢或外引预埋连接板、线与构件内钢筋应焊接或采用螺栓紧固的卡夹器连接。构件之间必须连接成电气通路。

（3）防雷接地宜与电源工作接地，安全保护接地等共同接地装置，防雷引下线和公用接地装置应充分利用建筑和结构本身的金属物。

（4）电源配电间和设洗浴设备的卫生间应设等电位连接的接地端子，该接地端子应与建筑物本身的钢结构金属物连接，金属外窗应与建筑物本身的钢结构金属物连接。

8. 管道支吊架的相关要求

（1）敷设管道应有牢固的支、吊架和防晃动措施。

（2）固定设备、管道及其附件的支、吊架安装应牢固可靠，并具有附着性，支、吊架应安装在实体结构上，支架间距应符合相关工艺标准的要求，同一部品内的管道支架应设置在同一高度上。

9. 电气消防相关要求

（1）建筑内的电缆井、管道井应在每层楼板处采用不低于楼板耐火极限的不燃材料或防火封堵材料封堵。建筑内的电缆井、管道井与房间、走道等相连通的孔隙应采用防火材料封堵。

（2）电气配管穿墙或穿越防火分区的孔洞应使用防火材料封堵。

（3）线槽穿越楼层或横向跨防火区时，应加装防火钢套填充防火枕，满足防火设计要求。

## 1.4.5 管线综合设计

建筑设备管线设计应相对集中、布置紧凑，合理占用空间。设备管线应进行综合设计，减少平面交叉；竖向管线宜集中布置，并满足维修更换的要求。公共建筑内竖向管线宜集中布置在独立的管道井内，且布置在现浇楼板处。当条件受限管线必须暗埋时，宜结合叠合楼板、压型钢板现浇层以及建筑垫层进行设计。

设备管线应进行综合设计，减少平面交叉；竖向管线宜集中布置，并应满足维修更换的要求；水平管线宜在架空层或吊顶内敷设，当受条件限制必须做暗敷时，尽可能敷设在现浇层或建筑垫层内。

各弱电子系统的管线应与各相关专业做好管道综合，管线宜确定具体位置及路

由。设计可采用包含 BIM 技术在内的多种技术手段开展三维管线综合设计，对结构预制构件内的电气设备、管线和预留洞槽等做准确定位，以减少现场返工。

### 1.4.6 整体厨卫设计

整体厨卫空间，是指提供从顶棚、厨卫家具（整体橱柜、浴室柜）、智能家电（浴室取暖器、换气扇、照明系统、集成灶具）等成套厨卫家居解决方案的产品。其特点在于产品集成、功能集成、风格集成。此类产品用于装配式钢结构建筑，在管线处理方面提供了较好的解决手段。

1. 整体卫浴设计要求

（1）管线应综合布置，管线与设备的接口设置应互相匹配，并应满足厨房使用功能的要求，在施工图中应明确标注接口定位尺寸，其施工精度误差不应大于 5mm。

（2）当套内配置的整体厨房、整体卫浴等场所有智能化的监控要求时，相应的管线、接口及设备应预留、配置到位。

（3）整体装配式卫浴间或公共卫浴间的卫浴给水排水部件，其标高、位置及允许偏差项目应执行现行国家标准《建筑给水排水及采暖工程施工质量验收规范》GB 50242 的规定。

（4）设于厨房的水表和燃气表宜采用远传计量的方式，并应预留远传计量的数据传输接口位置及其电源接口位置，其系统性能应符合《民用建筑远传抄表系统》JG/T 162 中 5.4 的要求。

（5）电器包括照明灯、换气扇、烘干器及电源插座等均应符合相应的标准。插座接线应符合《建筑电气工程施工质量验收规范》GB 50303 中 22.1.2 的要求。除电器设备自带开关外，外设开关不应置于整体卫浴间内。

（6）组成整体卫浴间的主要构件、配件应符合有关标准、规范的规定，组装整体卫浴间所需的配件按表 1-9 所示要求选定。

卫浴间主要构件、配件      表 1-9

| | 具体内容 |
|---|---|
| 主要配件 | 浴盆、浴盆水嘴、洗面器、洗面器水嘴、坐便器、低水箱、隐蔽式水箱或自闭冲洗阀、照明灯、肥皂盒、手纸盒、毛巾架、换气扇及镜子等 |
| 选用配件 | 妇洗器或淋浴间、浴缸扶手、梳妆架、浴帘、衣帽钩、电源插座、烘干器、清洁箱、电话、紧急呼唤器等 |

2. 整体卫浴设计措施方法

（1）整体卫浴应进行管道井设计，可将风道、排污立管、通气管等设置在管道井内，管井尺寸由设计确定，一般设计为 300mm×800mm。

（2）整体卫浴排水总管接口管径宜为 $DN$100mm，整体厨房排水管接口管径宜为$DN75$mm。

（3）整体卫浴给水总管预留接口宜在整体卫浴顶部贴土建顶板下敷设。当整体卫浴墙板高度为$H=2300$mm时，需将给水管道安装至卫生间土建内部任一面墙体上，在距整体卫浴安装地面约2500mm的高度预留$DN20$mm阀门，冷热水管各一个，打压确保接头不漏水；整体卫浴内的冷、热水管伸出整体卫浴顶盖顶部150mm，待整体卫浴定位后，将整体卫浴给水管与预留给水阀门进行对接，并打压试验。当墙板高度增加时，预留阀门的安装高度相应增加。

（4）整体卫浴排水一般分为同层排水和异层排水，相关要求参见表1-10。整体卫浴所有排水器具的排水管件连接汇总为一路$DN100$mm排水管，污废合流，连接至污水立管；若要求污废分流，整体卫浴可将污、废水分别汇总为$DN100$mm和$DN50$mm的排水管，分别连接至污、废水立管。

整体卫浴排水类型及相关要求　　　　　　　　　　　　表1-10

| 类型 | 相关要求 |
| --- | --- |
| 同层排水 | 当排水方式为同层排水时，要求立管三通接口下端距离整体卫浴安装楼面20mm |
| 异层排水 | 当排水方式为异层排水时，整体卫浴正投影面管路连接必须待整体卫浴定位后方可进行施工 |

# 1.5 室内装饰装修系统

我国的建筑产业正向着现代化方向快速发展，建筑结构体系开始向工业化、标准化方向发展，室内装饰装修体系也向整体化、集成化、装配化方向发展。积极推广并实施整体化、集成化、装配化室内装饰装修系统，不仅能够加快建造速度、提高建筑质量、提升建筑的整体水平，还可以很大程度上解决传统住宅装修方式的弊端，更可以充分发挥钢结构建筑内部空间灵活可变的优势，有利于促进装配式钢结构建筑——尤其是装配式钢结构住宅的发展，对真正实现建筑产业现代化和绿色建筑的理念有着极为重要的意义（图1-16）。

（a）建设中的钢结构住宅　　　　　　　（b）钢结构住宅装修前内景

图1-16　钢结构住宅

室内装饰装修系统主要可分为模块化部品和集成化部品两大类。其中模块化部品包括：整体厨房、整体卫浴和整体收纳；集成化部品包括：装配式地面、装配式吊顶和轻质隔墙（图 1-17）。

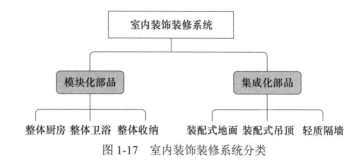

图 1-17　室内装饰装修系统分类

### 1.5.1　整体厨房

整体厨房是一种配置有燃气灶具、抽油烟机、橱柜等厨房用具及电器的模块化部品，在工厂生产，运输到现场组装，进行整体施工装修。"整体"的涵义是指整体配置、整体设计和整体施工装修。整体厨房先根据住宅的户型专门定制一套方案，通过整体设计把厨房所有的部品部件整合到一起，统一在工厂生产后运送至现场，并采用干式工法装配而成，从而实现厨房在功能、科学和艺术三方面的完整统一（图 1-18）。

（a）简约式整体厨房　　　　　　　　　　（b）豪华中式厨房

图 1-18　整体厨房

整体厨房应满足厨房设备设施点位预留的要求。给水排水、燃气管道等应集中设置、合理定位，并应设置管道检修口。宜采用排油管道同层直排的方式。

### 1.5.2　整体卫浴

整体卫浴是指由工厂生产、现场装配的满足洗浴、盥洗和便溺等功能要求的基本单元，也是模块化的部品。具体配置了卫生洁具、设备管线以及墙板、防水底盘、顶板等（图 1-19）。

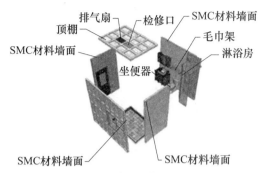

（a）整体卫浴内景　　　　　　（b）整体卫浴设施配置

图 1-19　整体卫浴

　　整体式卫生间宜采用干、湿区分离的布置方式，并应满足设备和设施点位预留的要求，同时应满足同层排水的要求。给水排水、通风和电气等管线的连接均应在设计预留的空间内安装完成，并应设置检修口。当采用防水底盘时，防水底盘与墙板之间应有可靠的连接设计。

　　在卫生间内装的选择与配置上，宜采用标准化的整体卫浴内装部品，造型和安装应与建筑结构体一体化施工。整体卫浴的地面高度不应高于地面完成面的高度。

### 1.5.3　整体收纳

　　整体收纳是由工厂生产、现场装配的满足不同套内功能空间分类储藏要求的基本单元，也是模块化的部品，配置门扇、五金件和隔板等（图 1-20）。

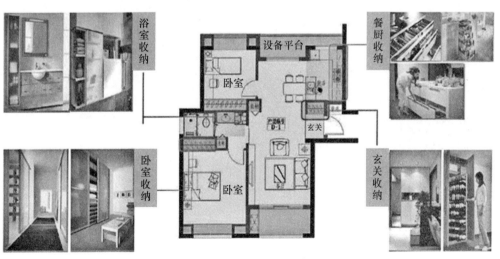

图 1-20　住宅收纳设计

装配式钢结构住宅宜选用标准化、系列化的整体收纳。

整体收纳应采用标准化内装部品，造型和安装应与建筑结构体相协调并一体化施工。

### 1.5.4　装配式楼地面

装配式楼地面主要以架空地板为主。架空地板指：通过在结构楼板上采用支撑构件，再在支撑构件上铺设衬板及地板面层形成架空层，是一种装配化程度很高的集成地面部品。常用的架空地板主要有支撑架空式和模块架空式两种（图1-21）。

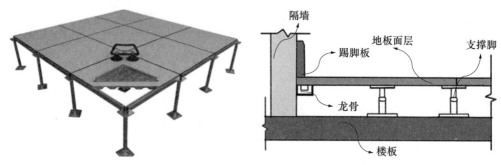

图 1-21　架空地板

装配式楼地面设计宜采用装配式部品。给水排水和供暖等管道宜敷设在架空地板系统的架空层内。架空地板高度应根据管线的管径、长度、坡度以及管线交叉情况进行计算，并宜采取减震措施。将管线铺设在架空层时，应设置检修口。

### 1.5.5　集成式吊顶

吊顶是指房屋居住环境的室内顶部装修的一种装饰，即天花板的装饰。住宅吊顶除了装饰的作用外，还可以利用架空空间铺设管线设备，并具有良好的保温隔热的性能。在钢结构住宅中，为了实现吊顶的装配式干法施工，采用架空吊顶体系，常用类型有轻钢龙骨吊顶（图1-22）。

（a）轻钢龙骨集成式吊顶　　　　　（b）集成式吊顶的组成

图 1-22　集成式吊顶

当采用压型钢板、组合楼板或钢筋桁架楼承板时，应设置吊顶。当采用开口型压型钢板组合楼板或带肋混凝土楼盖时，宜利用楼板底部肋侧空间进行管线布置，并设置吊顶。厨房和卫生间的吊顶在管线集中部位应设有检修口。吊顶设计宜采用装配式部品。

### 1.5.6 轻质隔墙

在装配式钢结构建筑中，结构体系与围护分隔体系是完全分开、相互独立的。荷载由钢结构的梁或桁架、柱受力承重；内、外墙体基本都为非承重墙（自承重墙）。内隔墙可以随时进行拆除和变换，住宅的平面可以更加灵活地进行设计，从而得到更加多样化的使用空间和功能区。墙体应采用防火隔声等性能优良的轻质隔墙，可选龙骨类、轻质水泥基板类或轻质复合板类隔墙，如轻钢龙骨石膏板隔墙、轻质蒸压加气混凝土墙（ALC）、轻质陶粒混凝土墙等（图1-23）。

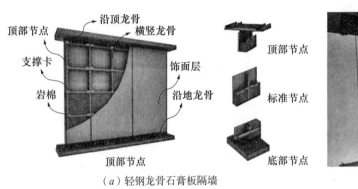

（a）轻钢龙骨石膏板隔墙 （b）ALC隔墙

图1-23 轻质隔墙

隔墙作为分隔室内空间的建筑部品，隔墙设计应采用装配式部品，并应发挥隔墙内空腔的特性，利用隔墙空腔敷设管线。龙骨类隔墙宜在空腔内敷设管线及接线盒等。当隔墙上需要固定电气、橱柜、洁具等较重设备或其他物品时，应采取加强措施，其承载力应满足相关要求。

外墙内表面及分户墙表面宜采用满足干法施工要求的部品，墙面宜设置空腔层，并应与室内设备管线进行集成设计。

# 1.6 装配式建筑构件分类

进行装配式建筑设计，首先需要建立装配式建筑构件分类体系。而装配式建筑是一个复杂的体系，针对众多复杂建筑构件的设计活动贯穿于建筑生命周期始终，需要运用适当的系统分类方法，才能厘清建筑构件系统内部的逻辑关系。

建筑构件分类包括结构体系统、外围护体系统、内装修体系统与管线设备体系统（图1-24）。结构体系统首先形成建筑结构骨架，实现装配式建筑的主体承重结构功能。外围护体系统在结构构件系统基础上添加外围护构件，使装配式建筑具有了完整的气候界面。内装修体系统在结构构件系统与外围护构件系统基础上，通过内装修构件及模块使建筑室内空间形成装修界面，并实现了建筑内部空间分隔。管线设备体系统最终通过各种性能设备、管线的设置，使装配式建筑具有了完善的居住使用功能以及舒适性。在这四部分功能构件体系中，结构体系统处于基础核心位置，外围护体系统、内装修体系统与管线设备体系统是在其基础上的逐层添加、扩展与完善的（图 1-24）。

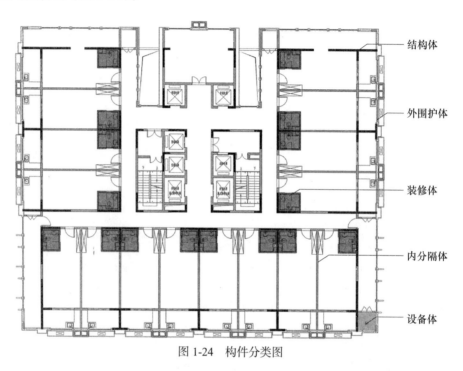

图 1-24　构件分类图

### 1.6.1　结构体系统

装配式钢结构构件同样首先分解为竖向结构构件与横向结构构件。竖向结构构件包括：钢柱、钢管混凝土柱、钢板剪力墙、钢支撑、轻钢密柱板墙等。横向结构构件包括：钢梁、压型钢板、钢筋桁架楼承板、钢筋桁架叠合板、钢楼梯、预制混凝土楼梯等。

### 1.6.2　外围护体系统

外围护体系统主要可分为预制混凝土外围护构件和非混凝土外围护构件。预制混凝土外围护构件主要包括：预制混凝土外挂墙板、预制混凝土飘窗墙板、预制女儿墙、预制阳台栏板、预制阳台隔板等。非混凝土外围护构件主要包括：单元式幕墙（玻璃幕墙、石材幕墙、铝板幕墙、陶板幕墙）、蒸压轻质加气混凝土外墙系统、GRC 墙板、阳台栏杆等。

### 1.6.3　装修体系统

装修体系统主要由装配式内分隔构件、装配式吊顶、装配式楼地面铺装、装配式墙面板、集成式卫生间、集成式厨房、家具陈设等构件、构件集合组成。其中装配式内分隔构件主要包括有：玻璃隔断、木隔断墙、轻钢龙骨石膏板隔墙、蒸压轻质加气混凝土墙板、钢筋陶粒混凝土轻质墙板等。装配式楼地面铺装又可分为成品地板干式铺装与架空地板等。

### 1.6.4　管线设备体系统

管线设备构件系统主要由水设备、电设备、性能调节设备、预制管道井、预制排烟道等构件集合组成。管线设备构件可进一步分为三个层级的构件。其中，一级构件位于建筑外部空间；二级构件为位于建筑公共空间内的水、电、性能调节设备等管线设备构件；三级构件主要为位于建筑户内空间的管线设备构件。

装配式建筑构件包含性能、功能、尺寸、层级、属性等物理参数的"技术类"信息。这些建筑构件所组成的"构件集合体"是建筑的物质构成本质，不同种类的构件组成了与建筑功能要求相对应的构件系统，这些构件系统需要满足建筑的空间性、性能性、功能性和美学性等特征。建筑的物质构成是建筑本体中的物质载体，也是建筑空间、性能、功能、美学的物质载体。装配式建筑的构件分类系统，可以转译和拓展为"空间构成""性能构成""功能构成"和"美学构成"等要素，与装配式建筑设计高度关联，可以为装配式建筑设计提供基础。

# 1.7　本章小结

基于新时代我国建筑产业发展背景与装配式建筑的建设需求，从创新装配式钢结构建筑设计建造理念和方法出发，以新型建筑工业化的整体思维角度认识装配式钢结构建筑专业化设计与建造技术的集成方法，将装配式钢结构建筑分解为建筑结构系统、建筑外围护系统、设备及管线系统和建筑内装系统四大系统。这四大系统相互关联，形成装配式钢结构建筑集成设计的重要组成部分。本章在阐述装配式钢结构建筑设计基本原则的基础上，分别对四大系统的具体构成及其设计理念、原则和基本要求进行了梳理剖析，并对各系统的构件分类作了细化，为后续章节的学习和理解奠定基础。

# 第2章 建筑设计

## 2.1 建筑标准化设计

建筑标准化设计是装配式钢结构建筑的总体设计原则。建筑设计标准化是指把不同用途的建筑物，分别按照统一的建筑模数、建筑标准、设计规范、技术规定等进行设计，并经实践鉴定具有足够科学性的建筑物形式、平面布置、空间参数、结构方案，以及建筑构件和配件的形状、尺寸等，在全国或一定地区范围内统一定型、编制目录，并作为法定标准，在较长时期内统一重复使用。如广泛使用的各种标准设计、标准构配件等。

标准化设计是装配式建筑的重中之重，存在于设计、生产、施工、装修及管理的各个阶段，具有非常重要的意义。装配式建筑标准化设计的具体方法包括简化、统一化、系列化、通用化、组合化、模数化和模块化。装配式建筑的构件由于采用了非原位预制的建造方式，预制完成后再运送到工地进行装配，因此构件的种类越少越好，构件的规格越标准越好。在装配式建筑设计中，标准化的原则是要采用尽量少的类型，来满足建筑设计中多变的形式、功能和空间要求。

### 2.1.1 标准化设计

装配式建筑标准化设计是指以建筑构件的分类组合为基础，在满足建筑使用功能和空间形式的前提下，以降低构件种类和数量作为标准化设计手段的建筑设计思想。标准化设计是装配式建筑设计的核心思想，它贯穿于整个设计、生产、施工、运维的整个流程。标准化建筑设计旨在提高建造效率、降低生产成本、提高建筑产品质量。

实现装配式建筑标准化设计，前提是要理解标准化楼栋、标准化单体、标准化空间以及标准化构件的前后逻辑关系。对于设计师而言，从标准化建筑楼栋的角度出发，反推衍生出标准化的楼层或标准化的单体，标准化的楼层或标准化户型则是由标准化的空间与标准化的户型组成，而实现标准化空间或标准化户型的基础就是依托于标准化的构件。由标准化建筑到标准化构件是一个逐步递进的过程，建立标准化建筑到标准化构件的逻辑思维是装配式建筑标准化设计的核心要点，"少类型多组合"的标准化构件设计与应用则是重中之重（图2-1）。建筑是一个复杂的系统，其结构体、围护体、分隔体、装修体和设备体本身就由各种不同的部品所构成，再加上这五个系统相互之间还要进行关联和连接，使得建筑策划、设计、生产、装配、使用、维修和拆除都越来越复杂。在这种情况下，应当将建筑中的构件进行归并，使得尽量多的构件相同或相近，并使得连接方式尽量归并，可以大大地减少不同的构件类型，方便设计、生产、装配等各个环节。

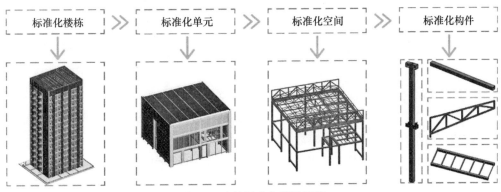

图 2-1　建筑标准化设计逻辑

为了平衡建筑工业化大生产所要求的构件少和建筑多样性之间的矛盾，在建筑设计中可以考虑将构件区分为标准构件与非标准构件。需要说明的是，建筑标准构件与非标准构件并不存在不可逾越的鸿沟。譬如，当标准构件生产到最后几步时，如果将每个构件单独加工处理，即可在同一基础之上获得各不相同的非标准构件，既可以保障大的尺度上的一致，又能得到各不相同的非标准构件，这样可以大幅降低非标准构件的成本，同时可以保证构造连接的一致性，是一种较为可行的非标准构件设计生产方法。

针对装配式钢结构建筑来说，结构体的构件设计应遵循尽量标准化的原则，但其自身重量较轻，装配难度较小，可以适当容纳一部分非标准构件；围护体的构件设计应在标准化与非标准化之间取得均衡，通过标准构件的不同的排列组合或是特殊造型的非标准构件来满足建筑立面、建筑属性的要求；分隔体的构件设计应尽量符合标准化的要求，减少种类与数量，避免多余的板材切割（图 2-2）。

图 2-2　标准化的结构体构件

### 2.1.2 模数化设计

建筑模数化设计是建筑标准化设计的数理设计方法和原则，是实现建筑标准化的数理基础。模数化设计最主要的内容是装配式建筑的尺寸协调。尺寸协调是指建筑物及其建筑制品、构配件、部品等通过有规律的数列尺寸协调与配合，形成标准化尺寸体系，用以有序规范指导建筑生产各环节的行为。具体体现为不同建筑系统构件之间、相同建筑分系统构件之间通过有规律的数列尺寸协调与配合，形成标准化尺寸体系和公差标准，用以有序规范指导建筑生产各环节的行为。

装配式建筑标准化设计的基本环节是建立一套适应性的模数与模数协调原则。模数协调包括模数数列（基本模数 M、扩大模数 nM、分模数 M/n）、模数网格（基本网格、扩大网格、分模数网格）、尺寸协调（标志尺寸、制作尺寸、实际尺寸）三方面内容，三者通常结合使用（图 2-3）。模数网格是用于构件定位的，由正交、斜交或弧线的平行基准线（面）构成的平面或空间网格，这些基准线（面）之间的距离需要遵循模数数列的规则。而尺寸协调则提供通用的尺度"语言"，实现设计与安装之间的尺寸配合协调，打通设计文件与制造之间的数据转换，使得设计、制造和施工的整个过程均彼此相容。

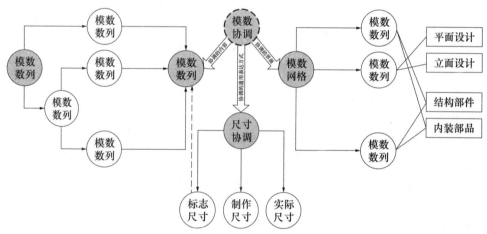

图 2-3　模数协调的基本概念关系

如确定建筑平面，以及相关部件部品、组合件的平面标志尺寸时，如建筑物的开建、进深、柱距、跨度等，以及梁、板、内隔墙和门窗洞口的标志尺寸宜采用扩大模数（3M、6M 等），确定装配式建筑中主要功能空间的关键部品和构配件的制作尺寸时（如外墙板、非承重内隔墙、门窗、楼梯、厨具等），应优先采用的优选模数尺寸（1M、3M 等）。确定部品部件的厚度、部品部件之间的节点、接口的尺寸以及设备管线的尺寸及其定位尺寸等，可采用分模数增量（1/2M、1/5M、1/10M 等）。

### 2.1.3 模块化设计

建筑模块化设计是建筑标准化设计的通用设计原则。模块化是将有特点功能的单元作为通用性的模块与其他产品要素进行多种组合，构成新的单元，产生多种不同功能或相同功能、不同性能的系列组合。模块化是系统的方法和工具，将复杂的建筑系统分解为多个具有独立功能的子系统，并使子系统系统构成整个建筑的系统架构。同时，子系统中填充具有独立功能的模块，通过调整、更换具有相同或相似功能的模块以及模块的组合方式，但无论多么复杂的建筑系统，都可以按照不同建筑设计的要求在不改变整个建筑系统架构的前提下进行调整，这恰恰也是预制装配式建筑工业化生产方式所需要的，建筑不再是必须唯一定制的作品，而转变为可以批量生产的产品。

模块化设计通过对建筑构件系统进行功能分析，由整体到部分首先将建筑分解为若干具有独立功能的构件系统，有结构构件系统、外围护构件系统、内装修构件系统、管线设备构件系统。然后，这些构件系统可再次向下分解为由若干构件共同集合而成的构件模块，也可称之为构件集合，如内装修构件系统中的装配式吊顶、集成式卫生间、集成式厨房等。最后针对各构件模块内部以及模块相互间的匹配、连接展开设计，通过模块间的标准化接口、界面设计，使各构件模块共同集合成装配式产品，以适应大规模生产和空间可变。

模块化设计是实现建筑标准化设计的重要基础。以装配式钢结构住宅建筑为例，通过模块化设计将不同功能空间的模块进行集成组合，以满足住宅全生命周期灵活使用的多种可能。同样标准的建筑单体可以进行横向与竖向的多样化组合，在满足空间、功能的要求之余，丰富装配式建筑的立面效果。

### 2.1.4 建筑协同设计

建筑协同设计指通过建筑、结构、设备、装修等专业互相配合，并运用信息化技术手段满足建筑设计、生产运输、施工安装等要求的一体化设计。协同设计是建筑标准化设计的操作设计原则。设计阶段需要多专业，多工种提前介入；协同设计是构件工厂化预制和装配化施工的前提，在设计时应利用信息化等技术手段进行建筑、结构、设备、室内装修、制造、施工等一体化设计，实现各专业、各工种的协同配合，参与各方都需有协同的意识，在各个阶段重视信息的互联互通，确保落实到工程上所有信息的唯一性和正确性（图 2-4）。

实现协同的方法有：通过传统的项目周例会，全部参与方通过全体会议和定期沟通、互提资料等方式协同；通过基于二维 CAD 和协同工作软件搭建的项目协同设计平台；通过基于 BIM 的协同工作平台等。

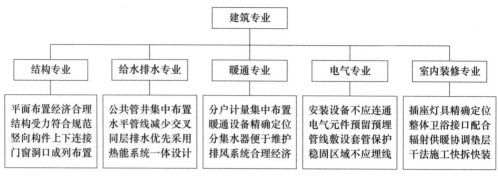

图 2-4　建筑协同设计的主要内容

## 2.1.5　基于构件分类组合的建筑设计

　　预制装配式钢结构建筑都是由标准和非标准的构件通过一定的原理组合而成（表2-1）。建筑本质上是由结构构件，围护构件，内装修构件，设备管线构件，环境构件等组合形成的"构件集合体"。其中"构件"是建筑物质构成的基本元素，是第一性的，也是可见的、可操控的。在此基础上，建筑设计有了根基和依据，是理性的、可预测的，以及可量化的。多样性的建筑空间、建筑性能、建筑功能和建筑风格体现在对构件组合方式的变化和对构件文化属性的添加上，而对建筑设计的把控可以被转换、分解和量化为对构件组合变化的论证和对构件属性添加的推算。基于构件分类组合的建筑设计不同于传统建筑设计注重建筑平面、立面、剖面设计，而是聚焦以构件为单位进行建筑设计，基于构件分类组合的建筑设计方法为与BIM软件的结合应用提供了必要性和便利性。

装配式钢结构建筑构件系统分类表　　　　　　　　　　表 2-1

| 预制装配式构件类型 | | 序号 | 构件名称 |
| --- | --- | --- | --- |
| 装配式钢结构建筑结构系统构件 | 竖向构件 | 1 | 钢柱 |
| | | 2 | 钢筋混凝土柱 |
| | | 3 | 钢板剪力墙 |
| | | 4 | 钢支撑 |
| | | 5 | 轻钢密柱板墙 |
| | | 6 | 其他 |
| | 水平构件 | 1 | 钢梁 |
| | | 2 | 压型钢板 |
| | | 3 | 钢筋桁架楼承板 |
| | | 4 | 钢筋桁架叠合板 |
| | | 5 | 钢楼梯 |
| | | 6 | 预制混凝土楼梯 |
| | | 7 | 其他 |

| 预制装配式构件类型 | 序号 | 构件名称 |
|---|---|---|
| 装配式钢结构建筑外围护系统构件 | 1 | 钢丝网水泥墙 |
| | 2 | 轻钢骨架复合墙板 |
| | 3 | 预制混凝土外挂墙板 |
| | 4 | 预制夹心保温外墙板 |
| | 5 | 双层保温复合外墙板 |
| | 6 | 蒸压轻质加气混凝土墙板 |
| | 7 | 金属外墙板 |
| | 8 | GRC 外墙板 |
| | 9 | 木骨架组合外墙 |
| | 10 | 陶板幕墙 |
| | 11 | 金属幕墙 |
| | 12 | 石材幕墙 |
| | 13 | 玻璃幕墙 |
| | 14 | 现场组装骨架外墙 |
| | 15 | 屋面系统 |
| | 16 | 预制阳台栏板 |
| | 17 | 预制阳台隔板 |
| | 18 | 预制走廊栏板 |
| | 19 | 装配式栏杆 |
| | 20 | 预制花槽 |
| | 21 | 其他 |
| 装配式钢结构建筑内装系统构件 | 1 | 轻钢龙骨石膏板隔墙 |
| | 2 | 蒸压轻质加气混凝土墙板 |
| | 3 | 钢筋陶粒混凝土轻质墙板 |
| | 4 | 木隔断墙 |
| | 5 | 玻璃隔断 |
| | 6 | 集成式卫生间 |
| | 7 | 集成式厨房 |
| | 8 | 预制管道井 |
| | 9 | 预制排烟道 |
| | 10 | 装配式栏杆 |
| | 11 | 其他 |

## 2.2　建筑性能设计

安全性、适应性和耐久性是装配式钢结构建筑性能设计的基本要求。安全性即建筑设计应满足结构安全的要求，建筑设计应与结构设计一体考虑，避免冲突。结构应能承受可能出现的各种荷载作用和变形不发生破坏；在偶然事件发生后，结构仍然能保持必要的稳定性。适应性即在建筑的使用寿命内能够满足可变的功能需求。耐久性表现为抵御外部自然因素长期的影响而对正常使用产生影响的能力。

### 2.2.1　安全性

装配式钢结构建筑的安全性是性能设计首要考虑的问题，尤其对于民用住宅类钢结构建筑必须要保证结构的坚固与稳定（表 2-2）。在充分考虑满足结构承载力的前提下，还要统筹兼顾抗震性能与防火性能设计。

房屋建筑结构的安全等级　　　　　　　　　　　　表 2-2

| 安全等级 | 破坏后果 | 示例 |
|---|---|---|
| 一级 | 很严重：对人的生命、经济、社会或环境影响很大 | 大型的公共建筑 |
| 二级 | 严重：对人的生命、经济、社会或环境影响较大 | 普通的住宅和办公楼等 |
| 三级 | 不严重：对人的生命、经济、社会或环境影响较小 | 小型的或临时性贮存建筑等 |

1. 抗震性能

抗震性能是最为重要的安全性指标，不仅要预先考虑到结构遭受的横向地震力和纵向地震力，还要充分考虑斜向地震力的影响。事实上，在建模仿真模拟研究中发现，斜向地震力对钢结构的破坏影响更为显著，尤其是在各个节点上，需要采取合理措施降低地震力对结构的破坏作用。在具体的钢结构安全性能设计工作中，要充分应用当前成熟完善的节点链接技术，保证施工质量，提高装配式钢结构建筑的安全性。

2. 防火性能

装配式钢结构虽然有很高的结构强度，但"钢"这种材料在火灾发生时，强度大幅下降，承重性能下降后容易导致建筑的垮塌。在当前的研究中，已经开发了多种防火措施，在建筑结构设计中可以应用这些措施提高建筑结构的防火性能。

钢结构防火保护措施按原理分为两类：一是阻热法，二是水冷却法。这些措施的目的是一致的：使构件在规定的时间，温度升高不超过其临界温度。不同的是阻热法是阻止热量向构件传输来，而水冷却法允许热量传到构件上，再把热量导走以实现目的。总体来说阻热法经济性和实用性较好，在实际工程运用相当广泛。水冷却法是抵御火灾的一种有效的防护措施，但由于这种方法对结构设计有专业要求，同时其成本较高，故目前在工程领域还未得到很好的推广。

## 2.2.2 适应性

适应性是指装配式钢结构建筑在使用过程中能否满足各种空间功能需求。对于一般建筑内部空间而言，受设计师、业主方以及建筑功能影响，往往在建成落地的时候就决定了空间划分与空间属性。而在建筑整个全生命周期的运行过程中，空间功能可能会发生相应的变化，这就要求在设计前端统筹考虑建筑空间功能在未来可能发生的变化，以适应不同的空间划分需求。因此，满足适应性设计的要求是体系简单、空间规整的大空间布局。

体系简单指减少空间规格的种类，从而增加空间灵活划分的可能性。越简单的体系越能够产生多样的组合，也就越容易适应不同的空间和功能，这也是标准化单元空间价值。规整的平面布局能有效提高空间的灵活性，尽量规避内部的结构柱与承重墙，后期如需对建筑进行空间变更只要重新改变隔墙的位置，方便改造。尤其对于装配式钢结构住宅建筑来说，大空间结构体系具有平面灵活、功能丰富、居住舒适等优势。通过保留作为承重结构的墙体，取消建筑内部的横纵分隔墙，能有效减少传统住宅开间小、进深短带来的空间局限，有利于根据使用者的需求打造多样化和个性化的平面布局，从而适应不同家庭的居住需求，同时也便于在使用过程中根据家庭所处的不同阶段做出相应的调整（图2-5）。

图 2-5　可灵活分隔的大空间

## 2.2.3 耐久性

耐久性一词经常出现在材料和结构领域，有人将耐久性定义为材料抵抗自身和自然环境双重因素长期破坏作用的能力，即保证其经久耐用的能力。耐久性越好，材料的使用寿命越长。

结构领域对耐久性的释义是结构在正常设计、施工、使用过程中和正常维护状态下，在规定的时间内满足预定功能的能力。还可将其定义为结构在物理因素（如雨水侵蚀、冻融循环）、化学因素（钢筋电化学腐蚀）、生物因素（虫类、微生物、人类行为干扰）及其他多方面因素综合影响下，在预定时间内，其材料性能的退化不致使结构出现严重损伤的概率。

对于装配式钢结构建筑来说，耐久性不单单指建筑材料的耐久性或者结构设计的耐久性，而具有更广泛更深层次的含义。耐久性是与建筑寿命相关联的性质，耐久性越好，建筑的使用寿命越长，因此对于耐久性进行设计或定量可以通过建筑的预期使用寿命来反映，这是一种最为直观的方法。通过对建筑寿命的内涵进行辨析，可分为技术性寿命、经济性寿命、功能性寿命以及社会性寿命，而耐久性的设计或定量也需要基于对以上建筑寿命内涵的认知，由于社会性寿命的影响因素过多，且存在偶然因素，难以找到定量的规律。因此在耐久性设计中，需要考虑以下不同层面的三类耐久性问题（图2-6）。

图2-6　住宅建筑寿命和耐久性对应图

### 2.2.4　其他性能

#### 1. 保温隔热性

钢结构的导热系数大于混凝土等无机材料，且由于是装配式作业，在外窗与主体结构连接处、外围护墙体与钢梁钢柱连接处以及钢结构雨棚与主体连接处都容易产生热桥，在这级过程中也尤其要考虑结构连接处以及外露钢结构的保温隔热性能。

#### 2. 气密性

气密性也是装配式钢结构建筑性能设计的重要指标，尤其对降低建筑能耗产生关键作用，而装配式建筑的外围护结构难免会存在大量的安装与拼接缝隙，且需要一定的弹性和挠度，气密性就会受到影响，这也是装配式钢结构建筑性能设计要考虑的重要环节。

## 2.3　建筑空间、平面与单元

装配式钢结构建筑平面设计主要是基于建筑使用功能对空间尺寸展开设计工作，在这种设计方式下，建筑的结构、外围护、内装修及管线设备系统均围绕空间功能展开设计，这种设计方式应采用大量标准化的建筑构件、规则的平面形态、简单的建筑形体、高效合理的结构体系等，最终保证建筑的综合性能。平面设计应以构件的标准化、空间的通用化为设计出发点。如某为民服务中心由4个模块（村民服务大厅、卫生间和厨房、医疗服务室、办公）组成规则平面形态，每个模块又由相同尺寸的标准化单元组成建筑大空间，从而实现主体结构、外围护、内装修、管线设备各系统独立、高效和并行的设计与建造（图2-7）。

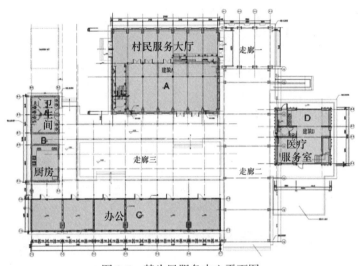

图 2-7　某为民服务中心平面图

### 2.3.1　单元化大空间平面布局

平面设计要面向建筑全寿命周期的空间功能适应性，要使建筑空间在时间维度上适应不同时期各类人群的需求，单元化大空间模式是实现这一目标的有力手段。单元化大空间主要是指利用标准竖向与横向结构构件形成标准化的大尺寸结构空间单元，空间内部可灵活划分，使建筑空间具有可更新性与可改造性，从而提高了建筑的使用寿命。

如图2-8所示，单元化和通用化的大空间平面设计能够有利于产生界限分明的建筑各构件系统，相对独立而又联系紧密的建筑的结构、外围护、内装修及管线设备系统能够满足装配式的建造技术要求，有利于后续工程实施的顺利开展（图2-9）。同时，装配式建筑单元化空间强调在规则平面基础上采用规则均匀的结构布局，在强化结构经济性、安全性的同时，尽可能地减少结构构件的类型与数量，形成简洁高效的结构体系。相反，装配式建筑设计如果采用不规则平面则会导致结构布局的复杂化，降低结构体系的综合效能，产生大量非标准化结构构件，增加预制结构构件的规格数量、工厂预制生产工作量以及装配施工的难度，最终不利于整体建造成本与建造效率。

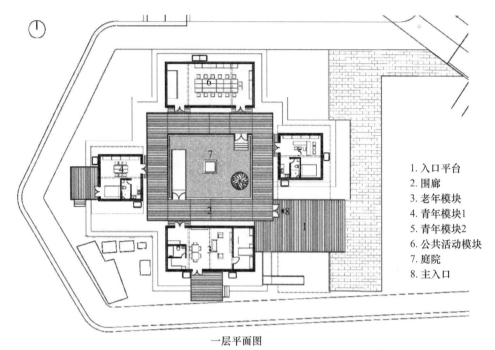

一层平面图

1. 入口平台
2. 围廊
3. 老年模块
4. 青年模块1
5. 青年模块2
6. 公共活动模块
7. 庭院
8. 主入口

图 2-8　单元化和通用化的大空间平面设计

图 2-9　相对独立又紧密联系的内装修及管线设备系统

## 2.3.2　模块化的单元功能空间

以钢结构装配式住宅类型为例，住宅以户为基本的居住空间单元，户型的标准化是装配式建筑的重要空间限定原则（图 2-10）。

标准化户型的重要特征是模块化的功能空间。户型内部的不同功能空间，如起居室、卧室、厨房、卫生间等，具有多样化的标准规格尺寸与平面布局，形成基本功能空间模块。这些具有可替换性的空间模块通过相互间的组合、拼接可形成不同的标准化户型，以适应各种家庭居住模式的需求。在套型面积相同或相近的户型中，会根据使用及空间布局条件，基本采用同一种厨房与卫生间模块。装配式建筑模块化功能空间设计以构件的标准化、空间的通用化为基础，统筹考虑协调各基本功能空间的组合关系，力求做到空间布局紧凑、户型轮廓方正，并突出空间的可变性。对于厨房与卫生间等功能空间模块，其在户型空间组合中应基本保持固定不变。而对于起居室、卧室、餐厅等功能空间则应基于通用大空间原则，通过内分隔墙体的灵活调整，实现空间的可变性，以适应不同的居住模式需求，达到使用的长寿命。

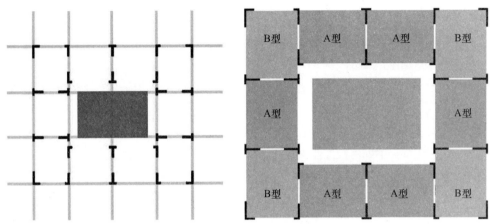

图 2-10　基于户型的模块化单元功能空间设计

# 2.4　本章小结

装配式钢结构建筑与传统钢结构建筑相比，从结构系统看，区别不大，但装配式钢结构的结构构件更加关注构件的标准化设计。从外围护系统来说，传统钢结构的外墙及内墙更多的是二次砌筑，而装配式钢结构用得比较多的是 PC 外挂墙板、ALC 板等。从内装与设备管线系统来比较，传统钢结构主要采用毛坯装修方式，内装与结构体系不分离，设备管线也与结构体系不分离；而装配式建筑，多采用模块化、集成化的内装或管线模块，可以高度实现内装系统与结构系统，管线系统与结构系统的分离。从整个装配式钢结构产业链切入，装配式钢结构建筑不仅涵盖结构专业，实施全流程还需要建筑、机电、设备等专业的全方位配合，贯穿设计、生产、转运、建造、运维、改造再利用及拆除再利用的全生命周期。

# 参考文献

［1］刘东卫. 装配式建筑系统集成与设计建造方法［M］. 北京：中国建筑工业出版社，2020.

［2］纪颖波. 建筑工业化发展研究［M］. 北京：中国建筑工业出版社，2011.

［3］李忠富，李晓丹. 建筑工业化与精益建造的支撑和协同关系研究［J］. 建筑经济，2016，37（11）：92-97.

［4］张宏，朱宏宇，吴京，等. 构件成型·定位·连接与空间和形式生成——新型建筑工业化设计与建造示例［M］. 南京：东南大学出版社，2016.

［5］金虹. 建筑构造［M］. 北京：清华大学出版社，2005.

［6］同济大学，等. 房屋建筑学（第5版）［M］. 北京：中国建筑工业出版社，2016.

［7］金虹. 房屋建筑学（第2版）［M］. 北京：科学出版社，2011.

［8］吴大江. BIM技术在装配式建筑中的一体化集成应用［J］. 建筑结构，2019，49（24）：98-101，97.

［9］樊则森. 集成设计——装配式建筑设计要点［J］. 住宅与房地产，2019（2）：98-104.

［10］中国建筑标准设计研究院有限公司. 装配式住宅建筑设计标准：JGJ/T 398—2017［S］. 北京：中国建筑工业出版社，2018.

［11］中国建筑金属结构协会，中国建筑标准设计研究院有限公司. 装配式钢结构住宅建筑技术标准：JGJ/T 469—2019［S］. 北京：中国建筑工业出版社，2019.

# 第3章 建造材料

装配式钢结构建筑所用的结构材料主要是钢材，钢材品种多，用处不同，所需要钢材的性能各异。装配式钢结构建筑需要的钢材要有较高的强度、较好的塑性和韧性、良好的加工性能及其他性能。本章重点介绍承重结构材料、连接材料和围护结构材料的性能要求、选用标准、检测方法与要求等方面的内容。

## 3.1 承重结构材料

### 3.1.1 材料类型

装配式钢结构建筑承重结构材料的常用类型有：碳素结构钢、低合金结构钢、高强度钢、耐火耐候钢等。其中，装配式承重结构一般采用碳素结构钢和低合金结构钢。

1. 碳素结构钢

按含碳量的大小，碳素结构钢可分为低碳钢、中碳钢和高碳钢。一般而言，含碳量为 0.03%～0.25% 的称为低碳钢；含碳量在 0.26%～0.60% 的称为中碳钢；含碳量在 0.60%～2.00% 的称为高碳钢。含碳量越高钢材强度越高，而塑性、韧性和低温冲击韧性下降，同时钢材的可焊性和抗腐蚀性能降低，装配式钢结构建筑中主要使用低碳钢。按钢材质量，碳素结构钢可分为 A、B、C、D 四个等级，由 A 到 D 表示质量由低到高。不同质量等级对冲击韧性（夏比 V 形缺口试验）的要求有区别，A 级无冲击功的规定；B 级要求提供 20℃时冲击功 $A_k \geqslant 27J$；C 级要求提供 0℃时冲击功 $A_k \geqslant 27J$；D 级要求提供 $-20$℃时冲击功 $A_k \geqslant 27J$。按冶炼中的脱氧方法，钢材可分为沸腾钢（F）、半镇静钢（B）、镇静钢（Z）和特殊镇静钢（TZ）四类。

2. 低合金高强度结构钢

低合金高强度结构钢是在碳素结构钢中添加一种或几种少量的合金元素（各合金元素的总含量小于 5%），从而提高其强度、耐腐蚀性、耐磨性或低温冲击韧性。低合金结构钢的含碳量一般较低（少于 0.20%），以便于钢材的加工和焊接。低合金高强度结构钢质量等级分为 A、B、C、D、E 五级，由 A 到 E 表示质量由低到高。不同质量等级对冲击韧性（夏比 V 形缺口试验）的要求有区别。A 级无冲击功要求；B 级要求提供 20℃时冲击功 $A_k \geqslant 34J$（纵向）；C 级要求提供 0℃时冲击

功 $A_k \geqslant 34J$（纵向）；D 级要求提供 $-20℃$ 时冲击功 $A_k \geqslant 34J$（纵向）；E 级要求提供 $-40℃$ 时冲击功 $A_k \geqslant 34J$（纵向）。不同质量等级对碳、硫、磷、铝的含量的要求也有区别。低合金钢的脱氧方法为镇静钢（Z）和特殊镇静钢（TZ）。

3. 材料力学性能要求

装配式结构钢材的选用应遵循技术可靠、经济合理的原则。在综合考虑结构的重要性、荷载特征、结构形式、应力状态、连接方法、工作环境、钢材厚度和价格等因素的前提下，宜采用 Q235、Q355、Q390、Q420 和 Q460 钢，其力学性能需满足表 3-1 中规定。

钢材设计常用强度指标（单位：N/mm²）　　表 3-1

| 钢材牌号 | | 钢材厚度或直径（mm） | 强度设计值 | | | 屈服强度 $f_y$ | 抗拉强度 $f_u$ |
| --- | --- | --- | --- | --- | --- | --- | --- |
| | | | 抗拉、抗压、抗弯 $f$ | 抗剪 $f_v$ | 端面承压 $f_{ce}$ | | |
| 碳素结构钢 | Q235 | $\leqslant 16$ | 215 | 125 | 320 | 235 | 370 |
| | | $> 16，\leqslant 40$ | 205 | 120 | | 225 | |
| | | $> 40，\leqslant 100$ | 200 | 115 | | 215 | |
| 低合金高强度结构钢 | Q355 | $\leqslant 16$ | 305 | 175 | 400 | 345 | 470 |
| | | $> 16，\leqslant 40$ | 295 | 170 | | 335 | |
| | | $> 40，\leqslant 63$ | 290 | 165 | | 325 | |
| | | $> 63，\leqslant 80$ | 280 | 160 | | 315 | |
| | | $> 80，\leqslant 100$ | 270 | 155 | | 305 | |
| | Q390 | $\leqslant 16$ | 345 | 200 | 415 | 390 | 490 |
| | | $> 16，\leqslant 40$ | 330 | 190 | | 370 | |
| | | $> 40，\leqslant 63$ | 310 | 180 | | 350 | |
| | | $> 63，\leqslant 100$ | 295 | 170 | | 330 | |
| | Q420 | $\leqslant 16$ | 375 | 215 | 440 | 420 | 520 |
| | | $> 16，\leqslant 40$ | 355 | 205 | | 400 | |
| | | $> 40，\leqslant 63$ | 320 | 185 | | 380 | |
| | | $> 63，\leqslant 100$ | 305 | 175 | | 360 | |
| | Q460 | $\leqslant 16$ | 410 | 235 | 470 | 460 | 550 |

## 3.1.2 钢材规格

装配式钢结构建筑所用的钢材主要为热轧成型的钢板和型钢、冷弯成型的薄壁型钢等。

1. 钢板

钢板主要有厚钢板、薄钢板和扁钢（带钢）。

厚钢板：厚度 4.5～60mm，宽度 600～3000mm，长度 4～12m；

薄钢板：厚度 1.0～4mm，宽度 500～1500mm，长度 0.5～4m；

扁钢（带钢）：厚度 3～60mm，宽度 10～200mm，长度 3～9m。

厚钢板主要用于焊接梁柱构件的腹板和翼缘及节点板；薄钢板主要用于制造冷弯薄壁型钢，扁钢可作为节点板和连接板等。

2. 热轧型钢

钢结构常用热轧型钢为角钢、槽钢、圆管、工字钢和 H 形钢截面等。H 形钢截面可用于轻型钢结构中的受压和压弯构件，其他型钢截面在轻型钢结构中一般用于辅助结构或支撑结构构件。

3. 薄壁型钢

薄壁型钢的截面尺寸可按合理方案设计，能充分发挥和利用钢材的强度、节约钢材。薄壁型钢的壁厚一般为 1.5～5mm，但承重构件的壁厚不宜小于 2mm。常用薄壁型钢截面有槽形、卷边槽形（C 形）、Z 形等。轻型装配式钢结构建筑中的次要结构构件如檩条等一般采用薄壁型钢。

### 3.1.3 钢材选用

用于承重的钢板、热轧型钢和冷弯薄壁型钢，应采用现行国家标准《碳素结构钢》GB/T 700 规定的 Q235 和《低合金高强度结构钢》GB/T 1591 规定的 Q355 钢材。

承重梁柱、吊车梁和焊接的檩条、墙梁等构件宜采用 Q355 及以上等级的钢材。非焊接的檩条和墙梁等构件可采用 Q235A 钢材。此外，装配式钢结构建筑承重结构构件的钢材选用还要考虑到结构重要性、结构类型、所承受荷载性质、环境影响和工作温度等因素，综合比选确定。

## 3.2 连 接 材 料

根据连接施工方法的不同，装配式钢结构的连接可分为焊接连接、铆钉连接、螺栓连接和紧固件连接等（图 3-1）。其中焊接和螺栓连接主要用于刚架主体结构，紧固件连接则多用于轻型屋面板和墙面板的连接。

 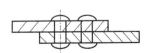 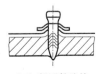

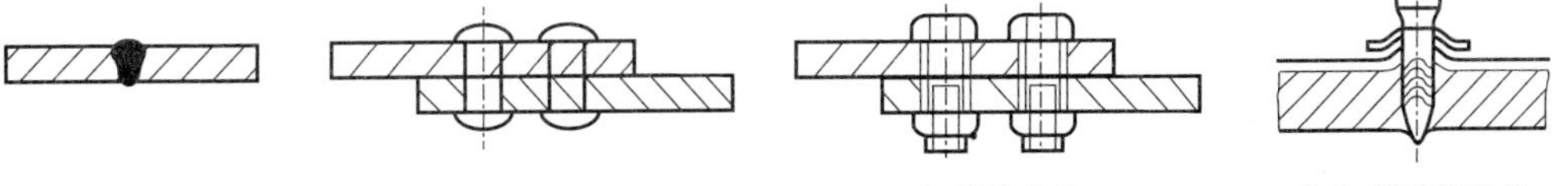

（a）焊缝连接　　　（b）铆钉连接　　　（c）螺栓连接　　　（d）紧固件连接

图 3-1　钢结构的连接方法

### 3.2.1　焊接连接材料

手工电弧焊所用焊条或自动焊焊丝应与焊件钢材（或称主体金属）相适应，例如：对 Q235 钢采用 E43 型焊条，对 Q335 钢采用 E50 型焊条，对 Q390 钢和 Q420 钢采用 E55 型焊条。不同钢种的钢材相焊接时，宜采用低组配方案，即宜采用与低强度钢相适应的焊条。

### 3.2.2　铆钉和螺栓连接材料

1. 铆钉连接材料

铆钉连接的制造有热铆和冷铆两种方法。热铆是由烧红的钉坯插入构件的钉孔中，用铆钉枪或压铆机铆合而成。冷铆是在常温下铆合而成。在建筑结构中一般都采用热铆。

铆钉连接由于构造复杂，费钢费工，现已很少采用。但是铆钉连接的塑性和韧性较好，传力可靠，质量易于检查，在一些重型和直接承受动力荷载的结构中，有时仍然采用。

2. 螺栓连接材料

螺栓连接分普通螺栓连接和高强度螺栓连接两种；连接螺栓相应地分普通螺栓和高强度螺栓两大类。

（1）普通螺栓连接

普通螺栓连接的优点是施工简单、拆装方便，缺点是用钢量较多。适用于安装连接和需要经常拆装的结构。普通螺栓又分为 A 级、B 级和 C 级。A 级、B 级螺栓称为精制螺栓，C 级螺栓称为粗制螺栓。土木工程装配式钢结构中多采用 C 级（粗制）螺栓。

C 级螺栓一般用 Q235 钢（用于螺栓时也称为 4.6 级）制成。C 级螺栓加工粗糙，尺寸不够准确，只要求 II 类孔，成本低，螺栓孔的直径 $d_0$ 比螺栓杆的直径 $d$ 大 1.5～2.0mm。C 级螺栓连接的螺栓杆与螺孔之是存在着较大的间隙，传递剪力时，连接将会产生较大的剪切滑移。由于 C 级螺栓传递拉力的性能较好，一般可用于承受拉力的安装连接，以及不重要的抗剪连接或用作安装时的临时固定。

（2）高强度螺栓连接

高强度螺栓连接分为摩擦型连接和承压型连接。摩擦型连接只利用被连接构件之间的摩擦力来传承受外力，以摩擦力被克服作为承载能力的极限状态。承压型连接允许被连接构件接触面之间发生相对滑移，其极限状态和普通螺栓连接相同，以螺栓杆被剪坏或孔壁承压破坏作为承载能力的极限状态。

高强度螺栓摩擦型连接具有连接紧密、剪切变形小、受力良好、可拆换、耐疲劳以及动力荷载作用下不易松动等优点，目前在工业与民用建筑结构、桥梁结构中得到广泛应用。高强度螺栓承压型连接的承载能力比摩擦型的高，可节约螺栓和钢材，但连接剪切变形大，不得用于直接承受动力荷载的结构。

高强度螺栓分为六角头型（图 3-2-$a$）和扭剪型（图 3-2-$b$）两种。高强度螺栓一般采用 45 号钢、40B 钢和 20MnTiB 钢制成，性能等级包括 8.8 级和 10.9 级。安装时通过特别的扳手，以较大的扭矩上紧螺帽，使螺杆产生很大的预拉力。摩擦型连接的螺栓孔的直径 $d_0$ 比螺栓杆的直径 $d$ 大 1.5～2.0mm，承压型连接的螺栓孔的直径 $d_0$ 比螺栓杆的直径 $d$ 大 1.0～1.5mm。

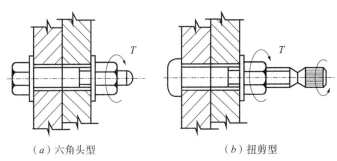

（a）六角头型　　　　　　　　（b）扭剪型

图 3-2　高强度螺栓

### 3.2.3　紧固件连接材料

在冷弯薄壁型钢结构中经常采用自攻螺钉、钢拉铆钉、射钉等机械式紧固件连接方式，主要用于压型钢板之间和压型钢板与冷弯型钢等支承构件之间的连接。

自攻螺钉有两种类型，一类为一般的自攻螺钉（图 3-3-$a$），需先行在被连板件和构件上钻一定大小的孔，再用电动扳手或扭力扳手将其拧入连接板的孔中；一类为自钻自攻螺钉（图 3-3-$b$），无需预先钻孔，可直接用电动扳手自行钻孔和攻入被连板件。拉铆钉（图 3-3-$c$）有铝材和钢材制作的二类，为防止电化学反应，轻钢结构均采用钢制拉铆钉。射钉（图 3-3-$d$）由带有锥杆和固定帽的杆身与下部活动帽组成，靠射钉枪的动力将射钉穿过被连板件打入母材基体中。射钉只用于薄板与支承构件（如檩条、墙梁等）的连接。

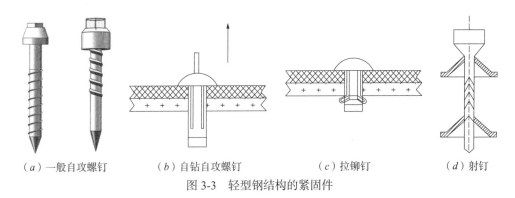

（a）一般自攻螺钉　　　（b）自钻自攻螺钉　　　（c）拉铆钉　　　（d）射钉

图 3-3　轻型钢结构的紧固件

# 3.3　围护结构材料

围护结构是指围合建筑空间的墙体、门、窗。根据在建筑物中的位置，围护结构分为外围护结构和内围护结构。外围护结构主要包括屋顶、外墙、外窗、外门等，用以抵御风雨、温度变化、太阳辐射等。装配式钢结构建筑的外围护系统的性能应满足抗风、抗震、耐撞击、防火等安全性要求，并应满足水密、气密、隔声、热工等功能性要求和耐久性要求。

内围护结构如隔墙、楼地面、吊顶和内门窗等，起分隔室内空间作用，应具有隔声、隔热、隔视线以及某些特殊要求的性能。

## 3.3.1　屋面围护材料

装配式钢结构建筑的屋面围护材料一般不建议采用全现浇钢筋混凝土屋面，常采用压型钢板组合楼板、钢筋桁架组合楼承板、混凝土叠合板等。近年来，各类轻质屋面围护材料应用日益普遍。

### 1. 压型钢板波纹屋面板

压型钢板是目前轻型装配式钢结构建筑中最常用的屋面材料，采用热涂锌钢板或彩色涂锌钢板，经辊压冷弯成各种波形，具有轻质、高强、抗震、防火、施工方便等优点。随着金属屋面的广泛使用，其防水和保温隔热的功能得到不断的改进和完善。常用的压型钢板屋面板包括压型钢板波纹屋面板和复合板屋面板等。目前，压型钢板制作和安装已达到标准化、工厂化程度，大多数制作单位均有自身一套完整的板材生产线，因而不同厂家有不同的压型钢板类型。表 3-2、表 3-3 给出 W600 型压型钢板的产品规格示例。

**W600 型压型钢板规格**　　　　　　　　　　　　　　　　表 3-2

| 断面基本尺寸（mm） | 有效宽度 | 展开宽度 | 有效利用率 |
|---|---|---|---|
| | 600mm | 1000mm | 60% |

**压型钢板重量及截面特性**　　　　　　　　　　　　　　　表 3-3

| 板厚（mm） | 每米板重（kg/m） | | 每平方米板重（kg/m²） | | 有效截面特性 | |
|---|---|---|---|---|---|---|
| | 钢 | 铝 | 钢 | 铝 | $I_{ef}$（cm⁴/m） | $W_{ef}$（cm³/m） |
| 0.60 | 4.99 | 1.65 | 8.31 | 2.75 | 195.49 | 30.3 |

| 板厚<br>（mm） | 每米板重（kg/m） | | 每平方米板重（kg/m²） | | 有效截面特性 | |
| --- | --- | --- | --- | --- | --- | --- |
| | 钢 | 铝 | 钢 | 铝 | $I_{ef}$（cm⁴/m） | $W_{ef}$（cm³/m） |
| 0.80 | 6.55 | 2.20 | 10.92 | 3.67 | 275.99 | 41.50 |
| 1.00 | 8.13 | 2.75 | 13.54 | 4.58 | 358.09 | 52.71 |
| 1.20 | 9.70 | 3.30 | 16.16 | 5.50 | 441.34 | 63.95 |

按板型构造分类，压型钢板波纹屋面板可分为低波纹（图3-4-$a$）、中波纹和高波纹屋面板（图3-4-$b$）。这三者的区别在于肋高不同，从而排水效果也不同。高波纹屋面板由于屋面板板肋较高，排水比较通畅，一般适用于屋面坡度比较平缓的屋面，通常屋面坡度为1：20左右，最小坡度可以做到1：40。而低波纹屋面板一般用于屋面坡度较陡的屋面，常见的屋面坡度在1：10左右。中波纹屋面板的坡度可位于上述两者之间。

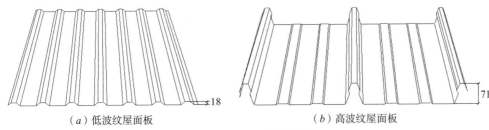

（$a$）低波纹屋面板　　　　　　（$b$）高波纹屋面板

图3-4　金属屋面板常用形式

按连接形式分类，金属屋面板可分为螺丝暴露式屋面和暗扣式屋面。螺丝暴露式屋面中，屋面板通过自攻螺丝与檩条固定在一起，并在自攻螺丝周围涂上密封胶（图3-5-$a$）。这种连接方式存在自攻螺丝暴露容易生锈、密封胶老化漏水等问题。暗扣式连接的屋面板中，屋面板侧向连接直接用配件将金属屋面板固定于檩条上，而板与板之间以及板与配件之间通过夹具夹紧（图3-5-$b$），从而基本消除金属屋面漏水隐患，应用广泛。

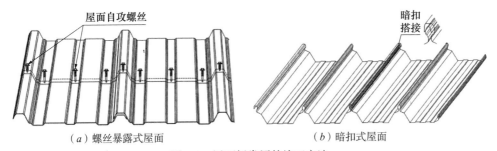

（$a$）螺丝暴露式屋面　　　　　　（$b$）暗扣式屋面

图3-5　屋面板常用的施工方法

**2. 单层压型钢板屋面和复合板屋面**

从保温隔热角度考虑，金属屋面板既可以采用单层压型钢板，也可以采用复合板。单层压型钢板很薄，包括涂层在内，厚度也在 2mm 以内，无法满足保温隔热要求。若在设计时选用这样的屋面板，必须在屋面板下面另设保温层，下托不锈钢丝网片，或者再设计一层屋面内板，在屋面内外板之间再填塞保温材料，例如玻璃纤维保温棉、岩棉等，其厚度应根据保温要求由热工计算确定。

满足保温隔热的另一个措施是直接选择保温隔热比较好的复合板。复合板有工字铝连接式（图 3-6-*a*）和企口插入式（图 3-6-*b*）两种。这种板材外层是高强度镀锌彩板或镀铝锌彩色钢板，芯材为阻燃性聚苯乙烯、玻璃棉或岩棉，通过自动成型机，用高强度粘合剂将二者粘合一体，经加压、修边、开槽、落料而形成的复合板。它既具有一般建筑材料所不能具备的优良性能，既具有隔热、隔声等物理性能；又具备较好的抗弯和抗剪的力学性能。具体性能指标见表 3-4。

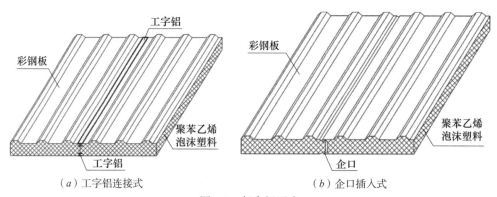

（*a*）工字铝连接式　　　　　　　　（*b*）企口插入式

图 3-6　复合板型式

复合板的性能指标　　　　　　　　　　　表 3-4

| 板厚（mm） | 50 | 75 | 100 | 150 | 200 | 250 |
|---|---|---|---|---|---|---|
| 板重（kg/m$^2$） | 10.5 | 11.0 | 11.5 | 12.5 | 13.5 | 14.5 |
| 传热系数（W/m$^2$·K） | 0.663 | 0.442 | 0.331 | 0.221 | 0.166 | 0.133 |
| 平均隔音量 $R$（dB） | 20 | 22 | 25 | > 27 | | |

复合板的主要特点表现在以下几个方面：① 重量轻，体积小，与传统的砖石结构、钢筋混凝土结构相比，重量减轻 15～30 倍，体积减小 2～5 倍。② 复合板面层及夹芯保温材料均为非燃材料，采用阻燃粘结剂，具有良好的耐火性。③ 复合板的隔音性能优越，其隔音强度可达到 41～56dB，随夹芯保温材料及厚度的不同而变化，而普通的砖、混凝土的隔音强度仅为 38～44dB。④ 复合板的夹芯保温材料的低导热系数，决定了复合板具有良好的保温隔热性能，寒冷地区或对保温隔热有特殊要求的建筑物，可根据需要增加保温材料的厚度。

3. ALC 屋面板

蒸压加气混凝土板（ALC 板）是由经过防锈处理的钢筋网片增强，经过高温、高压、蒸汽养护而成的一种性能优越的新型轻质建筑材料。ALC 板具有轻质高强、保温隔热、耐火抗震、隔声防渗、抗冻耐久等优越性能。按用途ALC板可分为外墙板、隔墙板、楼板、屋面板等。

ALC屋面板多用于节能要求相对较低的室内夹层或工业建筑等屋面部位，在工厂化装配式单元房中也有较多应用。ALC屋面板与主体钢梁构成的屋面需根据使用需求进行后续砂浆找平层、防水层和防护面层的施工。需要注意的是，加气混凝土制品长期处于受水浸泡环境会降低强度，长期达到80℃高温或受化学侵蚀的环境如强酸、强碱或高浓度二氧化碳等的区域应慎重选择加气混凝土屋面。

### 3.3.2 墙面围护材料

墙面作为轻钢结构建筑系统组成部分，它不仅起围护作用，而且对整个建筑物美观起着至关重要的作用。随着我国建筑业发展，人们对建筑物外墙面要求也越来越高，墙面材料除高强轻质、保温隔热、阻燃隔音等常规要求外，还要求造型美观、安装方便。根据墙面组成材料的不同，墙面可以分成砖墙面、纸面石膏板墙面、混凝土砌块或板材墙面、金属墙面、玻璃幕墙以及一些新型墙面材料。混凝土砌块或板材墙面常见的有GRC玻璃纤维增强水泥板、粉煤灰轻质墙板、ALC墙面板等；金属墙面常见的有压型钢板、EPS夹芯板、金属幕墙板等。

1. 装配式轻型条板外墙系统

装配式轻质外墙板是指墙板在工厂预制、现场安装的轻质墙板。此类墙板构造简单、价格低廉，在钢结构建筑中被广泛使用。目前常用的装配式轻质外墙板主要有蒸压加气混凝土板（简称ALC板），蒸压陶粒混凝土板，玻纤增强保温墙板等。

（1）蒸压加气混凝土板（ALC板）

蒸压加气混凝土ALC板作为重要的装配式墙板，目前已在预应力框架结构建筑、钢结构建筑已取得了广泛应用。ALC外墙板通过预埋钢片或者节点螺栓与建筑主体钢构连接，具有安装速度快、墙体平整度好的优势。

（2）蒸压陶粒混凝土外墙板

蒸压陶粒混凝土外墙板是以泡沫混凝土为基体，复合陶粒等轻集料，合理配筋或内置钢筋网片，经振动浇筑、抽芯、蒸压养护等工序制成的保温板材，简称ACC板。蒸压陶粒混凝土外墙板自重轻，板材强度较高，对结构整体刚度影响小，具有很好的隔音性能和防火性能，是一种适宜推广的绿色环保材料。

（3）玻纤增强无机材料复合保温墙板

玻纤增强无机材料复合保温墙板是由以保温绝热材料作为夹芯层，以玻纤增强无机板作为面层复合而成的建筑墙板，用于外围护墙体或室内隔墙，又称SIP板或夹芯墙板。玻纤增强无机材料复合保温墙板应满足《装配式玻纤增强无机材料复合保温墙体技术要求》GB/T 36140和《装配式玻纤增强无机材料复合保温墙板应用技术规程》CECS 396的规定。

（4）玻璃纤维增强混凝土板

玻璃纤维增强混凝土板是以耐碱玻璃纤维为主要增强材料、水泥和各种改性掺和料为胶凝材料、沙子为基料以及其他添加材料经一定的工艺成型、养护制成的板材，简称 GRC 板材。玻纤增强混凝土板应满足《装配式玻纤增强无机材料复合保温墙板应用技术规程》CECS 396 的规定。

2. 粉煤灰轻质墙板

（1）粉煤灰质多孔轻质墙板

自然养护的粉煤灰质多孔轻质墙板以粉煤灰为主原料，氯氧镁水泥为胶凝材料，中碱玻璃纤维为增强材料，再配以有效的改性外加剂和发泡液，经过适当的生产工艺控制，在常温常压下固化成型的一种新型多孔轻质建筑材料。粉煤灰质多孔轻质建筑板具有质量轻、力学性能好、隔热隔声性能好、变形性小、不燃烧等优点，部分性能指标见表3-5。

粉煤灰质多孔轻质墙板性能指标 表 3-5

| 项目 | | 检测结果 | 指标 |
|---|---|---|---|
| 常规性能 | 面密度（kg/m²） | 17.5～35 | ≤ 60 |
| | 干容重（kg/m³） | 350～500 | — |
| | 含水率（%） | 3～5 | ≤ 15 |
| 力学性能 | 抗压强度（MPa） | ＞ 1 | — |
| | 抗弯破坏荷载 | 超过板自重 2.35 倍 | ＞ 0.75G |
| | 抗冲击性能 | 承受 30kg 沙袋落差 0.5m 的摆动冲击 10 次，不出现贯穿裂纹 | 冲击 3 次，不出现贯穿裂纹 |
| | 单点吊挂力（N） | 受 1500N 单点吊挂力作用 24h，不出现贯穿裂纹 | ＞ 800 |
| 热学性能 | 导热系数（W/m·K） | 0.087 | — |
| | 复合热阻 | 240mm 砖墙＋20mm 空气层＋50mm 板复合墙热阻相当于 810mm 砖墙热阻 | — |
| 变形性 | 干燥收缩值（mm/m） | 0.48（45 天后稳定） | ≤ 0.8 |

粉煤灰质多孔轻质建筑板可广泛应用于建筑物的外墙内保温、外墙外保温、屋面保温、非承重分户分室隔墙及有相类似要求的其他建筑工程部位。该建筑板可以比较方便的与母体墙体连接，并能很好地处理预埋件、预挂件、门窗口、阴阳角等位置，确保了板面平整，板缝不开裂，从而保证了施工速度和施工质量。

（2）粉煤灰硅酸盐墙板

粉煤灰硅酸盐墙板是以粉煤灰、石灰、石膏作胶结料，与集料（可用煤渣、硬矿渣等工业废渣或其他集料）按比例配合，加水搅拌，振动成型，常压蒸汽养护制成的一种墙体材料。其表观密度为 1300～1550kg/m³，抗压强度可达 20MPa，后期强度稳定,性能可满足砌墙要求。它可用以建造多层民用建筑的承重和非承重墙、基础、框架填充墙、工业建筑的承重墙和围护墙。

（3）蒸压粉煤灰加气混凝土板

蒸压粉煤灰加气混凝土板是以粉煤灰、水泥、石灰为主要原材料,用铝粉作发气剂,经配料、搅拌、浇注、发气、切割、高压蒸汽养护而制成的多孔、轻质建筑板材。该材料具有防火性能好、容易加工的特点。其表观密度可随发气剂加入量的多少而改变,而强度、热导率又随表观密度的不同而不同。其性能指标见表3-6。

蒸压粉煤灰加气混凝土板性能指标　　　　　　　表3-6

| 表观密度（kg/m³） | 抗压强度（MPa） | 抗拉强度（MPa） | 弹性模量（MPa） | 导热系数（W/m·K） |
|---|---|---|---|---|
| 500 | 3.0～4.0 | 0.3～0.4 | $1.4 \times 10^3$ | 0.116 |
| 600 | 4.0～5.0 | 0.4～0.5 | $2.0 \times 10^3$ | 0.128 |
| 700 | 5.0～6.0 | 0.5～0.6 | $2.2 \times 10^3$ | 0.143 |

作为建筑材料,粉煤灰加气混凝土通过配筋可以用作屋面板、外墙板和隔墙板。用粉煤灰加气混凝土制作的外墙板的规格为：长×宽×高＝1500～6000mm×600mm×150～250mm。

**3. 装配式骨架复合板外墙板**

骨架组装类外墙是以镀锌轻型龙骨为钢骨架,由内、外面层和填充层组装而成,钢龙骨一般现场安装,也可以预制拼装后现场整体装配。组装骨架类外墙的骨架、基层墙板、填充材料宜在工厂生产和集成,通常外墙面板为纤维增强无机板,内墙板可以为纤维增强无机板或者石膏板,骨架,填充层材料为岩棉、XPS、EPS、聚氨酯塑料、酚醛树脂板等保温材料,或用密度较低的泡沫混凝土、聚苯颗粒混凝土等轻质混凝土等,配置钢丝网、钢筋等。

轻钢龙骨式复合墙板与主体结构连接宜采用高强度螺栓、抽芯铆钉、锚栓、自攻螺钉或卡件等方式紧固,连接强度应满足抗风抗震的极限承载力要求,尚应满足抗撞击性能要求。连接节点应满足国家现行标准规定的耐久性、防火性、气密性、水密性等性能要求,防火处理可采用包覆法、屏蔽法等措施,防水处理可采用多重防水等措施。轻钢龙骨式复合墙板宜采取墙面整体防水,设置防水透气膜层。金属骨架应设置有效的防腐蚀措施。钢龙骨双面热浸镀锌量不应小于100g/m²,双面镀锌层厚度不应小于14μm。龙骨式复合墙板系统所用材料包括龙骨、基板、面板、保温材料、密封材料、连接固定材料等,各类材料应符合国家现行有关标准的规定。

**4. 压型钢板和EPS夹芯板**

压型钢板和EPS夹芯板是轻钢结构房屋中常用的金属墙面板,有关这类板材的性能指标已在金属屋面部分作了较详细的介绍,此处仅给出墙板的安装示意如图3-7、图3-8所示。

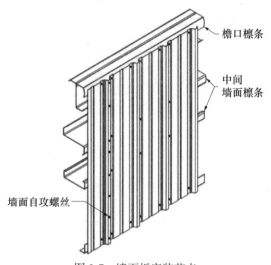

图 3-7　墙面板安装节点

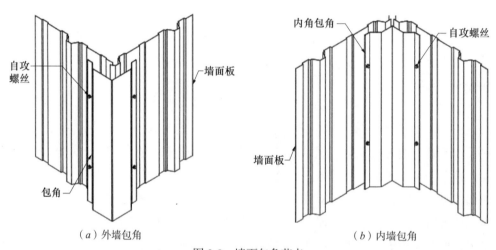

（a）外墙包角

（b）内墙包角

图 3-8　墙面包角节点

### 3.3.3　外围护门窗材料

　　门窗在建筑中属围护构件，作为建筑外围护结构的开启部位，不但要满足人们对采光、日照、通风、观赏等基本功能要求，还应有良好的保温、隔热、隔声性能以及有足够的气密性、水密性和抗风压强度，才能为人们提供舒适、健康、宁静的生活环境。装配式外围护构件宜与门窗一体预制。按照钢结构建筑门窗常用窗框材料，可以将门窗分为塑钢门窗、铝塑复合门窗和铝包木门窗等不同类型门窗。按照钢结构建筑门窗常用玻璃材料，可以将门窗分为单腔玻璃门窗和三玻两腔门窗，同时还可以根据玻璃镀膜或者墙体内是否填充惰性气体等进行更细致的分类。按开启方式，可分为：固定窗、上悬窗、中悬窗、下悬窗、立转窗、平开门窗、滑轮平开窗、滑轮窗、平开下悬门窗、推拉门窗、推拉平开窗、折叠门、地弹簧门、提升推拉门、推拉折叠门、内倒侧滑门等。

铝合金门窗应符合现行行业标准《铝合金门窗工程技术规范》JGJ 214 的规定，铝塑复合的断桥铝合金窗应满足《建筑用节能门窗 第 2 部分：铝塑复合门窗》GB/T 29734.2 的要求。塑料门窗安装应符合现行行业标准《塑料门窗工程技术规程》JGJ 103 的规定。装配式钢结构建筑窗墙面积比、外面阔传热系数、太阳得热系数、可开启面积和气密性条件按现行节能设计标准选用和设计，外门窗的性能应符合下列规定：① 外门窗应采用在工厂生产的标准化系列部品，采用与外墙板一体化设计，宜选用成套化、模块化的门窗部品。② 应满足设计要求的防火、隔声、热工、防水、抗风压等性能要求，明确材质、规格、颜色、开启方向、安装位置、固定方式等要求。③ 预制外墙中的外门窗宜采用企口或预埋件等方法固定，外门窗可采用预装法或后装法施工。采用后装法时，预制外墙的门窗洞口应设置预埋件或预埋副框。④ 外门窗应与墙体可靠连接，门窗洞口与外门窗框接缝处的气密性能、水密性能和保温性能不应低于外门窗的相关性能要求。⑤ 预制外墙部品生产时，外门窗的预埋件设置应在工厂完成，不同金属的接触面应避免电化学腐蚀。

### 3.3.4 内墙围护材料

装配式钢结构建筑内隔墙作为分隔室内空间的建筑部品，应优先采用轻质条板隔墙或龙骨隔墙等非砌筑墙体。装配式内隔墙应与装饰墙面、设备管线进行一体化设计，墙体与主体结构采取干式法为主的可分离连接以实现可变性，隔墙与墙面的设计应采用设备管线与主体结构分离的方式。内隔墙与主体结构的连接宜采用卡件、卡槽、连接件等干式法工艺，与装配式建造相匹配，并能满足快速装拆和二次装修改造的实际使用要求。墙板与不同材质墙体的板缝应采取弹性密封措施，门框、窗框与墙体连接应满足可靠、牢固、安装方便的要求。

装配式内隔墙应采用轻质条板隔墙或龙骨隔墙等非砌筑墙体，饰面宜采用集成饰面层或墙面装饰挂板，室内管线宜敷设在装饰夹层中，避免管线安装和维修更换对墙体造成破坏；饰面层或墙面装饰挂板优先在工厂内完成，不宜采用现场抹灰、涂刷等湿作业工法。建筑外墙的内表面宜设置空腔层。墙体需满足安全、隔声、防火要求，开关、插座、管线穿过装配式隔墙时应采取防火封堵、密封隔声和加固措施；振动管道穿墙应采取减隔振措施。7 度及以上抗震设防地区的镶嵌式内墙应在钢梁、钢柱间设置变形空间，分户墙的变形空间应采用轻质防火材料填充。有防水要求的轻质隔墙，应采用防水防潮措施，宜设置混凝土条形墙垫，且应做泛水处理。卫生间、厨房与相邻房间的隔墙应采取有效的防水、防潮构造措施，且防护高度不小于 300mm；有水淋到的浴室墙面，防水层高度不应小于 1800mm；内隔墙材料的有害物质限量应满足《民用建筑工程室内环境污染控制标准》GB 50325 有关规定。

## 3.4 本章小结

1. 装配式钢结构中用于承重的冷弯薄壁型钢、轻型热轧型钢和钢板，应采用现行国家标准《优质碳素结构钢》GB/T 699 规定的 Q235 和《低合金高强度结构钢》GB/T 1591 规定的 Q355 钢材。屈服强度是衡量钢材的承载能力和确定强度设计值的重要指标。

2. 装配式钢结构的连接可分为焊接连接、铆钉连接、螺栓连接和紧固件连接等。其中焊接和螺栓连接主要用于主体结构；紧固件连接则多用于轻型屋面板和墙面板的连接。

3. 围护结构材料包括屋面围护材料及墙面围护材料，常采用各类加工成型的屋面板、外墙板和内墙板作为围护结构材料。

## 参考文献

[1] 全国钢标准化技术委员会. 碳素结构钢：GB/T 700—2006［S］. 北京：中国标准出版社，2007.

[2] 全国钢标准化技术委员会. 低合金高强度结构钢：GB/T 1591—2018［S］. 北京：中国质检出版社，2018.

[3] 全国焊接标准化技术委员会. 非合金钢及细晶粒钢焊条：GB/T 5117—2012［S］. 北京：中国标准出版社，2013.

[4] 全国焊接标准化技术委员会. 热强钢焊条：GB/T 5118—2012［S］. 北京：中国标准出版社，2013.

[5] 全国钢标准化技术委员会. 熔化焊用钢丝：GB/T 14957—1994［S］. 北京：中国标准出版社，2006.

[6] 哈尔滨焊接研究院有限公司，等. 非合金钢及细晶粒钢药芯焊丝：GB/T 10045—2018［S］. 北京：中国标准出版社，2018.

[7] 全国焊接标准化技术委员会. 热强钢药芯焊丝：GB/T 17493—2018［S］. 北京：中国标准出版社，2018.

[8] 全国焊接标准化技术委员会. 埋弧焊用热强钢实心焊丝、药芯焊丝和焊丝——焊剂组合分类要求：GB/T 12470—2018［S］. 北京：中国标准出版社，2018.

[9] 全国建筑构配件标准化技术委员会. 装配式玻纤增强无机材料复合保温墙体技术要求：GB/T 36140—2018［S］. 北京：中国标准出版社，2018.

[10] 中国工程建设标准化协会. 装配式玻纤增强无机材料复合保温墙板：CECS 396—2015［S］. 北京：中国计划出版社，2015.

[11] 江苏省住房和城乡建设厅. 装配式复合玻璃纤维增强混凝土板外墙应用技术规程：

DGJ 32/TJ 217—2017［S］. 南京：江苏凤凰科学技术出版社，2017.

［12］中国建筑金属结构协会，等. 铝合金门窗工程技术规范：JGJ 214—2010［S］. 北京：中国建筑工业出版社，2011.

［13］全国建筑幕墙门窗标准化技术委员会. 建筑用节能门窗 第2部分：铝塑复合门窗：GB/T 29734.2—2013［S］. 北京：中国标准出版社，2014.

# 第4章　构件及集成单元设计与选型

装配式钢结构构件是组成装配式钢结构体系的基本单元。梁和柱作为组成结构体系的基本构件，除需满足承载力和稳定性的要求外，应尽量实现装配式钢结构建筑安装灵活、空间利用率高、以建筑功能为核心、以结构布置为基础的特点。其次，在装配式钢结构构件的设计和应用中还应考虑如何实现集成化设计和提高结构抗震性能。基于上述设计理念，本章以梁、柱、装配式楼盖、钢楼梯、预制模块单元、减震和隔震元件、支撑及钢板剪力墙七个方面来介绍构件、预制单元以及减震和抗震单元在装配式钢结构建筑中的设计方法和应用。

## 4.1　梁（钢梁及组合梁）

### 4.1.1　梁的应用及类型

装配式钢结构体系中，梁作为主要受力构件承担横向荷载作用，基本按照受弯构件进行设计。受力分析中，只受弯矩作用或受弯矩与剪力共同作用的构件称为受弯构件。实际工程中，以受弯受剪为主但承受很小轴力作用的构件，也常称为受弯构件。梁作为典型的受弯构件，其呈现形成有很多种，包括框架梁、檩条或墙梁、钢架梁、平台梁、吊车梁和钢—混凝土组合梁等（图4-1）。

钢梁作为典型的受弯构件主要分为型钢梁（图4-1-*a*、*b*）和组合梁（图4-1-*c*、*d*）两大类。型钢梁相对构造简单，制造省工，成本较低，工程中采用较为广泛。但当侧向荷载较大或者梁跨度较大时，由于轧制条件的限制，型钢的尺寸和规格不能满足梁承载力和刚度的要求，就必须采用组合梁。此外，受弯构件的分类方法还有很多，如按弯曲变形情况不同，构件可能在一个主轴平面内受弯，也可能在两个主轴平面内受弯，前者称为单向受弯构件，后者称为双向受弯构件。

型钢截面又分为热轧型钢和冷弯薄壁型钢，热轧型钢常包括工字钢、H形钢和槽钢等（图4-2-*a*）。工字钢与H形钢的材料在截面上的分布比较符合构件受弯的特点，用钢较省，因此在工程中应用广泛。槽钢翼缘较小，而且截面单轴对称，剪力中心在腹板外侧，绕截面对称轴弯曲时容易发生扭转，使用时常采用一定的措施，或使外力通过剪力中心或者加强约束条件。冷弯薄壁型钢（图4-2-*b*）是在室温条件下加工成形的，一般壁厚较薄，多用在承受较小荷载的场合，例如单层工业厂房中的屋面檩条和墙梁、轻钢结构的龙骨等。空腹式截面（图4-2-*c*）可以减轻构件的自重，在建筑结构中也方便了管道的通行，对外露的结构构件，有时还能起到空间韵律变化的作用。

由于受到轧制设备的限制，当型钢规格不能满足受弯构件的设计要求时，可采用焊接组合梁（图4-2-*d*）。组合梁一般由若干钢板焊接而成，它的截面比较灵活，有的情况下可使材料的分布更容易满足工程上的各种需要，从而节省钢材。

（*a*）框架梁

（*b*）钢架梁及檩条梁

（*c*）雨篷梁

（*d*）蜂窝吊车梁

图 4-1　梁构件的工程应用

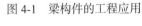

（*a*）热轧型钢　　　　　　　　　　　　（*b*）冷弯薄壁型钢

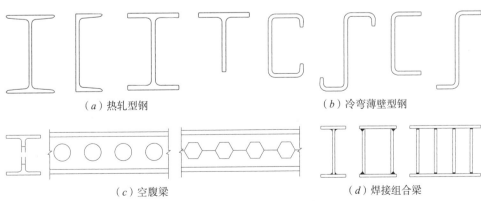

（*c*）空腹梁　　　　　　　　　　　　　（*d*）焊接组合梁

图 4-2　受弯构件的截面形式

### 4.1.2 梁的强度和刚度

**1. 梁的强度**

梁的强度计算包括抗弯强度、抗剪强度、局部承压强度和折算应力的计算，设计时要求在荷载设计值作用下，上述应力均不超过《钢结构设计标准》GB 50017规定的强度设计值。在计算梁的抗弯强度时，需要计算疲劳的梁，常采用弹性方法设计。梁同时承受弯矩和剪力的共同作用，截面上的最大剪应力发生在腹板中和轴处。在主平面受弯的实腹梁，以截面上的最大剪应力达到钢材的抗剪屈服强度为承载力极限状态。当梁的翼缘受有沿腹板平面作用的固定集中荷载（包括支座反力）且该荷载处又未设置支承加劲肋（图 4-3-*a*），或受有移动的集中荷载（如吊车的轮压，图 4-3-*b*）时，应验算腹板计算高度上边缘的局部承压强度。在组合梁的腹板计算高度边缘处，当同时受有较大的弯曲应力 $\sigma$、剪应力 $\tau$ 和局部压应力 $\sigma_c$ 时，或同时受有较大的弯曲应力 $\sigma$ 和剪应力 $\tau$ 时（如连续梁的支座处或梁的翼缘截面改变处），应验算该处的折算应力。针对上述要求，将梁的强度验算方法汇总于表 4-1。

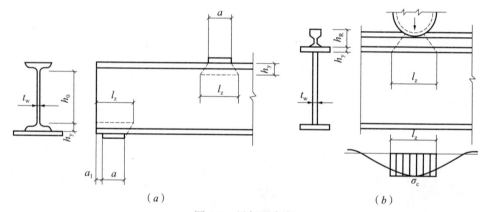

图 4-3 局部压应力

**梁的强度计算**                                               表 4-1

| 序号 | 计算项 | 计算方法 | 说明 |
|---|---|---|---|
| 1 | 梁的抗弯强度 | 单向弯曲时：$$\frac{M_x}{\gamma_x W_{nx}} \leq f$$ 双向弯曲时：$$\frac{M_x}{\gamma_x W_{nx}} + \frac{M_y}{\gamma_y W_{ny}} \leq f$$ | $M_x$，$M_y$——绕 $x$ 轴和 $y$ 轴的弯矩（对工字形和 H 形截面，$x$ 轴为强轴，$y$ 轴为弱轴）（N·mm）；<br>$W_{nx}$，$W_{ny}$——梁对 $x$ 轴和 $y$ 轴的净截面模量（$mm^3$）；<br>$\gamma_x$，$\gamma_y$——截面塑性发展系数，可参照表 4-2 取值。<br>对工字形和箱形截面，当截面板件宽厚比等级为 S4 或 S5 级时，截面塑性发展系数应取为 1.0；当截面板件宽厚比等级为 S1、S2 及 S3 时，截面塑性发展系数应按下列规定取值：<br>1）工字形截面（$x$ 轴为强轴，$y$ 轴为弱轴）：$\gamma_x = 1.05$，$\gamma_y = 1.20$；<br>2）箱形截面 $\gamma_x = \gamma_y = 1.05$。<br>其他截面应根据其受压板件的内力分布情况确定其截面板件宽厚比等级。<br>对需要计算疲劳的梁，宜取 $\gamma_x = \gamma_y = 1.0$ |

| 序号 | 计算项 | 计算方法 | 说明 |
|---|---|---|---|
| 2 | 梁的抗剪强度 | $\tau = \dfrac{VS}{It_w} \leqslant f_v$ | $V$——计算截面沿腹板平面作用的剪力设计值（N）；<br>$S$——中和轴以上毛截面对中和轴的面积矩（mm³）；<br>$I$——毛截面惯性矩（mm⁴）；<br>$t_w$——腹板厚度（mm）；<br>$f_v$——钢材的抗剪强度设计值（N/mm²），按附表采用。<br>当梁的抗剪强度不满足设计要求时，最有效的办法是增大腹板的面积。型钢梁一般均能满足上式要求，因此只在剪力最大截面处或有较大削弱时，才需要进行剪力的计算 |
| 3 | 梁的局部承压强度 | 在集中荷载作用下，翼缘（吊车梁包括轨道）类似支承于腹板的弹性地基梁。腹板计算高度上边缘的压应力分布如图4-3的曲线所示。假定集中荷载从作用处以1:2.5（在 $h_y$ 高度范围）和1:1（在 $h_R$ 高度范围）扩散，均匀分布于腹板计算高度边缘。<br><br>$\sigma_c = \dfrac{\psi F}{t_w l_z} \leqslant f$ | $F$——集中荷载（对动力荷载应考虑动力系数）（N）；<br>$\psi$——集中荷载增大系数（对重级工作制吊车轮压，$\psi = 1.35$，对其他荷载，$\psi = 1.0$）；<br>$l_z$——集中荷载在腹板计算高度边缘的假定分布长度（mm），按下式计算：<br>$$l_z = 3.25\sqrt[3]{\dfrac{I_R + I_f}{t_w}}$$<br>$I_R$——轨道绕自身形心轴的惯性矩（mm⁴）；<br>$I_f$——梁上翼缘绕翼缘中面的惯性矩（mm⁴）；<br>$l_z$ 也允许采用简化公式计算：<br>$$l_z = a + 2h_y + 2h_R$$<br>$a$——集中荷载沿梁跨度方向的支承长度（mm），对钢轨上的轮压可取50mm；<br>$h_y$——自梁顶面至腹板计算高度上边缘的距离（mm）；对焊接梁即为上翼缘厚度，对轧制工字形截面梁，是梁顶面到腹板过渡完成点的距离；<br>$h_R$——轨道的高度（mm），对梁顶无轨道的梁 $h_R = 0$；<br>$f$——钢材的抗压强度设计值（N/mm²） |
| 4 | 梁在复杂应力下的强度 | $\sqrt{\sigma^2 + \sigma_c^2 - \sigma\sigma_c + 3\tau^2} \leqslant \beta_1 f$<br><br>$\sigma = \dfrac{My_1}{I_{1nx}}$ | $\sigma$、$\tau$、$\sigma_c$——腹板计算高度边缘同一点上的弯曲正应力、剪应力和局部压应力（N/mm²），$\tau$、$\sigma_c$ 按此表前面公式计算，$\sigma$ 按下式计算：<br>$$\sigma = \dfrac{My_1}{I_{1nx}}$$<br>$I_{1nx}$——净截面惯性矩（mm⁴）；<br>$y_1$——所计算点至中和轴的距离（mm）；<br>$\sigma$、$\sigma_c$ 均以拉应力为正，压应力为负值；<br>$\beta_1$——折算应力的强度设计值增大系数（当 $\sigma$、$\sigma_c$ 异号时，取 $\beta_1 = 1.2$；当 $\sigma$、$\sigma_c$ 同号或 $\sigma_c = 0$ 时，$\beta_1 = 1.1$）。<br>实际工程中只是梁的某一截面处腹板边缘的折算应力达到极限承载力，几种应力皆以较大值在同一处出现的概率很小。故将强度设计值乘以 $\beta_1$ 予以提高。当 $\sigma$、$\sigma_c$ 异号时，其塑性变形能力比 $\sigma$、$\sigma_c$ 同号时大，因此 $\beta_1$ 值取更大些 |

**截面塑性发展系数 $\gamma_x$、$\gamma_y$ 值**　　　　　　　　　　　　表 4-2

| 截面形式 | | | | $\gamma_x$ | $\gamma_y$ | 截面形式 | | | $\gamma_x$ | $\gamma_y$ |
|---|---|---|---|---|---|---|---|---|---|---|
| $x\text{—}\boxminus\text{—}x$ | $x\text{—}I\text{—}x$ | $x\text{—}I\text{—}x$ | $x\text{—}I\text{—}x$ | 1.05 | 1.2 | $x\text{—}\times\text{—}x$ | $x\text{—}I\text{—}x$ | $x\text{—}\bigcirc\text{—}x$ | 1.2 | 1.2 |

| 截面形式 | $\gamma_x$ | $\gamma_y$ | 截面形式 | $\gamma_x$ | $\gamma_y$ |
|---|---|---|---|---|---|
| | 1.05 | 1.05 | | 1.15 | 1.15 |
| | $\gamma_{s1}=1.05$ | 1.2 | | 1.0 | 1.05 |
| | $\gamma_{s2}=1.2$ | 1.05 | | | 1.0 |

2. 梁的刚度

梁的刚度用荷载作用下梁的挠度大小来衡量。梁的刚度不足，将会产生较大的变形，梁便不能保证正常使用。楼盖梁的挠度超过某一限值时，一方面给人以不安全感，另一方面可能使其上部的楼面及下部的抹灰开裂，影响结构的功能。应按下式验算梁的刚度：

$$v \leqslant [v] \tag{4-1}$$

式中：$v$——荷载标准值作用下梁的最大挠度；

$\quad\quad [v]$——梁的容许挠度值，《钢结构设计标准》GB 50017 规定的容许挠度值见
$\quad\quad\quad$ 表 4-3。

承受多个集中荷载的梁，其挠度的精确计算较为复杂，但与最大弯矩相同的均布荷载作用下的挠度接近。因此，可采用下列近似公式验算等截面简支梁的挠度：

$$\frac{v}{l} = \frac{5}{384}\frac{q_k l^3}{EI_x} = \frac{5}{48}\frac{q_k l^2 l}{8EI_x} \approx \frac{M_k l}{10EI_x} \leqslant \frac{[v]}{l} \tag{4-2}$$

式中：$q_k$——均布荷载标准值（N/mm）；

$\quad\quad M_k$——荷载标准值产生的最大弯矩（N·mm）；

$\quad\quad I_x$——跨中毛截面惯性矩（mm⁴）。

计算梁的挠度 $v$ 时，取用的荷载标准值应与附表规定的容许挠度值 $[v]$ 相对应。例如对吊车梁，挠度 $v$ 应按自重和起重量最大的一台吊车计算；对楼盖或工作平台梁，应分别验算全部荷载作用下产生的挠度和仅有可变荷载作用下产生的挠度。

受弯构件的挠度容许值                                表 4-3

| 项次 | 构件类别 | 挠度容许值 | |
|---|---|---|---|
| | | $[v_T]$ | $[v_Q]$ |
| 1 | 吊车梁和吊车桁架（按自重和起重量最大的一台吊车计算挠度）<br>1）手动起重机和单梁起重机（含悬挂起重机）；<br>2）轻级工作制式起重机；<br>3）中级工作制式起重机；<br>4）重级工作制式起重机 | $l/500$<br>$l/750$<br>$l/900$<br>$l/1000$ | — |

| 项次 | 构件类别 | 挠度容许值 | |
| --- | --- | --- | --- |
| | | $[v_T]$ | $[v_Q]$ |
| 2 | 手动或电动葫芦的轨道梁 | $l/400$ | — |
| 3 | 有重轨（重量等于或大于 38kg/m）轨道的工作平台梁；<br>有轻轨（重量等于或小于 24kg/m）轨道的工作平台梁 | $l/600$<br>$l/400$ | — |
| 4 | 楼（屋）盖梁或桁架、工作平台梁（第3项除外）和平台板：<br>1）主梁或桁架（包括设有悬挂起重机设备的梁和桁架）；<br>2）仅支承压型金属板屋面和冷弯型钢檩条；<br>3）除支承压型金属板屋面和冷弯型钢檩条外，尚有吊顶；<br>4）抹灰顶棚的次梁；<br>5）除第1）款～第4）款外的其他梁（包括楼板梁）；<br>6）屋盖檩条：<br>支承压型金属板屋面者；<br>支承其他屋面材料者；<br>有吊顶。<br>7）平台板 | $l/400$<br>$l/180$<br>$l/240$<br>$l/250$<br>$l/250$<br><br>$l/150$<br>$l/200$<br>$l/240$<br>$l/150$ | $l/500$<br><br><br>$l/350$<br>$l/300$<br><br>—<br>—<br>—<br>— |
| 5 | 墙架构件（风荷载不考虑阵风系数）：<br>1）支柱（水平方向）；<br>2）抗风桁架（作为连续支柱的支承时，水平位移）；<br>3）砌体墙的横梁（水平方向）；<br>4）支承压型金属板的横梁（水平方向）；<br>5）支承其他墙体材料的横梁（水平方向）；<br>6）带有玻璃窗的横梁（竖直和水平方向） | —<br>—<br>—<br>—<br>—<br>$l/200$ | $l/400$<br>$l/1000$<br>$l/300$<br>$l/100$<br>$l/200$<br>$l/200$ |

注：1. $l$ 为受弯构件的跨度（对悬臂梁和伸臂梁为悬臂长度的2倍）。

2. $[v_T]$ 为永久和可变荷载标准值产生的挠度（如有起拱应减去拱度）的容许值，$[v_Q]$ 为可变荷载标准值产生的挠度的容许值。

3. 当吊车梁或吊车桁架跨度大于12m时，其挠度容许值 $[v_T]$ 应乘以0.9的系数。

4. 当墙面采用延性材料或与结构采用柔性连接时，墙架构件的支柱水平位移容许值可采用 $l/300$，抗风桁架（作为连续支柱的支承时）水平位移容许值可采用 $l/800$。

5. 冶金厂房或类似车间中设有工作级别为 A7、A8 级起重机的车间，其跨间每侧吊车梁或吊车桁架的制动结构，由一台最大起重机横向水平荷载（按荷载规范取值）所产生的挠度不宜超过制动结构跨度的 1/2200。

## 4.1.3　梁的整体稳定设计

钢梁截面一般为高而窄的结构形式，以平面外弯扭失稳为特征的整体失稳是其主要的破坏形态之一。

1. 梁的整体稳定的保证

为了保证梁的整体稳定，当梁上有密铺的刚性铺板（如楼盖的楼面板或公路桥、人行天桥的面板等）时，应使之与梁的受压翼缘牢固连接；若无刚性铺板或铺板与梁受压翼缘连接不可靠时，则应设置平面支撑。楼盖或工作平台梁格的平面支撑包括横向平面支撑和纵向平面支撑两种。横向支撑使主梁受压翼缘的自由长度由

跨长减小为 $l_1$（次梁间距），纵向支撑是为了保证整个楼面的横向刚度。

当符合下列情况之一时，梁的整体稳定可以得到保证，不必计算：

（1）有刚性铺板在梁的受压翼缘并与其牢固连接，能阻止梁受压翼缘的侧向位移；

（2）箱形截面简支梁，其截面尺寸（图4-4）满足 $h/b_0 \leqslant 6$，且 $l_1/b_0 < 95（235/f_{yk}）$。

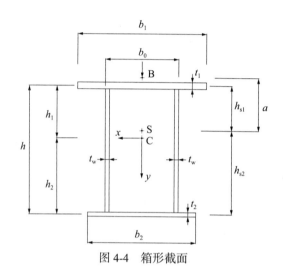

图4-4　箱形截面

2. 梁的整体稳定计算

我国《钢结构设计标准》GB 50017 给出的钢梁整体稳定计算公式如下：

$$\frac{M_x}{\varphi_b W_x f} \leqslant 1.0 \tag{4-3}$$

式中：$M_x$——绕强轴作用的最大弯矩（N·mm）；

　　　　$W_x$——按受压纤维确定的梁毛截面模量（mm³）；

　　　　$\varphi_b$——梁的整体稳定系数，详见《钢结构设计标准》GB 50017。

### 4.1.4　梁的局部稳定和腹板加劲肋设计

组合梁一般由翼缘和腹板焊接而成，如果采用的板件宽（高）而薄，板中压应力或剪应力达到某数值后，受压翼缘（图4-5-*a*）或腹板（图4-5-*b*）可能偏离其平面位置，出现波形凸曲，这种破坏现象称为梁丧失局部稳定。板件的局部失稳，虽然不一定使构件立即达到承载极限状态而破坏，但局部失稳会恶化构件的受力性能，使得构件的承载强度不能充分发挥。此外，若受弯构件的翼缘局部失稳，可能导致构件的整体失稳提前发生。热轧型钢板件宽（高）厚比较小，能够满足局部稳定要求，不需要计算。

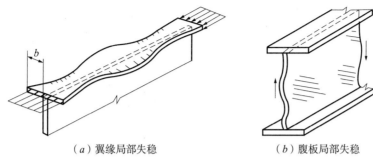

（a）翼缘局部失稳　　　　　　　　　　（b）腹板局部失稳

图 4-5　钢梁局部失稳形式

1. 受压翼缘的局部稳定设计

梁的受压翼缘主要承受均布压应力作用。一般采用限制翼缘板件宽厚比的方法来保证梁受压翼缘的稳定（图 4-6）。

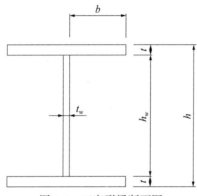

图 4-6　工字形梁断面图

对于工字形截面梁：

$$\frac{b}{t} \leqslant 13 \sqrt{\frac{235}{f_y}} \qquad (4-4)$$

当梁在弯矩 $M_x$ 作用下的强度按弹性计算时，即取 $\gamma_x = 1.0$ 时，限值可放宽为：

$$\frac{b}{t} \leqslant 15 \sqrt{\frac{235}{f_y}} \qquad (4-5)$$

对于箱形截面梁（图 4-4）：

$$\frac{b_0}{t} \leqslant 40 \sqrt{\frac{235}{f_y}} \qquad (4-6)$$

2. 腹板的局部稳定设计

组合梁腹板的局部稳定设计有两种计算方法。对于承受静力荷载和间接承受动力荷载的组合梁，允许腹板在梁整体失稳之前屈曲，并利用其屈曲后强度，在组合梁腹板布置加劲肋并计算其抗弯和抗剪承载力。对于直接承受动力荷载的吊车梁及类似构件或其他不考虑屈曲后强度的组合梁，以腹板的屈曲作为承载能力的极限状态，按下列原则配置加劲肋，并计算腹板的稳定。为了提高腹板的稳定性，可增加腹板的厚度，也可设置腹板加劲肋，后一措施往往比较经济。各类加劲肋的布置形式如图 4-7 所示。图 4-7-*a* 表示钢梁腹板仅设置横向加劲肋；图 4-7-*b*、*c* 表示钢梁腹板同时设置横向加劲肋和纵向加劲肋，纵向加劲肋宜设置在受压区距受压翼缘 $h_0/5$ 至 $h_0/4$ 处；图 4-7-*d* 表示钢梁腹板除设置横向加劲肋和纵向加劲肋外，还设置短加劲肋。在横、纵向加劲肋交叉处应切断纵向加劲肋，使横向加劲肋贯通，尽可能使纵向加劲肋两端支承于横向加劲肋。

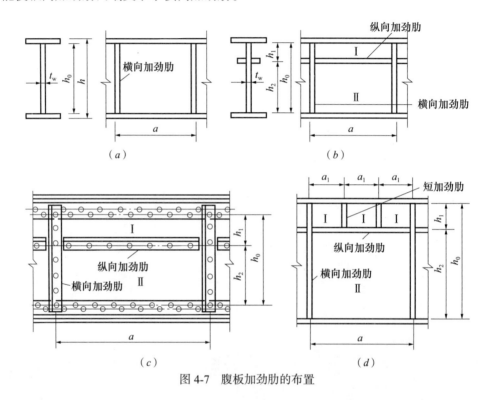

图 4-7　腹板加劲肋的布置

焊接组合梁一般采用钢板制成的加劲肋，并在腹板两侧成对布置；也可单侧布置，但支承加劲肋、重级工作制吊车梁的加劲肋不应单侧布置。为了避免焊缝交叉，减小焊接应力，在加劲肋端部应切去宽约 $b_s/3$、高约 $b_s/2$ 的斜角。梁腹板局部稳定及加劲肋的设计如表 4-4 所示。

梁腹板局部稳定设计　　　　　　　　表 4-4

| | | | |
|---|---|---|---|
| 腹板局部稳定 | 可不设置加劲肋 | $h_0/t_w \leqslant 80\sqrt{235/f_y}$，且无局部压应力（$\sigma_c=0$） | 任何情况下，$h_0/t_w$ 均不应超过 250。设置横向加劲肋时，横向加劲肋的间距 $a$ 不得小于 $0.5h_0$（图 4-7），也不得大于 $2h_0$（对无局部压应力的梁，当 $h_0/t_w \leqslant 100$ 时可采用 $2.5h_0$） |
| | 宜配置加劲肋 | $h_0/t_w > 80\sqrt{235/f_y}$（不考虑腹板屈曲后强度） | |

| | | | |
|---|---|---|---|
| 腹板局部稳定 | 应配置加劲肋 | 当 $h_0/t_w \leqslant 80\sqrt{235/f_y}$ 时，对有局部压应力（$\sigma_c \neq 0$）的梁，应按构造配置横向加劲肋；直接承受动力荷载的吊车梁及类似构件：当 $h_0/t_w > 80\sqrt{235/f_y}$ 时，应配置横向加劲肋。其中，当 $h_0/t_w > 170\sqrt{235/f_y}$（受压翼缘扭转受到约束时，如连有刚性铺板、制动板或焊有钢轨）时或 $h_0/t_w > 150\sqrt{235/f_y}$（受压翼缘扭转未受到约束）时，或按计算需要时，应在弯曲应力较大区格的受压区增加配置纵向加劲肋。局部压应力很大的梁，必要时尚宜在受压区配置短加劲肋。梁的支座处和上翼缘受有较大固定集中荷载处，应设置支承加劲肋 | 任何情况下，$h_0/t_w$ 均不应超过 250。设置横向加劲肋时，横向加劲肋的间距 $a$ 不得小于 $0.5h_0$（图 4-7），也不得大于 $2h_0$（对无局部压应力的梁，当 $h_0/t_w \leqslant 100$ 时可采用 $2.5h_0$） |
| 加劲肋设计 | 横向加劲肋 | 在腹板两侧成对配置的横向加劲肋的外伸宽度应满足：$$b_s \geqslant \frac{h_0}{30} + 40$$ 加劲肋的厚度应满足：$$t_s \geqslant \frac{b_s}{15} （承压加劲肋）$$ $$t_s \geqslant \frac{b_s}{19} （不受力间隔加劲肋）$$ | 在腹板一侧配置的横向加劲肋，其外伸宽度应大于按两侧配置时算得宽度的 1.2 倍；其厚度不应小于其外伸宽度的 1/15 和 1/19 |
| | 纵向加劲肋 | 纵向加劲肋的截面惯性矩，应满足：当 $a/h_0 \leqslant 0.85$ 时，$I_y \geqslant 1.5h_0t_w^3$ 当 $a/h_0 > 0.85$ 时，$I_y \geqslant \left(2.5 - 0.45\dfrac{a}{h_0}\right)\left(\dfrac{a}{h_0}\right)^2 h_0 t_w^3$ （计算加劲肋截面惯性矩的 $y$ 轴和 $z$ 轴，双侧加劲肋为腹板轴线；单侧加劲肋为与加劲肋相连的腹板边缘，如图 4-7 所示） | |
| | 同时设置横向和纵向加劲肋 | 当腹板同时用横向加劲肋和纵向加劲肋加强时，应在其相交处切断纵向加劲肋而使横向加劲肋保持连续。横向加劲肋的截面尺寸除应符合上述规定外，其截面惯性矩，尚应满足下列要求：$$I_z \geqslant 3h_0t_w^3$$ | |
| | 支承加劲肋 | 1）按轴心压杆计算支承加劲肋在腹板平面外的稳定。此压杆的截面包括加劲肋以及每侧 $15t_w\sqrt{235/f_y}$ 范围内的腹板面积，其计算长度近似为 $h_0$。2）支承加劲肋一般刨平顶紧于梁的翼缘或柱顶，其端面承压强度的计算按下式：$$\sigma_{ce} = \frac{F}{A_{ce}} \leqslant f_{ce}$$ 式中：$F$——集中荷载或支座反力设计值（N）；$A_{ce}$——端面承压面积（$mm^2$）；$f_{ce}$——钢材端面承压强度设计值（$N/mm^2$）。3）支承加劲肋与钢梁腹板的连接焊缝，应该承受全部集中力或支座反力进行计算，计算时假定应力沿焊缝长度均匀分布 | |

# 4.2 柱

## 4.2.1 概述

装配式钢结构建筑多应用于公共建筑和钢结构住宅。钢柱和组合柱在各类钢结构建筑中均有广泛的应用，其中，组合柱中的钢管混凝土柱充分发挥了钢材和混凝土的材料优势，可大大提高普通钢柱的承载力，且与其他类型组合柱相比，钢管混凝土柱更便于与钢梁等钢构件进行连接，在装配式钢结构中应用较为广泛。另一方面，钢结构住宅往往对于空间利用率和室内美观有较为严格的要求，而普通截面钢柱用于钢结构住宅不可避免会出现室内凸角，影响建筑使用功能，而异形截面钢柱和异形截面组合柱（主要指异形钢管混凝土柱）可以很好地解决这些问题，用于装配式钢结构住宅中具有较好的发展前景。有些异形截面由于截面特性较为特殊，弯矩作用平面往往不会与截面中和轴重合，构件在弯矩和轴力作用下可能会发生扭转变形，为相应构件承载力和稳定性的计算带来一定困难。目前，关于异形截面钢柱的设计规范和设计方法稍欠成熟，故异形钢柱和异形组合柱的设计仍依据《钢结构设计标准》GB 50017 和《钢管混凝土结构技术规范》GB 50936 等进行设计。因截面特殊无法找到合理依据时，应通过相应力学试验和有限元理论分析来确定构件的承载力或承载力计算公式。

## 4.2.2 柱的分类

### 1. 按受力方式分类

钢结构中，柱按受力方式的不同可以分为轴心受力构件和拉弯、压弯构件。

轴心受力构件只承受沿其长度轴线方向的外加轴力（拉力或压力）的作用且轴向作用位置与构件截面形心重合（轴心力）。轴心受力构件按所受拉力的方向不同又分为轴心受拉构件和轴心受压构件。当轴心受力构件截面为双轴对称时，不存在扭矩的影响；但若为单轴对称或不对称截面时，轴心力的作用往往会导致构件发生扭转。在钢结构中采用较为广泛的轴心受力构件主要是各类平面或空间桁架以及支撑系统，如钢屋架、托架、网架和塔架等。

拉弯、压弯构件指同时承受弯矩和轴心拉力或压力作用的构件。拉弯和压弯构件的弯矩可以由轴向荷载不通过构件截面的形心即发生偏心引起，可可由横向荷载引起，或由构件端部约束产生的固端弯矩引起，由于弯矩的存在，导致截面存在不均匀的正应力和剪应力。拉弯和压弯构件在钢结构中有很广泛的应用，如单层厂房的柱、多层或高层房屋的框架柱、承受不对称荷载的工作平台，以及桁架中承受节间内荷载的杆件等。

2. 按截面形式分类

根据截面形式的不同，用于装配式钢结构建筑的柱构件可分为常规截面柱和异形截面柱（简称异形柱）。相比于常规建造方式，装配式建筑对于预制构件在现场集成安装的可操作性要求较高，故在常规柱截面形式中，应用最为广泛的是方形或矩形钢管柱。同时，当对建筑空间的利用率和美观效果要求较低时，柱可直接采用常规截面形式，当对建筑使用功能和室内美观有一定要求时，依据相关要求和试验与理论分析的结果采用异形截面柱，可有效解决普通截面柱（箱形、H形）造成的框架柱柱角在室内凸出等问题。

（1）常规截面柱分类

根据组成材料的不同，常规截面柱可分为常规截面钢柱和常规截面组合柱。

常规截面钢柱常见的类型主要有H形钢柱、热轧圆钢管柱、热轧方钢管或矩形钢管柱、冷成型圆钢管柱、冷成型方钢管和焊接箱形截面等（图4-8）。H形钢柱多用于轻型钢结构厂房类建筑；热轧钢管柱、冷成型钢管柱以及焊接箱形截面柱常用于钢结构住宅。

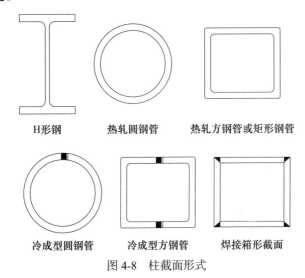

H形钢　　　热轧圆钢管　　　热轧方钢管或矩形钢管

冷成型圆钢管　　　冷成型方钢管　　　焊接箱形截面

图 4-8　柱截面形式

在多高层钢结构住宅中，可采用钢管混凝土组合柱，以提高结构和构件的承载力。钢管混凝土柱通过钢管和混凝土两种材料在受力过程中的相互作用，充分发挥两种材料的优点。在轴向压力作用下，钢管对混凝土的横向变形产生约束作用，使混凝土处于三向受压应力状态，提高了混凝土的抗压强度，更有利地发挥混凝土的抗压性能，而钢管由于内填混凝土的存在，大大提高了钢管壁的侧向刚度，避免和延迟了钢管局部屈曲的发生，保证了钢管材料受力性能的发挥。此外，在钢管混凝土的施工过程中，钢管还可以作为浇筑其核心混凝土的模板，与钢筋混凝土相比，可节省模板费用，加快施工速度。常规截面钢管混凝土柱主要包括圆钢管混凝土柱和方钢管或矩形钢管混凝土柱，由于方钢管或矩形钢管更易于与钢梁等构件实现装配式节点连接，在装配式钢结构中，方钢管或矩形钢管混凝土柱应用相对圆钢管混凝土柱更为广泛。

（2）异形截面柱分类

与常规截面柱类似，异形截面柱也包括异形截面钢柱（异形钢柱）和异形截面组合柱（异形组合柱），其中，异形组合柱应用较多的是异形钢管混凝土柱。

1）异形钢柱

常见的异形钢柱截面形式有多边形钢管柱、开口截面异形钢柱、闭口截面异形钢柱、组合截面异形钢柱等。

多边形钢管柱的截面形状更接近圆形截面，各个方向的截面惯性矩都比较接近，受力性能比较好，与圆钢管相比，多边形钢管的板件可以通过为与之相邻的两边板件提供约束来提高钢管柱的局部稳定性（图4-9）。

开口截面异形钢柱是指由热轧H形钢和T形钢焊接组合而成的L形、T形和十字形等截面形状的钢异形柱（图4-10）。根据建筑功能和室内空间利用率的要求，中柱常用十字形截面、边柱用T形截面、角柱用L形截面。

闭口截面异形钢柱是由板件或型钢焊接而成的一腔或多腔截面异形柱（图4-11），其中，单腔截面异形柱需要采取增设约束拉杆等方式增加截面稳定性。

装配式钢结构建筑框架柱还可选用异形组合截面，当选用异形组合截面时，应满足国家现行标准的规定；当没有规定时，应进行专项审查，通过后，方可采用。在钢结构中常见的异形组合截面如图4-12所示，根据截面组合形状的不同，分为H形—矩形组合截面（图4-12-*a*）、矩形异形柱组合截面（图4-12-*b*）和矩形组合截面（图4-12-*c*）等。

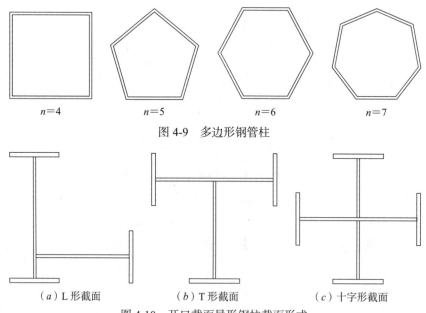

$n=4$ $\qquad$ $n=5$ $\qquad$ $n=6$ $\qquad$ $n=7$

图4-9 多边形钢管柱

（*a*）L形截面 $\qquad$ （*b*）T形截面 $\qquad$ （*c*）十字形截面

图4-10 开口截面异形钢柱截面形式

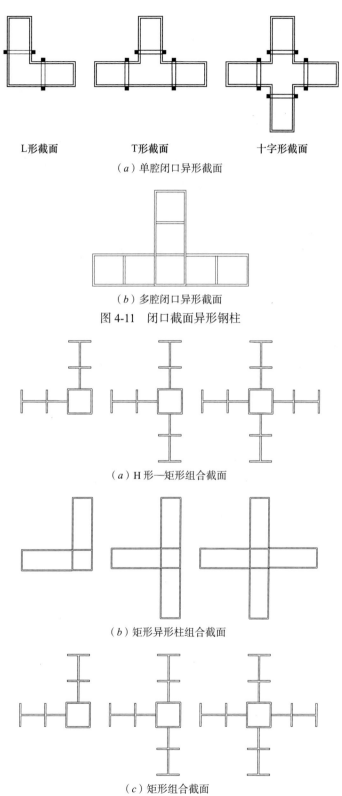

L形截面　　　　T形截面　　　　　　十字形截面

（a）单腔闭口异形截面

（b）多腔闭口异形截面

图 4-11　闭口截面异形钢柱

（a）H形—矩形组合截面

（b）矩形异形柱组合截面

（c）矩形组合截面

图 4-12　开口与闭口组合截面异形钢柱

2）异形组合柱

在异形组合柱中，异形钢管混凝土柱兼具异形柱和钢管混凝土柱承载力高的优点，在装配式结构中得到了应用。异形钢柱由于截面特性较为复杂和特殊，相比于普通钢柱，稳定性更难得到保证。在多高层建筑中，采用异形钢管混凝土柱可以充分利用异形钢柱和混凝土的优势，使构件承载力得到提高。异形钢管混凝土柱的设计应尽量使得构造简单，方便施工和构件安装，并能与梁形成受力明确的节点。

异形钢管混凝土柱常见的类型主要包括：普通异形钢管混凝土柱、带约束拉杆的异形钢管混凝异形柱、带加劲肋的异形钢管混凝土柱、带缀板的异形钢管混凝土柱和多腔形式的异形钢管混凝土柱。

①普通异形钢管混凝土柱

普通异形钢管混凝土柱直接在异形钢管柱中灌注混凝土制作而成，常见形式主要有 T 形、L 形和十字形等（图 4-13）。相比圆形钢管混凝土柱，异形钢管混凝土柱除截面形状不规则外，还存在拐角，类似于矩形钢管混凝土，钢管管壁对混凝土的约束作用主要存在于角部，而角部以外的部位钢管对混凝土的约束效应迅速减小，横截面中部钢板处几乎为零约束，且管壁容易发生局部屈曲，对构件承载力的提高作用明显弱于圆钢管混凝土，钢管混凝土截面中核心混凝土的约束区域示意图如图 4-14 所示。故普通异形钢管混凝土柱虽然能满足建筑使用功能，却难以实现在工程中的应用。

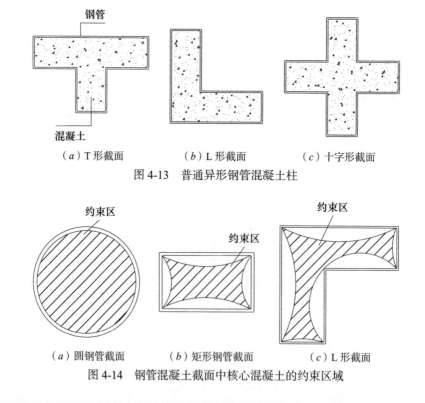

（a）T 形截面　　　　（b）L 形截面　　　　（c）十字形截面

图 4-13　普通异形钢管混凝土柱

（a）圆钢管截面　　　（b）矩形钢管截面　　　（c）L 形截面

图 4-14　钢管混凝土截面中核心混凝土的约束区域

② 带约束的异形钢管混凝土柱

鉴于普通异形钢管混凝土柱力学性能方面存在的问题，带约束拉杆的异形钢管混凝土柱被提出（图4-15），即在钢管管壁约束作用薄弱的截面中部设置约束拉杆，来改善钢板对核心混凝土的约束效应。约束拉杆的设置可以增强钢管与混凝土的相互作用，对构件的力学性能有较大改进，但是施工制作有一定难度，且用钢量较大。同时该类构件开孔较多，对钢管管壁损伤较大，在荷载作用下，孔边由于应力集中造成对构件力学性能的影响尚需进一步研究。

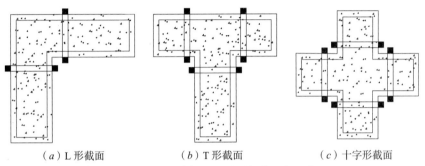

（a）L形截面　　　　（b）T形截面　　　　（c）十字形截面

图4-15　带约束拉杆的异形钢管混凝土柱

③ 带加劲肋的钢管混凝土异形柱

为了改善普通T形、L形、十字形钢管混凝土柱因管壁宽厚比过大、内凹角薄弱区等对核心混凝土的约束效应不高的特点。与方钢管相似，在柱截面的中部或薄弱区增设纵向加劲肋（图4-16），可以增强钢管管壁在截面中部或薄弱区的侧向刚度，延缓钢管管壁在竖向荷载下的局部屈曲，提高对核心混凝土的约束作用，从而提高构件的承载能力及延性。

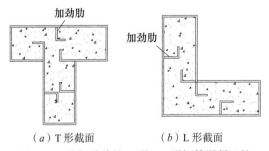

（a）T形截面　　　　（b）L形截面

图4-16　设加劲肋的T形、L形钢管混凝土柱

④ 带缀条或缀板的异形钢管混凝土柱

带缀条或缀板的异形钢管混凝土柱通过缀条、缀板或钢板将多根小截面方钢管混凝土柱连接组合而成（图4-17）。其缀件形式主要有缀条连接式、板条连接式、开孔钢板连接式三种连接方式。此种截面形式的异形钢管混凝土柱既发挥矩形钢管混凝土柱承载力高、塑性、韧性好的优点，同时异形柱布置灵活，建筑形式美观，

符合建筑使用功能要求。但是这种截面形式的异形钢管混凝土柱自身受力复杂，缀条的变形影响柱子的整体力学性能，柱子的失稳破坏形式较实腹截面形式的异形钢管混凝土柱复杂，同时其节点构造、连接构造也较为复杂。带缀条或缀板的异形钢管混凝土柱是一种格构柱，在考虑微弯平衡时，不仅要考虑弯曲变形的影响，还要考虑剪切变形的影响，在承载力计算时应采用换算长细比。

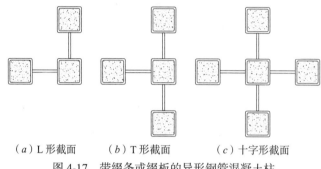

（a）L形截面　　　（b）T形截面　　　（c）十字形截面

图 4-17　带缀条或缀板的异形钢管混凝土柱

⑤ 多室式异形钢管混凝土柱

多个矩形钢管或方钢管焊接组合形成具有多个腔室的异形钢管混凝土柱（图 4-18）。此类截面的异形钢管混凝土柱与普通异形钢管混凝土柱相比，由于不存在内凹角薄弱区，消除了普通钢管混凝土异形截面阴阳角的影响，其次，构件截面宽厚比相对较小，各个分腔室相互作用增强，钢管对混凝土的约束作用也有一定提高，从而使构件整体性能得到改善。

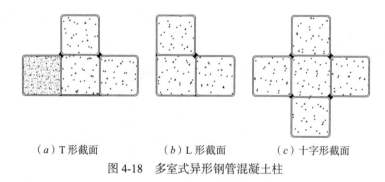

（a）T形截面　　　　　（b）L形截面　　　　　（c）十字形截面

图 4-18　多室式异形钢管混凝土柱

与普通截面钢柱（箱形、H 形）和混凝土异形柱比较，异形钢柱和异形钢管混凝土组合柱具有如下特点：

A. 异形柱可以改善建筑使用功能，避免室内柱角凸出对室内观瞻及使用空间的影响，有利于提高住宅建筑设计的灵活性，符合装配式钢结构住宅建筑的设计理念。

B. 增加建筑的有效使用面积。

C. 由于钢结构更好的抗震性能，能突破混凝土异形柱在高震区使用受限的制约，具有更大的推广空间和使用价值。

D. 具备钢结构相对于混凝土结构的所有优势。

E. 在钢结构住宅和住宅产业化发展中有着不可替代的应用前景。

由于钢异形柱截面的特异性和不对称性，造成异形柱钢结构的力学性能、抗震性能与普通截面（箱形、H形）柱钢结构相比存在显著差异。

### 4.2.3 常规截面钢柱的设计

常规截面钢柱的设计包括轴心受力构件和拉弯、压弯构件的设计。轴心受压构件和压弯构件基于极限状态的设计方法，设计时应考虑强度、刚度、整体稳定和局部稳定等4个方面的要求。拉弯构件的设计一般只需考虑强度和刚度两个方面，但对以承受弯矩为主（即拉力较小）的拉弯构件，当截面一侧最外边纤维存在较大的压力时，则也应考虑和计算构件的整体稳定以及受压板件或分支的局部稳定。具体设计方法依据《钢结构设计标准》GB 50017 和《建筑抗震设计规范》GB 50011。

1. 强度计算

强度计算包括轴心受力构件和拉弯、压弯构件的强度计算。对于轴心受力构件，在强度计算中，要求钢轴心受力构件的内力设计值 $N$ 除以毛截面面积 $A$ 得到的正应力值不应超过钢材抗拉或抗压强度设计值。对于拉弯、压弯构件，为了充分发挥材料的承载潜力，但又不使构件产生过大的变形，可以允许构件截面有部分塑性开展，引入截面塑性发展系数来计算拉弯、压弯构件的截面强度。表 4-5 给出了一般情况下，常规截面钢柱的强度计算方法，若遇其他情况按《钢结构设计标准》GB 50017 中的规定进行计算。

**常规截面钢柱的强度计算**　　　　　　　　　　　　　　　　表 4-5

| 序号 | 受力状态 | 计算方法 | 说明 |
|---|---|---|---|
| 1 | 轴心受力构件 | $$\sigma = \frac{N}{A} \leqslant f$$ 当有孔洞或其他因素削弱时，应验算构件的净截面强度： $$\sigma = \frac{N}{A_n} \leqslant 0.7 f_u$$ | $N$——构件的轴心拉力或压力设计值（N）；<br>$A$——构件的毛截面面积（mm²）；<br>$f$——构件的抗拉（抗压）强度设计值（N/mm²）；<br>$f_u$——钢材的抗拉强度最小值（N/mm²） |
| 2 | 拉弯、压弯构件 | 除圆管截面外： $$\frac{N}{A_n} \pm \frac{M_x}{\gamma_x W_{nx}} \pm \frac{M_y}{\gamma_y W_{ny}} \leqslant f$$ 当构件截面为圆形时： $$\frac{N}{A_n} \pm \frac{\sqrt{M_x^2 + M_y^2}}{\gamma_m W_n} \leqslant f$$ | $A_n$——构件的净截面面积，当构件多个截面有孔时，取最不利的截面（mm²）；<br>$N$——同一截面处轴心压力设计值（N）；<br>$M_x$、$M_y$——分别为同一截面处对 $x$ 轴和 $y$ 轴的弯矩设计值（N·mm）；<br>$\gamma_x$、$\gamma_y$——截面塑性发展系数，取值按照《钢结构设计标准》GB 50017 确定；<br>$\gamma_m$——圆形截面塑性发展系数，取值按照《钢结构设计标准》GB 50017 确定；<br>$f$——构件的抗拉（抗压）强度设计值（N/mm²）；<br>$A_n$——构件的净截面面积（mm²）；<br>$W_n$——构件的净截面模量（mm³） |

2. 刚度计算

通过长细比来控制柱的刚度，长细比是构件计算长度 $l_0$ 与构件截面回转半径 $i$ 的比值，即 $\lambda = l_0/i_0$。$\lambda$ 越小，表示构件刚度越大；反之刚度越小。轴心受力构件的刚度要求控制构件长细比不应超过允许长细比 $[\lambda]$。长细比过大时，构件在使用过程中非直立状态下容易因自重产生挠曲；在动力荷载作用下容易产生振动；在运输和安装过程中容易产生弯曲。

综上，构件的长细比验算应满足如下要求：

$$\lambda_x = \frac{l_{0x}}{i_x} \leqslant [\lambda] \tag{4-7}$$

$$\lambda_y = \frac{l_{0y}}{i_y} \leqslant [\lambda] \tag{4-8}$$

式中：$\lambda_x$、$\lambda_y$——分别为构件截面两个主轴即 $x$ 轴和 $y$ 轴的长细比；

$l_{0x}$、$l_{0y}$、$i_x$、$i_y$——分别为绕截面主轴即 $x$ 轴和 $y$ 轴的构件计算长度和截面回转半径，

轴心受压构件的计算长度按表 4-6 计算；

$[\lambda]$——允许长细比，按我国《钢结构设计标准》GB 50017 的规定取值。

轴心受压构件的计算长度系数　　　　　表 4-6

| 梁段支撑情况 | 两端铰接 | 上端自由下端固定 | 上部铰接下端固定 | 两端固定 | 上端可移动但不转动、下端固定 | 端可移动但不转动、下端铰接 |
|---|---|---|---|---|---|---|
| 屈曲形状 $N_{cr} = \beta \frac{FI}{l^3} = \pi^2 \frac{EI}{l_0^2}$ $l_0 = \mu l$ | $l_0 = l$ | $l_0 = 2l$ | $l_0 = 0.7l$ | $l_0 = 0.5l$ | $l_0 = l$ | $l_0 = 2l$ |
| $N_{cr} = \beta \frac{FI}{l^2}$ | $\pi^2 \frac{EI}{l^2}$ | $\frac{\pi^2}{4} \frac{EI}{l^2}$ | $20.19 \frac{EI}{l^2}$ | $4\pi^2 \frac{EI}{l^2}$ | $\pi^2 \frac{EI}{l^2}$ | $\frac{\pi^2}{4} \frac{EI}{l^2}$ |
| $\mu$ | 1 | 2 | 0.7 | 0.5 | 1 | 2 |

3. 整体稳定

（1）轴心受力构件

钢轴心受压构件丧失整体稳定时的临界应力低于钢材屈服应力，即构件在达到强度极限状态前就会丧失整体稳定，且整体稳定常常是突发的，容易造成严重后果，应特别重视。轴心受压构件发生整体失稳时的屈曲形态主要有弯曲屈曲、扭转

屈曲和弯扭屈曲（图4-19）。当轴心受压构件截面为双轴对称，如工字形、箱形、十字形，或极（点）对称，如工字形时，通常可能发生绕 $x$ 轴和 $y$ 轴的弯曲屈曲或扭转屈曲（图4-19-$a$、图4-19-$b$）。究竟发生哪种变形形态的屈曲，取决于截面绕 $x$ 轴或 $y$ 轴的抗弯刚度、抗扭刚度、构件长度、构件支撑约束条件等情况，每个屈曲形态都可求出相应的临界应力，其中最小值将起控制作用。截面为单轴对称时，可能发生弯曲屈曲，并同时变形扭转变形的屈曲，即发生弯扭屈曲。这是由于轴心压力所通过的截面形心与截面剪切中心不重合。《钢结构设计标准》GB 50017 中，对轴心受压构件整体稳定计算主要是根据弯曲屈曲给出的。

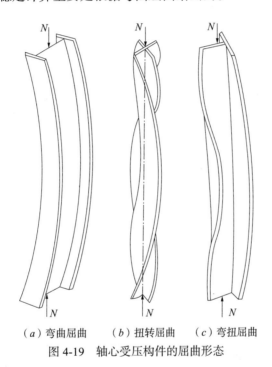

（$a$）弯曲屈曲　　（$b$）扭转屈曲　　（$c$）弯扭屈曲

图4-19　轴心受压构件的屈曲形态

我国《钢结构设计标准》GB 50017 根据不同截面形状和尺寸，不同加工条件和相应残余应力分布和大小，不同弯曲屈曲方向等按极限承载力理论，通过计算得到的柱子曲线将进行整体稳定计算的轴心受力构件按截面分为a、b、c、d 四类，根据截面分类确定各类截面构件的整体稳定系数 $\varphi$。轴心受压构件的整体稳定性按下式进行计算：

$$\frac{N}{\varphi A f} \leqslant 1.0 \qquad (4\text{-}9)$$

式中：$\varphi$——轴心受压构件的稳定系数，取绕构件截面两主轴稳定系数较小者，根据构件的长细比（或换算长细比）、钢材屈服强度和截面分类，按我国《钢结构设计标准》GB 50017 的规定进行采用；

（2）压弯构件

压弯构件整体稳定计算包括平面内稳定计算和平面外稳定计算。构件在轴力和弯矩共同作用下，可能在弯矩作用平面内整体屈曲，也可能由于构件在弯矩作用平面外的抗弯刚度不足、抗扭刚度不足或平面侧向支撑不足而发生侧向弯曲变形，并伴随绕扭转中心（剪切中心）轴扭转，发生平面外整体失稳。表4-7给出了压弯构件的整体稳定计算方法，对于格构式构件和表4-7中未给出的情况，整体稳定按我国《钢结构设计标准》GB 50017中方法计算。

压弯构件的整体稳定计算　　　　　　　　　　　　　　　表4-7

| 序号 | 构件类型 | 计算方法 | 说明 |
|---|---|---|---|
| 1 | 除圆管截面外，弯矩作用在对称平面内的实腹式压弯构件 | 平面内稳定计算：$$\frac{N}{\varphi_x Af} + \frac{\beta_{mx} M_x}{\gamma_x W_{1x}(1-0.8N/N'_{Ex})f} \leqslant 1.0$$ $$N'_{Ex} = \pi^2 EA/(1.1\lambda_x^2)$$ 平面外稳定计算：$$\frac{N}{\varphi_y Af} + \eta\frac{\beta_{tx} M_x}{\varphi_b W_{1x}f} \leqslant 1.0$$ | $N$——所计算构件范围内轴心压力设计值（N）；<br>$f$——构件的抗拉（抗压）强度设计值（N/mm²）；<br>$N'_{Ex}$——参数，按左表中式计算（mm）；<br>$\varphi_x$——弯矩作用平面内轴心受压构件稳定系数；<br>$M_x$——所计算构件段范围内的最大弯矩设计值（N·mm）；<br>$W_{1x}$——弯矩作用平面内对受压最大纤维的毛截面模量（mm³）；<br>$\varphi_y$——弯矩作用平面外轴心受压构件稳定系数，按我国《钢结构设计标准》GB 50017中的规定选用；<br>$\varphi_b$——均有弯曲的受弯构件整体稳定系数，按我国《钢结构设计标准》GB 50017中的规定选用 |
| 2 | 弯矩作用在两个主平面内的双轴对称实腹式工字形和箱形截面的压弯构件 | $$\frac{N}{\varphi_x Af} + \frac{\beta_{mx} M_x}{\gamma_x W_x(1-0.8N/N'_{Ex})f} + \eta\frac{\beta_{ty} M_y}{\varphi_{by} W_y f} \leqslant 1.0$$ $$\frac{N}{\varphi_y Af} + \eta\frac{\beta_{ty} M_x}{\varphi_{bx} W_x f} + \frac{\beta_{my} M_y}{\gamma_y W_y(1-0.8N/N'_{Ey})f} \leqslant 1.0$$ | $\varphi_x$、$\varphi_y$——对强轴 $x$-$x$ 和弱轴 $y$-$y$ 的轴心受压构件整体稳定系数；<br>$\varphi_{bx}$、$\varphi_{by}$——均匀弯曲范围内受弯构件整体稳定系数，按我国《钢结构设计标准》GB 50017中的规定取值；<br>$f$——构件的抗拉（抗压）强度设计值（N/mm²）；<br>$M_x$、$M_y$——所计算构件段范围内对强轴和弱轴的最大弯矩设计值（N·mm）；<br>$W_x$、$W_y$——对强轴和弱轴的毛截面模量（mm³）；<br>$\beta_{mx}$、$\beta_{my}$——等效弯矩系数，按我国《钢结构设计标准》GB 50017有关规定采用；<br>$\beta_{tx}$、$\beta_{ty}$——等效弯矩系数，按我国《钢结构设计标准》GB 50017弯矩作用平面外的稳定计算有关规定采用 |
| 3 | 当柱中没有很大横向力或集中弯矩时，双向压弯圆管 | $$\frac{N}{\varphi Af} + \frac{\beta M}{\gamma_m W(1-0.8N/N'_{Ex})f} \leqslant 1.0$$ $$M = \max\left(\sqrt{M_{xA}^2 + M_{yA}^2}, \sqrt{M_{xB}^2 + M_{yB}^2}\right)$$ | $\varphi$——轴心受压构件整体稳定系数，按构件最大长细比取值；<br>$f$——构件的抗拉（抗压）强度设计值（N/mm²）；<br>$M$——计算双向压弯圆管构件整体稳定时采用的弯矩值（N·mm）； |

| 序号 | 构件类型 | 计算方法 | 说明 |
|---|---|---|---|
| 3 | 当柱中没有很大横向力或集中弯矩时，双向压弯圆管 | $\beta = \beta_x \beta_y$<br>$\beta_x = 1 - 0.35\sqrt{N/N_E} + 0.35\sqrt{N/N_E}\ (M_{2x}/M_{1x})$<br>$\beta_y = 1 - 0.35\sqrt{N/N_E} + 0.35\sqrt{N/N_E}\ (M_{2y}/M_{1y})$<br>$N_E = \dfrac{\pi^2 EA}{\lambda^2}$ | $M_{xA}$、$M_{yA}$、$M_{xB}$、$M_{yB}$——分别为构件 A 端关于 $x$ 轴、$y$ 轴的弯矩和构件 B 端关于 $x$ 轴、$y$ 轴的弯矩（N·mm）；<br>$\beta$——计算双向压弯整体稳定时采用的等效弯矩系数；<br>$M_{1x}$、$M_{1y}$、$M_{2x}$、$M_{2y}$——分别为 $x$ 轴、$y$ 轴端弯矩（N·mm）；构件无反弯点时取同号，构件有反弯点时取异号；$|M_{1x}| \geqslant |M_{2x}|$，$|M_{1y}| \geqslant |M_{2y}|$；<br>$N_E$——根据构件最大长细比计算欧拉力 |

4. 局部稳定

我国《钢结构设计标准》GB 50017 中根据截面承载力和塑性转动变形能力的不同而将构件截面分为 S1～S5 五个等级。在设计中应根据相应截面等级对压弯构件截面板件宽厚比进行验算。除此之外，对轴心受力构件和拉弯、压弯构件的局部稳定设计控制，应在满足相应截面等级对应的板件宽厚比要求的同时，还须满足我国《钢结构设计标准》GB 50017 中对构件局部稳定的设计要求。

## 4.2.4　常规截面组合柱的设计

在装配式钢结构建筑中应用较多的常规截面组合柱主要是钢管混凝土组合柱。本小节主要介绍钢管混凝土柱的设计。

1. 计算理论

在钢管混凝土结构中应用较为广泛的有极限平衡理论和统一理论。

（1）极限平衡理论

《钢管混凝土结构技术规程》CECS 28 中采用极限平衡理论，各类构件承载力的计算公式均以轴心受压短柱的理论公式为基础，直接从大量的试验数据中寻求长细比、偏心率对承载力影响的规律，从而得到各种不同类型钢管混凝土柱轴心受力构件的承载力计算公式。

（2）统一理论

《钢管混凝土结构技术规范》GB 50936 和《钢—混凝土组合结构设计规程》DL/T 5085 中对钢管混凝土的计算则是采用统一理论，即把钢管混凝土杆件视为由一种统一的组合材料制成，采用杆件的全截面面积和抵抗矩等整体几何特性及其组合性能指标，来计算杆件的各项承载力，不再区分钢管和混凝土。《钢管混凝土结构技术规范》GB 50936 基于统一理论给出了圆形和多边形钢管混凝土柱轴心受力构件和压弯、拉弯构件的承载力计算公式。

以下基于上述计算理论对钢管混凝土柱的设计方法进行介绍：

## 2. 轴心受压构件的设计

钢管混凝土轴心受压构件的轴心受压承载力应满足下列要求：

$$N \leqslant N_u \tag{4-10}$$

当考虑地震作用的工况时：

$$N \leqslant N_u / \gamma_{RE} \tag{4-11}$$

式中：$N$——构件轴向压力设计值；

$\quad N_u$——钢管混凝土柱的轴向受压承载力设计值；

$\quad \gamma_{RE}$——构件承载力抗震调整系数。

常规截面组合柱轴心受压构件基于极限平衡理论和统一理论的设计方法如表 4-8~表 4-10 所示。

常规截面轴心受压构件整体稳定承载力计算 表 4-8

| 序号 | 设计方法 | 计算方法 | 说明 |
|---|---|---|---|
| 1 | 极限平衡理论设计方法 | $N_u = \varphi_1 \varphi_e N_0$<br>当 $0.5 < \theta \leqslant [\theta]$ 时，<br>$N_0 = 0.9 A_c f_c (1 + \alpha\theta)$<br>当 $2.5 > \theta > [\theta]$ 时，<br>$N_0 = 0.9 A_c f_c (1 + \theta + \sqrt{\theta})$<br>$\theta = \dfrac{A_a f_a}{A_c f_c}$<br>且在任何情况下均应满足下列条件：<br>$\varphi_1 \varphi_e \leqslant \varphi_0$<br>$\varphi_e$ 按下式计算：<br>当 $e_0/r_c \leqslant 1.55$ 时，$\varphi_e = \dfrac{1}{1 + 1.85\dfrac{e_0}{r_c}}$<br>当 $e_0/r_c > 1.55$ 时，$\varphi_e = \dfrac{0.4}{\dfrac{e_0}{r_c}}$ | $N_0$——钢管混凝土轴心受压短柱的承载力设计值（N）；<br>$\theta$——钢管混凝土的套箍指标；<br>$\alpha$——与混凝土强度等级有关的系数，按表 4-9 取值；<br>$[\theta]$——与混凝土强度等级有关的套箍指标界限值，按表 4-9 取值；<br>$A_c$——钢管内的核心混凝土横截面面积（$mm^2$）；<br>$f_c$——核心混凝土的轴心抗压强度设计值（$N/mm^2$）；<br>$A_a$——钢管的横截面面积（$mm^2$）；<br>$f_a$——钢管的抗拉、抗压强度设计值（$N/mm^2$）；<br>$\varphi_1$——考虑长细比影响的承载力折减系数，当 $L_e/D > 4$ 时，$\varphi_1 = 1 - 0.115\sqrt{L_e/D - 4}$，当 $L_e/D \leqslant 4$ 时，$\varphi_1 = 1$；<br>$\varphi_e$——考虑偏心率影响的承载力折减系数；<br>$\varphi_0$——按轴心受压柱考虑的 $\varphi_1$ 值；<br>$D$——钢管外直径（mm）；<br>$L_e$——柱等效计算长度，按我国现行《钢管混凝土结构技术规程》CECS 28 中的规定确定；<br>$e_0$——柱端轴向压力偏心距的较大者；<br>$r_c$——核心混凝土截面的半径（mm） |
| 2 | 统一理论设计方法 | $N_u = \varphi N_0$<br>$N_0 = A_{sc} f_{sc}$<br>$f_{sc} = (1.212 + B\theta + C\theta^2) f_c$<br>$\alpha_{sc} = \dfrac{A_s}{A_c}$ $\quad \theta = \alpha_{sc}\dfrac{f}{f_c}$ | $N_0$——实心或空心钢管混凝土短柱的轴心受压强度承载力设计值（N）；<br>$A_{sc}$——实心或空心钢管混凝土构件截面面积，即钢管面积和混凝土面积之和（$mm^2$）；<br>$f_{sc}$——钢管混凝土抗压强度设计值（$N/mm^2$）；<br>$A_s$、$A_c$——钢管、管内混凝土面积（$mm^2$）；<br>$\alpha_{sc}$——钢管混凝土构件的含钢率；<br>$\theta$——钢管混凝土构件的套箍系数；<br>$f$——钢材的抗压强度设计值（MPa）； |

| 序号 | 设计方法 | 计算方法 | 说明 |
|------|----------|----------|------|
| 2 | 统一理论设计方法 | $\varphi = \dfrac{1}{2\bar{\lambda}_{sc}^2}\Big[\bar{\lambda}_{sc}^2 + (1+0.25\bar{\lambda}_{sc})\Big]$ $\qquad - \sqrt{(\bar{\lambda}_{sc}^2 + (1+0.25\bar{\lambda}_{sc}))^2 - 4\bar{\lambda}_{sc}^2}$ $\bar{\lambda}_{sc} = \dfrac{\lambda_{sc}}{\pi}\sqrt{\dfrac{f_{sc}}{E_{sc}}} \approx 0.01\lambda_{sc}(0.001f_y + 0.781)$ $N_0 = A_{sc} \cdot f_{sc}$ | $f_c$——混凝土的抗压强度设计值（MPa）; $B$、$C$——截面形状对套箍效应的影响系数; $\varphi$——轴心受压构件稳定系数，也可按表4-7取值; $\lambda_{sc}$——各种构件的长细比，等于构件的计算长度除以回转半径，对于格构式构件要采用换算长细比; $\bar{\lambda}_{sc}$——构件正则长细比 |

系数 $\alpha$ 和 $[\theta]$ 取值　　　　　　　　　　表 4-9

| 混凝土等级 | $\leqslant$ C50 | C55～C80 |
|-----------|-----------------|----------|
| $\alpha$ | 2.00 | 1.80 |
| $[\theta]$ | 1.00 | 1.56 |

轴压构件稳定系数　　　　　　　　　　表 4-10

| $\lambda_{sc}$ | $\varphi$ | $\lambda_{sc}$ | $\varphi$ |
|------|------|------|------|
| 0 | 1.000 | 130 | 0.440 |
| 10 | 0.975 | 140 | 0.394 |
| 20 | 0.951 | 150 | 0.353 |
| 30 | 0.924 | 160 | 0.318 |
| 40 | 0.896 | 170 | 0.287 |
| 50 | 0.863 | 180 | 0.260 |
| 60 | 0.824 | 190 | 0.236 |
| 70 | 0.779 | 200 | 0.216 |
| 80 | 0.728 | 210 | 0.198 |
| 90 | 0.670 | 220 | 0.181 |
| 100 | 0.610 | 230 | 0.167 |
| 110 | 0.549 | 240 | 0.155 |
| 120 | 0.492 | 250 | 0.14 |

3. 压弯构件的设计

根据统一理论和《钢管混凝土结构技术规范》GB 50936，钢管混凝土压弯构件承载力按下式计算：

当 $\dfrac{N}{N_u} \geqslant 0.255$ 时：

$$\frac{N}{N_u} + \frac{\beta_m M}{1.5 M_u (1 - 0.4N/N_E')} \leqslant 1 \qquad (4\text{-}12)$$

当 $\dfrac{N}{N_u} < 0.255$ 时：

$$-\frac{N}{2.17N_u} + \frac{\beta_m M}{M_u(1-0.4N/N_E')} \leqslant 1 \qquad (4\text{-}13)$$

式中：$N$、$M$——作用于构件的轴心压力和弯矩；

       $\beta_m$——等效弯矩系数，按我国《钢结构设计标准》GB 50017 计算；

       $M_u$——实心或空心钢管混凝土构件的受弯承载力设计值，按我国现行《钢管混凝土结构技术规范》GB 50936 计算；

       $N_u$——实心或空心钢管混凝土构件轴压稳定承载力设计值，按表 4-8 计算。

### 4.2.5　异形钢柱的设计

1. 基本规定

异形钢柱截面设计应遵循下列规定：

1）截面特性。在等肢的前提条件下，L 形异形柱绕位于形心主轴方向 45° 和 135° 的轴线，对应的惯性矩分别为最大值和最小值；T 形异形柱绕位于形心主轴方向 0° 和 90° 的轴线，对应的惯性矩为在其截面各方向上的最大值和最小值。

2）受力性能。对异形钢柱而言，截面可能没有对称轴或仅有 1～2 根对称轴，且在不同方向上的刚度有所不同。在双向压弯的受力状态下，异形钢柱的中和轴与弯矩作用平面基本不会出现垂直现象，也不会与截面边缘平行。当材料的强度以及截面面积全部相同时，对双向压弯状态下，T 形截面异形钢柱的正截面承载能力要高于 L 形异形钢柱。异形钢柱截面由于其特殊的组成形式，梁柱节点核心区的截面面积较小，导致其抗剪承载能力较差，此部位是异形柱结构中抗震承载力最为薄弱环节。为确保结构安全及强节点设计要求，对抗震等级为一、二、三、四级的梁柱节点核心区和非抗震设计时，均应对节点域部位进行精确详细的受剪承载力计算，并采取必要的抗震构造措施，提高节点域抗震承载能力。基于异形柱结构受力性能的复杂，设计中应更多注重概念设计。

异形柱截面形状和构造较为复杂和多样，目前，国内对异形钢柱的受压、压弯和拉弯性能较为成熟的研究成果主要集中在开口截面异形钢柱；对于其他类型异形钢柱的承载力尚未统一的计算公式，在设计中应通过可靠的试验和有限元理论等研究方法进行确定。对于 T 形截面和十字形开口截面异形钢柱的设计方法在《钢结构设计标准》GB 50017 中已经给出。L 形截面相比 T 形和十字形截面，没有明确对称轴，截面特性较为复杂，《轻型钢结构住宅技术规程》JGJ 209 给出了 L 形截面异形柱的设计方法。故对于 T 形、十字形开口截面异形钢柱的设计方法可参见"4.2.3节"和我国《钢结构设计标准》GB 50017，以下依据《轻型钢结构住宅技术规程》

JGJ 209 给出 L 形截面异形柱的设计方法。

2. L 形异形钢柱强度计算

（1）轴心受力构件

L 形截面异形钢柱（图 4-20）轴心受力构件强度计算参见式表 4-5。

（2）拉弯、压弯构件

L 形截面异形钢柱（图 4-20）拉弯、压弯构件的强度按式（4-14）、式（4-15）进行验算。

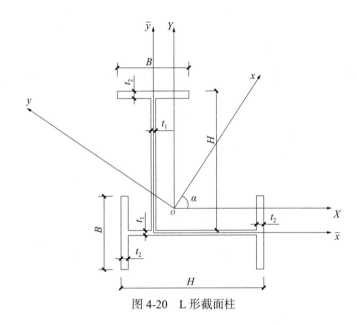

图 4-20  L 形截面柱

$$\sigma = \frac{N}{A} \pm \frac{M_x}{I_x} y \pm \frac{M_y}{I_y} x \pm \frac{B_\omega}{I_\omega} \omega_s \qquad (4\text{-}14)$$

$$\tau = \frac{V_x S_y}{I_y t} + \frac{V_y S_x}{I_x t} + \frac{M_\omega S_\omega}{I_\omega t} + \frac{M_k t}{I_k} \qquad (4\text{-}15)$$

式中：  $A$ ——构件截面面积；

$N$ ——柱轴向力设计值；

$M_x$、$M_y$ ——绕柱截面形心主轴 $x$、$y$ 的弯矩；

$V_x$、$V_y$ ——柱截面形心主轴 $x$、$y$ 方向的剪力；

$B_\omega$ ——弯曲扭转双力矩，$B_\omega = \int_A \sigma_\omega \omega_s \mathrm{d}A = E \dfrac{\mathrm{d}^2 \Phi}{\mathrm{d}z^2} \int \omega_s^2 \mathrm{d}A$；

$M_z$ ——扭矩，$M_z = G I_k \dfrac{\mathrm{d}\Phi}{\mathrm{d}z} - E I_\omega \dfrac{\mathrm{d}^3 \Phi}{\mathrm{d}z^3} = M_k + M_\omega$；

$\Phi$ ——截面的扭转角，以右手螺旋规律确定其正负号；

$S_x$、$S_y$ ——分别为绕截面主轴 $x$、$y$ 轴是面积矩；

$I_x$、$I_y$——分别为绕截面主轴 $x$、$y$ 轴是惯性矩；

$I_\omega$——翘曲常数，亦称为扇性矩或弯曲扭转惯性矩，$I_\omega = \dfrac{1}{3}\sum\limits_A (\omega_{s,i}^2 + \omega_{s,i}$

$\omega_{s,i+1} + \omega_{s,i+1}^2)\, t_i b_i$；

$I_k$——扭转常数，$I_k = \sum\limits_{i=1}^{n} I_{k,i} = \dfrac{1}{3}\sum\limits_{i=1}^{n} b_i t_i^3$；

$S_\omega$——扇性面积矩，$S_\omega = \int_0^s \omega_s t\, ds$；

$\omega_s$——扇性坐标；

$\omega_{s,i}$、$\omega_{s,i+1}$——横截面中第 $i$ 个板件两端点 $i$ 和 $i+1$ 的扇形坐标；

$b_i$、$t_i$——横截面中第 $i$ 个板件的宽度和厚度。

3. L 形异形截面钢柱整体稳定性计算

（1）轴心受力构件

L 形异形截面钢柱轴压稳定性应符合下式要求：

$$\frac{N}{\varphi A} \leqslant f \qquad (4\text{-}16)$$

式中：$\varphi$——L 形截面柱轴心受压的稳定系数，应根据 L 形截面柱的换算长细比 $\lambda$ 按我国现行《钢结构设计标准》GB 50017 中规定的 $b$ 类截面确定；

$f$——材料设计强度。

（2）压弯构件

L 形截面柱压弯稳定性应符合下式要求：

$$\frac{N}{\varphi A} + \frac{\beta_{tx} M_x}{\varphi_{bx} W_x} + \frac{\beta_{ty} M_y}{\varphi_{by} W_y} - \frac{2(\beta_y M_x + \beta_x M_y)}{i_0^2 \varphi A} \leqslant f \qquad (4\text{-}17)$$

$$i_0^2 = \frac{(I_x + I_y)}{A} + x_0^2 + y_0^2 \qquad (4\text{-}18)$$

$$\beta_x = \frac{\int_A x(x^2 + y^2)\, dA}{2I_y} - x_0 \qquad (4\text{-}19)$$

$$\beta_y = \frac{\int_A y(x^2 + y^2)\, dA}{2I_x} - y_0 \qquad (4\text{-}20)$$

$$\varphi_{bx} = \frac{\pi^2 E I_y}{W_x f_y (\mu_y l)^2} \left[ \beta_y + \sqrt{\beta_y^2 + \frac{I_\omega}{I_y} + \frac{G I_k}{\pi^2 E I_y}(\mu_y l)^2} \right] \qquad (4\text{-}21)$$

$$\varphi_{by} = \frac{\pi^2 E I_x}{W_y f_y (\mu_x l)^2} \left[ \beta_x + \sqrt{\beta_x^2 + \frac{I_\omega}{I_x} + \frac{G I_k}{\pi^2 E I_x}(\mu_x l)^2} \right] \qquad (4\text{-}22)$$

式中：$f_y$——钢材屈服强度；

  $E$——材料弹性模量；

  $G$——材料剪变模量；

  $l$——构件长度；

$x_0$、$y_0$——截面剪心坐标；

$W_x$、$W_y$——截面模量；

  $\beta_x$——L形截面关于$x$轴不对称常数，当$M_x$作用下受压区位于剪心同一侧时，$\beta_x$和$M_x$取正号，反之则取负号；

  $\beta_y$——L形截面关于$y$轴不对称常数，当$M_y$作用下受压区位于剪心同一侧时，$\beta_y$和$M_y$取正号，反之则取负号；

$\varphi_{bx}$、$\varphi_{by}$——分别为$x$、$y$轴的稳定系数，其值不大于1.0，且当稳定系数的值大于0.6时，应按现行国家标准《钢结构设计标准》GB 50017的规定进行折减；

$\beta_{tx}$、$\beta_{ty}$——等效弯矩系数，按现行国家标准《钢结构设计标准》GB 50017的规定取值；

$\mu_x$、$\mu_y$——分别为$x$、$y$方向的计算长度系数，按表4-11取值。

计算长度系数　　　　　　　　　　　　　　　　表4-11

| 约束条件 | $\mu_x$ | $\mu_y$ | $\mu_\omega$ |
|---|---|---|---|
| 两端简支 | 1.0 | 1.0 | 1.0 |
| 两端固定 | 0.5 | 0.5 | 0.5 |
| 一端固定，一端简支 | 0.7 | 0.7 | 0.7 |
| 一端固定，一端自由 | 2.0 | 2.0 | 2.0 |

## 4.2.6 异形组合柱的设计

异形钢柱由于截面特性较为复杂和特殊，相比常规截面钢柱，稳定性更难得到保证，在多高层建筑中，常采用异形组合柱来提高构件承载力，异形组合柱中，异形钢管混凝土柱应用较为广泛。异形钢管混凝土组合柱充分利用了异形钢柱和混凝土的优势，钢管借助内填混凝土的支撑作用，增强管壁的局部稳定，改变异形空钢管的失稳状态，从而提高其承载力。异形钢管混凝土柱的设计应尽量使得构造简单，方便施工和构件安装，并能与梁形成受力明确的节点。小节"4.2.4"和"4.2.5"分别介绍了常规截面组合柱和异形钢柱的设计方法，异形钢管混凝土柱的设计需要在钢管混凝土柱基本设计理论的基础上，采用异形钢柱的截面特性进行设计。其次，异形组合柱截面形状和构造较为灵活，对于一些特殊截面形式的异形钢管混凝土柱在设计中需要通过试验研究和有限元理论分析确定其承载力或承载力计算公式。目前，对于异形钢管混凝土柱设计方法的研究取得了一定进展，但并未形成相应设计标准和规程，设计主要依据《钢结构设计标准》GB 50017、《钢管混凝土结构技术规范》GB 50936 和《钢管混凝土结构技术规程》CECS 28。

异形钢管混凝土柱设计可参照普通钢管混凝土柱，主要区别和应该注意之处主要有：

（1）异形钢管混凝土柱截面形心和中性轴的分布较为特殊，截面特性与普通钢管混凝土柱存在差异，在轴压稳定承载力计算时需重新考虑稳定系数的计算。具体需要确定异形柱的截面形心坐标、惯性矩等截面特性，得到长细比计算公式，进而确定稳定系数的计算方法。

（2）异形钢管混凝土柱中，钢管对混凝土的约束作用与普通钢管混凝土柱存在一定差别（图 4-21），阴影部分为钢管对混凝土的有效约束区域，T 形和 L 形多腔式钢管混凝土柱单腔体钢管对混凝土的约束作用与方钢管混凝土柱存在明显差异。在钢管混凝土柱承载力的计算中，通过套箍系数 $\theta$ 来表达钢管对混凝土的约束作用，在异形钢管混凝土柱承载力计算时，若仍采用普通方钢管混凝土柱的套箍系数 $\theta$ 会产生一定误差。故针对不同类别的异形钢管混凝土柱（详见小节"4.2.2"），需要着重考虑套箍系数 $\theta$ 的取值。

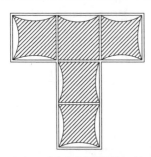
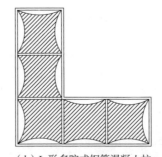
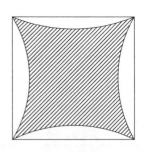

（a）T 形多腔式钢管混凝土柱　　　（b）L 形多腔式钢管混凝土柱　　　（c）方钢管混凝土柱

图 4-21　钢管对混凝土的约束示意图

# 4.3　装配式楼、屋盖设计与选型

本节主要介绍了装配式钢结构楼、屋盖设计的主要内容以及常用类型，对每种楼、屋盖类型的基本规定及构造要求、大样详图以及分阶段计算公式进行了详细论述，并提供了相应案例计算，同时对楼盖舒适度计算按不同使用功能进行了概述，为工程设计人员对钢结构楼、屋盖的选用和计算提供了参考及便利。

## 4.3.1　楼、屋盖设计内容与主要类型

1. 楼、屋盖设计内容

如表 4-12、表 4-13 所示。

**楼、屋盖设计主要内容** 表4-12

| 序号 | 内容 | 说明 |
|---|---|---|
| 1 | 确定楼盖范围，选用楼盖类型，并进行拆分设计 | |
| 2 | 根据所选楼板类型及其与支座的关系，确定计算简图，进行结构分析和计算 | |
| 3 | 楼板连接节点、板缝构造设计 | |
| 4 | 支座节点设计 | |
| 5 | 预制构件深化图设计 | |

**楼、屋盖设计相关标准** 表4-13

| 序号 | 名称 | 编号 |
|---|---|---|
| 1 | 《装配式钢结构建筑技术标准》 | GB/T 51232 |
| 2 | 《高层民用建筑钢结构技术规程》 | JGJ 99 |
| 3 | 《组合结构设计规范》 | JGJ 138 |
| 4 | 《组合楼板设计与施工规范》 | CECS 273 |
| 5 | 《钢筋桁架楼承板》 | JG/T 368 |
| 6 | 《钢筋桁架混凝土叠合板应用技术规程》 | T/CECS 715 |
| 7 | 《叠合板用预应力混凝土底板》 | GB/T 16727 |
| 8 | 《预制带肋底板混凝土叠合楼板技术规程》 | JGJ/T 258 |
| 9 | 《建筑楼盖结构振动舒适度技术标准》 | JGJ/T 441 |

## 2. 楼、屋盖类型

如表4-14所示。

**楼、屋盖主要类型** 表4-14

| 序号 | 楼盖类型 | | | 厚度（mm） | 最大跨度（m） | 最大宽度（m） | 图集 |
|---|---|---|---|---|---|---|---|
| 1 | 组合楼盖 | 压型钢板组合楼板 | 开口型 | ≥90 | 4.5 | 0.69 | 《钢与混凝土组合楼（屋）盖结构构造》05SG522 |
| | | | 缩、闭口型 | | 2.7 | 0.5 | |
| | | 钢筋桁架楼承板组合楼板 | | 100~260 | 5.0 | 0.576、0.6 | |
| 2 | 叠合楼盖 | 桁架钢筋混凝土实心底板 | | 60 | 6 | 2.4 | 《桁架钢筋混凝土叠合板（60mm厚底板）》15G366-1 |
| | | | | | | | 《钢筋桁架混凝土叠合板》苏G 25-2015 |
| | | 预应力混凝土实心底板 | | 50、60 | 6 | 2.4 | 《预应力混凝土叠合板（50mm、60mm实心底板）》06SG439-1 |
| | | 预应力钢管桁架叠合板 | | 35、40 | 9.0 | 2.1 | 《预应力混凝土钢管桁架叠合板》Q/320582 WSD 001-2019 |

| 序号 | 楼盖类型 | | 厚度（mm） | 最大跨度（m） | 最大宽度（m） | 图集 |
|---|---|---|---|---|---|---|
| 2 | 叠合楼盖 | 预应力混凝土空心底板 | 120、150、180、200、240、250、300、360、380 | 18 | 1.2 | 《大跨度预应力空心板（跨度 4.2m～18m）》13G440 |
| 3 | 全预制楼盖 | 预应力混凝土空心板 | 120、150、180、200、240、250、300、360、380 | 18 | 1.2 | 《大跨度预应力空心板（跨度 4.2m～18m）》13G440 |
| | | 预应力混凝土双 T 板 | 350、450、600、700、800、900 | 24 | 3.0 | 《预应力混凝土双 T 板（坡板宽度2.4m、3.0m；平板宽度 2.0m、2.4m、3.0m）》18G432-1 《预应力混凝土双 T 板》苏 G 12-2016 |

## 4.3.2 压型钢板组合楼板

压型钢板组合楼板在拆分设计时，考虑压型钢板在施工阶段作为永久性模板，在使用阶段可以作为混凝土板的下部受拉钢筋，与混凝土共同工作。目前，结构常用设计软件如 PKPM、盈建科等软件在楼板布置菜单中，均可直接布置压型钢板组合楼板，直接参与整体结构计算与分析。

1. 基本规定及构造要求

（1）一般规定

1）尺寸规定

如表 4-15～表 4-18、图 4-22 所示。

**压型钢板组合楼板厚度要求**　　　　　　　　　　表 4-15

| 功能／类型 | 厚度要求 |
|---|---|
| 用于组合楼板的压型钢板 | 压型钢板厚度≥0.75mm |
| 仅作模板用的压型钢板 | 压型钢板厚度≥0.5mm |
| 组合楼板 | 总厚度≥90mm |
| 压型钢板肋顶部以上混凝土 | 厚度≥50mm |

**板件最大宽厚比**　　　　　　　　　　表 4-16

| 压型钢板形状 | | 最大宽厚比 |
|---|---|---|
| 受压翼缘 | 两边支承（不论是否有中间加劲肋） | 500 |
| | 一边支承，一边卷边 | 60 |
| | 一边支承，一边自由 | 60 |
| 腹板 | 无加劲肋 | 200 |

压型钢板组合楼板混凝土面最小浇筑宽度要求　　　　表 4-17

| 压型钢板类型 | 混凝土最小浇筑宽度 |
| --- | --- |
| 开口型压型钢板凹槽重心轴处 | ≥ 50mm |
| 缩口型和闭口型压型钢板槽口 | |

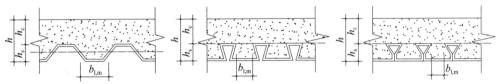

（a）开口型压型钢板　　　　（b）缩口型压型钢板　　　　（c）闭口型压型钢板

图 4-22　压型钢板类型

压型钢板组合楼板的隔热最小厚度　　　　表 4-18

| 压型钢板类型 | 最小楼板计算厚度 | 隔热极限（h） | | | |
| --- | --- | --- | --- | --- | --- |
| | | 0.5 | 1.0 | 1.5 | 2.0 |
| 开口型压型钢板 | 压型钢板肋以上厚度（mm） | 60 | 70 | 80 | 90 |
| 其他类型压型钢板 | 组合楼板的板总厚度（mm） | 90 | 90 | 110 | 125 |

### 2）计算规定

如表 4-19 所示。

不同阶段组合楼板计算原则　　　　表 4-19

| 阶段类型 | | 计算原则 | |
| --- | --- | --- | --- |
| 施工阶段 | | 压型钢板沿强边（顺肋）方向按单向板计算 | |
| 使用阶段 | 50mm ≤ $h_c$ ≤ 100mm | 组合楼板沿强边（顺肋）方向按单向板计算 | |
| | $h_c$ > 100mm | $\lambda_e = l_x / (\mu l_y) < 0.5$，按强边方向单向板计算 | |
| | | $\lambda_e > 2$，按弱边方向单向板计算 | |
| | | $0.5 \leq \lambda_e \leq 2.0$，按正交异性双向板计算 | |

注：1. $h_c$ 为压型钢板肋顶以上混凝土厚度。
　　2. $\lambda_e$ 为有效边长比，$l_x$、$l_y$ 为组合楼板强、弱方向的边长。
　　3. $\mu = (I_x/I_y)^{1/4}$，$I_x$、$I_y$ 分别为组合板强、弱边方向计算宽度的截面惯性矩。

### 3）误差规定

如表 4-20 所示。

压型钢板尺寸允许误差　　　　表 4-20

| 压型钢板尺寸 | | 允许误差 |
| --- | --- | --- |
| 板高 | ≤ 70mm | ±1.5mm |
| | > 70mm | ±2.0mm |
| 板宽 | ≤ 1000mm | ±5.0mm |
| 板长 | ≤ 6000mm | ＋5.0mm |
| | > 6000mm | ＋8.0mm |

（2）构造要求

1）配筋要求

设计需要提高组合楼板正截面承载力时，可在板底沿顺肋方向配置附加的抗拉钢筋。钢筋保护层净厚度不应小于 15 mm。

组合楼板不宜采用钢板表面无压痕的光面开口型压型钢板，若必须采用时，应沿垂直肋方向布置不小于 A6@200mm 的横向钢筋，并应焊接于压型钢板上翼缘（表 4-21）。

压型钢板组合楼板配筋要求                          表 4-21

| 类型 | 配筋要求 |
| --- | --- |
| 连续组合楼板 | 中间支座负弯矩区的上部钢筋，应伸过板的反弯点，并应留出描固长度和弯钩；下部纵向钢筋在支座处应连续配置 |
| 按简支板设计的连续组合楼板 | 抗裂钢筋截面面积应大于相应混凝土截面的最小配筋率 0.2% 抗裂钢筋的配置长度从支承边缘算起不小于 l/6（l 为板跨度），且应与不少于 5 根分布钢筋相交与抗裂筋垂直的分布筋，不应小于抗裂筋直径的 2/3，间距不应大于抗裂筋间距的 1.5 倍 |
| 集中荷载作用部位 | 连续组合板及悬臂板的负弯矩区应按计算配置负弯矩钢筋，且配筋率不小于 0.2% 组合楼板在有较大集中（线）荷载作用部位应设置横向钢筋，其截面面积不应小于压型铜板肋以上混凝土截面面积的 0.2%，钢筋的间距不宜大于 150mm，直径不宜小于 6mm |
| 板端板面 | 按《混凝土结构设计规范》GB 50010 的要求配置附加钢筋 |

2）包边板厚度要求

如表 4-22 所示。

板的悬挑长度 a 与包边板厚 t（单位：mm）              表 4-22

| 悬挑长度 a | 包边板厚 t |
| --- | --- |
| 0～75 | 1.2 |
| 75～125 | 1.5 |
| 125～180 | 2.0 |
| 180～250 | 2.6 |

3）支承长度要求

组合楼板在钢梁的支承长度不应小于 75mm，其中压型钢板在钢梁的支承长度不得小于 50mm（图 4-23）。无论是端支座或连续板的中间支座，均应符合此要求。

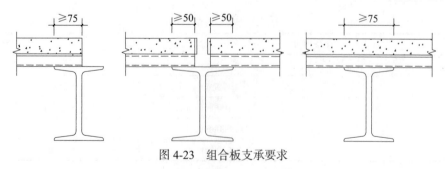

图 4-23　组合板支承要求

（3）栓钉要求

为阻止压型钢板与混凝土之间的滑移，在组合楼板的端部（包括简支板端部及连续板的各跨端部）均应设置栓钉。栓钉应设置在端支座的压型钢板凹肋处，栓钉应穿透压型钢板，并焊于钢梁翼缘上。

1）力学性能

如表 4-23 所示。

栓钉力学性能　　　　　　　　　　　　　　　表 4-23

| 材料 | 抗剪强度（N/mm²） | 屈服强度（N/mm²） | 伸长率（%） |
|---|---|---|---|
| ML15、ML15A1 | $\geqslant 400$ | $\geqslant 320$ | $\geqslant 14$ |

2）间距

如表 4-24 所示。

栓钉间距要求　　　　　　　　　　　　　　　表 4-24

| 形式 | 栓钉间距要求 |
|---|---|
| 沿梁轴线方向 | $s \geqslant 6d$ 且不应大于楼板厚度的 4 倍，且不应大于 400mm |
| 沿垂直于梁轴线方向 | $s \geqslant 4d$ 且不应大于 400mm |
| 距钢梁翼缘边的边距或预埋件边的距离 | $s \geqslant 35mm$ |
| 至设有预埋件的混凝土梁上翼缘侧边的距离 | $s \geqslant 60mm$ |

注：$d$ 为栓钉的直径。

3）直径

当栓钉穿透钢板焊接于钢梁时，可按不同板跨按表 4-25 选用。

栓钉直径要求　　　　　　　　　　　　　　　表 4-25

| 板跨（m） | 栓钉直径（mm） | 备注 |
|---|---|---|
| < 3 | 13～16 | 当栓钉位置不正对钢梁腹板时，在钢梁上翼缘受拉区，栓钉杆直径不应大于钢梁上翼缘厚度的 1.5 倍，在钢梁上翼缘非受拉区，栓钉杆直径不应大于钢梁上翼缘厚度的 2.5 倍；栓钉杆直径不应大于压型钢板凹槽宽度的 0.4 倍，且不宜大于 19mm |
| 3～6 | 16～19 | |
| > 6 | 16 | |

4）长度及高度

栓钉的长度及高度应满足表 4-26 的规定。

栓钉长度及高度要求　　　　　　　　　　　　表 4-26

| 类型 | 要求 |
|---|---|
| 高度 | 栓钉顶面混凝土保护层厚度 $\geqslant 15mm$ |
| | 栓钉钉头下表面高出压型钢板底部钢筋顶面 $\geqslant 30mm$ |
| | 压型钢板高度加 30mm $\leqslant$ 焊后栓钉高度且 $\leqslant$ 压型钢板高度加 75mm |
| 长度 | $\geqslant$ 栓钉杆径的 4 倍 |

2. 分阶段计算

（1）施工阶段

压型钢板应根据施工时临时支撑情况，按单跨、两跨或多跨计算。承载力计算时，结构重要性系数 $\gamma_0$ 可取 0.9。

施工阶段，压型钢板受弯承载力应满足下列要求：

$$\gamma_0 M \leqslant f_a W_{ae} \tag{4-23}$$

式中：$M$——计算宽度内压型钢板的弯矩设计值（N·mm）；

$\quad\quad f_a$——压型钢板抗拉强度设计值；

$\quad\quad \gamma_0$——结构重要性系数，施工阶段可取 0.9；

$\quad\quad W_{ae}$——计算宽度内压型钢板的有效截面抵抗矩，并应分别考虑受拉和受压截面抵抗矩。

施工阶段组合板不允许出现塑性变形，考虑到下料的最不利情况，压型钢板可取单跨简支板、两跨连续板或多跨连续板进行挠度验算，通长按均布荷载进行挠度验算：

两跨连续板：$\dfrac{ql^4}{185EI_{ae}} \leqslant \min\,(\,l/180，20\text{mm}\,) \tag{4-24}$

单跨简支板：$\dfrac{5ql^4}{348EI_{ae}} \leqslant \min\,(\,l/180，20\text{mm}\,) \tag{4-25}$

式中：$q$——一个波宽内的均布荷载标准值；

$\quad\quad EI_{ae}$——一个波宽内压型钢板截面的弯曲刚度（N/mm²），取压型钢板有效截面惯性矩；

$\quad\quad l$——压型钢板的计算跨度（mm）。

（2）使用阶段

压型钢板组合楼板使用阶段的受弯、受剪承载力计算，已经裂缝、挠度验算如表 4-27 所示。

压型钢板组合楼板使用阶段承载力计算　　　　　　　　　表 4-27

| | 组合楼板在强边方向正弯矩作用下 | $$M \leqslant f_c bx \left( h_0 - \frac{x}{2} \right) \qquad x = \frac{A_a f_a + A_s f_y}{f_c b}$$ 对有屈服点钢材：$\xi_b = \dfrac{\beta_1}{1 + \dfrac{f_a}{E_a \varepsilon_{cu}}}$ 对无屈服点钢材：$\xi_b = \dfrac{\beta_1}{1 + \dfrac{0.002}{\varepsilon_{cu}} + \dfrac{f_a}{E_a \varepsilon_{cu}}}$ |
|---|---|---|
| 受弯承载力验算 | 组合楼板强边方向在负弯矩作用下 | 组合楼板强边方向在负弯矩作用下，不考虑压型钢板受压，可将组合楼板截面简化成等效 T 形截面，如下图所示。受弯承载力应符合现行国家标准《混凝土结构设计规范》GB 50010 的要求 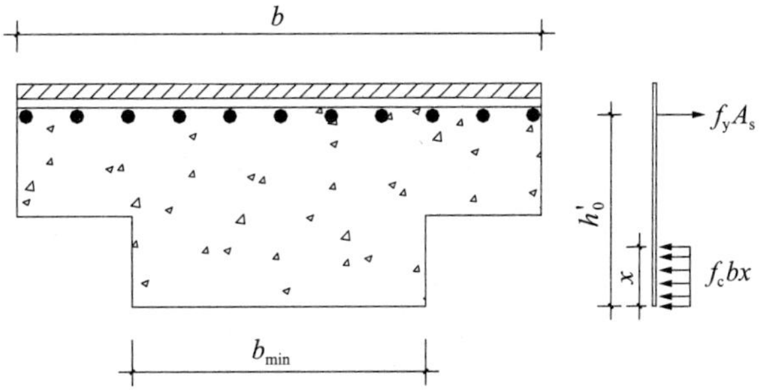<br><br>$$M \leqslant f_c b_{min} \left( h_0' - \frac{x}{2} \right), \quad f_c bx = A_s f_y, \quad b_{min} = \frac{b}{c_s} b_{1,min}$$ |
| | 剪切粘结承载力 | $$V \leqslant m \frac{A_a h_0}{1.25a} + k f_t b h_0$$ |
| | 斜截面受剪承载力 | $$V \leqslant 0.7 f_t b_{min} h_0$$ |
| 裂缝、挠度验算 | 计算简图 | 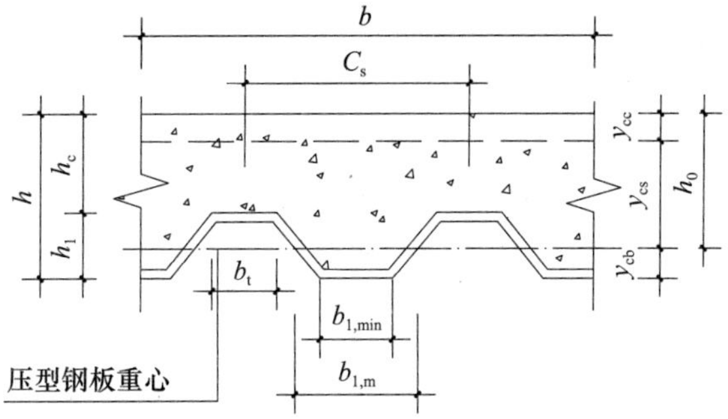 <br>压型钢板重心 |
| | 短期荷载作用下 | 截面抗弯刚度：$B^s = E_c I_{eq}^s$，$I_{eq}^s = (I_u^s + I_c^s)/2$<br>未开裂截面，其换算截面惯性矩：<br>$$y_{cc} = \frac{0.5 b h_c^2 + \alpha_E A_a h_0 + b_{1,m} h_s (h - 0.5 h_s) b/c_s}{b h_c + \alpha_E A_a + b_{1,m} h_s b/c_s}$$ $$I_u^s = \frac{b h_c^3}{12} + b h_c (y_{cc} - 0.5 h_c)^2 + \alpha_E A_a y_{cs}^2 + \frac{b_{1,m} b h_s}{c_s} \left[ \frac{h_s^2}{12} + (h - y_{cc} - 0.5 h_s)^2 \right]$$ $$y_{cs} = h_0 - y_{cc}, \quad \alpha_E = E_a / E_c$$ |

| | | |
|---|---|---|
| 裂缝、挠度验算 | 短期荷载作用下 | 开裂截面，其换算截面惯性矩：$$y_{cc} = \left[ \sqrt{2\rho_a \alpha_E + (\rho_a \alpha_E)^2} - \rho_a \alpha_E \right] h_0$$ 若计算的 $y_{cc} > h_c$，取 $y_{cc} = h_c$，$I_c^s = \dfrac{b y_{cc}^3}{3} + \alpha_E A_a y_{cs}^2 + \alpha_E I_a$，$\rho_a = A_a / b h_0$ |
| | 长期荷载作用下 | 截面抗弯刚度，可将短期荷载作用下的 $\alpha_E$ 改用 $2\alpha_E$ 即可：$$B^l = 0.5 E_c I_{eq}^l, \quad I_{eq}^l = (I_u^l + I_c^l) / 2$$ |
| 说明 | | 式中：$M$——计算宽度内组合楼板的正弯矩设计值（N·mm）；<br>$h_e$——压型钢板肋以上混凝土厚度（mm）；<br>$b$——组合楼板计算宽度（mm），可取单位宽度 1000mm 或一个波距宽度；<br>$x$——混凝土受压区刚度（mm）；<br>$h_0$——组合楼板截面有效高度（mm），等于压型钢板及钢筋拉力合力点至混凝土构件顶面的距离；<br>$A_a$、$A_s$——计算宽度内压型钢板、受拉钢筋截面面积（mm²）；<br>$f_a$、$f_y$——压型钢板、受拉钢筋受拉强度设计值（N/mm²）；<br>$f_c$——混凝土抗压强度设计值（N/mm²）；<br>$x_b$——相对界限受压区高度（mm）；<br>$b_1$——系数，当混凝土强度等级不超过 C50 时，取 0.8；<br>$\varepsilon_{cu}$——非均匀受压时混凝土极限压应变，当混凝土强度等级不超过 C50 时，取 0.0033；<br>注意：当受拉区配置钢筋时，相对界限受压区高度计算式中 $f_a$ 应分别用 $f_a$ 和 $f_y$ 带入计算，取两者较小值。<br>$M'$——计算宽度内组合楼板的负弯矩设计值（N·mm）；<br>$h_0'$——弯矩截面有效高度（mm）；<br>$b_{min}$——计算宽度内组合楼板换算腹板宽度（mm）；<br>$C_s$——压型钢板波距宽度（mm）；<br>$b_{1,min}$——压型钢板单槽最小宽度（mm）；<br>$V$——组合楼板最大剪力设计值（N）；<br>$f_t$——混凝土轴心抗拉强度设计值（N/mm²）；<br>$a$——剪跨（mm），均布荷载作用时取 $a = l_n/4$；<br>$l_n$——板净跨度（mm），连续板可取反弯点之间的距离；<br>$A_a$——计算宽度内组合楼板中压型钢板截面面积（mm²）；<br>$m$、$k$——剪切粘结系数，由试验确定；$k$ 为无量纲系数，$m$ 的单位为 N/mm²；<br>$V$——组合楼板最大剪力设计值；<br>$B^s$——荷载短期作用下的截面抗弯刚度（N·mm²）；<br>$I_{eq}^s$——荷载短期作用下的平均换算截面惯性矩（mm⁴）；<br>$I_u^s$、$I_c^s$——荷载短期作用下未开裂换算截面惯性矩及开裂换算截面惯性矩（mm⁴）；<br>$E_c$——混凝土弹性模量（N/mm²）；<br>$b$——组合楼板计算宽度（mm）；<br>$c_s$——压型钢板波距宽度（mm）；<br>$b_{1,m}$——压型钢板凹槽重心轴处宽度，缩口型、闭口型取槽口最小宽度；<br>$h_c$——压型钢板肋顶上混凝土厚度（mm）；<br>$h_s$——压型钢板的高度（mm）；<br>$y_{cc}$——截面中和轴距混凝土顶面距离（mm）；<br>$y_{cs}$——截面中和轴距压型钢板截面重心轴距离（mm）；<br>$\alpha_E$——钢与混凝土的弹性模量比值 |

| 说明 | $E_a$——钢板弹性模量（N/mm²）；<br>$A_a$——计算宽度内组合楼板中压型钢板的截面面积（mm²）；<br>$I_a$——计算宽度内组合楼板中压型钢板的截面惯性矩（mm⁴）；<br>$r_a$——计算宽度内组合楼板截面中压型钢板含钢率；<br>$B^l$——荷载长期作用下的截面抗弯刚度（N·mm²）；<br>$I_{eq}^l$——荷载长期作用下的平均换算截面惯性矩（mm⁴）；<br>$I_u^l$、$I_c^l$——荷载长期作用下未开裂换算截面惯性矩及开裂换算截面惯性矩（mm⁴） |
| --- | --- |

### 3. 模板与大样图

（1）支座节点大样图

如图 4-24 所示。

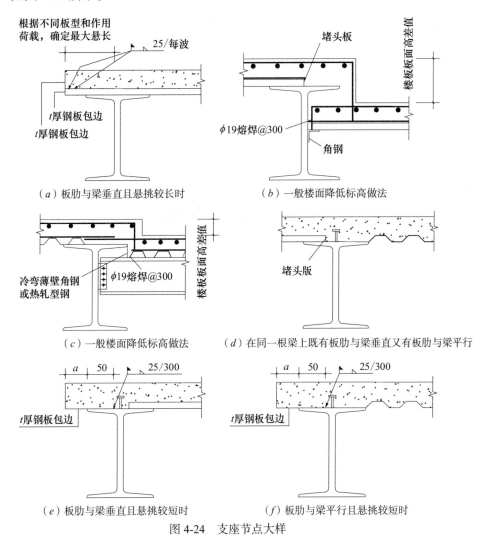

图 4-24　支座节点大样

（2）组合板孔洞大样图

如图 4-25 所示。

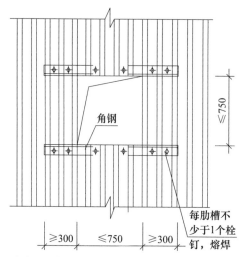

（a）压型钢板开孔 300～750mm 时的加强措施一

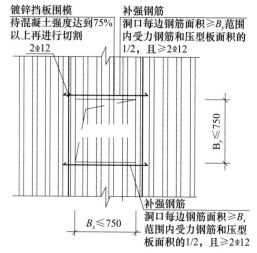

（b）压型钢板开孔 300～750mm 时的加强措施二

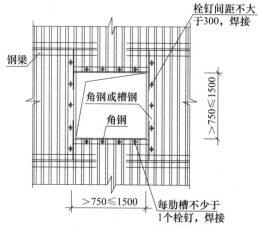

（c）压型钢板开孔 750～1500mm 时的加强措施

图 4-25　压型钢板开孔补强措施

（3）模板与配筋大样

如图 4-26 所示。

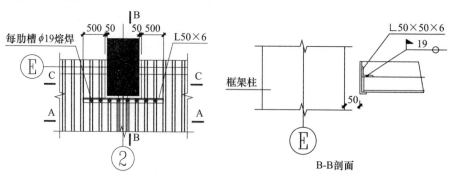

图 4-26　压型钢板组合楼板模板与配筋大样（一）

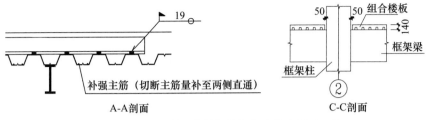

图 4-26　压型钢板组合楼板模板与配筋大样（二）

### 4.3.3　钢筋桁架楼承板组合楼板

钢筋桁架楼承板组合楼板施工阶段可采用弹性分析方法分别计算钢筋桁架和底模焊点的荷载效应。计算钢筋桁架时，全部荷载有桁架承担；计算底模焊点时，荷载全部由底模承担。使用阶段，钢筋桁架弦杆可作为混凝土中配置的上、下受力钢筋与混凝土共同工作，不考虑钢筋桁架整体、桁架腹杆及底模的作用。

1. 基本规定及构造要求

（1）一般规定

1）钢筋桁架楼承板底模钢板厚度要求

如表 4-28 所示。

底模钢板厚度要求　　　　　　　　　　　　　　表 4-28

| 底模钢板用途 | 厚度要求（mm） |
| --- | --- |
| 施工完成后永久保留 | ≥0.5 |
| 施工完成后拆除 | ≥0.4 |

2）钢筋直径要求

如表 4-29 所示。

钢筋直径要求　　　　　　　　　　　　　　表 4-29

| 板钢筋类别 | 桁架高度（mm） | 直径（mm） |
| --- | --- | --- |
| 弦杆钢筋 | — | ≥6 |
| 腹杆钢筋 | — | ≥4 |
| 支座水平钢筋 | ≤100 | ≥10 |
| | >100 | ≥12 |
| 支座竖向钢筋 | ≤100 | ≥12 |
| | >100 | ≥14 |

（2）构造要求

1）配筋要求

如表 4-30 所示。

<table>
<tr><td colspan="2" align="right">钢筋桁架楼承板配筋要求　　　　　　　　表 4-30</td></tr>
</table>

| 类型 | 要求 |
|---|---|
| 组合板在支座处设计成连续板 | 支座负筋按计算确定，并满足锚固要求 |
| 组合板在支座处设计成连续板 | 钢筋桁架上弦部位应配置构造连接钢筋，且伸入板内长度≥1.6 倍锚固长度和 300mm，配筋≥$\phi$8@200mm |
| 钢筋桁架组合板 | 钢筋桁架下弦部位应按构造配置≥$\phi$8@200mm 的连接钢筋，且伸入板内长度≥1.2 倍锚固长度和 300mm；<br>板底垂直于下弦杆方向应按《混凝土结构设计规范》GB 50010 规定配置构造分布钢筋 |
| 较大集中线荷载部位 | 按现行国家标准《混凝土结构设计规范》GB 50010 设置附加钢筋 |

2）包边板厚度要求

如表 4-31 所示。

板的悬挑长度 $a$ 与包边板厚 $t$　　　　　　　表 4-31

| 悬挑长度 $a$（mm） | 包边板厚 $t$（mm） |
|---|---|
| 0～75 | 1.2 |
| 75～125 | 1.5 |
| 125～180 | 2.0 |
| 180～250 | 2.6 |

（3）栓钉要求

为阻止组合楼板板与混凝土之间的滑移，在组合楼板的端部（包括简支板端部及连续板的各跨端部）均应设置栓钉。栓钉应设置在端支座的压型钢板凹肋处，栓钉应穿透底板，并焊于钢梁翼缘上。

1）力学性能

如表 4-32 所示。

栓钉力学性能要求　　　　　　　　表 4-32

| 材料 | 抗剪强度（N/mm²） | 屈服强度（N/mm²） | 伸长率（%） |
|---|---|---|---|
| ML15、ML15A1 | ≥400 | ≥320 | ≥14 |

2）间距

如表 4-33 所示。

栓钉间距要求　　　　　　　　表 4-33

| 形式 | 栓钉间距要求 |
|---|---|
| 沿梁轴线方向 | $s$≥6$d$ 且不应大于楼板厚度的 4 倍，且不应大于 400mm |
| 沿垂直于梁轴线方向 | $s$≥4$d$ 且不应大于 400mm |
| 距钢梁翼缘边的边距或预埋件边的距离 | $s$≥35mm |
| 至设有预埋件的混凝土梁上翼缘侧边的距离 | $s$≥60mm |

注：$d$ 为栓钉的直径。

3）直径

当栓钉穿透钢板焊接于钢梁时，可按不同板跨按表4-34选用。

不同板跨栓钉直径要求 表4-34

| 板跨（m） | 栓钉直径（mm） | 备注 |
|---|---|---|
| < 3 | 13～16 | 当栓钉位置不正对钢梁腹板时，在钢梁上翼缘受拉区，栓钉杆直径不应大于钢梁上翼缘厚度的1.5倍，在钢梁上翼缘非受拉区，栓钉杆直径不应大于钢梁上翼缘厚度的2.5倍；栓钉杆直径不应大于压型钢板凹槽宽度的0.4倍，且不宜大于19mm |
| 3～6 | 16～19 | |
| > 6 | 16 | |

4）长度及高度

如表4-35所示。

栓钉长度及高度要求 表4-35

| 类型 | 要求 |
|---|---|
| 高度 | 栓钉顶面混凝土保护层厚度≥15mm |
| | 栓钉钉头下表面高出压型钢板底部钢筋顶面≥30mm |
| | 压型钢板高度加30mm≤焊后栓钉高度且≤压型钢板高度加75mm |
| 长度 | ≥栓钉杆径的4倍 |

2. 分阶段计算

（1）施工阶段

钢筋桁架楼承板组合楼板应根据施工时楼承板临时支撑的情况，按单跨、两跨或多跨计算。计算时可取钢筋桁架楼承板的一个单元（图4-27）。

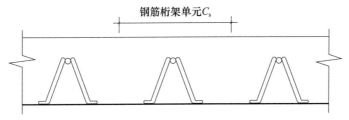

图4-27　钢筋桁架楼承板计算单元

钢筋桁架楼承板组合楼板在施工阶段计算规定。

1）钢筋桁架各杆件承载力

$$\frac{\gamma_0 N}{A_s} \leqslant 0.9 f_y \qquad (4-26)$$

式中：$N$——杆件轴心拉力或者压力设计值（N）；

$f_y$——钢筋抗拉或抗压强度设计值（N/mm²）；

$A_s$——钢筋截面面积（mm²）；

$\gamma_0$——结构重要性系数，可取0.9。

2）钢筋桁架各受压杆件稳定性

$$\frac{\gamma_0 N}{\varphi A_{\mathrm{s}}} \leqslant f'_y \qquad (4-27)$$

式中：$N$——杆件轴心压力设计值（N）；

$f'_y$——钢筋抗压强度设计值（N/mm²）；

$\varphi$——轴心受压构件的稳定系数，按现行国家标准《钢结构设计标准》GB 50017 采用。受压弦杆腹杆的计算长度 $\geqslant 0.9$ 受压弦杆节点间距取值，腹杆的计算长度 $\geqslant 0.7$ 倍腹杆节点间距取值。

3）底模与钢筋桁架焊点的受剪承载力

$$V \leqslant \sum_1^n N_{\mathrm{v}} \qquad (4-28)$$

式中：$V$——钢筋桁架底模与钢筋桁架电阻焊点剪力设计值（N）；

$N_{\mathrm{v}}$——电阻焊点抗剪承载力设计值（N）；

$n$——钢筋桁架板计算面积内焊点个数。

4）钢筋桁架楼承板底板挠度

底板挠度可按桁架模型计算，施工阶段最大挠度应满足 $\leqslant \min(l/180, 20\mathrm{mm})$，$l$ 为板跨。

（2）使用阶段

1）承载力计算

正截面受弯承载力：组合楼板正截面受弯承载力应符合现行国家标准《混凝土结构设计规范》GB 50010 要求。

斜截面受剪承载力：组合板斜截面受剪承载力不考虑钢筋桁架腹杆的作用，受剪承载力应符合现行国家标准《混凝土结构设计规范》GB 50010 要求。

局部荷载作用下受冲切承载力：组合楼板在局部荷载作用下，受冲切承载力应符合现行国家标准《混凝土结构设计规范》GB 50010 要求。

2）挠度、裂缝计算

钢筋桁架楼承板组合楼板在使用阶段挠度和裂缝计算应符合现行国家标准《混凝土结构设计规范》GB 50010 有关规定。

3）钢筋桁架弦杆拉应力计算

钢筋桁架弦杆拉应力应按下列公式计算。

组合板在施工不设置临时支撑时：

$$\sigma_{\mathrm{sk}} \leqslant 0.9 f_y \qquad (4-29)$$

$$\sigma_{\mathrm{sk}} = \sigma_{\mathrm{s1Gk}} + \sigma_{\mathrm{s2k}} \qquad (4-30)$$

$$\sigma_{\mathrm{s1Gk}} = \frac{N_{\mathrm{1Gk}}}{A_{\mathrm{s}}} \qquad (4-31)$$

$$\sigma_{s2k} = \frac{M_{2k}}{0.87 A_s h_0} \qquad (4-32)$$

式中：$f_y$——钢筋抗拉强度设计值（N/mm²）；

$M_{2k}$——处楼板自重以外的永久荷载及可变荷载在计算截面产生的弯矩标准值（N·mm）；

$N_{1Gk}$——按楼板自重标准值计算的钢筋桁架弦杆钢筋拉力（N）；

$\sigma_{s1Gk}$——按楼板自重标准值计算的钢筋桁架弦杆钢筋拉应力（N/mm²）；

$\sigma_{s2k}$——按弯矩 $M_{2k}$ 作用下，计算的钢筋桁架弦杆钢筋拉应力（N/mm²）；

$\sigma_{sk}$——钢筋桁架弦杆钢筋的拉应力（N/mm²）。

3. 模板与大样图

（1）支座节点大样

如图 4-28 所示。

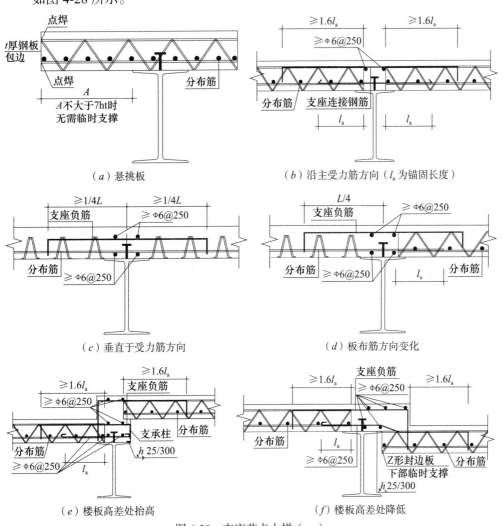

图 4-28　支座节点大样（一）

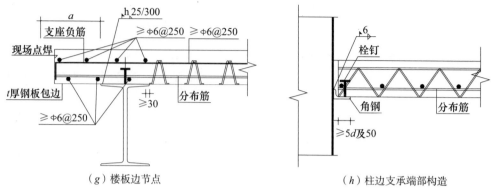

（g）楼板边节点                              （h）柱边支承端部构造

图 4-28　支座节点大样（二）

（2）组合板孔洞大样

如表 4-36、图 4-29 所示。

钢筋桁架组合板孔洞规定
表 4-36

| 洞口边长（直径） | 规定 |
|---|---|
| ≤ 100mm | 可不设加强筋 |
| 100～1000mm | 见图 |
| ＞ 1000mm 或孔洞边有较大集中荷载 | 孔洞周边设置边梁 |

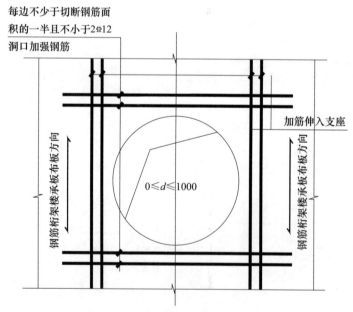

图 4-29　组合板孔洞补强大样（一）

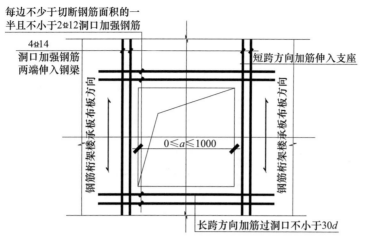

注：无梁洞口位置，大小根据相关专业确定预留，在楼板混凝土浇筑完毕，达到设计强度后，将洞口范围内钢筋桁架楼承板割除。

图 4-29　组合板孔洞补强大样（二）

（3）模板与配筋大样

如图 4-30 所示。

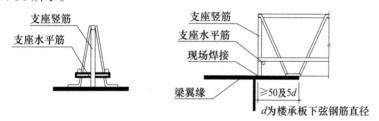

（a）支座钢筋示意图

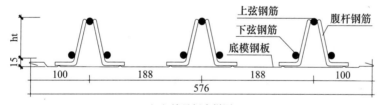

（b）楼承板大样图

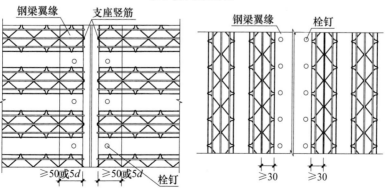

（c）钢筋桁架平行梁布置节点　　（d）钢筋桁架平行梁布置节点

图 4-30　模板与配筋大样

### 4.3.4 桁架钢筋混凝土叠合板设计

影响预制混凝土楼板拆分的因素主要有：建筑平面规则性、预制板吊装过程中受力、变形等的限制、运输长度的限制以及吊装重量的限值。通常按表4-37所列规则进行拆分。

楼板拆分规则 表4-37

| 项次 | 拆分规则 | 备注 |
|---|---|---|
| 1 | 叠合楼板现浇层厚度不小于70mm（预制板部分一般厚度为60mm） | 现浇层厚度宜取80mm，以利于电气管线施工 |
| 2 | 单向板优先 | |
| 3 | 拼接短缝应垂直于长边 | |
| 4 | 构件接缝应选在应力较小的部分 | |
| 5 | 同一房间内宜进行等宽拆分，板宽度不大于2500mm（最大宽度3000mm） | 以利于卡车运输 |
| 6 | 电梯前室处楼板如电气管线密集，可采用现浇 | |
| 7 | 卫生间楼板如采用降板设计，可采用现浇 | |

在结构内力和位移计算时，对现浇楼盖或叠合楼盖，均可假定楼盖在其自身平面内为无限刚性，并应采取措施保证楼板平面内的整体刚度；当楼板跨度较大、平面复杂、开有较大洞口等原因使板在平面内产生较明显的变形时，应按弹性楼板假定计算。

1. 基本规定及构造要求

（1）钢筋桁架规定

1）尺寸规定

钢筋桁架的尺寸大小需符合表4-38的规定。

钢筋桁架的尺寸规定 表4-38

| 尺寸 | 要求 |
|---|---|
| 长度 | 不宜大于12m |
| 设计高度（上、下弦钢筋外表面距离） | $70mm \leqslant h_{st} \leqslant 400mm$ |
| 钢筋桁架设计宽度（下弦钢筋外表面距离） | $60mm \leqslant b_{st} \leqslant 110mm$ |
| 格构钢筋和上、下弦钢筋的焊点中心间距 | 宜取200mm，且不应大于200mm |

注：1. 设计高度、设计宽度宜以10mm为模数。
2. 根据《桁架钢筋混凝土叠合板（60mm厚底板）》15G366第5.1.1条的规定。

2）布置规定

如表4-39所示。

<table>
钢筋桁架的布置要求 表 4-39
</table>

| 序号 | 布置要求 | 要点说明 |
|---|---|---|
| 1 | 沿短暂设计工况主要受力方向布置（沿主要受力方向布置） | 增加预制板在短暂工况（制作、运输、吊装等）作用下的刚度 |
| 2 | 距板边不应大于 300mm，桁架间距不宜大于 600mm | |
| 3 | 下弦钢筋埋入桁架预制板的深度不应小于 35mm | 考虑了受力、吊装、施工等因素 |
| 4 | 钢筋桁架上弦钢筋露出桁架预制板的高度不宜小于 45mm | |

注：1. 依据《桁架叠合板规程》第 6.2.3 条。
 2. 括号内为《装配式混凝土结构技术规程》JGJ 1 第 6.6.7 条的规定。

（2）预制板优选尺寸

如表 4-40～表 4-42 所示。

预制楼盖厚度模数和优选尺寸 表 4-40

| 项目 | 优选模数 | 可选模数 | 优选尺寸（mm） |
|---|---|---|---|
| 楼盖厚度 | M/2 | M/5 | 130、140、150、180、200、250 |

双向预制板优选尺寸 表 4-41

| 预制板宽优选尺寸（mm） | 预制板跨优选尺寸（mm） |
|---|---|
| 1200、1500、1800、2000、2400、2500 | 3000、3300、3600、3900、4200、4500、4800、5100、5400、6000 |

单向预制板优选尺寸 表 4-42

| 预制板宽优选尺寸（mm） | 预制板跨优选尺寸（mm） |
|---|---|
| 1200、1500、1800、2000、2400、2500 | 2400、2700、3000、3300、3600、3900、4200 |

（3）板缝设计规定

1）后浇带整体式接缝

如图 4-31 所示。

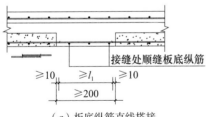

（a）板底纵筋直线搭接

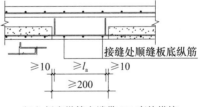

（b）板底纵筋末端带 90° 弯钩搭接

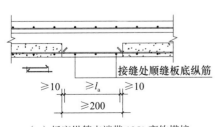

（c）板底纵筋末端带 135° 弯钩搭接

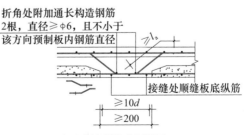

（d）板底纵筋弯折锚固

图 4-31 双向叠合板整体式接缝构造示意

2）分离式接缝

如图 4-32 所示。

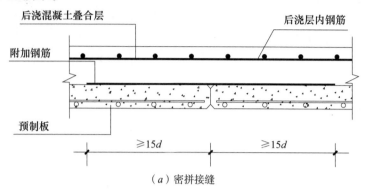

（a）密拼接缝

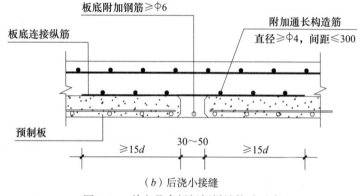

（b）后浇小接缝

图 4-32　单向叠合板板侧拼缝构造示意

2. 分阶段计算

（1）脱模、吊装阶段

如图 4-33 所示。

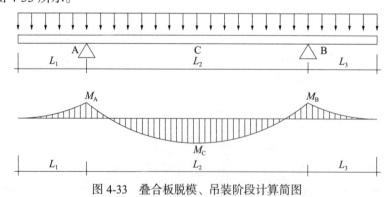

图 4-33　叠合板脱模、吊装阶段计算简图

钢筋桁架叠合板脱模吊装时考虑桁架钢筋作用，截面承载力计算以单根叠合筋和钢筋混凝土板组成的等效组合梁为计算单元。脱模吊装时取混凝土强度达到70%，且脱膜吸附力取 1.5kN/m²，起吊动力系数取 1.5。

预制板混凝土开裂弯矩：$M_{cr} = 0.7W_0 \cdot f_{tk}$　　　　　　　　　　（4-33）

预制板钢筋桁架上弦钢筋屈服弯矩：$M_{ty} = \dfrac{1}{1.5} W_c f_{yk} \dfrac{1}{a_E}$ （4-34）

预制板钢筋桁架上弦钢筋失稳弯矩：

$$M_{tc} = A_{sc} \cdot \sigma_{sc} \cdot h_s \tag{4-35}$$

$$\sigma_{sc} = \begin{cases} f_{yk} - \eta\lambda & (\lambda \leqslant 107) \\ \dfrac{\pi^2}{\lambda^2} E_s & (\lambda > 107) \end{cases} \tag{4-36}$$

预制板钢筋桁架下弦钢筋及板内分布筋屈服弯矩：

$$M_{yk} = \dfrac{1}{5}(A_1 f_{1y} h_1 + A_s f_{syk} h_s) \tag{4-37}$$

预制板钢筋桁架腹杆钢筋失稳剪力：

$$V = \dfrac{2}{1.5} N \sin\phi \sin\varphi \tag{4-38}$$

$$N = \sigma_{sr} A_f; \quad \sigma_{sr} = \begin{cases} f_{yk} - \eta\lambda & (\lambda \leqslant 99) \\ \dfrac{\pi^2}{\lambda^2} E_s & (\lambda > 99) \end{cases} \tag{4-39}$$

$$\phi = \arctan\left(\dfrac{H}{l/2}\right); \quad \varphi = \arctan\left(\dfrac{2H}{b_0'}\right) \tag{4-40}$$

钢筋桁架混凝土叠合板在脱模吊装阶段，需满足：

$$\min(M_{cr}, M_{ty}, M_{tc}, M_{yk}) \geqslant \max(M_A, M_B, M_C) \tag{4-41}$$

$$V \geqslant \max(V_A, V_C) \tag{4-42}$$

（2）施工阶段

施工过程中不允许出现裂缝的桁架预制板，正截面边缘的混凝土法向拉应力应符合下列规定：

$$\sigma_{ct} = M_k / W_{cc} - N_k / A_c \leqslant 1.0 f_{tk}' \tag{4-43}$$

施工过程中允许出现裂缝的桁架预制板，正截面边缘的混凝土法向拉应力限值可适当放松，但开裂截面处受拉钢筋的应力应符合下列规定：

$$\sigma_{st} = M_k / [0.87(A_1 + A_s)h_0] \leqslant 0.7 f_{yks} \tag{4-44}$$

上弦钢筋拉应力或压应力应符合下列规定：

$$\sigma_{s2} = (M_k / W_s - N_k / A_c) / \alpha_E \leqslant f_{yk2} / 1.5 \tag{4-45}$$

$$\sigma_{st} = M_k / (\varphi_2 A_2 h_s) \leqslant f_{yk2} \tag{4-46}$$

下弦钢筋及板内钢筋应符合下列规定：

$$A_1 f_{yk1} h_1 + A_s f_{yks} h_s \leqslant M_k / 1.5 \tag{4-47}$$

格构钢筋应符合下列规定：

$$\sigma_{s3} = V_k / (2\varphi_3 A_3 \sin\alpha \sin\beta) \leqslant f_{yk3} / 1.5 \tag{4-48}$$

式中：
$\sigma_{ct}$——短暂设计状况下，在荷载标准组合作用下产生的构件正截面边缘混凝土拉应力，垂直桁架的截面宜按桁架与混凝土的组合截面计算；

$\sigma_{st}$——各施工环节在荷载标准组合作用下的下弦筋及板内钢筋拉应力，应按开裂截面计算；

$\sigma_{s2}$——各施工环节在荷载标准组合作用下的下弦钢筋拉应力或压应力；

$f'_{tk}$——与各施工环节的混凝土立方体抗压强度相应的抗拉强度标准值，按国家现行规范《混凝土结构设计规范》GB 50010 表4-3以线性内插法确定；

$f_{yk1}, f_{yk2}, f_{yk3}, f_{yks}$——下弦筋、上弦筋、格构钢筋以及板内钢筋的屈服强度标准值；

$A_c$——混凝土截面面积，垂直于桁架的截面宜按等效组合截面计算；

$A_1, A_2, A_3, A_s$——双肢下弦钢筋、上弦钢筋、单肢格构钢筋和板内钢筋的截面面积；

$h_0$——混凝土截面有效高度；

$h_s$——上弦钢筋、下弦钢筋的形心距离；

$W_s$——组合截面上弦钢筋受拉或受压弹性抵抗矩；

$\alpha_E$——钢筋与桁架预制板混凝土的弹性模量之比；

$N_k$——作用在截面上的预应力筋合力标准值；

$M_k$——各施工环节在荷载标准组合作用下组合截面弯矩标准值，包括预应力筋合力对等效截面形心的偏心弯矩；

$V_k$——各施工环节在荷载标准组合作用下组合截面剪力标准值；

$\varphi_2$——上弦钢筋、格构钢筋轴心受压稳定系数，按国家现行规范《钢结构设计标准》GB 50017确定，上弦筋计算长度取上弦钢筋焊接节点距离，格构钢筋计算长度取0.7倍格构钢筋自由端长度；

$\alpha, \beta$——格构钢筋垂直于桁架方向和平行与桁架方向的倾角。

（3）使用阶段

桁架钢筋混凝土叠合板使用阶段弯矩按下式计算：

$$M = \alpha q l_0^2 \qquad\qquad (4-49)$$

式中：$M$——单位板宽内弯矩设计值；

$\alpha$——弯矩系数，按表4-43取值；

$q$——单位板宽内荷载基本组合设计值。

| 弯矩位置 | 边跨跨中 | 边跨内支座 | 中跨跨中 | 中跨支座 |
|---|---|---|---|---|
| 弯矩系数 | 0.0714 | −0.0909（−0.1） | 0.0625 | −0.0714 |

正截面受弯承载力应满足下列要求：

$$M \leqslant \alpha_1 f_c bx \left( h_0 - \frac{x}{2} \right) \qquad (4\text{-}50)$$

混凝土受压区高度 $x$ 应按下列公式确定：

$$\alpha_1 f_c bx = A_s f_y \qquad (4\text{-}51)$$

适用条件：$x \leqslant h_c$ 且 $x \leqslant \xi_b h_c$

叠合楼板在使用阶段裂缝和挠度计算应符合现行国家标准《混凝土结构设计规范》GB 50010 有关规定。

3. 模板与大样图

（1）支座节点大样图

如图 4-34 所示。

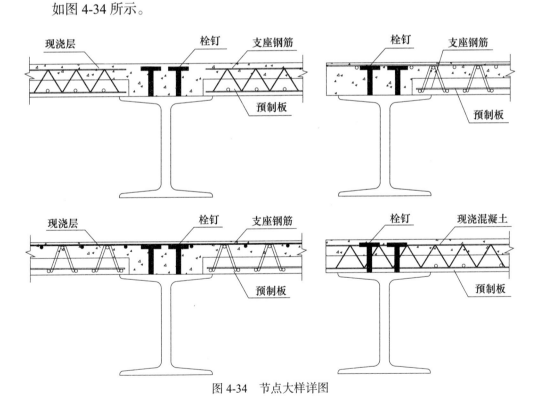

图 4-34　节点大样详图

（2）叠合板模板与配筋大样图

如图 4-35 所示。

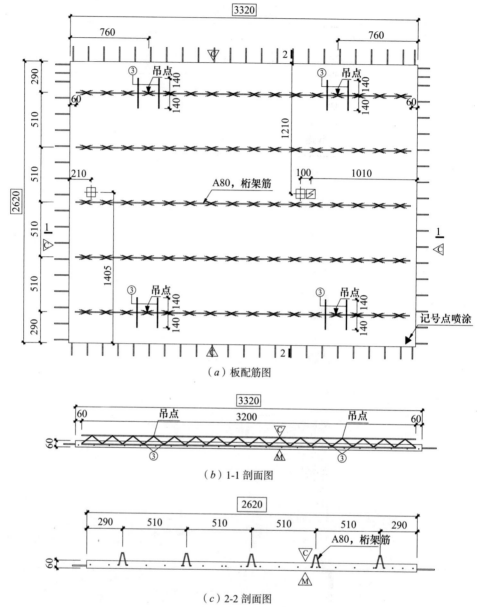

（a）板配筋图

（b）1-1 剖面图

（c）2-2 剖面图

图 4-35　叠合板模板与配筋大样图

## 4.3.5　其他预制楼、屋盖

1. 预应力混凝土叠合板

如图 4-36、图 4-37 所示。

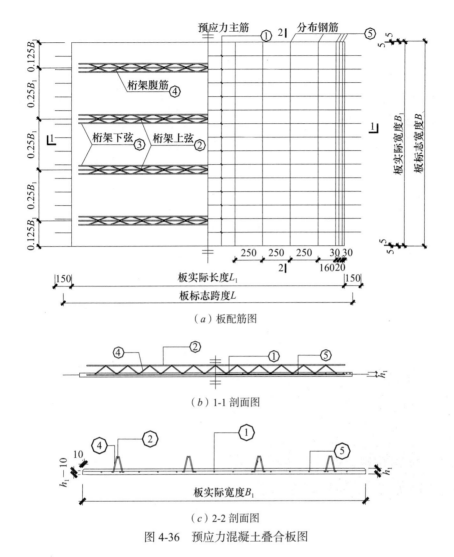

（a）板配筋图

（b）1-1 剖面图

（c）2-2 剖面图

图 4-36　预应力混凝土叠合板图

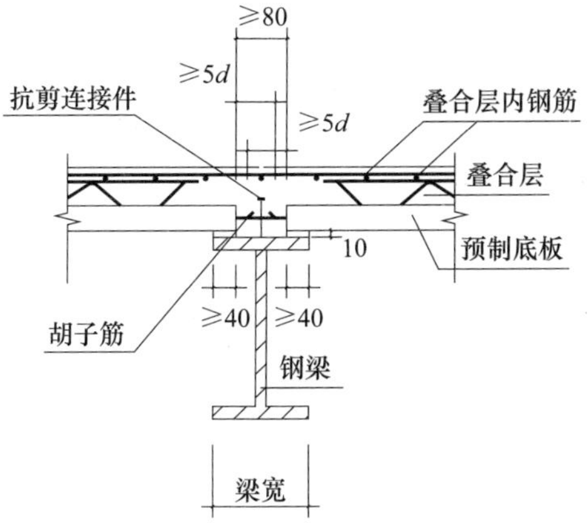

①

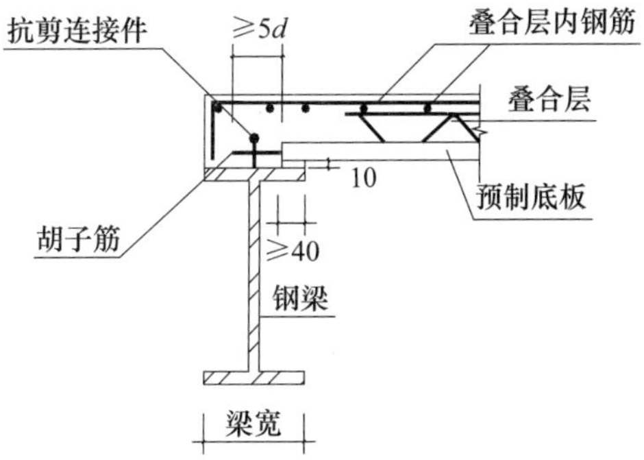

②

图 4-37　预应力混凝土节点大样图（一）

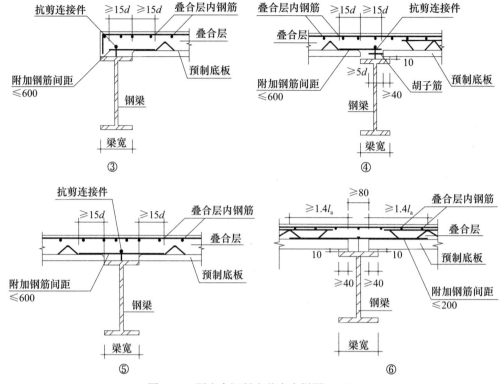

图 4-37　预应力混凝土节点大样图（二）

## 2. 预应力混凝土钢管桁架叠合板

如图 4-38～图 4-39 所示。

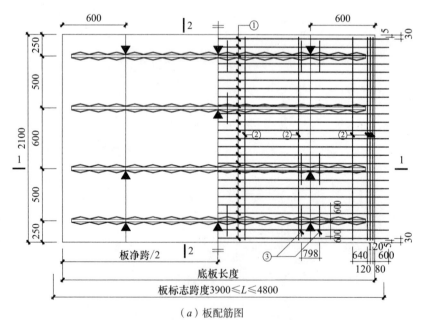

（a）板配筋图

图 4-38　预应力混凝土钢管桁架叠合板模板图（一）

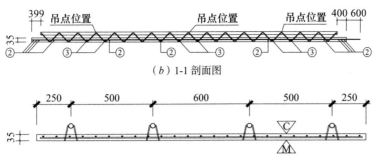

（b）1-1 剖面图

（c）2-2 剖面图

图 4-38 预应力混凝土钢管桁架叠合板模板图（二）

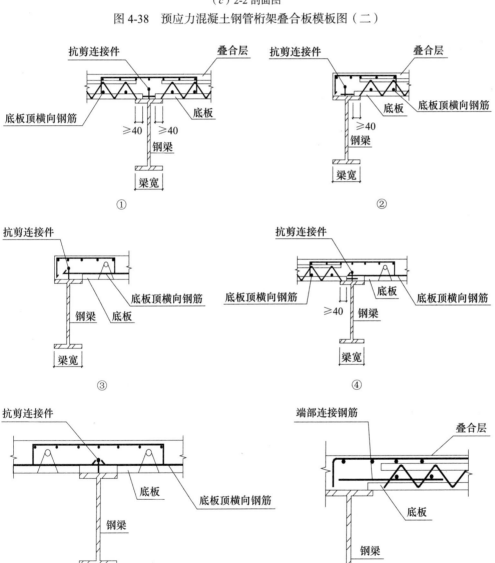

图 4-39 预应力混凝土钢管桁架节点大样图

## 3. 预应力混凝土双 T 板

如图 4-40～图 4-41 所示。

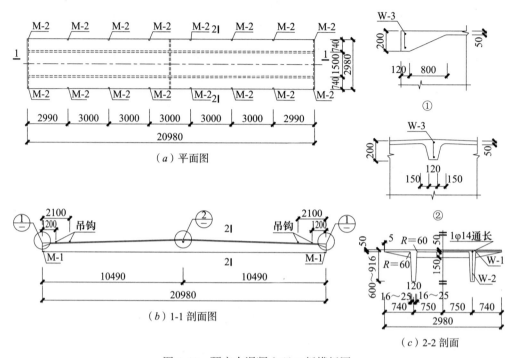

（a）平面图

（b）1-1 剖面图

①

②

（c）2-2 剖面

图 4-40　预应力混凝土双 T 板模板图

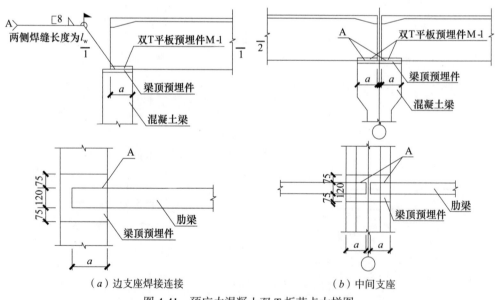

（a）边支座焊接连接　　　　（b）中间支座

图 4-41　预应力混凝土双 T 板节点大样图

## 4.3.6　楼、屋盖舒适度计算

### 1. 基本规定

（1）一般规定

1）有效均布活荷载取值规定

如表 4-44 所示。

<table>
<tr><td colspan="2">活荷载取值规定</td><td>表 4-44</td></tr>
<tr><td colspan="2">楼盖使用类别</td><td>有效均布活荷载（kN/m²）</td></tr>
<tr><td colspan="2">手术室、教室、办公室、会议室、医院门诊室、剧场、影院、礼堂</td><td>0.5</td></tr>
<tr><td colspan="2">住宅、宿舍、旅馆、酒店、医院病房、餐厅、食堂</td><td>0.3</td></tr>
<tr><td colspan="2">托儿所、幼儿园、展览厅、公共交通等候大厅、商场</td><td>0.2</td></tr>
</table>

2）有节奏运动的人群荷载取值规定

如表 4-45 所示。

<table>
<tr><td>人群荷载取值规定</td><td>表 4-45</td></tr>
<tr><td>楼盖使用类别</td><td>人群荷载（kN/m²）</td></tr>
<tr><td>舞厅、演出舞台</td><td>0.60</td></tr>
<tr><td>看台</td><td>1.50</td></tr>
<tr><td>仅进行有氧健身操的健身房</td><td>0.20</td></tr>
<tr><td>同时进行有氧健身操和器械健身的健身房</td><td>0.12</td></tr>
<tr><td>室内运动场地</td><td>0.12</td></tr>
</table>

3）楼盖阻尼比规定

如表 4-46 所示。

<table>
<tr><td colspan="2">楼盖阻尼比取值规定</td><td colspan="2">表 4-46</td></tr>
<tr><td>作用类型</td><td>楼盖使用类型</td><td>钢—混凝土组合楼盖</td><td>混凝土楼盖</td></tr>
<tr><td rowspan="4">行走激励为主</td><td>手术室</td><td>0.02～0.04</td><td>0.05</td></tr>
<tr><td>办公室、住宅、宿舍、旅馆、酒店、医院病房</td><td>0.02～0.05</td><td>0.05</td></tr>
<tr><td>教室、会议室、医院门诊室、托儿所、幼儿园、剧场、影院、礼堂、展览厅、公共交通等候大厅、商场、餐厅、食堂</td><td>0.02</td><td>0.05</td></tr>
<tr><td>有节奏运动为主</td><td colspan="2">0.06</td></tr>
</table>

（2）舒适度限值规定

1）以行走激励为主的楼盖结构

以行走激励为主的楼盖结构，第一阶竖向自振频率不宜低于 3Hz，竖向振动峰值加速度不应大于表 4-47 规定的限值。

**以行走激励为主的楼盖结构竖向振动峰值加速度限值**　　表 4-47

| 楼盖使用类别 | 峰值加速度限值（m/s$^2$） |
|---|---|
| 手术室 | 0.025 |
| 住宅、医院病房、办公室、会议室医院门诊室、教室、宿舍、旅馆、酒店、托儿所、幼儿园 | 0.050 |
| 商场、餐厅、公共交通等候大厅剧场、影院、礼堂、展览厅 | 0.150 |

2）有节奏运动为主的楼盖结构

有节奏运动为主的楼盖结构，第一阶竖向自振频率不宜低于 4Hz，竖向振动有效最大峰值加速度不应大于表 4-48 规定的限值。

**有节奏运动为主的楼盖结构竖向振动有效最大峰值加速度限值**　　表 4-48

| 楼盖使用类别 | 有效最大峰值加速度限值（m/s$^2$） |
|---|---|
| 舞厅、演出舞台、看台、室内运动场地、仅进行有氧健身操的健身房 | 0.50 |
| 同时进行有氧健身操和器械健身操的健身房 | 0.20 |

注：看台是指演唱会和体育场的看台，包括无固定座位和有固定座位。

3）室内振动为主的楼盖结构

室内振动为主的楼盖结构主要是指车间办公室、安装娱乐振动设备、生产操作区的楼盖结构，第一阶竖向自振频率不宜低于 3Hz，竖向振动峰值加速度不应大于表 4-49 规定的限值。

**室内振动为主的楼盖结构竖向振动峰值加速度限值**　　表 4-49

| 楼盖使用类别 | 峰值加速度限值（m/s$^2$） |
|---|---|
| 车间办公室 | 0.025 |
| 安装娱乐振动设备 | 0.050 |
| 商场、餐厅、公共交通等候大厅剧场、影院、礼堂、展览厅 | 0.150 |

4）连廊和室内天桥

连廊和室内天桥的第一阶横向自振频率不宜低于 1.2Hz，振动峰值加速度不应大于表 4-50 规定的限值。

**连廊和室内天桥的振动峰值加速度限值**　　表 4-50

| 楼盖使用类别 | 峰值加速度限值（m/s$^2$） | |
|---|---|---|
| | 竖向 | 横向 |
| 封闭连廊和室内天桥 | 0.15 | 0.10 |
| 不封闭连廊 | 0.50 | 0.10 |

2. 不同使用功能的楼盖舒适度计算

根据对楼盖作用的不同，在楼盖舒适度验算时，可分为以行走激励为主的楼盖结构、有节奏运动为主的楼盖结构、室内设备振动的楼盖结构以及连廊和室内天桥。由于后两种楼盖结构竖向振动加速度需要采用时程分析法或有限元法计算，故本手册不做过多的涉及，仅介绍装配式钢结构建筑常用的楼盖结构的舒适度计算。

（1）第一阶竖向自振频率

梁式楼盖：

$$f_1 = \frac{C_f}{\sqrt{D}} \tag{4-52}$$

无梁楼盖：

$$f_1 = \frac{C_{nf}}{\sqrt{D_{nb}}} \tag{4-53}$$

当梁式楼盖的楼板简化为单向板时，$C_f$ 取 18；简化为悬臂板时，$C_f$ 取 20，此时 $D$ 为悬臂端的最大变形量。当梁式楼盖的楼板简化为双向板时，$C_f$ 取 $21-C_L$，$C_L$ 为双向板长短边跨度的比值，取值为 $1\sim3$，当 $C_L > 3$ 取 $C_L = 3$。

（2）竖向振动加速度

1）行走激励

$$a_p = \frac{F_p}{xW}g \tag{4-54}$$

$$F_p = p_0 e^{-0.35 f_1} \tag{4-55}$$

2）有节奏运动

$$a_{pm} = (å a_{pi}^{1.5})^{\frac{1}{1.5}} \tag{4-56}$$

$$a_{pi} = \frac{p_{ri}}{F_c}g \tag{4-57}$$

$$p_{ri} = K_r g_i m_i (i\overline{f_1})^2 Q_{pk} \tag{4-58}$$

$$\mu_i = \frac{1}{\sqrt{\left[1 + \left(\dfrac{i\overline{f_1}}{f_1}\right)^2\right]^2 + \left(2\xi\dfrac{i\overline{f_1}}{f_1}\right)^2}} \tag{4-59}$$

式中：$C_f$——梁式楼盖的频率系数，可取 $18\sim20$；

$C_{nf}$——梁式楼盖的频率系数，取值按表 4-51；

$W$——振动有效重量，钢—混凝土组合楼盖按式～式计算；

$K_r$——系数，按表 4-52 取值；

$g_i$——第 $i$ 阶荷载频率对应的动力因子，按表 4-53 取值；

$\overline{f_1}$——第一阶荷载频率（Hz），按表 4-54 计算；

$f_1$——第一阶竖向自振频率（Hz）；

$D$——梁式楼盖的最大竖向变形（mm）；

$D_{nb}$——无梁楼盖最大变形（mm）；

$a_p$——竖向振动峰值加速度（m/s²）；

$F_p$——楼盖结构共振时行走产生的作用力（kN）；

$p_0$——行走产生的作用力（kN），楼盖结构取 0.29kN；

$x$——阻尼比，按不同的荷载类型按表 4-46 选取；

$g$——重力加速度（m/s²），可取 9.8m/s²；

$a_{pm}$——有效最大加速度（m/s²）；

$a_{pi}$——第 $i$ 阶荷载频率对应的峰值加速度（m/s²）；

$p_{ri}$——第 $i$ 阶荷载频率对应的有节奏运动的荷载幅值（kN/m²）；

$F_c$——舒适度设计采用的荷载（kN/m²），参见表 4-44、表 4-45；

$m_i$——第 $i$ 阶荷载频率对应的动力放大系数；

$Q_{pk}$——有节奏运动的人群荷载（kN/m²）。

梁式楼盖的频率系数 $C_{nf}$ 表 4-51

| 无梁楼盖 | 边跨板 | 非边跨板 |
|---|---|---|
| 有边梁 | 19 | 16 |
| 无边梁 | 18 | 16 |

系数 $K_r$ 表 4-52

| 楼盖类型 | 单向板 | 双向板 | 悬挑板 |
|---|---|---|---|
| $K_r$ | 1.3 | 1.6 | 1.5 |

有节奏运动的动力因子 $g_i$ 表 4-53

| 有节奏运动 | 动力因子 $g_i$ | | |
|---|---|---|---|
| | 第 1 阶 | 第 2 阶 | 第 3 阶 |
| 跳舞 | 0.50 | — | — |
| 观众在看台上的活动 | 0.25（0.40） | 0.05（0.15） | — |
| 健身操、室内体育运动 | 1.50 | 0.60 | 0.10 |

有节奏运动的第一阶荷载频率 $\overline{f_1}$ 表 4-54

| 楼盖使用类别 | $\overline{f_1}$ 取值 | | | |
|---|---|---|---|---|
| 跳舞、在演唱会和体育馆看台上观众 | $f_1/n$ | ＜1.5 | 1.5～3.0 | ＞3.0 |
| | $\overline{f_1}$ | 1.5 | $f_1/n$ | 3.0 |
| 健身操、室内体育活动 | $f_1/n$ | ＜2.00 | 2.00～2.75 | ＞2.75 |
| | $\overline{f_1}$ | 2.00 | $f_1/n$ | 2.75 |

　　本节详细介绍了压型钢板组合楼板、钢筋桁架楼承板组合楼板以及桁架钢筋混凝土叠合板等类型，通过对装配式钢结构建筑常用楼盖类型的规定、设计及计算等内容的介绍，便于工程设计人员的选用及设计。

# 4.4 钢楼梯

## 4.4.1 概述

民用建筑中使用的钢梯通常为斜梯，钢梯采用的钢材性能不应低于 Q235B，并具有含碳量合格保证。钢梯应采用焊接连接，当采用其他方式连接时，连接强度不低于焊接。钢梯应根据使用场合及环境条件进行合适的防锈及防腐涂装。

钢结构楼梯由钢梯梁、踏步板、平台板和平台梁柱等构件组成。适用于非抗震和抗震设防烈度为 6~8 度的一般钢结构或钢筋混凝土结构建筑。

## 4.4.2 基本规定

民用钢斜梯优选倾角为 30°~35°。常见斜梯形式有双跑钢梯、剪刀钢梯，示意图如图 4-42、图 4-43 所示。楼梯净宽 B 根据建筑使用特征，按每股人流宽度为 0.55m ＋（0~0.15)m 的人流股数确定，并不应少于两股人流。（0~0.15)m 为人流在行进中人体的摆幅，公共建筑人流众多的场所应取上限值。

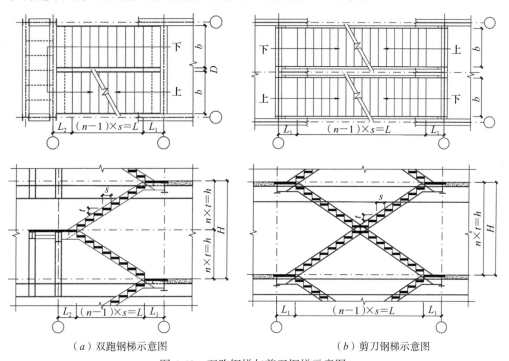

（a）双跑钢梯示意图　　　　　　　　（b）剪刀钢梯示意图

图 4-42　双跑钢梯与剪刀钢梯示意图

$H$—层高；$t$—踏步高；$s$—踏步宽；$b$—梯宽；$h$—梯高；$L$—斜梁水平段长度；$D$—梯井宽度
$L_1$—楼层处水平段长度；$L_2$—中间平台处水平段长度

每个梯段踏步数不应少于 3 级，且不应超过 18 级，楼梯梯高 $H$ 范围内踏步数大于 18 级则需设置梯间休息平台，并分段设梯。

楼梯踏步宽度和高度应符合表4-55的规定。踏板可采用厚度不小于4mm的花纹钢板，民用建筑结构应具有适宜的舒适度，钢斜梯不得有明显振感，可于踏板花纹钢板上铺设适宜厚度的混凝土层。踏步板形式见图4-44。

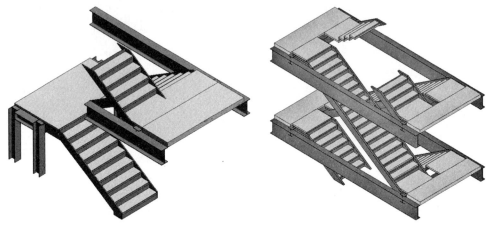

图4-43　双跑钢梯与剪刀钢梯三维图

梯梁可采用厚度不小于10mm钢板或不小于［16a的槽钢制作，其应有足够的刚度以使结构不产生过大的横向挠曲变形。

钢斜梯设计荷载应按实际使用要求确定，不得小于水平投影面上作用$3.5kN/m^2$均布活荷载标准值和在任何点施加的4.4kN集中荷载标准值二者的不利工况；钢踏步计算时，不小于踏板中点作用1.5kN集中活荷载和钢梯内侧宽度范围内作用$2.2kN/m$均布活荷载二者的不利工况。

建筑面层自重标准值$1.5kN/m^2$；踏步混凝土面层$25kN/m^3$；金属栏杆0.2kN/m。钢斜梯的梯梁容许挠度取梯梁跨度的1/250。

| 楼梯踏步最小宽度和最大高度 | | 表 4-55 |
| --- | --- | --- |

| 楼梯类别 | | 最小踏步宽度（m） | 最大踏步高度（m） |
| --- | --- | --- | --- |
| 住宅楼梯 | 住宅公共楼梯 | 0.260 | 0.175 |
| | 住宅套内楼梯 | 0.220 | 0.200 |
| 托儿所、幼儿园楼梯 | | 0.260 | 0.130 |
| 小学校楼梯 | | 0.260 | 0.150 |
| 中、大学校楼梯 | | 0.280 | 0.165 |
| 超高层建筑核心筒内楼梯 | | 0.250 | 0.180 |
| 商场营业区的公共楼梯 | | 0.280 | 0.160 |

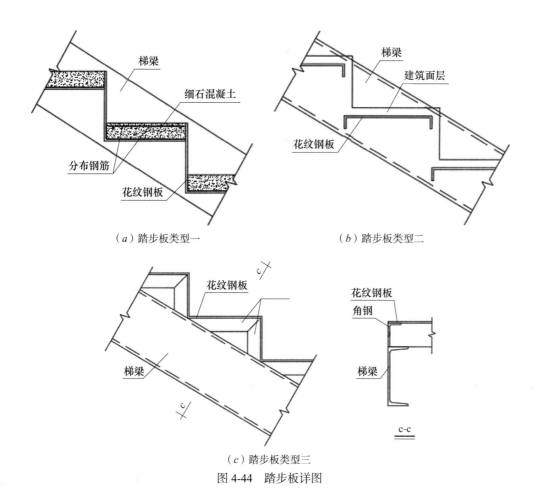

（a）踏步板类型一　　　　　　　　　（b）踏步板类型二

（c）踏步板类型三

图4-44　踏步板详图

## 4.4.3　选用示例

1. 符号说明

$n$—钢斜梯踏步数；　　　　　$s$、$t$—踏步宽、高；

$b$—梯段净宽；　　　　　　　$h$—梯高；

$L$—斜梁水平段长度，$L=(n-1)\times s$；

$L_1$—楼层处水平段长度；

$L_2$—中间平台处水平段长度。

2. 编号规则

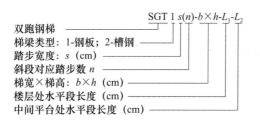

$$\text{SGT 1 } s(n)\text{-}b\times h\text{-}L_1\text{-}L_2$$

双跑钢梯
梯梁类型：1-钢板；2-槽钢
踏步宽度：$s$（cm）
斜段对应踏步数 $n$
梯宽×梯高：$b\times h$（cm）
楼层处水平段长度（cm）
中间平台处水平段长度（cm）

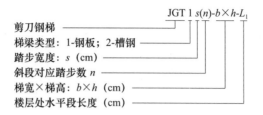

JGT 1 $s(n)$-$b\times h$-$L_1$

剪刀钢梯
梯梁类型：1-钢板；2-槽钢
踏步宽度：$s$（cm）
斜段对应踏步数 $n$
梯宽×梯高：$b\times h$（cm）
楼层处水平段长度（cm）

### 3. 常用钢楼梯类型

如表 4-56～表 4-57 所示。

常用双跑钢楼梯类型 表 4-56

| 层高（m） | 钢梯型号（两种梯梁类型） | 平台长度（mm） | | | 钢梯高度 | 梯宽 | 梯梁型号 |
|---|---|---|---|---|---|---|---|
| | | $(n-1)\times s=L$ | $L_1$ | $L_2$ | $n\times t=h$（mm） | $b$（mm） | （钢板／槽钢） |
| 2.8 | SGT×26（8）-120×140-60-60 | 7×260＝1820 | 600 | 600 | 8×175＝1400 | 1200 | −220×12/C16a |
| | SGT×26（8）-120×140-60-130 | 7×260＝1820 | 600 | 1200 | 8×175＝1400 | 1200 | −220×14/C18a |
| 2.9 | SGT×26（9）-120×145-60-60 | 8×260＝2080 | 600 | 600 | 9×161.1＝1450 | 1200 | −220×14/C18a |
| | SGT×26（9）-120×145-60-130 | 8×260＝2080 | 600 | 1200 | 9×161.1＝1450 | 1200 | −220×14/C18a |
| 3.0 | SGT×26（9）-120×150-60-60 | 8×260＝2080 | 600 | 600 | 9×166.7＝1500 | 1200 | −220×14/C18a |
| | SGT×26（9）-120×150-60-130 | 8×260＝2080 | 600 | 1200 | 9×166.7＝1500 | 1200 | −250×14/C18a |
| 3.3 | SGT×28（10）-150×165-60-60 | 10×280＝2800 | 600 | 600 | 11×150＝1650 | 1500 | −250×14/C18a |
| | SGT×28（10）-150×165-60-160 | 10×280＝2800 | 600 | 1200 | 11×150＝1650 | 1500 | −280×16/C20a |
| 3.6 | SGT×28（11）-150×180-60-60 | 11×280＝3080 | 600 | 600 | 12×150＝1800 | 1500 | −280×16/C20a |
| | SGT×28（11）-150×180-60-160 | 11×280＝3080 | 600 | 1200 | 12×150＝1800 | 1500 | −300×16/C22a |
| 3.9 | SGT×28（12）-150×195-60-60 | 12×280＝3360 | 600 | 600 | 13×150＝1950 | 1500 | −300×16/C20a |
| | SGT×28（12）-150×195-60-160 | 12×280＝3360 | 600 | 1200 | 13×150＝1950 | 1500 | −300×16/C22a |
| 4.2 | SGT×28（13）-150×210-60-60 | 13×280＝3640 | 600 | 600 | 14×150＝2100 | 1500 | −300×16/C22a |
| | SGT×28（13）-150×210-60-160 | 13×280＝3640 | 600 | 1200 | 14×150＝2100 | 1500 | −300×18/C25a |
| 4.5 | SGT×28（14）-150×225-60-60 | 14×280＝3920 | 600 | 600 | 15×150＝2250 | 1500 | −300×18/C25a |
| | SGT×28（14）-150×225-60-160 | 14×280＝3920 | 600 | 1200 | 15×150＝2250 | 1500 | −320×18/C28a |

常用剪刀钢楼梯类型 表 4-57

| 层高（m） | 钢梯型号（两种梯梁类型） | 平台长度（mm） | | | 钢梯高度 | 梯宽 | 梯梁型号 |
|---|---|---|---|---|---|---|---|
| | | $(n-1)\times s=L$ | $L_1$ | $L_2$ | $n\times t=h$（mm） | $b$（mm） | （钢板／槽钢） |
| 2.8 | JGT×26（17）-120×280-60 | 16×260＝4160 | 600 | / | 17×164.7＝2800 | 1200 | −300×18/C25a |
| 2.9 | JGT×26（17）-120×290-60 | 16×260＝4160 | 600 | / | 17×170.6＝2900 | 1200 | −300×18/C25a |
| 3.0 | JGT×26（18）-120×300-60 | 17×260＝4420 | 600 | / | 18×166.7＝3000 | 1200 | −300×18/C25a |
| 5.0 | JGT×28（16）-150×250-60 | 15×280＝4200 | 600 | 600 | 16×156.3＝2500 | 1500 | −300×18/C25a |

### 4. 常用钢楼梯详图

钢楼梯详图以 SGT126（9）-120×145-60-60 及 JGT226（17）-120×290-60 为例，

双跑钢梯SGT126（9）-120×145-60-60如图4-45所示，剪刀钢梯JGT226（17）-120×290-60如图4-46所示，钢梯节点详图如图4-47所示。对于有抗震构造要求的钢梯，可将高强螺栓孔洞设置为长圆孔，以满足中大震下的水平位移需求，减弱楼梯对主体结构的影响，更好地达到小震不坏、中震可修、大震不倒的抗震性能目标。

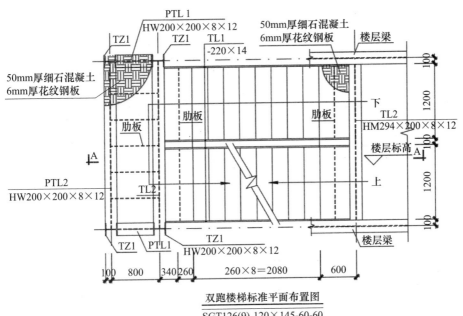

双跑楼梯标准平面布置图
SGT126(9)-120×145-60-60

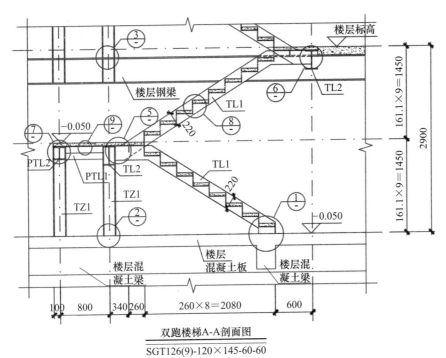

双跑楼梯A-A剖面图
SGT126(9)-120×145-60-60

图4-45 双跑钢梯详图（SGT126（9）-120×145-60-60）

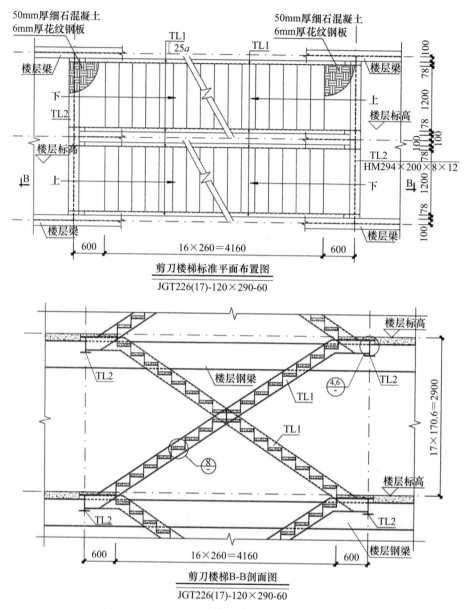

图 4-46　剪刀钢梯详图（JGT226（17）-120×290-60）

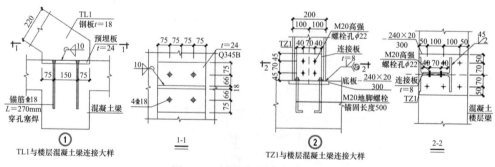

图 4-47　钢梯节点详图（一）

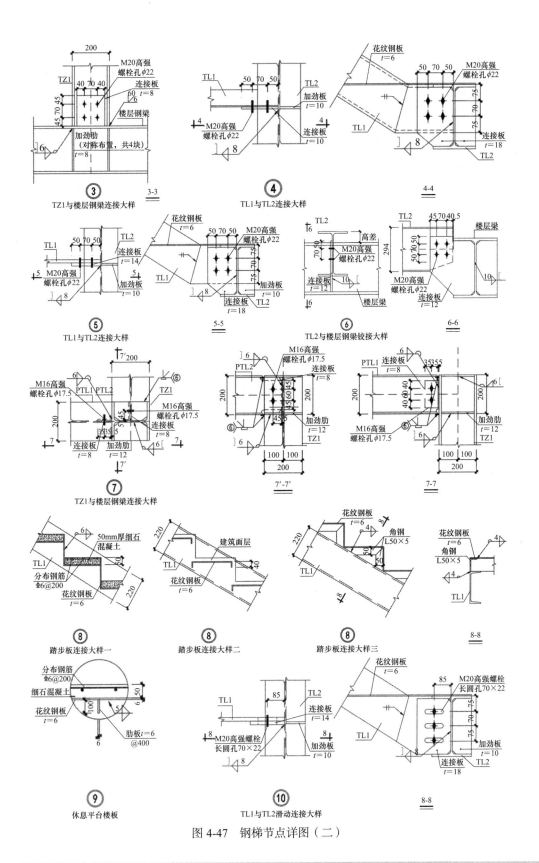

图 4-47 钢梯节点详图（二）

## 4.5　预制模块单元

模块化组合建筑起源于加拿大，在欧美和日本等国已发展了近50年，因具有安装迅速、舒适性好、造型美观、方便周转等优点，在建筑工地临时性建筑、商业服务、度假别墅等领域广泛使用。

根据结构体系的不同，模块建筑可分为全模块化建筑与复合结构模块化建筑，前者是建筑全部由模块单元组成，后者是模块单元跟其他结构形式的复合。

预制模块单元是模块化组合建筑的基本单元，是在空间上划分成的若干个六面体箱形单元，由主体钢结构、箱壁板、箱底板、箱顶板、内装部品、设备管线等集成而成，具有建筑使用功能且满足相关建筑性能要求和吊装运输等的性能要求（图4-48）。

图4-48　箱式模块吊装

### 4.5.1　预制模块单元的分类

预制模块单元可分为柱承重模块单元和墙承重模块单元，见表4-58。

箱式模块单元的分类

表4-58

| 分类 | 特点 | 备注 |
|---|---|---|
| 柱承重模块单元 | 模块单元主要靠边梁边柱支撑，形成四个角点支撑，龙骨和墙板均不考虑承受荷载 | |
| 墙承重模块单元 | 模块单元的面支撑仅用于运输和吊装，正常使用时荷载主要通过长边方向的墙体承担 | |

模块单元应按模数确定，可优先采用如下尺寸：平面上模块单元间间隙距离可为5mm、10mm；立面上模块单元间间隙距离可为20mm、30mm；模块外墙厚度可采用50模数（如150mm、200mm、250mm、300mm等）；模块内隔墙厚度可采

用 15 模数（如 100mm、115mm、130mm、145mm 等）；模块间分户双墙厚度可采用 30 模数（如 175mm、205 mm、235mm、275mm 等）。

模块单元的尺寸模数可按以下要求确定：模块单元平面尺寸应符合建筑功能与人居环境要求，单个模块单元进深不宜超过 10m，单个模块单元的宽度不宜超过 4m；楼梯间模块宜采用 2.4m、2.7m 开间，走廊宽度宜采用 1.8m、2.4m；模块高度应符合国家相关建筑标准和模数规定，室内可居住房间净高应不小于 2.4m，厨房、卫浴、走廊、通道等应不小于 2.1m；模块单元的模数还应考虑具体的道路运输条件和现场吊装条件的限制。

### 4.5.2　箱式模块单元的构成

箱式模块单元，可由钢框架、钢支撑（可选）和金属箱壁板等构成，如图 4-49 所示。

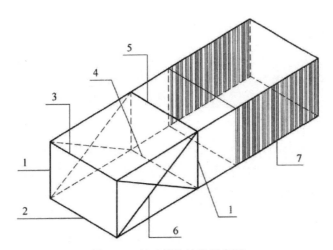

图 4-49　箱式模块结构示意图

1—箱式模块柱；2—下边梁；3—上边梁；4—箱底板框架梁；5—箱顶板框架梁；6—支撑；7—金属箱壁板

箱式模块柱宜采用封闭钢管截面，箱壁板可采用波纹钢板、C 型钢板或其他墙体材料，梁宜采用钢管或其他实腹截面。

箱式模块箱壁板采用波纹钢板作为抗侧力构件时，可采取开洞、开竖缝、加设水平钢板带、改变波形或板厚等措施调整刚度与抗剪承载力；波纹钢板承受水平剪力时，应采用竖向波纹形式，壁厚不应小于 1.6mm，并应与周边梁、柱满焊连接；波纹钢板开洞时，应设置边框构件（图 4-50）。

箱式模块金属箱壁板不作为抗侧力构件时，应与周边钢梁、钢柱柔性连接。

箱式模块箱底板和箱顶板一般采用短向承重密肋梁体系；吊装和正常使用极限状态下，箱底板的变形应满足本层荷载不向下层箱顶板梁传递的要求；高层建筑箱式模块应采取增加平面斜撑等保证箱底板或箱顶板的平面内刚度的措施。

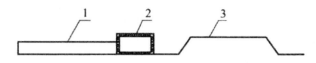

图 4-50　波纹钢板洞口加设边框柱示意图

1—洞口；2—边框构件；3—波纹钢板

### 4.5.3　箱式模块单元设计

模块单元建筑平面设计应按以下要求进行：

（1）按标准模块的尺寸组合布置平面功能区，布置原则为规则、对称；

（2）在同一功能区中布置的模块数量应尽量少；

（3）楼梯间、电梯间、卫生间、厨房等功能特殊、管线密集的区域，宜采用单个模块单元；

（4）建筑平面设计时应考虑相邻模块单元构件的连接关系；

（5）当一个功能区由多个模块覆盖时，功能区内的管线、设备、墙壁、门窗宜保持整体性；

建筑模块单元设计应集成结构系统、外围护系统、内装系统、设备和管线系统。

建筑设计应考虑模块单元的特点，采用名义柱网和名义轴网，如图 4-51 所示。模块单元竖向直接叠置时，宜取模块高 $h$ 为建筑层高（图 4-52-$a$）；当有连接垫件时，宜取模块单元高度与垫件高度之和 $h + h'$ 为建筑层高（图 4.52-$b$）。

箱式模块单元的结构加工、墙体或楼屋盖制作、设备与管线布置、室内外装饰、维护系统及室内家具布置一次性在工厂加工完成，因此模块单元的尺寸要标准化，以利于运输、吊装和安装。箱式模块单元宜采用建筑信息模型（BIM）等信息化技术对模块从设计、拆分、加工、预拼装、运输、安装、验收、使用和服务管理的全过程的信息化控制。

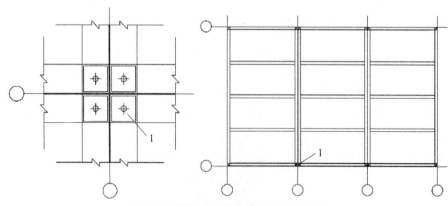

图 4-51　模块建筑名义柱网和名义轴网

1—模块柱

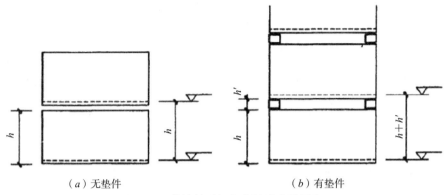

（a）无垫件　　　　　　　　　　　（b）有垫件

图 4-52　模块单元竖向布置及建筑层高

*h*—模块单元高度；*h'*—模块单元间垫件高度，虚线为铺装后的地（楼）面位置

箱式模块建筑结构的作用及作用组合，应符合现行国家标准《建筑结构荷载规范》GB 50009 和《建筑抗震设计规范》GB 50011 的有关规定。箱式模块单元及连接件应按各阶段承载能力极限状态和正常使用极限状态进行设计，在永久、可变荷载作用下的内力和变形一般采用弹性分析方法。模块各构件的强度、刚度和整体性应满足相关规范的设计规定。

箱式模块建筑应采用空间结构模型进行结构计算分析，计算模型根据结构的实际情况确定，计算假定如下：

（1）计算结构位移时，可采用分块刚性楼板假定；计算结构内力时，应采用弹性楼板假定；

（2）当屋面板采用整体现浇或装配整体式钢筋混凝土板时，可假定屋面平面内为无限刚性；

（3）箱式模块层间竖向连接模拟高度不应小于箱式模块结构间竖向净距。采用螺栓连接时，应采用铰接模型（图 4-53）。

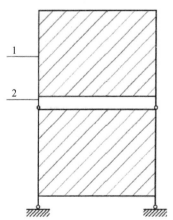

图 4-53　箱式模块层间竖向连接铰接模型

1—箱式模块；2—层间竖向连接

当箱式模块建筑采用金属箱壁板作为抗侧力构件时，结构计算应计入金属箱壁板对结构刚度的影响，并验算金属箱壁板的抗剪承载力。

叠箱结构、箱框结构和箱框支撑结构的框架按刚度分配计算得到的地震层剪力标准值应乘以调整系数，达到不小于结构总地震剪力标准值的25%和框架部分计算最大层间剪力标准值1.8倍二者的较小值。当高层箱式模块建筑采用箱框支撑结构体系时，非箱式模块部分钢框架支撑部分承担的地震层剪力标准值应小于对应层地震剪力标准值的60%。

箱式模块建筑在多遇地震标准值作用下按弹性计算方法计算的楼层层间最大位移与层高之比 $u/h$ 不宜大于1/300，风荷载作用下不宜大于1/400。当进行在罕遇地震作用下弹塑性层间位移角验算时，计算方法应符合现行国家标准《建筑抗震设计规范》GB 50011 的有关规定，结构层弹塑性位移角不宜大于1/50。

计算各振型地震影响系数所采用的结构自振周期应计入非承重填充墙体的刚度影响予以折减。

抗震计算时结构的阻尼比，可按多遇地震下0.03、罕遇地震作用下0.05取值。模块单元结构的主要受压构件长细比不应大于150，主要受拉构件的长细比不应大于200。

箱式模块单元之间宜尽可能采用焊接连接以外的连接方式，以利于现场安装。连接件应采用防腐措施，并应稳固牢靠。附着在空间模块结构上的设施和设备应与主体结构可靠连接。

箱式模块单元的楼板可采用轻钢结构楼板、压型钢板组合楼板、工厂预制钢筋混凝土楼板、预制混凝土圆孔板或装配整体式楼板等。轻钢结构楼板宜采用主次龙骨或轻钢龙骨桁架结构，其上铺设复合板材组成；宜设置楼面水平支撑提供楼板平面内刚度。预制钢筋混凝土楼板在工厂内宜采用轻质混凝土浇制而成，楼板钢筋应与模块四周边梁可靠连接，楼板和模块之间应增设连接件有效连接。对于预制混凝土圆孔板或装配整体式楼板，板与梁、板与板之间的连接应符合现行相关规范及图集的要求。轻钢结构楼板一般采用轻型C形钢作为托梁，或者在相对密集布置的边梁上铺盖板。托梁应与楼板可靠连接，连接薄弱时应采取措施保证其抗扭能力。

箱式模块单元的顶板宜采用轻钢龙骨吊顶、夹芯板吊顶或单层或双层钢板复合板吊顶等轻质板材形式。模块单元的结构骨架、墙体、楼板和顶板之间应可靠连接，保证其整体性，并符合现行规范对于保温、隔热、防水、防火和隔声方面的要求。

箱式模块单元的顶板宜设置对角拉撑以增加平面内刚度，防止发生变形。支撑构件可选用C形檩条，也可在工厂制作钢筋小桁架檩条，间距应经计算确定，檩条应与框架梁可靠连接。檩条下应设置铺设纸面石膏板吊顶的龙骨。模块顶板应包含保温层和防潮层。顶板各层、各构件间应安装紧致，以确保模块建筑的气密性。模块天花板的隔声应根据功能要求设计，隔音量不应小于 45dB。

不同的吊顶板材应按下列要求设计：

（1）夹芯板宜选择热镀锌钢板，钢板双面镀锌含量不应小于 $180g/m^2$，可选用厚度 0.5mm 及以上的板材（钢板一般宽度为 1000mm、1200mm）；板芯材料可采用密度不小于 $100kg/m^3$ 的岩棉板材，也可选用挤塑型聚苯板（XPS 板）；连接方式可采用搭接方式；

（2）单层钢板复合板可采用钢板下铺带铝箔防潮层的玻璃棉毡，必要时在底部设置承托保温材料的钢丝网或玻璃纤维布加强；

（3）双层钢板复合板可采用双层压型钢板内填充玻璃棉毡、挤塑板等保温材料加工成的板材。

模块墙体根据功能要求可分为外墙、内隔墙和分户墙等，不同功能墙体宜采用同类材料、不同尺寸和构造。墙体宜采用波纹板、衬板、盒式面板、复合板或者轻质混凝土板、木板等材料，围护结构宜采取次结构框架进行支撑，其中次结构框架应与主框架隔断，以避免产生冷桥。墙体保温、隔热材料宜采用轻质、可装配的板材。外墙构造应符合墙体节能的相关规定，宜采用含有重质材料和轻质高效保温隔热材料组合的复合材料。

模块外墙的轻钢龙骨宜采用小方钢管桁架结构。若采用冷弯薄壁 C 形钢龙骨时，应双排交错布置形成断桥。当钢构件外侧保温材料厚度受限时，应进行露点验算。可通过设置空腔、安装多层材料、使用隔音性能好的材料等方式提高建筑墙体的隔音性能。外墙厚度不宜小于 150mm。

对结构的错层、高低差等特殊情况及楼梯、阳台、卫生间等特殊构件空间模块划分时应有考虑后期安装的相应技术措施。

楼梯宜采用整体化模块，卫生间宜优先采用一体化卫生间。模块连接处应有相应的保温、隔热、防水等技术措施。

# 4.6 减震、隔震元件

## 4.6.1 减震元件分类

消能减震结构中附加的耗能减震元件或装置一般统称为消能器。根据附加消能器耗能机理的不同，可分为位移相关型消能器和速度相关型消能器两大类。

1. 位移相关型消能器

位移相关型消能器通常用塑性变形能力好的材料制成，在地震往复作用下通过其良好的塑性滞回能力来耗散地震能量，消能器耗散的地震能量与消能器变形量相关。目前，常用的位移相关型消能器有如下几种类型。

（1）弯曲型金属消能器

弯曲型金属消能器通过合理设计可以具备很大的变形能力，市场上比较常见的是钢滞变消能器。该类型消能器由多块耗能钢板组合而成，消能器的变形方向沿耗能金属板面外方向，使每块金属耗能板通过弯曲屈服变形耗能。通过设计钢板的截面形式，使得耗能金属板中尽可能多的体积参与塑性变形，增加耗能器的耗能能力，弯曲型金属消能器如图 4-54 所示。

（a）钢滞变消能器　　　　　　（b）弯曲型软钢阻尼器

图 4-54　弯曲型金属消能器

（2）软钢（低屈服点钢）消能器

钢材在不发生断裂的情况下，能够表现出饱满的纺锤形滞回曲线，具有良好的耗能能力，因此金属屈服型消能器中广泛采用钢材作为耗能材料。低碳钢屈服强度低、延性高，采用低强度高延性钢材的消能器也称为软钢消能器。与主体结构相比，软钢消能器可较早的进入屈服，利用屈服后的塑性变形和滞回耗能来耗散地震能量。软钢消能器的耗能性能受外界环境影响小，长期性质稳定，更换方便，价格便宜。常见的软钢消能器主要有钢棒消能器、剪切型软钢消能器、锥形钢消能器等（图 4-55）。

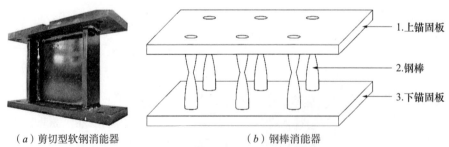

（a）剪切型软钢消能器　　　　　　（b）钢棒消能器

图 4-55　软钢（低屈服点钢）消能器

（3）屈曲约束支撑

屈曲约束支撑（简称 BRB）的主体分为三个部分：内核单元、约束单元和无黏结层，内核单元式支撑的主要受力耗能元件。约束单元一般置于内核单元外侧，用于约束内核单元，防止其在受压过程中的屈曲。无黏结材料设置在内核单元与约束单元之间，防止外围约束单元通过摩擦或黏结与内核单元共同承受轴向荷载。

与普通支撑相比，屈曲约束支撑有明显优势，普通支撑在大震作用下容易出现受压屈曲，导致支撑的滞回曲线呈现明显不对称，削弱了支撑的耗能能力。屈曲约束支撑在支撑杆件外围设置约束元件，防止支撑杆件受压屈曲，使得支撑在拉压力作用下具有对称饱满的荷载—位移滞回曲线，可显著提高支撑自身的耗能能力（图 4-56）。

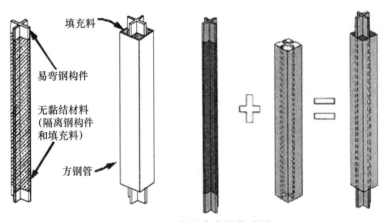

图 4-56　屈曲约束支撑构造图

（4）摩擦型消能器

摩擦消能器通过有预紧力的固体金属部件之间的相对滑动摩擦耗能，界面金属一般采用钢与钢，黄铜与钢等。这种消能器耗能明显，可提供较大的附加阻尼，而且构造简单、取材方便、制作容易。摩擦耗能作用需在摩擦面间产生相对滑动后才能发挥，且摩擦力与振幅大小和振动频率无关，在多次反复荷载下可以发挥稳定的耗能性能。通过调整摩擦面上的面压，可以调整起摩力，在滑动发生之间，摩擦型消能器不能发挥作用（图 4-57）。

（a）板式摩擦消能器　　　　　　（b）筒式摩擦消能器

图 4-57　摩擦型消能器

（5）铅消能器

铅具有较高的延展性能，储藏变形能的能力很大，同时有较强的变形跟踪能力，能通过动态恢复和再结晶过程恢复到变形前的性态，适用于大变形情况。此外，铅比钢材屈服早，所以在小变形时就能发挥耗能作用。铅消能器主要有挤压铅消能器、剪切铅消能器、铅节点消能器、异型铅消能器等。

（6）其他消能器

近年来，研究人员尝试开发了更多性能优良的消能器，如压电材料消能器、形状记忆合金消能器等。

压电浮能技术作为新型的绿色环保技术，具有广泛的应用前景，可以和被动消能减震控制技术较好地结合起来。形状记忆合金具有形状记忆效应、超弹性和超阻尼性，利用其相变超弹性性能来实现其耗能作用，且具有复位能力。

2. 速度相关型消能器

速度相关型消能器通常由黏滞或黏弹性材料制成，在地震往复作用下利用其黏滞和黏弹性材料的特性来耗散地震能量，消能器耗散的地震能量与消能器变形的速度相关，一般可分为黏滞消能器和黏弹性消能器。

（1）黏滞消能器

黏滞消能器是通过高黏性的液体（如硅油）中活塞或者平板的运动耗能。这种消能器在较大的频率范围内都呈现比较稳定的阻尼特性，但黏性流体的动力黏度和环境温度有关，使得黏滞阻尼系数随温度变化。比较成熟的黏滞型消能器主要有筒式流体消能器和黏滞阻尼墙。筒式流体消能器利用活塞前后压力差使消能器内部液体流过活塞上的阻尼孔产生阻尼力，其滞回曲线近似椭圆。黏滞阻尼墙固定于楼层底部的钢板槽内填充黏滞液体，插入槽内的内部钢板固定于上部楼层，当楼层间产生相对运动时，内部钢板在槽内黏滞液体中来回运动，产生阻尼力。这种阻尼墙可提供较大的阻尼力，不易渗漏，且墙体状外形容易被建筑师接受（图4-58）。

（a）筒式流体消能器　　　　　　　　（b）黏滞阻尼墙

图4-58　黏滞消能器

（2）黏弹性消能器

黏弹性消能器是由异分子共聚物或者玻璃等黏弹性材料和钢板夹层组合而成，

通过黏弹性材料的剪切变形耗能，是一种有效的被动消能装置。黏弹性消能器结构形式简单，造价合理，且在任何位移下都能有效耗能，所以经常用于高耸结构的抗风设计。黏弹性消能器在结构抗震工程中应用较晚，其原因主要有以下两个方面：一是黏弹性材料的性能随着环境温度和荷载频率的变化较大，而地震的频段较宽，结构所处的环境温度变异性较大，导致黏弹性消能器的设计参数难以确定；二是黏弹性消能器的黏弹性材料多为薄层状，剪切变形能力有限，不适用于大变形的抗震结构中。常见的黏弹性消能器主要有两种，一种是利用消能器的轴向变形使黏弹性材料产生剪切变形耗能。另一种壁式黏弹性阻尼墙，直接与梁连接，当楼层产生一定的层间变形时，楼面梁的弯曲变形可以使壁式消能器获得更大的变形，进而提高耗能效率（图 4-59）。

图 4-59　黏弹性消能器构造图

## 4.6.2　装配式钢结构减震元件选用方法

### 1. 性能目标和基本原则

在结构减震设计中，减震目标的确定十分重要。合理设定减震目标有助于在减震效果和经济性之间达成平衡。确定减震目标时既保证减震结构能够满足设计规范的要求，又不宜过多配置消能装置导致成本显著增加。消能减震结构的抗震性能目标可根据表 4-59 进行设定。

**消能减震结构的预期性能目标**　　表 **4-59**

| 地震水准 | 性能 1 | 性能 2 | 性能 3 | 性能 4 |
|---|---|---|---|---|
| 多遇地震 | 完好 | 完好 | 完好 | 完好 |
| 设防地震 | 完好，正常使用 | 基本完好，结构构件检修后继续使用，无需更换消能器 | 轻微损坏，结构构件简单修理后继续使用，无需更换消能器 | 轻微至接近中等损坏，结构构件需加固后才能使用，根据检修情况确定是否更换消能器 |
| 罕遇地震 | 基本完好，结构构件检修后继续使用，无需更换消能器 | 轻微至中等破坏，结构构件修复后继续使用，根据检修情况确定是否更换消能器 | 中等破坏，结构构件需加固后继续使用，根据检修情况确定是否更换消能器 | 接近严重损坏、大修，结构构件局部拆除，位移相关型消能器应更换、速度相关型消能器根据检查情况确定是否更换 |

在设计过程中，应根据工程实际情况，提出合理可行的减震设计目标；然后通过在结构中布置一定数量的消能器进行分析计算。根据计算结果，对消能器数量、位置进行优化调整，使结构达到预期的性能目标。消能减震结构设计需要遵循以下原则。

（1）消能器在不同地震强度影响时应充分发挥其预期的作用，连接消能器的部件应保持弹性。

（2）消能减震结构应保证其主体结构满足现行国家标准《建筑抗震设计规范》GB 50011 和主体结构设计规范要求；楼、屋盖宜满足平面内无限刚性的要求。当楼、屋盖不满足无限刚性要求时，应考虑楼、屋盖平面内的弹性变形，并建立符合实际情况的结构分析模型。抗震计算分析模型应同时包括主体结构和消能部件。

（3）当在垂直相交的两个平面中布置消能器，分别按不同水平方向进行结构地震作用分析时，应考虑相交处的柱在双向地震作用下的受力。

（4）消能减震建筑的高度超过《建筑抗震设计规范》GB 50011 规定时，应专门研究。

（5）消能部件应具有足够的平面外刚度，防止出现平面外失稳。

（6）消能建筑结构构件设计时，应考虑消能部件引起的柱（墙）、梁的附加轴力、剪力和弯矩作用。

（7）消能减震结构的抗震分析应将主体结构与消能器同时考虑来建立结构分析模型，确定结构构件受力，计算分析结果应满足《建筑抗震设计规范》GB 50011 的有关规定。

（8）主体结构的分析模型应按照《建筑抗震设计规范》GB 50011 的要求确定，包括连接部分在内的消能器，宜采用复合其力学性能的分析模型，也可近似为具有等效刚度和等效阻尼的构件。

2. 消能器的选择

消能器的选择首先应该考虑设置消能器的主要目标。不同类型的消能器对结构产生减震效果的机理不同，对实现设计目标的有效性有所差别。因此，首先根据设置消能器后主体结构希望实现的性能目标，确定消能器的类型。常见的性能目标包括：控制结构的层间位移，减小结构承受的地震力，增加结构在地震中的舒适度等。黏滞消能器等速度型阻尼器，仅提供阻尼耗能能力，不为结构提供附加刚度，对于增大结构阻尼比减小地震力有理想的效果。软钢剪切型消能器或屈曲约束支撑，其力学性能呈现明显的双线性，小震下有可能保持弹性，这会导致结构刚度增大，相应基底剪力增大，但对于控制结构层间位移具有更明显的效果。

消能器的选择尚应考虑阻尼消能器在不同水准地震作用下的工作状态。结构在不同水准地震作用下变形大小不同，阻尼器发挥的作用也不同。黏弹性消能器和黏滞消能器在结构发生微小变形时即可为结构提供附加阻尼，软钢剪切消能器或者屈曲约束支撑在结构发生微小变形时不屈服，此时只给结构增加刚度而不附加阻尼。

消能器的选择尚应该考虑消能器与主体结构的连接形式，消能器与主体结构的连接形式受到建筑条件的制约。壁式消能器在厚度方向的尺寸通常小于简式消能器，当对消能器厚度方向尺寸有限制严格时可以考虑采用。如果结构主体为纯混凝土结构，则不宜采用过大吨位的消能器，特别不宜采用大吨位且同时为主体结构附加刚度和阻尼的消能器，以防止在地震作用下，主体结构的构件和节点在消能器充分发挥作用前先产生破坏。

消能器的选择还应该考虑技术可靠性，包括：产品的耐久性，质量可控性，产品的可选择性等。如果黏滞阻尼器产品质量不过关，容易出现渗漏等耐久性问题，而软钢剪切消能器的耐久性则更容易得到保证。此外，消能器的选择应考虑性价比，在实际工程中，业主会考虑采用消能器后对工程造价的影响，性价比往往最终成为选择消能器的决定性因素。

3. 消能器的布置

消能器的布置宜使结构在两个水平主轴方向的动力特性相近，其竖向布置宜使结构沿高度方向的抗侧刚度均匀，避免结构形成明显的薄弱楼层和扭转，有条件的前提下尽可能分散布置。具体操作中，对于主体结构沿高度方向的刚度和承载力均匀的情况，消能减震结构设计时宜使各层以下参数接近：

（1）位移相关型消能器：消能器的等效刚度与主体结构层间刚度比，消能器的屈服承载力与主体结构的层间屈服剪力比。

（2）黏滞消能器：消能器的最大阻尼力与主体结构层间屈服剪力比。

（3）黏弹性消能器：消能器的刚度与主体结构的层间刚度比，消能器零位移时的阻尼力与主体结构的层间屈服剪力比。

结构设计一般是按照 $x$、$y$ 两个方向分别进行设计。按照上述原则配置消能器后，可以实现阻尼在结构中比较均匀分布，并使结构 $x$ 方向和 $y$ 方向的附加阻尼比接近，从而使得在结构分析中可采用统一的附加阻尼比。对于复杂的结构或者扭转效应明显的结构需要考虑双向地震作用。

为提高消能器的减震效率，消能器宜布置在层间相对位移或相对速度较大的楼层，同时可采用合理形式增加消能器两端的相对变形或相对速度，提高消能器的减震效率。框架结构以剪切变形为主，下部层间变形大于上部，中跨变形大于边跨变形，故消能器一般布置在框架结构下部中跨位置。但有时为了有效控制结构的扭转，也可以将消能器对称布置在结构边跨。剪力墙结构以弯曲变形为主，层间剪切变形很小，变形主要集中在连梁处，上部连梁的剪切变形大于下部，故消能器一般布置在结构上部二分之一的连梁处。框架剪力墙结构结合了框架结构和剪力墙结构的特点，根据其变形特点，消能器一般布置在与核心筒相连的框架中或剪力墙的连梁中。如果主体结构本身存在相对薄弱的楼层，则应在薄弱层多设置阻尼器，一方面可减轻结构竖向不规则程度，另一方面可以更有效地发挥阻尼器的效果。

### 4.6.3　主要减震元件的性能要求和控制参数

消能器的设计使用年限不宜小于建筑物的设计使用年限。当消能器设计使用年限小于建筑物的设计使用年限时，消能器达到使用年限应及时检测，重新确定消能器使用年限或更换。

消能器应具有良好的抗疲劳、抗老化性能，消能器工作环境应满足现行行业标准《建筑消能阻尼器》JG/T 209 的要求；若不满足时，应作保温、除湿等相应处理。

消能器外表应光滑，无明显缺陷；消能器需要考虑防腐、防锈和防火时，应外涂防腐、防锈漆、防火涂料或进行其他相应处理，但不能影响消能器的正常工作；消能器的尺寸偏差应符合本规程有关规定；消能器外观应符合《建筑消能减震技术规程》JGJ 297 有关规定。

消能器的性能应符合下列规定：

1）消能器中非消能构件的材料应达到设计强度要求，设计时荷载应按消能器1.5 倍极限阻尼力选取，应保证消能器中构件在罕遇地震作用下都能正常工作。

2）消能器在要求的性能检测试验工况下，试验滞回曲线应平滑、无异常。

1. 金属消能器

（1）金属消能器的外观应符合下列规定：

1）金属消能器产品外观应标志清晰、表面平整、无锈蚀、无毛刺、无机械损伤，外表应采用防锈措施，涂层应均匀。

2）消能段与非消能段应光滑过渡，不应出现缺陷。

3）金属消能器尺寸偏差应为 ±2mm 。

（2）金属消能器的材料应符合下列规定：

1）金属消能器可采用钢材、铅等材料制作。

2）采用钢材制作的金属消能器的消能部分宜采用屈服点较低和高延伸率的钢材，钢板的厚度不宜超过 80mm，钢棒直径根据实际情况确定，应具有较强的塑性变形能力和良好的焊接性能。

3）金属消能器中材料应符合现行行业标准《建筑消能阻尼器》JG/T 209 的规定。

（3）金属消能器的力学性能要求，应符合表 4-60 规定。

| | 序号 | 项目 | 性能要求 |
|---|---|---|---|
| 常规性能 | 1 | 屈服荷载 | 每个产品的屈服荷载实测值允许偏差应为屈服荷载设计值的 ±15%；实测值偏差的平均值应为设计值的 ±10% |
| | 2 | 屈服位移 | 每个实测产品屈服位移的实测值偏差应为设计值的 ±15%；实测值偏差的平均值应为设计值的 ±10% |
| | 3 | 屈服后刚度 | 每个实测产品屈服后刚度的实测值偏差应为设计值的 ±15%；实测值偏差的平均值应为设计值的 ±10% |
| | 4 | 极限荷载 | 每个实测产品极限荷载的实测值偏差应为设计值的 ±15%；实测值偏差的平均值应为设计值的 ±10% |
| | 5 | 极限位移 | 每个实测产品极限位移值不应小于极限位移设计值 |
| | 6 | 滞回曲线面积 | 任一循环中滞回曲线包络面积实测值偏差应为产品设计值的 ±15%；产品实测值偏差的平均值应为设计值的 ±10% |
| 疲劳性能 | 1 | 阻尼力 | 实测产品在设计位移下连续加载 30 圈，任一个循环的最大、最小阻尼力应为所有循环的最大、最小阻尼力平均值的 ±15% |
| | 2 | 滞回曲线 | 1）实测产品在设计位移下连续加载 30 圈，任一个循环中位移在零时的最大、最小阻尼力应为所有循环中位移在零时的最大、最小阻尼力平均值的 ±15%；<br>2）实测产品在设计位移下，任一个循环中阻尼力在零时的最大、最小位移应为所有循环中阻尼力在零时的最大、最小位移平均值的 ±15% |
| | 3 | 滞回曲线面积 | 实测产品在设计位移下连续加载 30 圈，任一个循环的滞回曲线面积应为所有循环的滞回曲线面积平均值的 ±15% |

2. 摩擦消能器

（1）摩擦消能器的外观应符合下列规定：

1）摩擦消能器产品外观应标志清晰、表面平整、无机械损伤、外表应采用防锈措施，涂层应均匀。

2）摩擦消能器尺寸偏差应为 ±2mm。

（2）摩擦消能器的材料应符合下列规定：

1）摩擦材料可采用复合摩擦材料、金属类摩擦材料和聚合物类摩擦材料等。

2）摩擦消能器的性能主要由预压力和摩擦片的动摩擦系数确定，摩擦型消能器在正常使用过程中预压力变化不宜超过初始值的 10%。

3）摩擦消能器预压螺栓宜采用高强度螺栓，高强度螺栓的数量按照《建筑消能减震技术规程》JGJ 297 相关章节计算。

4）摩擦消能器中采用的摩擦材料应具有稳定的摩擦系数，不应生锈，并应满足消能器预压力作用下的强度要求。

5）摩擦消能器中的受力元件应具有足够的刚度，不能产生翘曲和侧向失稳。

（3）摩擦消能器的力学性能要求，应符合表 4-61 规定。

| | 序号 | 项目 | 性能要求 |
|---|---|---|---|
| 常规性能 | 1 | 启滑阻尼力 | 每个产品起滑阻尼力的实测值偏差应为设计值的 ±15%，实测值偏差的平均值应为设计值的 ±10% |
| | 2 | 起滑位移 | 每个产品起滑位移的实测值偏差应为设计值的 ±15%；实测值偏差的平均值应为设计值的 ±10% |
| | 3 | 初始刚度 | 每个产品初始刚度的实测值偏差应为设计值的 ±15%，实测值偏差的平均值应为设计值的 ±10% |
| | 4 | 极限荷载 | 每个实测产品极限荷载的实测值偏差应为设计值的 ±15%，实测值偏差的平均值应为设计值的 ±10% |
| | 5 | 极限位移 | 每个实测产品极限位移值不应小于极限位移设计值 |
| | 6 | 滞回曲线面积 | 任一循环中滞回曲线包络面积实测值偏差应为设计值的 ±15%；实测值偏差的平均值应为设计值的 ±10% |
| 疲劳性能 | 1 | 摩擦荷载 | 实测产品在设计位移下连续加载 30 圈，任一个循环的最大、最小阻尼力应为所有循环的最大、最小阻尼力平均值的 ±15% |
| | 2 | 滞回曲线 | 1）实测产品在设计位移下连续加载 30 圈，任一个循环中位移在零时的最大、最小阻尼力应为所有循环中位移在零时的最大、最小阻尼力平均值的 ±15%；2）实测产品在设计位移下，任一个循环中阻尼力在零时的最大、最小位移应为所有循环中阻尼力在零时的最大、最小位移平均值的 ±15% |
| | 3 | 滞回曲线面积 | 实测产品在设计位移下连续加载 30 圈，任一个循环的滞回曲线面积应为所有循环的滞回曲线面积平均值的 ±15% |

3. 屈曲约束支撑

屈曲约束支撑根据需求可采用外包钢管混凝土型屈曲约束支撑、外包钢筋混凝土型屈服约束支撑和全钢型屈曲约束支撑等。屈曲约束支撑的设计应满足以下要求：

（1）屈曲约束支撑核心单元应符合下列规定：

1）核心单元的材料宜采用屈服点低和高延伸率的钢材。

2）核心单元截面可设计成"一"字形、"H"字形、"十"字形、环形和双"一"字形等，宽厚比或径厚比限值应符合下列规定：一字形截面宽厚比取 10～20；十字形截面宽厚比取 5～10；环形截面径厚比不宜超过 22；其他截面形式，取现行国家标准《建筑抗震设计规范》GB 50011 中心支撑的径厚比或宽厚比的限值。

3）核心单元截面采用"一"字形、"十"字形、"H"字形和环形时，钢板厚度宜为 10～80mm。

（2）屈曲约束支撑外约束单元应具有足够的抗弯刚度。

（3）屈曲约束支撑连接段及过渡段的板件应保证不发生局部失稳破坏。

（4）屈曲约束支撑的钢材选用应满足现行国家标准《金属材料 拉伸试验 第 1

部分：室温试验方法》GB/T 228.1 和《金属材料 室温压缩试验方法》GB/T 7314 的规定，混凝土材料等级不宜小于 C25。

（5）屈曲约束支撑在多遇地震作用下进入消能工作状态时，其力学性能应符合表 4-62 的规定。屈曲约束支撑在多遇地震作用下不进入消能工作状态时，其力学性能应符合现行国家标准《建筑抗震设计规范》GB 50011 的规定。

屈曲约束支撑在多遇地震作用下进入消能工作状态时的力学性能要求　表 4-62

| | 序号 | 项目 | 性能要求 |
|---|---|---|---|
| 常规性能 | 1 | 屈服荷载 | 每个产品屈服荷载的实测值偏差应为设计值的 ±15%；实测值偏差的平均值应为设计值的 ±10% |
| | 2 | 屈服位移 | 每个产品屈服位移的实测值偏差应为设计值的 ±15%；实测值偏差的平均值应为设计值的 ±10% |
| | 3 | 屈服后刚度 | 每个产品屈服后刚度的实测值偏差应为设计值的 ±15%；实测值偏差的平均值应为设计值的 ±10% |
| | 4 | 极限荷载 | 每个产品极限荷载的实测值偏差应为设计值的 ±15%，实测值偏差的平均值应为设计值的 ±10% |
| | 5 | 极限位移 | 每个产品极限位移实测值不应小于极限位移设计值 |
| | 6 | 滞回曲线面积 | 任一循环中滞回曲线包络面积实测值偏差应为设计值的 ±15%；实测值偏差的平均值应为设计值的 ±10% |
| 疲劳性能 | 1 | 阻尼力 | 实测产品在设计位移下连续加载 30 圈，任一个循环的最大、最小阻尼力应为所有循环的最大、最小阻尼力平均值的 ±15% |
| | 2 | 滞回曲线 | 1）实测产品在设计位移下连续加载 30 圈，任一个循环中位移在零时的最大、最小阻尼力应为所有循环中位移在零时的最大、最小阻尼力平均值的 ±15%；<br>2）实测产品在设计位移下，任一个循环中阻尼力在零时的最大、最小位移应为所有循环中阻尼力在零时的最大、最小位移平均值的 ±15% |
| | 3 | 滞回曲线面积 | 实测产品在设计位移下连续加载 30 圈，任一个循环的滞回曲线面积应为所有循环的滞回曲线面积平均值的 ±15% |

4. 黏滞消能器

黏滞消能器的设计应满足以下要求。

（1）黏滞消能器的外观应符合下列规定：

1）黏滞消能器产品外观应表面平整、无机械损伤、外表应采用防锈措施，涂层应均匀。

2）黏滞消能器密封处制作精细、无渗漏。

3）黏滞消能器各构件尺寸允许偏差应为产品设计值的 ±2%。

（2）黏滞消能器的材料应符合现行行业标准《建筑消能阻尼器》JG/T 209 的规定。

（3）黏滞消能器力学性能要求，应符合表 4-63 的规定。

（4）黏滞消能器的疲劳性能要求，应符合表 4-64 的规定，并且消能器在试验后应无渗漏、无裂纹。

（5）黏滞消能器的其他性能要求详《建筑消能减震技术规程》JGJ 297 相关章节。

黏滞消能器力学性能要求     表 4-63

| 序号 | 项目 | 性能要求 |
|---|---|---|
| 1 | 极限位移 | 每个产品极限位移实测值不应小于极限位移设计值 |
| 2 | 最大阻尼力 | 每个产品最大阻尼力的实测值偏差应为设计值的 ±15%；实测值偏差的平均值应为设计值的 ±10% |
| 3 | 极限速度 | 每个产品极限速度的实测值不应小于极限速度设计值 |
| 4 | 阻尼指数 | 每个产品阻尼指数的实测值偏差应为设计值的 ±15%；实测值偏差的平均值应为设计值的 ±10% |
| 5 | 滞回曲线面积 | 任一循环中滞回曲线包络面积实测值偏差应为设计滞回曲线面积值的 ±15%；实测值偏差的平均值应为设值的 ±10% |

黏滞消能器疲劳性能要求     表 4-64

| | 项目 | 性能要求 |
|---|---|---|
| 疲劳性能 | 阻尼指数 | 每个产品阻尼指数的实测值偏差应为设计值的 ±15% |
| | 最大阻尼力 | 实测产品在设计速度下连续加载 30 圈，任一个循环的最大、最小阻尼应为所有循环的最大、最小阻尼力平均值的 ±15% |
| | 滞回曲线 | 1）实测产品在设计速度下连续加载 30 圈，任一个循环中位移在零时的最大、最小阻尼力应为所有循环中位移在零时的最大、最小阻尼力平均值的 ±15%；<br>2）实测产品在设计速度下连续加载 30 圈，任一个循环中阻尼力在零时的最大、最小位移应为所有循环中阻尼力在零时的最大、最小位移平均值的 ±15% |
| | 滞回曲线面积 | 实测产品在设计速度下连续加载 30 圈，任一个循环的滞回曲线面积应为所有循环的滞回曲线面积平均值的 ±15% |

5. 黏弹性消能器

黏弹性消能器的设计应满足以下要求：

（1）黏弹性消能器的外观应符合下列规定：

1）要求黏弹性消能器铜板应平整、光滑、无锈蚀、无毛刺，涂刷防锈涂料两次，钢板坡口焊接，焊缝一级、平整。

2）黏弹性材料表面应密实、平整。

3）黏弹性材料与薄钢板之间应密实、无裂缝。

4）黏弹性消能器的尺寸偏差应满足下列要求：黏弹性消能器钢构件和黏弹性层长宽的尺寸允许偏差应为产品设计值的 ±2%；黏弹性层厚度允许偏差应为产品设计值的 ±3%，不同地方厚度允许偏差应为 ±5%。

（2）黏弹性材料性能要求应符合现行行业标准《建筑消能阻尼器》JG/T 209 的规定，钢材质量指标应符合现行国家标准《碳素结构钢》GB/T 700 中碳素结构钢或低合金钢的规定。

（3）在同种测量频率和温度下黏弹性消能器力学性能要求，应符合表 4-65 的规定。

黏弹性消能器力学性能要求                表 4-65

| 序号 | 项目 | 性能要求 |
|---|---|---|
| 1 | 极限应变 | 每个产品极限位移实测值不应小于极限位移设计值 |
| 2 | 最大阻尼力 | 每个产品最大阻尼力的实测值偏差应为设计值的 ±15%；实测值偏差的平均值应为设计值的 ±10% |
| 3 | 表观剪切模量 | 每个产品表观剪切模量的实测值偏差应为设计值的 ±15%；实测值偏差的平均值应为设计值的 ±10% |
| 4 | 损耗因子 | 每个产品损能因子的实测值偏差应为设计值的 ±15%；实测值偏差平均值应为设计值的 ±10% |
| 5 | 滞回曲线面积 | 任一循环中滞回曲线包络面积实测值偏差应为设计滞回曲线面积值的 ±15%；实测值偏差的平均值应为设值的 ±10% |

（4）在同种测量频率和温度下黏弹性消能器耐久性能要求（包括老化性能、疲劳性能），应符合表 4-66 的规定。

黏弹性消能器耐久性能要求                表 4-66

| | 序号 | 项目 | 性能要求 |
|---|---|---|---|
| 老化性能 | 1 | 变形 | 变化率应为 ±15% |
| | 2 | 最大阻尼力、表观剪切模量、损耗因子 | 变化率应为 ±15% |
| | 3 | 外观 | 目视无变化 |
| 疲劳性能 | 1 | 变形 | 变化率应为 ±15 |
| | 2 | 外观 | 目视无变化 |
| | 3 | 表观剪切模量、损耗因子 | 变化率应为 ±15% |
| | 4 | 最大阻尼力、表观剪切模量、损耗因子 | 实测产品在设计位移下连续加载 30 圈，任一个循环的最大、最小阻尼力应为所有循环的最大、最小阻尼力平均值的 ±15% |
| | 5 | 滞回曲线 | 1）实测产品在设计位移下连续加载 30 圈，任一个循环中位移在零时的最大、性能最小阻尼力应为所有循环中位移在零时的最大、最小阻尼力平均值的 ±15%；<br>2）实测产品在设计位移下连续加载 30 圈，任一个循环中阻尼力在零时的最大、最小位移应为所有循环中阻尼力在零时的最大、最小位移平均值的 ±15% |
| | 6 | 滞回曲线面积 | 实测产品在设计位移下连续加载 30 圈，任一个循环的滞回曲线面积应为所有循环的滞回曲线面积平均值的 ±15% |

（5）黏弹性消能器在温度 $-10 \sim 40 ℃$ 范围内，在 $1.0 f$ 测试频率下，输入位移为 $u = u_0 \sin 2 \pi f$ 时，消能器的力学性能的参数变化率不应大于 $\pm 15\%$。

## 4.6.4 减震元件的性能检验与性能参数

### 1. 性能检验

（1）黏滞消能器，抽检数量不少于同一工程同一类型同一规格数量的 20%，且不应少于 2 个，检测合格率为 100%，该批次产品可用于主体结构。检测合格后，消能器若无任何损伤、力学性能仍满足正常使用要求时，可用于主体结构。

（2）黏弹性消能器，抽检数量不少于同一工程同一类型同一规格数量的 3%，当同一类型同一规格的消能器数量较少时，可在同一类型消能器中抽检总数量的 3%，但不应少于 2 个，检测合格率为 100%，该批次产品可用于主体结构。检测后的消能器不应用于主体结构。

（3）摩擦消能器、金属消能器和复合型消能器，抽检数量不少于同一工程同一类型同一规格数量的 3%，当同一类型同一规格的消能器数量较少时，可在同一类型消能器中抽检总数量的 3%，但不应少于 2 个，检测合格率为 100%，该批次产品可用于主体结构。检测后的消能器不应用于主体结构。

（4）屈由约束支撑，抽检数量不少于同一工程同一类型同一规格数量的 3%，当同一类型同一规格的消能器数量较少时，可在同一类的屈曲约束支撑中抽检总数量的 3%，但不应少于 2 个，检验支撑的工作性能和拉压反复荷载作用下的滞回性能，检测合格率为 100%，该批次产品可用于主体结构。检测后的屈由约束支撑不应用于主体结构。

### 2. 性能参数确定

（1）位移相关型消能器及屈曲约束支撑的性能参数应按下列公式计算：

$$F_d = K_{eff} \Delta \mu \tag{4-60}$$

$$K_{eff} = \frac{|F_d^+| + |F_d^-|}{|\Delta \mu^+| + |\Delta \mu^-|} \tag{4-61}$$

式中： $K_{eff}$——消能器有效刚度（kN/m）；

$F_d$——消能器在相应位移下的阻尼力（kN）；

$F_d^+$、$F_d^-$——分别为消能器在相应位移时的正向阻尼力和负向阻尼力（kN）；

$\Delta \mu$——沿消能方向消能器的位移（m）；

$\Delta \mu^+$、$\Delta \mu^-$——分别为沿消能方向消能器的正向位移和负向位移值（m）。

（2）黏滞消能器的性能参数应按下列公式计算：

$$F_d = C |\Delta \mu|^\alpha \mathrm{sgn}(\Delta \mu) \tag{4-62}$$

$$C = \frac{4 W_e}{\Pi \omega_1 (|\Delta \mu^+| + |\Delta \mu^-|)^2} \tag{4-63}$$

式中：  $\alpha$——黏滞消能器阻尼指数；

  $C$——消能器阻尼系数 [kN/（m·s）]；

  $\omega_1$——试验加载圆频率；

  $W_c$——消能器在相应加载位移时滞回曲线所包围的面积（N·m）；

$\Delta\mu^+$、$\Delta\mu^-$——分别为沿消能方向消能器的正向位移和负向位移值（m）；

  $\Delta\mu$——沿消能方向消能器的相对速度（m/s）。

（3）黏弹性消能器的性能参数应按下列公式计算：

$$F_d = K_{eff}\Delta\mu + C\mu \qquad (4\text{-}64)$$

$$K_{eff} = \frac{|F_d^+| + |F_d^-|}{|\Delta\mu^+| + |\Delta\mu^-|} \qquad (4\text{-}65)$$

$$C = \frac{4W_c}{\Pi\omega_1(|\Delta\mu^+| + |\Delta\mu^-|)^2} \qquad (4\text{-}66)$$

式中：$K_{eff}$——消能器有效刚度（kN/m）。

## 4.6.5  隔震元件及其分类

隔震技术是一种在工程结构中设置隔震层以阻隔地震能量的传递、减少结构地震反应、减轻结构地震破坏的新型结构减震技术。建筑隔震设计常常采用基础隔震系统，其通过在基础和上部结构之间，设置一个专门的隔震支座和耗能元件（如铅阻尼器、油阻尼器、钢棒阻尼器、黏弹性阻尼器和滑板支座等），形成刚度很低的柔性隔震层。通过隔震层的隔震和耗能元件，使基础和上部结构断开，将建筑物分为上部结构、隔震层和下部结构三个部分。本节主要介绍隔震系统中的隔震支座，根据隔震机理的不同，一般可分为叠层橡胶隔震支座、滑动摩擦隔震支座和混合隔震支座等。

建筑结构采用隔震设计时应满足下列各项要求：

（1）结构高宽比宜小于4，且不应大于相应规范规程对非隔震结构的具体规定，其变形特征接近剪切变形。

（2）建筑场地宜为Ⅰ、Ⅱ、Ⅲ类，并应选用稳定性较好的基础类型。

（3）风荷载和其他非地震作用的水平荷载标准值产生的总水平力不宜超过结构总重力的10%。

隔震层应提供必要的竖向承载力、侧向刚度和阻尼；穿过隔震层的设备配管、配线，应采用柔性连接或其他有效措施以适应隔震层的罕遇地震水平位移。装配式钢结构由于其自重轻、变形大，往往跟消能减震措施结合应用，目前，仅少量的多层装配式钢结构采用了隔震技术。

1. 叠层橡胶隔震支座

叠层橡胶隔震支座是建筑隔震设计中应用最为广泛的支座形式，其通常由两部分组成，一部分是夹层薄钢板，一部分是多层橡胶片，通过相互交错叠置并经特殊工艺粘合而成。常用的叠层橡胶支座有天然夹层橡胶支座、铅芯夹层橡胶支座、高阻尼橡胶支座等（图 4-60）。

图 4-60　基础隔震做法

（1）天然夹层橡胶支座

普通橡胶垫支座由薄橡胶板与薄钢板分层交替叠合在高温、高压下整体硫化而成，橡胶层与钢板紧密结合确保了钢板对橡胶层的变形约束，使其具有较高的纵向受压承载能力和水平变形能力（图 4-61）。

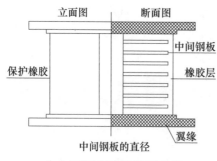

（a）天然夹层橡胶支座构造图

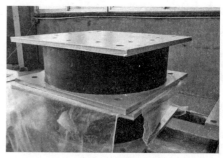

（b）天然夹层橡胶支座

图 4-61　天然夹层橡胶隔震支座及构造图

（2）铅芯夹层橡胶支座

在普通叠层橡胶支座的中心插入铅芯，以改善橡胶支座阻尼性能，由上连接板上封板、铅芯、多层橡胶、加劲钢板、保护层橡胶、下封板和下连接板组成。多层橡胶、加劲钢板构成多层橡胶支座承担建筑物重量和水平位移的功能，铅芯在多层橡胶支座剪切变形时，靠塑性变形吸收能量，地震后，铅芯又通过动态恢复与再结晶过程，以及橡胶的剪切拉力的作用，建筑物自动恢复原位。

铅芯夹层橡胶支座耐久性好，抗低周期疲劳性能、抗热空气老化、抗臭氧老化、耐酸性、耐水性均较好。其水平刚度及竖向承载力均较大，且具有足够大的水平变形能力储备，以确保在强震作用下不会出现失稳现象。该类型支座水平刚度受垂直压缩荷载的影响较小，性能稳定，且设计及施工方便，是目前较为常用的隔震支座，其典型构造如图 4-62 所示。但是，铅芯夹层橡胶支座在大变形阶段，铅芯易被挤压导致不易复位，而且铅对环境也有影响。

图 4-62　铅芯夹层橡胶支座

（3）高阻尼橡胶支座

高阻尼隔震橡胶支座又称 HDR 支座，它是在天然橡胶中加入各种配合剂，用来提高橡胶的阻尼性能（增加滞后损失，降低其储存模量），然后利用这种具有阻尼效果的橡胶制成的与普通橡胶支座结构近似的一种钢板和橡胶通过热硫化构成的叠层产品。

高阻尼隔震橡胶支座的竖向承载力、水平恢复力、阻尼（吸能）三位一体，滞回（载荷-变形曲线）饱满、耗能显著。橡胶配方改进后，等效阻尼比可达 12%以上，且维修管理成本低（无需其他阻尼装置），大震后残余变形极小，无需更换。高阻尼支座表面覆盖有橡胶保护层，保护内部橡胶不受臭氧、紫外线影响，具有更好的耐老化性。HDR 高阻尼橡胶的温度依存性较低，广泛用于不同气候地区，HDR 高阻尼橡胶与天然橡胶一样拥有比较优越的蠕变性能，应用也较为广泛（图 4-63）。

（a）高阻尼橡胶支座

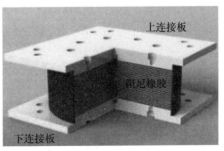

（b）橡胶支座剖面图

图 4-63　高阻尼橡胶支座

2. 滑动摩擦隔震支座

滑动隔震在隔震层中设置滑动材料，使基础向上部结构只能传递有限地震作用力，达到保护上部结构的效果。其动力学特点是滑动前整个系统的自振周期与结构周期相同，一旦滑动后，隔震层的刚度为零，整个系统的自振周期变成无穷大，因此滑动隔震能避开任何地震波产生的共振效应。此外，隔震层摩擦力做功能消耗结构的振动能量，增加结构阻尼，降低结构地震反应。比较成熟有滑板式隔震支座和摩擦摆隔震支座。

（1）滑板式隔震支座

滑板式隔震支座的滑移摩擦面一般采用聚四氟乙烯（PTFE，俗称"特氟隆"）与不锈钢板接触面、不锈钢板与不锈钢板接触面以及石墨、砂垫层接触面等。四氟乙烯滑板板式橡胶支座最常用，其通过在普通板式橡胶支座上粘接一层厚1.5~3mm的聚四氟乙烯板而成。除了具有普通板式橡胶支座的竖向刚度与弹性变形外，还能承受垂直荷载及适应梁端转动。

该类型支座应定期进行养护和维修检查，一旦发现问题，应及时进行修补或更换。尤其应注意，支座上面一层聚四氟乙烯滑板是否完好？有无剥离现象？支座是否滑出了支座顶面的不锈钢板？5201-2硅脂是否涂放并且注满四氟滑板橡胶支座的储油坑等？滑板式隔震支座属纯摩擦滑动隔震系统，缺点是隔震层变形较大，且不能自动复位，震后大的变形较难处理。目前我国已开发出了能够自复位的滑板式隔震支座（图4-64）。

 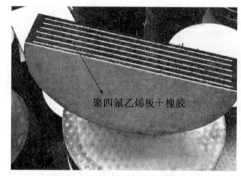

聚四氟乙烯板＋橡胶

（a）四氟乙烯橡胶支座 　　　　　　　　　（b）四氟乙烯橡胶支座剖面

图4-64　四氟乙烯滑板板式橡胶支座

（2）摩擦摆隔震支座

摩擦摆隔震装置（以下简称"FPS"）是一种具有自复位能力的摩擦隔震体系，其支座构造见图4-65。FPS摩擦摆隔震装置能够有效地延长上部结构的自振周期，减少地震作用对上部结构的影响，使上部结构层间位移和加速度大大减少，且具有良好的稳定性和限位复位功能，因此不仅可以预防结构的损坏，而且还能够保障结构物内设备及人员的安全，是一种有效的隔震消能装置。

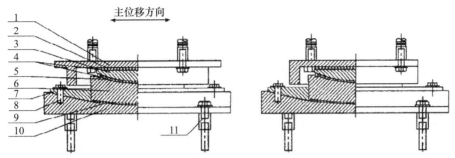

图 4-65 摩擦摆隔震装置工作原理

1—上座板；2—平面滑板；3—球冠衬板；4—防尘圈；5—球面滑板；6—减震球摆；
7—隔震挡块；8—剪力销；9—减震滑板；10—减震底座；11—螺栓套筒

**3. 混合隔震支座**

混合隔震又称为组合隔震或并联复合隔震，由橡胶支座和摩擦滑动支座组成，其中橡胶支座提供系统的弹性复位力。混合滑移隔震系统的自振周期有两个：滑动前为结构自振周期；滑动后则变为橡胶支座隔震结构周期。由于橡胶支座数量可以少放，因此可以控制延长系统的自振周期。对于高层隔振，由于结构周期本身较长，而采用橡胶支座能够延长的周期有限，故采用混合隔震效果较好。

### 4.6.6 隔震支座的性能要求与检验

隔震支座的设计应满足下列性能要求，并需检验合格。

（1）隔震结构中使用的隔震支座主要包括两种支座，隔震橡胶支座及弹性滑板支座（ESB），隔震橡胶支座包括天然隔震橡胶支座（LNR）、铅芯隔震橡胶支座（LRB）、高阻尼隔震橡胶支座（HDR）。支座形状分为圆形和方形，宜优先选用圆形支座。

（2）隔震橡胶支座及 ESB 中橡胶部分应采用天然橡胶整体硫化而成，支座整体设计工作寿命不应低于上部结构的设计工作寿命，一般应大于 50 年。

（3）隔震橡胶支座可选用按《橡胶支座 第3部分：建筑隔震橡胶支座》GB/T 20688.3 中第 5.2 节表 1 构造分类的 Ⅰ，Ⅱ型支座。

（4）隔震支座的形状系数应符合下列要求：

1）隔震橡胶支座的第一形状系数 S1 不宜小于 20，隔震橡胶支座的第二形状系数 S2 不宜小于 5.0；当 S2 小于 5 时，橡胶隔震支座压应力限值应按规范规定降低。

2）ESB 的第一形状系数 S1 不宜小于 30，ESB 的第二形状系数 S2 应不小于 7.0。

（5）ESB 支座中橡胶部分形状系数应符合《橡胶支座 第3部分：建筑隔震橡胶支座》GB/T 20688.3 中第 6.5.2 条第 3 款的要求。

（6）隔震支座产品应进行检验，检验分型式检验和出厂检验两类。

1）型式检验

制造厂提供工程应用的隔震支座新产品（新种类、新规格、新型号）进行认证鉴定时，或已有支座产品的规格、型号、结构、材料、工艺方法等有较大改变时，应进行型式检验，并提供型式检验报告。

2）出厂检验

隔震支座产品在使用前应由检测部门进行质量控制试验，检验合格并附合格证书，方可使用。

3）隔震橡胶支座型式检验的试件可按《橡胶支座 第3部分：建筑隔震橡胶支座》GB/T 20688.3 表4采用。ESB 支座型式检验的试件可按《橡胶支座 第3部分：建筑隔震橡胶支座》GB/T 20688.3 表3采用。

4）出厂检验可采用随机抽样的方式确定检测试件。若有一件抽样试件的一项性能不合格，则该次抽样检验不合格。不合格产品不得出厂。出厂检验数量要求如下：

对一般建筑，每种规格产品抽样数量应不少于总数的20%；若有不合格试件，应重新抽取总数的50%，若仍有不合格试件，则应100%检测。

对重要建筑，每种规格产品抽样数量应不少于总数的50%；若有不合格试件，则应100%检测。

对特别重要建筑，产品抽样数量应为总数的100%。

一般情况下，每项工程抽样总数不少于20件，每种规格的产品抽样数量不少于4件，少于4件则全部检测。

（7）每项隔震工程采用的隔震支座的产品性能必须经出厂检验合格，试验项目如下：

1）支座在设计压应力下的竖向压缩刚度。

2）支座在设计压应力下水平100%剪应变的剪切性能，对 LNR 支座为水平等效 $K_h$ 刚度，HDR 支座为水平等效刚度 $K_h$ 及等效阻尼比 $H_{eq}$，LRB 支座为屈服后刚度 $K_q$ 及屈服力 $Q_d$，ESB 支座的初始刚度 $K_1$，动摩擦系数 $\mu$。

（8）型式检验的隔震橡胶支座在水平剪应变为0或大应变时，其拉伸强度不得小于2.5MPa。

（9）型式检验的隔震橡胶支座在水平剪应变为0时，竖向极限压应力不应小于90MPa，ESB 支座为60MPa。

（10）型式检验的隔震橡胶支座极限剪切性能要求应满足在设计压应力下不小于400%的要求，同时绘制出支座压剪极限性能区域图；ESB 应满足《橡胶支座 第3部分：建筑隔震橡胶支座》GB/T 20688.3 中表3的要求。

（11）隔震橡胶支座试验前尺寸要求应满足《橡胶支座 第3部分：建筑隔震橡胶支座》GB/T 20688.3 中第8章节的要求，ESB 支座应满足《橡胶支座 第3部分：

建筑隔震橡胶支座》GB/T 20688.3 中第 6.7 节的要求。

（12）隔震橡胶支座试验前外观要求应满足《橡胶支座 第 3 部分：建筑隔震橡胶支座》GB/T 20688.3 中第 6.7 节的要求，ESB 应满足《橡胶支座 第 3 部分：建筑隔震橡胶支座》GB/T 20688.3 中第 6.6 节的要求。

（13）隔震支座在进行竖向压缩性能时及试验后不得有异常变形。

（14）隔震支座在设计压应力、设计剪应变试验后 48h 残余变形导致的水平侧移不得大于 5mm。

（15）隔震支座的产品性能型式检验和产品性能出厂检验不能互相代替。

（16）隔震设计中所使用的支座产品在运抵工地前应进行第三方检验，第三方检验要求同出厂检验要求。

（17）对在隔震设计中有防火要求的隔震支座，应加设防火装置，并宜进行防火试验，满足相应的建筑防火规程要求。

## 4.6.7 隔震支座的试验及检测要求

隔震支座的试验及检测应按下列满足要求。

（1）对隔震支座型式检验的压缩性能和出厂检验中的竖向刚度的测试，建议采用《橡胶支座 第 1 部分：隔震橡胶支座试验方法》GB/T 20688.1 中第 6.3.1 条方法 2 的加载方法，即在设计压力下，上下浮动 30% 的加载方法，测试值取第 3 圈的结果。

（2）对隔震支座型式检验及出厂检验中的剪切性能的测试，设备应优先采用单剪设备，不同种类的支座采用不同的试验方法，对 LNR、LRB 及 ESB 支座，宜采用《橡胶支座 第 1 部分：隔震橡胶支座试验方法》GB/T 20688.1 第 6.3.2 条中水平循环 3 圈的方法，测试结果取第 3 圈的结果；对 HDR 支座，宜采用《橡胶支座 第 1 部分：隔震橡胶支座试验方法》GB/T 20688.1 第 6.3.2 条中水平循环 11 圈的方法，测试结果取 2~11 圈的平均结果。

（3）对隔震橡胶支座型式检验和出厂检验拉伸性能的试验方法可参考《橡胶支座 第 1 部分：隔震橡胶支座试验方法》GB/T 20688.1 第 6.6 条的试验方法进行。

（4）对隔震橡胶支座型式检验竖向极限压缩性能的试验方法可参考《橡胶支座 第 1 部分：隔震橡胶支座试验方法》GB/T 20688.1 中第 6.6 条的试验方法进行，不同之处在于拉力改为压力；ESB 支座可参考《橡胶支座 第 5 部分：建筑隔震弹性滑板支座》GB/T 20688.5 第 7.3.1 条的方法进行。

（5）对隔震支座和 ESB 支座型式检验中剪切性能相关性试验方法可参考《橡胶支座 第 1 部分：隔震橡胶支座试验方法》GB/T 20688.1 第 6.4.1~6.4.5 条有关条款要求进行。

（6）对隔震支座和 ESB 支座型式检验中压缩性能相关性试验方法可参考《橡

胶支座 第 1 部分：隔震橡胶支座试验方法》GB/T 20688.1 中第 6.4.6 条及第 6.4.7 条有关条款的要求进行。

（7）对隔震橡胶支座型式检验及出厂检验中极限剪切性能试验方法可参考《橡胶支座 第 1 部分：隔震橡胶支座试验方法》GB/T 20688.1 中第 6.5 条的要求进行；ESB 支座可参考《橡胶支座 第 1 部分：隔震橡胶支座试验方法》GB/T 20688.1 中第 7.3.5 条的方法进行。

（8）对支座型式检验中耐久性试验按《橡胶支座 第 1 部分：隔震橡胶支座试验方法》GB/T 20688.1 第 6.7 条的方法进行。

# 4.7　支撑及钢板剪力墙

## 4.7.1　概述

高层钢结构中，抗侧力体系的选择是结构结构设计的核心内容，常见的抗侧体系有纯抗弯钢框架、支撑钢框架和钢板剪力墙及组合钢板剪力墙等。其中，纯抗弯钢框架完全依据框架柱和梁柱节点来抵抗水平力，在高层钢结构中，需要通过设计较大的梁柱截面来抵抗结构侧移，不够经济，且不符合多道抗震设防的设计理念。采用支撑或钢板剪力墙与钢框架共同组成抗侧力体系，当地震来临时，支撑或钢板剪力墙作为第一道防线，可耗散较大能量，框架作为第二道防线，有足够的安全储备。值得一提的是，地震作用下，支撑是有效的抗侧力构件，但在往复荷载作用下，容易发生整体和局部屈曲，使结构抗侧刚度降低，不利于抗震；而较为粗壮的支撑构件又会招致较大的地震作用，使得框架和支撑之间的刚度难以协调。为解决支撑的屈曲问题，屈曲约束支撑得到了一定应用，但构件的制作也带来了成本增加的问题。相比之下，采用钢板剪力墙相当于将支撑转化为了高冗余度的超静定结构，内力重分布能力较强，整体性较好。总体来说，支撑和钢板剪力墙等抗侧力构件的设计和应用关系到装配式钢结构在高层钢结构中的进一步应用和推广。

## 4.7.2　支撑的设计

组成钢框架－支撑结构中的支撑形式主要有：中心支撑框架、偏心支撑框架和屈曲约束支撑框架。以下针对不同形式的支撑的设计方法进行介绍。

1. 中心支撑斜杆受压承载力验算

地震作用下，支撑杆件会承受反复拉压荷载，中心支撑杆件在受压时易发生屈曲，受拉时屈曲不能完全恢复，以至再次受压时会出现刚度退化。验算小震作用下中心支撑斜杆的受压承载力时，需要考虑罕遇地震下受压承载力退化的影响，中心支撑斜杆的受压承载力按下式验算：

$$\frac{N}{\varphi A_{\mathrm{br}}} \leqslant \psi \frac{f}{\gamma_{\mathrm{RE}}} \tag{4-67}$$

$$\psi = \frac{1}{1 + 0.35\lambda_{\mathrm{n}}} \tag{4-68}$$

$$\lambda_{\mathrm{n}} = \frac{\lambda}{\pi}\sqrt{f_{\mathrm{ay}}/E} \tag{4-69}$$

式中：$N$——支撑斜杆的轴压力设计值；

$A_{\mathrm{br}}$——支撑斜杆的毛截面面积；

$\varphi$——按支撑斜杆长细比 $\lambda$ 确定的轴心受压构件稳定系数，按《钢结构设计标准》GB 50017 确定；

$\psi$——受往复荷载作用时的强度降低系数；

$\lambda$、$\lambda_{\mathrm{n}}$——分别为支撑斜杆的长细比和正则化长细比；

$E$——钢材的弹性模量；

$f$、$f_{\mathrm{ay}}$——分别为支撑斜杆钢材的抗压强度设计值和屈服强度；

$\gamma_{\mathrm{RE}}$——中心支撑斜杆屈曲稳定承载力抗震调整系数，取 0.8。

2. 偏心支撑斜杆受压承载力验算

偏心支撑框架是支撑与框架的连接位置偏离梁柱节点，每根支撑斜杆至少有一端与框架梁连接，支撑和梁的交点与柱之间或同一跨内另一支撑和梁的交点之间形成的一段短梁为消能梁段。低周往复荷载作用下，消能梁端腹板剪切屈服，可通过变形耗散部分能量，使得支撑斜杆保持弹性，弥补中心支撑易发生屈曲变形的缺点。

（1）消能梁段长度确定

消能梁段是偏心支撑框架塑性变形耗散能量的构件，其耗能能力与梁段的长度和构造有关。对于短梁段，其非弹性变形为腹板达到剪切强度后产生的剪切变形，对于长梁段，其非弹性变形为翼缘拉压屈服产生的弯曲变形。消能梁段的净长确定方式如下：

当 $N \leqslant 0.16Af$ 时，

$$a \leqslant 1.6M_{\mathrm{lp}}/V_{1} \tag{4-70}$$

当 $N > 0.16Af$ 时，

当 $\rho(A_{\mathrm{w}}/A) < 0.3$ 时，$\qquad a \leqslant 1.6M_{\mathrm{lp}}/V_{1}$ $\tag{4-71}$

当 $\rho(A_{\mathrm{w}}/A) \geqslant 0.3$ 时，$a \leqslant [1.15 - 0.5\rho(A_{\mathrm{w}}/A)] 1.6M_{\mathrm{lp}}/V_{1}$ $\tag{4-72}$

$$\rho = N/V \tag{4-73}$$

式中：$N$——消能梁段的轴力设计值（N）；

$V$——消能梁段的剪力设计值（N）；

$M_{\mathrm{lp}}$、$V_{1}$——分别为消能梁段的全塑性受弯承载力和受剪承载力，$M_{\mathrm{lp}} = fW_{\mathrm{np}}$，$W_{\mathrm{np}}$

为消能梁段对其截面水平轴的塑性净截面模量；

$a$——消能梁段净长（m）；

$A_w$、$A$——分别为消能梁段腹板截面面积和消能梁段截面面积（m²）；

$\rho$——消能梁段轴力设计值与剪力设计值之比；

$f$——消能梁段钢材的抗压强度设计值（N/mm²）。

（2）承载力验算

1）消能梁段承载力验算

消能梁段的承载力验算包括受剪承载力验算和受弯承载力验算，计算方法按表4-67选择。

消能梁段的受剪承载力和受弯承载力验算 表4-67

| 序号 | 计算项 | | 计算方法 | 说明 |
|---|---|---|---|---|
| 1 | 受剪承载力 | $N \leqslant 0.15Af$ | $V \leqslant \phi V_1$ <br> $V_1 = \{0.58 A_w f_y, \ 2M_{lp}/a\}_{min}$ | $N$——消能梁段轴力设计值（N）；<br> $\phi$——系数，取0.9；<br> $V_1$、$V_{lc}$——分别为消能梁段不考虑轴力影响和考虑轴力影响的受剪承载力，有地震作用组合时，除以承载力抗震调整系数，取0.8；<br> $f_y$——钢材屈服强度（N/mm²）；<br> $M$——消能梁段弯矩设计值（N·mm）； |
| | | $N > 0.15Af$ | $V \leqslant \phi V_{lc}$ <br> $V_{lc} = \{0.58 A_w f_y \sqrt{1 - [N/(fA)]^2},$ <br> $2.4 M_{lp}[1 - N/(fA)]/a\}_{min}$ | |
| 2 | 受弯承载力 | $N \leqslant 0.15Af$ | $\dfrac{M}{W} + \dfrac{N}{A} \leqslant f$ | $W$——消能梁段的截面模量；<br> $h$、$b_f$、$t_f$——分别为消能梁段的截面高度、翼缘宽度、翼缘厚度（mm）；<br> $f$——消能梁段钢材的抗拉强度设计值，有地震作用组合时，除以承载力抗震调整系数，取0.8 |
| | | $N > 0.15Af$ | $\left(\dfrac{M}{h} + \dfrac{N}{2}\right)\dfrac{1}{b_f t_f} \leqslant f$ | |

2）其他构件承载力验算

为了实现强柱、强梁、强支撑、弱消能梁段的抗震设防目标，柱、梁和支撑斜杆的内力设计值应取消能梁段达到其承载力时对应的内力并乘以增大系数，具体计算方法如下：

支撑斜杆的轴力设计值：

$$N_{br} = \eta_{br} \frac{V_1}{V} N_{br,com} \qquad (4-74)$$

与消能梁段同一跨的框架梁的弯矩设计值：

$$M_b = \eta_b \frac{V_1}{V} M_{b,com} \qquad (4-75)$$

柱的弯矩、轴力设计值：

$$M_c = \eta_c \frac{V_1}{V} M_{c,com} \qquad (4-76)$$

$$N_c = \eta_c \frac{V_1}{V} N_{c,com} \qquad (4\text{-}77)$$

式中：　　$N_{br}$——支撑斜杆的轴力设计值（N）；

$M_b$——耗能梁段同一跨的框架梁的弯矩设计值（N·mm）；

$M_c$、$N_c$——分别为柱的弯矩、轴力设计值（N·mm）；

$V_1$——消能梁段不考虑轴力影响的受剪承载力，按表4-65的计算结果选取；

$N_{br,com}$——对应于耗能梁段剪力设计值 $V$ 的支撑组合的轴力计算值（N）；

$M_{b,com}$——对应于消能梁段剪力设计值 $V$ 的位于消能梁段同一跨框架梁组合的弯矩计算值（N·mm）；

$M_{c,com}$、$N_{c,com}$——分别为对应于消能梁段剪力设计值 $V$ 的柱组合的弯矩、轴力计算值（N·mm）；

$\eta_{br}$——支撑斜杆轴力设计值增大系数，一级时不小于1.4，二级时不小于1.3，三级时不小于1.2，四级时不小于1.0；

$\eta_b$、$\eta_c$——分别为与消能梁段同一跨的框架梁的弯矩设计值增大系数和框架柱的内力设计值增大系数，一级时不小于1.3，二、三、四级时不小于1.2。

偏心支撑斜杆的轴向承载力按下式验算：

$$\frac{V_{br}}{\varphi A_{br}} \leqslant f \qquad (4\text{-}78)$$

式中：$V_{br}$——支撑斜杆轴力设计值；

$A_{br}$——支撑斜杆截面面积；

$\varphi$——由支撑斜杆长细比确定的轴心受压构件稳定系数；

$f$——支撑斜杆钢材的抗拉、抗压强度设计值，有地震作用组合时，除以承载力抗震调整系数，取0.8。

3. 屈曲约束支撑承载力验算

（1）轴向承载力验算

屈曲约束支撑的承载力除需满足式（4-79）的要求外，其轴向受拉和受压屈服承载力、极限承载力需分别满足式（4-80）和式（4-81）的要求，屈曲约束支撑连接段的承载力按式（4-82）计算。

$$N \leqslant A_1 f \qquad (4\text{-}79)$$

$$N_{ysc} = \eta_y f_y A_1 \qquad (4\text{-}80)$$

$$N_{ymax} = \omega N_{ysc} \qquad (4\text{-}81)$$

$$N_c \geqslant 1.2 N_{ymax} \qquad (4\text{-}82)$$

式中：$N$——屈曲约束支撑轴力设计值（N）；

$f$——核心单元钢材强度设计值（$N/mm^2$）；

$A_1$——核心单元工作段截面面积（$mm^2$）；

$N_{ysc}$——屈曲约束支撑的受拉或受压屈服承载力（N）；

$f_y$——核心单元钢材的屈服强度（$N/mm^2$）；

$\eta_y$——核心单元钢材的超强系数，对于 Q235 钢，取 1.25；对于 Q195 钢，取 1.15；对于低屈服点钢（$f_y \leqslant 160N/mm^2$），取 1.10；材性试验实测值不应超出这些数值 15%；

$N_{ymax}$——屈曲约束支撑的极限承载力（N）；

$\omega$——应变强化调整系数，对于 Q195、Q235 钢，取 1.5；对于低屈服点钢（$f_y \leqslant 160N/mm^2$），取 2.0。

$N_c$——屈曲约束支撑连接段的轴向承载力设计值（N）。

（2）抗弯承载力验算

屈曲约束支撑约束单元的抗弯承载力应满足下列公式要求：

$$M \leqslant M_u \tag{4-83}$$

$$M = \frac{N_{cmax}N_{cm}a}{N_{cm} - N_{cmax}} \tag{4-84}$$

式中：$M$——约束单元的弯矩设计值（kN·m）；

$M_u$——约束单元的受弯承载力（kN·m），当采用钢管混凝土时，按《组合结构技术规范》JGJ 138 计算；当采用钢筋混凝土时，按《混凝土结构设计规范》GB 50010 计算；当采用全钢构件时，依据边缘屈服准则按《钢结构设计标准》GB 50017 计算；

$N_{cmax}$——核心单元的极限受压承载力（kN），取 $N_{cmax} = 2N_{ysc}$；

$a$——屈曲约束支撑的初始变形（m），取 $L_t/500$ 和 $b/30$ 两者中的较大值，其中 $b$ 为截面边长尺寸中的较大值；当为圆形截面时，取截面直径。

### 4.7.3 钢板剪力墙的设计

钢板剪力墙应用于高层钢结构中，不但可以作为有效的抗侧力构件，也可以作为耗能构件，在地震作用下先于框架屈服，耗散能量，在震后通过更换板件，加快结构修复速度，使结构尽快进入可使用状态，减少经济损失。钢板剪力墙宜按不承受竖向荷载设计，实际情况不易实现时，承受竖向荷载的钢板剪力墙，其竖向应力导致抗剪承载力的下降不应大于 20%。本节结合我国规范《高层民用建筑钢结构技术规程》JGJ 99 及《钢板剪力墙技术规程》JGJ/T 380 的相关要求，对目前常见的钢板剪力墙的设计原则和方法进行介绍。

1. 钢板剪力墙的分类及受力机理

钢板剪力墙根据加劲方式分为非加劲钢板剪力墙和加劲钢板剪力墙（包括：横

向加劲、竖向加劲、"井"字加劲、"十"字加劲及交叉加劲等加劲形式）；根据构造形式和使用功能又包含：无粘结内藏钢板支撑剪力墙、开缝钢板剪力墙、防屈曲钢板剪力墙及组合钢板剪力墙等，钢板剪力墙的类型和受力机理如表4-68所示。实际工程设计时应根据使用条件、建筑功能以及技术经济性能要求确定钢板剪力墙类型。

根据《高层民用建筑钢结构技术规程》JGJ 99及《钢板剪力墙技术规程》JGJ/T 380，钢板剪力墙的主要构造要求如表4-69所示。

**钢板剪力墙的类型和受力机理** 表4-68

| 钢板剪力墙类型 | 受力机理 | 示意图 |
|---|---|---|
| 非加劲钢板剪力墙 | 非加劲钢板剪力墙是指仅由内嵌钢板构成的钢板剪力墙，其相对高厚比不大于600，宜在主体结构封顶后采用四边或两边与周边框架螺栓或焊缝连接，可利用钢板屈曲后强度承担水平剪力，承受竖向荷载的非加劲钢板剪力墙，应考虑竖向荷载对承载力的不利影响。两边连接钢板剪力墙的承载力和刚度均低于四边连接钢板剪力墙，但两边连接钢板剪力墙可以在一跨分段布置，便于刚度调整，同时有利于门窗、洞口的开设 | |
| 加劲钢板剪力墙 | 加劲钢板剪力墙是指在内嵌钢板上加设钢加劲肋以增加平面外刚度的钢板剪力墙，加劲肋可采用横向加劲、竖向加劲、井字形加劲等形式。加劲钢板剪力墙与边缘构件可采用焊接或高强度螺栓连接，与边缘构件间宜采用鱼尾板过渡。加劲肋与内嵌钢板可采用焊接或螺栓连接。加劲钢板剪力墙承载力计算可采用承载力极限状态或考虑屈曲后强度 | |
| 无粘结内藏钢板支撑剪力墙 | 以钢板条为支撑，外包混凝土墙板为约束构件的屈曲约束支撑墙板。混凝土墙板的设置主要用来约束内藏的钢板支撑，提高内藏钢板支撑的抗屈曲能力，从而提高钢板支撑抵抗水平荷载作用的能力 | |
| 开缝钢板剪力墙 | 开缝钢板剪力墙是指在内嵌钢板上开设具有一定间距缝隙的钢板剪力墙。开竖缝钢板剪力墙可以通过竖缝改变墙体刚度，钢板只与梁相连接，对框架柱影响小，几乎不会产生附加弯矩，符合"强柱弱梁"的抗震理念，且开竖缝后的钢板剪力墙的塑性和滞回性能都有较大改善。通过对竖缝的合理设计，在多遇地震及风荷载作用时，开缝钢板剪力墙可为结构提供部分抗侧刚度；而在结构遭遇罕遇地震作用时，墙肢缝端部分会形成塑性铰耗能，缝端进入塑性也使墙板的抗侧刚度逐渐降低，从而减弱地震对建筑物的进一步破坏作用。因此开缝钢板剪力墙适宜用于中、高烈度区的建筑。开缝钢板剪力墙的布置比较灵活，仅与框架梁连接，沿竖向可不连续或者错位布置，有利于建筑中门窗洞口的开设，可满足丰富建筑立面的需要 | |

| 钢板剪力墙类型 | 受力机理 | 示意图 |
|---|---|---|
| 钢板组合剪力墙 | 钢板混凝土组合剪力墙是指由两侧外包钢板和中间内填混凝土组合而成并共同工作的钢板剪力墙。钢板组合剪力墙旨在利用钢板承载力高、延性好、施工快捷和混凝土墙刚度大、抗火性能好的优点，两种材料取长补短，形成一种综合性能较优的构件形式。组合钢板剪力墙具有以下优势：显著提高其抗剪承载力；通过合理设计可以避免钢板和混凝土在小、中地震中受损，从而可以免去小、中地震后的维修成本；双层钢板可作为浇筑混凝土的模板，实现装配式施工。并且钢板组合剪力墙具有较大的刚度能够保证风荷载作用下的变形和舒适度要求；同时又具有较好的延性，以保证在较高地震作用下具有较好的耗能能力 | 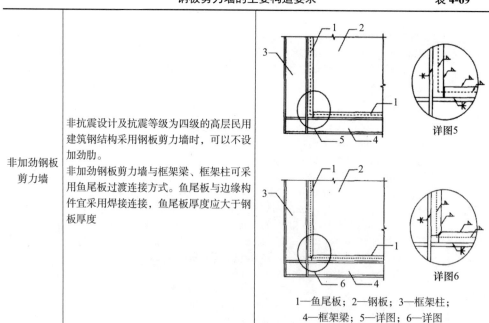 |
| 防屈曲钢板剪力墙 | 防屈曲钢板剪力墙由内嵌钢板、两侧混凝土盖板及周边框架组成，是对组合钢板剪力墙进行改进而来的一种新型钢板剪力墙形式。防屈曲钢板剪力墙的特点在于两侧混凝土盖板上预留孔径的直径大于螺栓直径，在螺母与盖板之间设置垫片。由于螺栓预张力的作用，可以保证混凝土盖板与内嵌钢板在风荷载与小震作用下协同受力，而在中震和大震作用下，通过混凝土盖板和内嵌钢板接触面之间的相互错动机制，释放混凝土盖板的面内受力，使混凝土盖板免遭破坏，为钢板提供持续稳定的面外支撑 | |

**钢板剪力墙的主要构造要求**　　　　　　　　　　　表 4-69

| 非加劲钢板剪力墙 | 非抗震设计及抗震等级为四级的高层民用建筑钢结构采用钢板剪力墙时，可以不设加劲肋。<br>非加劲钢板剪力墙与框架梁、框架柱可采用鱼尾板过渡连接方式。鱼尾板与边缘构件宜采用焊接连接，鱼尾板厚度应大于钢板厚度 | 详图5<br><br>详图6<br><br>1—鱼尾板；2—钢板；3—框架柱；<br>4—框架梁；5—详图；6—详图 |
|---|---|---|

| | | |
|---|---|---|
| 加劲钢板剪力墙 | 抗震等级三级及以上时，宜采用带竖向及（或）水平加劲肋的钢板剪力墙，竖向加劲肋的设置，可采用竖向加劲肋不连续的构造和布置；竖向加劲肋宜两面设置或两面交替设置，横向加劲肋宜单面或两面交替设置。<br><br>1）加劲钢板剪力墙型钢加劲肋与内嵌钢板可采用高强度螺栓连接，螺栓连接强度计算应符合《钢结构设计标准》GB 50017 的有关规定。<br><br>2）热轧型钢或冷弯薄壁型钢用作栓接加劲钢板剪力墙的加劲肋时，双列螺栓连接时可考虑加劲肋扭转刚度对约束内嵌钢板屈曲的贡献。<br><br>3）加劲肋与边缘构件不宜直接连接。加劲肋与边缘构件直接焊接或采用其他方式直接连接时，宜考虑边缘构件对加劲肋的不利影响 | 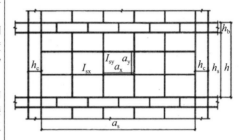 |
| 无黏结内藏钢板支撑墙板 | 墙板的混凝土强度等级不应小于 C20。混凝土墙板内应设双层钢筋网，每层单向最小配筋率不应小于 0.2%，且钢筋直径不应小于 6mm，间距不应大于 150mm。沿支撑周围间距应加密至 75mm，加密筋每层单向最小配筋率不应小于 0.2%。双层钢筋网之间应适当设置连系钢筋，在支撑钢板周围应加强双层钢筋网之间的拉结，钢筋网的保护层厚度不应小于 15mm。应在支撑上部加劲肋端部粘贴松软的泡沫橡胶作为缓冲材料 | 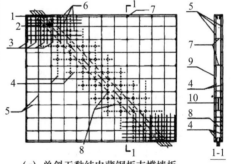<br>（*a*）单斜无黏结内藏钢板支撑墙板<br>1—锚板；2—泡沫橡胶；3—锚筋；4—加密钢筋；<br>5—双层双向钢筋；6—加密的钢筋和拉结筋；<br>7—拉结筋；8—加密拉结筋；9—墙板；<br>10—钢板支撑<br><br>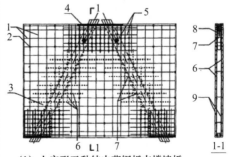<br>（*b*）人字形无黏结内藏钢板支撑墙板<br>1—双层双向钢筋；2—拉结筋；3—墙板；<br>4—锚板；5—加密钢筋和拉结筋；6—加密钢筋；<br>7—加密拉结筋；8—钢板支撑；9—双层双向钢筋 |

| | | |
|---|---|---|
| 无粘结内藏钢板支撑墙板 | 在支撑两端的混凝土墙板边缘应设置锚板或角钢等加强件，且应在该处墙板内设置箍筋或加密筋等加强构造 | 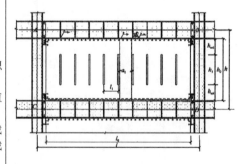<br><br>（a）角钢和箍筋<br><br>（b）锚板和加密的双层双向钢筋、拉结筋<br>1—钢板支撑；2—拉结筋；3—加密的拉结筋；<br>4—纵横向双层钢筋；5—锚板；6—箍筋；<br>7—角钢；8—加密的纵横向钢筋；9—锚板 |
| 开缝钢板剪力墙 | 1）墙肢中水平横向钢筋应满足下列公式要求：<br>当 $\eta_v V_1/V_{yl} < 1$ 时：<br>$$\rho_{sh} \leqslant 0.65 \frac{V_{yl}}{tl_1 f_{sk}}$$<br>当 $1 \leqslant \eta_v V_1/V_{yl} \leqslant 1.2$ 时：<br>$$\rho_{sh} \leqslant 0.60 \frac{V_{ul}}{tl_1 f_{sk}}$$<br>$$\rho_{sh} = \frac{A_{sh}}{ts}$$<br>$s$—横向钢筋间距（mm）；<br>$A_{sh}$—同一高度处横向钢筋总截面面积（mm²）；<br>$f_{sk}$—水平横向钢筋的强度标准值（N/mm²）；<br>$V_{yl}$、$V_{ul}$—缝间墙纵筋屈服时的抗剪承载力（N）和缝间墙压弯破坏时的抗剪承载力（N）；<br>$\rho_{sh}$—墙板水平横向钢筋配筋率，其值不宜小于0.3%。<br>2）缝两端的实体墙中应配置横向主筋，其数量不低于缝间墙一侧的纵向钢筋用量。<br>3）形成竖缝的填充材料宜用延性好、易滑移的耐火材料（如二片石棉板）。 | |

<table>
<tr><td></td><td>

4）高强度螺栓和栓钉的布置应符合现行国家标准《钢结构设计标准》GB 50017 的有关规定。

5）框架梁的下翼缘宜与竖缝墙整浇成一体。吊装就位后，在建筑物的结构部分完成总高度的70%（含楼板），再与腹板和上翼缘组成的T形截面梁现场焊接，组成工字形截面梁。

6）当竖缝墙很宽，影响运输或吊装时，可设置竖向拼接缝。拼接缝两侧采用预埋钢板，钢板厚度不小于16mm，通过现场焊接连成整体

</td><td>

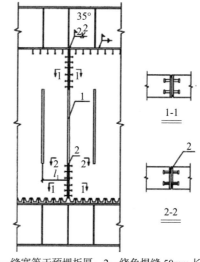

1—缝宽等于预埋板厚；2—绕角焊缝50mm长度

</td></tr>
<tr><td rowspan="2">开缝钢板剪力墙</td><td>

开缝钢板剪力墙板应采用加劲措施约束墙板面外变形，可在开缝钢板剪力墙墙板两侧设置加劲肋。加劲肋可采用矩形钢管、工字型钢、槽钢或钢板。加劲肋对 $y$ 轴的惯性矩应符合下式规定：

$$I_{sy} \geq \frac{15t_w^3 L_e}{12(1-v^2)}$$

式中：$I_{sy}$——竖直方向加劲肋的截面惯性矩（$mm^4$）；$v$——钢材的泊松比，取0.3

</td><td>

1—剪力墙板；2—加劲肋

</td></tr>
<tr><td>

开缝钢板剪力墙板与钢梁的连接构造应符合下列规定：

1）宜采用摩擦型连接的高强度螺栓与上下框架梁连接，墙板一侧的螺栓孔宜为竖向长圆形孔，连接件应设面外加劲构造；

2）螺栓的终拧宜在结构体系及楼板安装完毕后进行；

3）高强度螺栓剪力计算时，应考虑螺栓水平剪力 $V_H$ 及板上倾覆力矩 $M_l$ 引起的螺栓竖向剪力 $V_v$，并应按下列公式确定螺栓的最大剪力 $V_{max}$：

$$V_{max} = \sqrt{V_H^2 + (1.5V_v)^2}$$

$$V_H = \frac{2n_c W_{ew}}{hn_1}f$$

$$M_l = \frac{4}{3}\frac{n_c W_{ew} f}{h}H_e$$

式中：$n_1$——墙板上端或下端高强度螺栓个数；$V_v$——板上倾覆力矩 $M_l$ 引起的螺栓竖向剪力，各螺栓分担的剪力按线性分布（N）

</td><td>

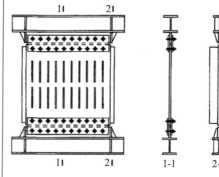

</td></tr>
</table>

| | | |
|---|---|---|
| 钢板组合剪力墙 | 钢板组合剪力墙的墙体外包钢板和内填混凝土之间的连接构造可采用栓钉、T形加劲肋、缀板或对拉螺栓，也可混合采用这四种连接方式 | 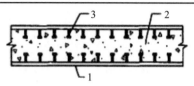<br>（*a*）栓钉连接<br>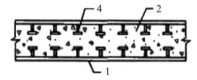<br>（*b*）T形加劲肋连接<br>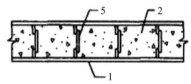<br>（*c*）缀板连接<br>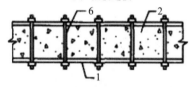<br>（*d*）对拉螺栓连接<br>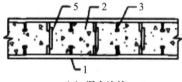<br>（*e*）混合连接 |
| | 1）栓钉连接件的直径不宜大于钢板厚度的1.5倍，栓钉的长度宜大于8倍的栓钉直径。<br>2）采用T形加劲肋的连接构造时，加劲肋的钢板厚度不应小于外包钢板厚度的1/5，且不应小于5mm。T形加劲肋腹板高度 $b_1$ 不应小于10倍的加劲肋钢板厚度，端板宽度 $b_2$ 不应小于5倍的加劲肋钢板厚度。<br>3）钢板组合剪力墙厚度超过800mm时，内填混凝土内可配置水平和竖向分布钢筋。分布钢筋的配筋率不宜小于0.25%，间距不宜大于300mm，且栓钉连接件宜穿过钢筋网片。<br>4）钢板组合剪力墙厚度超过800mm时，墙体钢板之间宜设缀板或对拉螺栓等对拉构造措施。<br>5）墙体钢板与边缘钢构件之间宜采用焊接连接 | 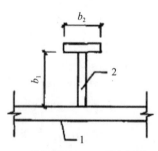<br>1—外包钢板；2—T形加劲肋 |

除此之外，钢板剪力墙根据宽厚比的大小又可分为厚钢板剪力墙和薄钢板剪力墙。厚钢板剪力墙不允许钢板出现剪切屈曲，即在设计中不考虑构件的屈曲后强度，以弹性剪切屈曲荷载作为承载能力的极限，此类钢板剪力墙在往复荷载作用下滞回曲线饱满，耗能能力较好，但不够经济。薄钢板剪力墙则由于构件宽厚比较大，在屈服前往往先发生屈曲，即考虑构件的屈曲后强度。事实上，薄钢板剪力墙在水平侧向力较小时就易于发生屈曲，对于周边有可靠连接的薄钢板，钢板在屈曲后，沿对角线方向形成较强的拉力带，仍可继续承载且发挥远大于屈曲荷载的屈曲后强度，在低周往复荷载作用下，薄钢板剪力墙受屈曲变形的影响，滞回曲线会出现一定捏缩，但仍具有稳定的耗能能力。

2. 非加劲钢板剪力墙的设计

根据是否利用屈曲后强度，非加劲钢板剪力墙的设计理论主要包括两类，即利用屈曲后强度和不利用屈曲后强度，对于利用屈曲后强度的情况，钢板剪力墙屈曲后，沿对角线形成拉力带，同时在剪力墙内形成强拉力场，对与其相连的梁、柱和边缘构件产生附加应力，故与钢板剪力墙相连的横梁和边缘柱在设计中仍需满足强度和刚度的要求。此外，在钢板剪力墙设计中还应考虑以下两点：① 在现有钢板剪力墙在设计方法中，常按不承受竖向重力荷载进行内力分析，忽略了实际存在的竖向应力对抗剪承载力的影响，故为限制实际可能存在的竖向应力，应该对竖向重力荷载产生的压应力进行验算。② 当钢板剪力墙承受弯矩的作用时，弯曲应力应该满足相应条件。

以下将基于《高层民用建筑钢结构技术规程》JGJ 99 及《钢板剪力墙技术规程》JGJ/T 380 对非加劲钢板剪力墙利用屈曲后强度、不利用屈曲后强度、验算竖向重力荷载产生的压应力、验算弯曲应力的设计方法进行介绍。为了设计方便，将具体计算方法列于表4-70，对应非加劲钢板剪力墙的计算简图及主要参数含义如图4-66所示。

非加劲钢板剪力墙承载力计算　　　　　　　　　　　表4-70

| 序号 | 计算项 | 计算方法 | | 说明 |
|---|---|---|---|---|
| 1 | 承载力计算 | 不利用屈曲后强度<br><br>$\tau \leqslant \varphi_s f_v$<br><br>$\varphi_s = \dfrac{1}{\sqrt[3]{0.738 + \lambda_s^6}} \leqslant 1.0$ | 利用屈曲后强度<br><br>$\tau \leqslant \varphi_{sp} f_v$<br><br>$\varphi_{sp} = \dfrac{1}{\sqrt[3]{0.552 + \lambda_s^{3.6}}} \leqslant 1.0$ | $f_v$——钢材抗剪强度设计值（N/mm²）；<br>$v$——泊松比，可取 0.3；<br>$E$——钢材弹性模量（N/mm²）；<br>$a_s$、$h_s$——分别为剪力墙的宽度和高度（mm）；<br>$t$——钢板剪力墙的厚度（mm） |
| | | $\lambda_s = \sqrt{\dfrac{f_y}{\sqrt{3}\tau_{cr0}}}$ $\qquad$ $\tau_{cr0} = \dfrac{k_{ss0}\pi^2 E}{12(1-v^2)} \dfrac{t^2}{a_s^2}$ | | |
| | | $\dfrac{h_s}{a_s} \geqslant 1 : k_{ss0} = 6.5 + \dfrac{5}{(h_s/a_s)^2}$ | | |
| | | $\dfrac{h_s}{a_s} \leqslant 1 : k_{ss0} = 5 + \dfrac{6.5}{(h_s/a_s)^2}$ | | |

| 序号 | 计算项 | 计算方法 | 说明 |
|---|---|---|---|
| 2 | 横梁的强度和刚度要求 | 若按利用剪力墙的屈曲后强度设计：<br>1）横梁的强度计算中应考虑压力：$N = (\varphi_{sp} - \varphi_s) a_s t f_v$；<br>2）横梁尚应考虑拉力场的均布竖向分力产生的弯矩，与竖向荷载产生的弯矩叠加，拉力场的均布竖向分力：$q_s = (\varphi_{sp} - \varphi_s) t f_v$；<br>3）边缘梁的截面惯性矩应满足要求：$I_b \geqslant I_{bmin}$<br>$$I_{bmin} = \frac{0.0031 t_w L_b^4}{H_c}$$ | $I_b$——边缘梁截面惯性矩（$mm^4$）；<br>$I_{bmin}$——钢板剪力墙边缘梁截面最小惯性矩（$mm^4$） |
| 3 | 边缘柱的强度和刚度要求 | 若按利用剪力墙的屈曲后强度设计：<br>1）与剪力墙边缘相连的柱，应考虑拉力场的水平均布分力产生的弯矩，与其余内力叠加：$P = P_1 + \eta_e q H_e$<br>2）边缘柱的截面惯性矩应满足要求：$I_c \geqslant (1 - \kappa) \cdot$<br>$I_{cmin}$    $I_{cmin} = \dfrac{0.0031 t_w H_c^4}{L_b}$<br>$\kappa = \begin{cases} 1.0 & (\lambda_{n0} \leqslant 0.8) \\ 1 - 0.88(\lambda_{n0} - 0.8) & (0.8 < \lambda_{n0} \leqslant 1.2) \\ 0.94/\lambda_{n0}^2 & (\lambda_{n0} > 1.2) \end{cases}$<br>$\lambda_{n0} = \dfrac{1}{37\sqrt{k_r}} \left(\dfrac{H_c}{t_w}\right) \dfrac{1}{\varepsilon_k}$<br>$k_r = 8.98 + 5.6 (l_{min}/l_{max})^2$ | $P$——边缘柱轴力设计值（N）；<br>$P_1$——边缘柱端组合的最不利轴力设计值（N）；<br>$q$——拉力带拉力设计值沿边缘柱单位高度方向产生的竖向分量（N/mm）；<br>$\eta_e$——钢板剪力墙边缘柱的变轴力等效系数，按《钢板剪力墙技术规程》JGJ/T 380附录B采用 |
| 4 | 承受竖向荷载时的应力条件 | $\sigma_G \leqslant 0.3 \varphi_\sigma f$    $\varphi_\sigma = \dfrac{1}{(1 + \lambda_\sigma^{2.4})^{0.833}}$    $\lambda_\sigma = \sqrt{\dfrac{f_y}{\sigma_{cr0}}}$<br>$\sigma_{cr0} = \dfrac{k_{\sigma0} \pi^2 E}{12(1 - \nu^2)} \left(\dfrac{t}{a_s}\right)^2$    $k_{\sigma0} = \chi \left(\dfrac{a_s}{h_s} + \dfrac{h_s}{a_s}\right)^2$<br>$\sigma_G = \dfrac{\sum N_i}{\sum A_i + A_s}$ | $\chi$——嵌固系数，取1.23；<br>$\sigma_G$——竖向荷载产生的应力，即竖向应力；<br>$\sum N_i$，$\sum A_i$——分别为重力荷载在剪力墙边框柱中产生的轴力（N）和边框柱截面面积（$mm^2$）的和，当边框是钢管混凝土柱时，混凝土应换算成钢截面面积；<br>$A_s$——剪力墙截面面积（$mm^2$） |
| 5 | 承受弯矩时的应力条件 | $\sigma_b \leqslant \varphi_{bs} f$    $\varphi_{bs} = \dfrac{1}{\sqrt[3]{0.738 + \lambda_b^6}} \leqslant 1$    $\lambda_b = \sqrt{\dfrac{f_y}{\sigma_{bcr0}}}$<br>$\sigma_{bcr0} = \dfrac{k_{b0} \pi^2 E}{12(1 - \nu^2)} \left(\dfrac{t}{a_s}\right)^2$<br>$k_{b0} = 11 \dfrac{h_s^2}{a_s^2} + 14 + 2.2 \dfrac{a_s^2}{h_s^2}$<br>$\left(\dfrac{\tau}{\varphi_s f_v}\right)^2 + \left(\dfrac{\sigma_b}{\varphi_{bs} f}\right)^2 + \dfrac{\sigma_G}{\varphi_\sigma f} \leqslant 1$ | $\sigma_b$——弯矩作用下的应力，即弯曲应力 |

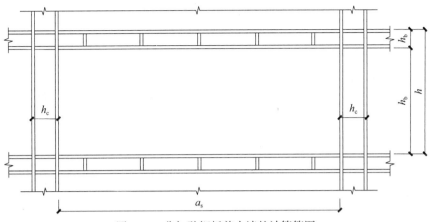

图 4-66　非加劲钢板剪力墙的计算简图

3. 加劲钢板剪力墙的设计

为限制钢板剪力墙的屈曲变形，可采用加劲钢板剪力墙，《高层民用建筑钢结构技术规程》JGJ 99 中关于加劲钢板剪力墙的设计方法不考虑其屈曲后强度，以屈曲临界承载力为极限承载力。《钢板剪力墙技术规程》JGJ/T 380 中则提到加劲钢板剪力墙承载力计算时可选择不利用或利用其屈曲后强度。以下针对不同情况对加劲钢板剪力墙的设计方法进行介绍，加劲钢板剪力墙的基本构造及主要参数含义如图 4-67 所示。

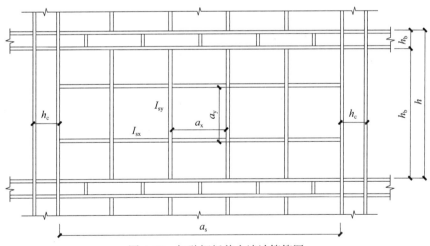

图 4-67　加劲钢板剪力墙计算简图

（1）不利用屈曲后强度

1）仅设置竖向加劲肋的钢板剪力墙计算

设置竖向加劲肋的钢板剪力墙，若不考虑屈曲后强度，其弹性剪切屈曲临界应力、竖向受压弹性屈曲临界应力和竖向受弯弹性屈曲临界应力按表 4-71 进行就算。

| 序号 | 计算项 | 计算方法 | | 说明 |
|---|---|---|---|---|
| 1 | 剪切屈曲临界应力 $\tau_{cr}$ 计算 | 当 $\gamma = \dfrac{EI_s}{Da_x} \geqslant \gamma_{rth}$ 时<br><br>$\tau_{cr} = \tau_{crp} = k_{\tau p} \dfrac{\pi^2 E}{12(1-v^2)} \dfrac{t^2}{a_x^2}$<br><br>$\dfrac{h_s}{a_x} \geqslant 1,$<br><br>$k_{\tau p} = \chi\left[5.34 + \dfrac{4}{(h_s/a_x)^2}\right]$<br><br>$\dfrac{h_s}{a_x} \leqslant 1,$<br><br>$k_{\tau p} = \chi\left[4 + \dfrac{5.34}{(h_s/a_x)^2}\right]$ | 当 $\gamma = \dfrac{EI_s}{Da_x} < \gamma_{rth}$ 时<br><br>$\tau_{cr} = k_{ss} \dfrac{\pi^2 E}{12(1-v^2)} \dfrac{t^2}{a_x^2}$<br><br>$k_{ss} = k_{ss0} \dfrac{a_x^2}{a_s^2} + \left(k_{\tau p} - k_{ss0} \dfrac{a_x^2}{a_s^2}\right)\left(\dfrac{\gamma}{\gamma_{rth}}\right)^{0.6}$ | $\chi$——闭口加劲肋时取 1.23，开口加劲肋时取 1.0；<br>$J_{sy}$、$I_{sy}$——分别为竖向加劲肋自由扭转常数和惯性矩（$mm^4$）；<br>$a_x$——在闭口加劲肋的情况下取区格净宽（$mm$）；<br>$n_v$——竖向加劲肋的道数；<br>$D$——剪力墙板的抗弯刚度（$N \cdot mm$）；<br>$D = \dfrac{Et^3}{12(1-v^2)}$ |
| | | 当 $0.8 \leqslant \beta = \dfrac{h_s}{a_x} \leqslant 5$ 时，$\gamma_{rth} = 6\eta_v(7\beta^2 - 5) \geqslant 6,$<br><br>$\eta_v = 0.42 + \dfrac{0.58}{[1 + 5.42(J_{sy}/I_{sy})^{2.6}]^{0.77}}, \quad a_x = \dfrac{a_s}{n_v + 1}$ | | |
| 2 | 竖向受压弹性屈曲临界应力 $\sigma_{cr}$ 计算 | 当 $\gamma = \dfrac{EI_s}{Da_x} \geqslant \gamma_{\sigma th}$ 时，$\sigma_{cr} = \sigma_{crp} = \dfrac{k_{pan}\pi^2 E}{12(1-v^2)} \dfrac{t^2}{a_x^2}$<br><br>当 $\gamma = \dfrac{EI_s}{Da_x} < \gamma_{\sigma th}$，$\sigma_{cr} = \sigma_{cr0} + (\sigma_{crp} - \sigma_{cr0})\dfrac{\gamma}{\gamma_{\sigma th}}$<br><br>$\gamma_{\sigma th} = 1.5\left(1 + \dfrac{1}{n_v}\right)\left[k_{pan}(n_v + 1)^2 - k_{\sigma 0}\right]\dfrac{h_s^2}{a_s^2}$ | | $k_{pan}$——小区格竖向受压屈曲系数，取 $k_{pan} = 4\chi$；<br>$\sigma_{cr0}$——未加劲钢板剪力墙的竖向应力 |
| 3 | 竖向抗弯弹性屈曲临界应力 $\sigma_{bcrp}$ 计算 | 当 $\gamma = \dfrac{EI_s}{Da_x} \geqslant \gamma_{\sigma th}$ 时，$\sigma_{bcrp} = \dfrac{k_{bpan}\pi^2 E}{12(1-v^2)} \dfrac{t^2}{a_x^2}$<br><br>$k_{bpan} = 4 + 2\beta_\sigma + 2\beta_\sigma^3$<br><br>当 $\gamma = \dfrac{EI_s}{Da_x} < \gamma_{\sigma th}$，$\sigma_{bcr} = \sigma_{bcr0} + (\sigma_{bcrp} - \sigma_{bcr0})\dfrac{\gamma}{\gamma_{\sigma th}}$<br><br>$\gamma_{\sigma th} = 1.5\left(1 + \dfrac{1}{n_v}\right)\left[k_{pan}(n_v + 1)^2 - k_{\sigma 0}\right]\dfrac{h_s^2}{a_s^2}$ | | $k_{bpan}$——小区格竖向不均匀受压屈曲系数；<br>$\beta_\sigma$——区格两边的应力除以较大压应力；<br>$\sigma_{bcr0}$——未加劲钢板剪力墙的竖向弯曲应力（$N/mm^2$） |

2）仅设置水平加劲肋的钢板剪力墙计算

设置水平加劲肋的钢板剪力墙，若不考虑屈曲后强度，其弹性剪切屈曲临界应力、竖向受压弹性屈曲临界应力和竖向受弯弹性屈曲临界应力按表 4-72 进行计算。

仅设置水平加劲肋的钢板剪力墙临界应力计算 表 4-72

| 序号 | 计算项 | 计算方法 | | 说明 |
|---|---|---|---|---|
| 1 | 剪切屈曲临界应力 $\tau_{crp}$ 计算 | 当 $\gamma_x = \dfrac{EI_{sx}}{Da_y} \geqslant \gamma_{rth,h}$ 时，<br><br>$\tau_{crp} = k_{tp} \dfrac{\pi^2 E}{12(1-v^2)} \dfrac{t^2}{a_s^2}$<br><br>$\dfrac{a_y}{a_s} \geqslant 1,$<br><br>$k_{tp} = \chi\left[5.34 + \dfrac{4}{(a_y/a_s)^2}\right]$<br><br>$\dfrac{a_y}{a_s} \leqslant 1,$<br><br>$k_{tp} = \chi\left[4 + \dfrac{5.34}{(a_y/a_s)^2}\right]$ | 当 $\gamma_x = \dfrac{EI_{sx}}{Da_y} < \gamma_{rth,h}$ 时，<br><br>$\tau_{cr} = k_{ss} \dfrac{\pi^2 E}{12(1-v^2)} \dfrac{t^2}{a_s^2}$<br><br>$k_{ss} = k_{ss0} + (k_{tp} - k_{ss0})\left(\dfrac{\gamma}{\gamma_{rth,h}}\right)^{0.6}$ | $\chi$ ——闭口加劲肋时取 1.23，开口加劲肋时取 1.0；<br>$J_{sx}$，$I_{sx}$ ——分别为水平加劲肋自由扭转常数和惯性矩（$mm^4$）；<br>$a_y$ ——在闭口加劲肋的情况下取区格净宽（mm）；<br>$n_h$ ——竖向加劲肋的道数 |
| | | 当 $0.8 \leqslant \beta_h = \dfrac{a_s}{a_y} \leqslant 5$ 时，$\gamma_{rth,h} = 6\eta_h(7\beta_h^2 - 4) \geqslant 5,$<br><br>$\eta_h = 0.42 + \dfrac{0.58}{[1 + 5.42(J_{sx}/I_{sx})^{2.6}]^{0.77}}, \quad a_y = \dfrac{a_s}{n_h + 1}$ | | |
| 2 | 竖向受压弹性屈曲临界应力 $\sigma_{crp}$ 计算 | 当 $\gamma_x = \dfrac{EI_{sx}}{Da_y} \geqslant \gamma_{x0}$ 时，$\sigma_{crp} = \dfrac{k_{pan}\pi^2 E t^2}{12(1-v^2)a_s^2}$<br><br>$k_{pan} = \left(\dfrac{a_s}{a_y} + \dfrac{a_y}{a_s}\right)^2$<br><br>当 $\gamma_x = \dfrac{EI_{sx}}{Da_y} < \gamma_{x0}$ 时，$\sigma_{cr} = \sigma_{cr0} + (\sigma_{crp} - \sigma_{cr0})\left(\dfrac{\gamma}{\gamma_{x0}}\right)^{0.6}$<br><br>$\gamma_{x0} = 0.3\left(1 + \cos\dfrac{\pi}{n_h + 1}\right)\left(1 + \dfrac{a_s^2}{a_y^2}\right)^2$ | | $I_{sx}$ ——为水平加劲肋自由扭转惯性矩（$mm^4$）；<br>$a_y$ ——在闭口加劲肋的情况下取区格净宽（mm）；<br>$n_h$ ——竖向加劲肋的道数 |
| 3 | 竖向抗弯弹性屈曲临界应力 $\sigma_{bcrp}$ 计算 | 当 $\gamma_x = \dfrac{EI_{sx}}{Da_y} \geqslant \gamma_{x0}$ 时，$\sigma_{bcrp} = k_{bpan}\dfrac{\pi^2 D}{a_s^2 t}$<br><br>$k_{bpan} = 11\left(\dfrac{a_y}{a_s}\right)^2 + 14 + 2.2\left(\dfrac{a_s}{a_y}\right)^2$<br><br>$\gamma_{x0} = 0.3\left(1 + \cos\dfrac{\pi}{n_h + 1}\right)\left(1 + \dfrac{a_s^2}{a_y^2}\right)^2$<br><br>当 $\gamma_x = \dfrac{EI_{sx}}{Da_y} < \gamma_{x0}$ 时，$\sigma_{b,cr} = \sigma_{bcr0} + (\sigma_{bcrp} - \sigma_{bcr0})\left(\dfrac{\gamma}{\gamma_{x0}}\right)^{0.6}$ | | $I_{sx}$ ——为水平加劲肋自由扭转惯性矩（$mm^4$）；<br>$a_y$ ——在闭口加劲肋的情况下取区格净宽（mm）；<br>$n_h$ ——竖向加劲肋的道数 |

3）设置水平和竖向加劲肋的钢板剪力墙计算

同时设置水平和竖向加劲肋的钢板剪力墙，不考虑屈曲后强度时，加劲肋一侧的计算宽度取钢板剪力墙厚度的 15 倍。加劲肋划分的剪力墙板区格的宽高比宜接近 1；剪力墙板区格的宽厚比应满足下列公式的要求：

当采用开口加劲肋时，$\qquad \dfrac{a_x + a_y}{t} \leqslant 220 \qquad$ （4-85）

当采用闭口加劲肋时，$\qquad \dfrac{a_x + a_y}{t} \leqslant 250 \qquad$ （4-86）

当加劲肋的刚度参数满足式（4-87）～式（4-88），可只验算区格的稳定性。

$$\gamma_x = \frac{EI_{sx}}{Da_y} \geqslant 33\eta_h \qquad (4\text{-}87)$$

$$\gamma_y = \frac{EI_{sy}}{Da_x} \geqslant 40\eta_v \qquad (4\text{-}88)$$

当加劲肋的刚度参数不满足式（4-85）～式（4-86）时，同时设置水平和竖向加劲肋的加劲钢板剪力墙的剪切临界应力、竖向受压弹性屈曲临界应力和竖向受弯弹性屈曲临界应力按表4-73计算。

设置水平和竖向加劲肋的加劲钢板临界应力计算　　　　　表 4-73

| 序号 | 计算项 | 计算方法 | | 说明 |
|---|---|---|---|---|
| 1 | 剪切屈曲临界应力 $\tau_{cr}$ 计算 | $\tau_{cr} = \tau_{cr0} + (\tau_{crp} - \tau_{cr0})\left(\dfrac{\gamma_{av}}{36.33\sqrt{\eta_v\eta_h}}\right)^{0.7} \leqslant \tau_{crp}$ <br><br> $\gamma_{av} = \sqrt{\dfrac{EI_{sx}}{Da_x} \cdot \dfrac{EI_{sy}}{Da_y}}$ | | $\tau_{crp}$ ——小区格的剪切屈曲临界应力（N/mm²）；<br> $\tau_{cr0}$ ——未加劲板的剪切屈曲临界应力（N/mm²） |
| 2 | 竖向受压弹性屈曲临界应力 $\sigma_{ycr}$ 计算 | 当 $\dfrac{h_s}{a_s} < \left(\dfrac{D_y}{D_x}\right)^{0.25}$ 时，<br><br> $D_x = D + \dfrac{EI_{sx}}{a_y}$ <br><br> $\sigma_{ycr} = \dfrac{\pi^2}{a_s^2 t_s}\left(\dfrac{h_s^2}{a_s^2}D_x + 2D_{xy} + D_y\dfrac{a_s^2}{h_s^2}\right)$ | 当 $\dfrac{h_s}{a_s} \geqslant \left(\dfrac{D_y}{D_x}\right)^{0.25}$ 时，<br><br> $\sigma_{ycr} = \dfrac{2\pi^2}{a_s^2 t_s}\left(\sqrt{D_x D_y} + D_{xy}\right)$ <br><br> $D_x = D + \dfrac{EI_{sx}}{a_y}$ <br><br> $D_y = D + \dfrac{EI_{sy}}{a_x}$ | $a_s$、$h_s$ ——分别为剪力墙的宽度和高度（mm）；<br> $t$ ——钢板剪力墙的厚度（mm） |
| 3 | 竖向抗弯弹性屈曲临界应力 $\sigma_{bcr}$ 计算 | $\dfrac{h_s}{a_s} < \dfrac{2}{3}\left(\dfrac{D_y}{D_x}\right)^{0.25}$ <br><br> $\sigma_{bcr} = \dfrac{6\pi^2}{a_s^2 t_s}\left(\dfrac{a_s^2}{h_s^2}D_y + 2D_{xy} + D_x\dfrac{h_s^2}{a_s^2}\right)$ | $\dfrac{h_s}{a_s} \geqslant \dfrac{2}{3}\left(\dfrac{D_y}{D_x}\right)^{0.25}$ <br><br> $\sigma_{bcr} = \dfrac{12\pi^2}{a_s^2 t_s}\left(\sqrt{D_x D_y} + D_{xy}\right)$ | $a_s$、$h_s$ ——分别为剪力墙的宽度和高度（mm）；<br> $t$ ——钢板剪力墙的厚度（mm） |

（2）利用屈曲后强度

考虑加劲钢板剪力墙屈曲后强度设计且加劲肋为钢板条时，受剪承载力应符合下列规定：

1）对于十字加劲的钢板剪力墙，应符合下列公式的规定：

$$\tau \leqslant C_0 \cdot \alpha_1 f_v \qquad (4\text{-}89)$$

$$\alpha_1 = \begin{cases} 1 - 0.02(\lambda_{n0} - 0.7) & (\lambda_{n0} \leqslant 2.1) \\ 1.21 / \lambda_{n0}^{0.29} & (\lambda_{n0} > 2.1) \end{cases} \qquad (4\text{-}90)$$

2）对于十字加劲的钢板剪力墙，应符合下列公式的规定：

$$\tau \leqslant C_0 \cdot C_1 \cdot \alpha_2 f_v \qquad (4\text{-}91)$$

$$\alpha_2 = 1.68 + 0.0085\,(\eta - 30) - 1.15\,e^{-\lambda_{n0}} \qquad (4\text{-}92)$$

$$C_1 = 1.21 - 0.07\,(\lambda_s - 6) \qquad (4\text{-}93)$$

$$\eta = \frac{EI_s}{Dl_{1max}} \qquad (4\text{-}94)$$

式中：$\tau$——外荷载作用下钢板剪力墙产生的剪应力设计值（N/mm$^2$）；

$f_v$——钢材的抗剪强度设计值（N/mm$^2$）；

$C_0$——边缘柱刚度相关的折减系数，取 0.87；

$C_1$——加劲肋折减系数，当加劲肋为平钢板时，按公式（4-93）计算，当加劲肋为其他形式时取为 1.0；

$\alpha_1$、$\alpha_2$——分别为十字加劲与交叉加劲情况下考虑屈曲后强度的极限承载力系数；

$\lambda_{n0}$——非加劲钢板剪力墙的正则化高厚比；

$\eta$——肋板弯曲刚度比；

$EI_s$——加劲肋弯曲刚度（N·mm$^2$）；

$l_{1max}$——钢板剪力墙区格宽度 $l_1$ 与区格高度 $h_1$ 的较大值（mm）。

4. 防屈曲钢板剪力墙

防屈曲钢板剪力墙是通过在薄板外增设防屈曲构件来限制墙板面外变形的钢板剪力墙。和加劲钢板剪力墙比，防屈曲构件刚度更大，对钢板的约束作用更强，使得钢板易达到全截面屈服，能达到更大刚度、承载力和更优越的耗能能力。防止钢板屈曲的构件可采用混凝土盖板，也可采用型钢，防止钢板屈曲的构件应能向钢板提供持续的面外约束。防屈曲钢板剪力墙与周边框架可采用四边连接或两边连接。四边连接防屈曲钢板剪力墙和两边连接防屈曲连接剪力墙的受剪承载力按下式进行计算：

$$V \leqslant V_u \qquad (4\text{-}95)$$

四边连接：
$$V_u = 0.53 f' L_e t_w \qquad (4\text{-}96)$$

两边连接：
$$V_u = \tau_u L_e t_w \qquad (4\text{-}97)$$

当 $0.5 \leqslant L_e/H_e \leqslant 1.0$ 时，

$$\tau_u = \left[ 0.45\ln\left(\frac{L_e}{H_e}\right) + 0.69 \right] \cdot f_v \cdot \varepsilon_k \qquad (4\text{-}98)$$

当 $1.0 < L_e/H_e \leqslant 2.0$ 时，

$$\tau_u = \left[ 0.76\ln\left(\frac{L_e}{H_e}\right) - 0.36\left(\frac{L_e}{H_e}\right) + 1.05 \right] \cdot f_v \cdot \varepsilon_k \qquad (4\text{-}99)$$

式中：$V$——钢板剪力墙的剪力设计值（N）；

$V_u$——钢板剪力墙的受剪承载力设计值（N）；

$L_e$——钢板剪力墙的净跨度（mm）；

$f$——钢材的抗拉、抗压和抗弯强度设计值（N/mm$^2$）；

$f_v$——钢材的抗剪强度设计值（N/mm²）；

$\varepsilon_k$——钢号修正系数，取$\sqrt{235/f_y}$。

5. 开缝钢板剪力墙

开缝钢板剪力墙宜用于抗震设防烈度为 7 度及以上地区的钢框架、钢管混凝土柱与钢梁或组合梁组成的框架中。因建筑布局或功能要求，采用其他抗侧力构件难以布置时，可采用开缝钢板剪力墙。当开缝钢板剪力墙用于层数小于 18 层的建筑时，可不考虑竖向荷载对剪力墙性能的不利影响。以下简单介绍开缝钢板剪力墙的强度和刚度验算方法，其基本构造如图 4-68 所示，其中，$H_e$ 为钢板剪力墙宽度，$L_e$ 为钢板剪力墙宽度，$h$ 为缝钢板剪力墙缝高度，$d$ 为开缝宽度，$b$ 为开缝钢板剪力墙缝间小柱宽度。

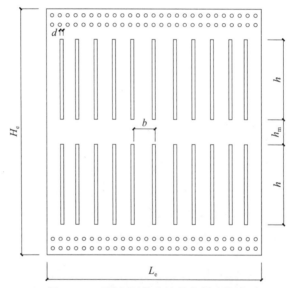

图 4-68　开缝钢板剪力墙基本构造设计

（1）强度验算开缝钢板剪力墙的极限受剪承载力应按下列公式计算：

$$V_u = \varphi_{ym} \frac{2n_c W_{pw}}{h} f_y \qquad (4\text{-}100)$$

$$W_{pw} = t_w b^2 / 4 \qquad (4\text{-}101)$$

式中：$n_c$——柱状部条数；

　　　$b$——开缝钢板剪力墙缝间小柱宽度（mm）；

　　　$h$——开缝钢板剪力墙缝高度（mm）；

　　　$t_w$——钢板剪力墙的厚度（mm）；

　　　$W_{pw}$——缝间小柱的塑性截面弯曲模量（mm³）；

　　　$\psi_{ym}$——钢材超强系数，取 $\psi_{ym} = 1.15$；

　　　$f_y$——钢材的屈服强度（N/mm²）。

（2）刚度验算

开缝钢板剪力墙的水平剪切刚度可按下式验算：

$$K = \cfrac{1}{\cfrac{1.2(H_e - mh)}{GL_e t_w}} + \cfrac{1.2h}{Gbt_w} \cdot \cfrac{m}{n_c} + \left(1 + \cfrac{b}{h}\right)^3 \cfrac{h^3}{Et_w b^3} \cdot \cfrac{m}{n_c} \qquad （4-102）$$

式中：$E$——钢材的弹性模量（$N/mm^2$）；

$G$——钢材的剪变模量（$N/mm^2$）；

$n_c$——钢板剪力墙的净高度（mm）；

$L_e$——钢板剪力墙的净跨度（mm）；

$t_w$——钢板剪力墙的厚度（mm）；

$m$——竖缝排数，一般为（2～3）道。

### 4.7.4　组合钢板剪力墙的设计

组合钢板剪力墙多指钢板与混凝土组合的剪力墙，根据钢板布置方式的不同，钢板混凝土剪力墙可分为内置钢板混凝土剪力墙和外包钢板混凝土剪力墙，分别如图 4-69-a 和图 4-69-b 所示。内置钢板剪力墙为实现钢板和混凝土的共同工作，需设置栓钉等抗剪连接键，同时外包混凝土可以很好地约束钢板剪力墙的面外变形，防止钢板剪力墙屈曲。外包钢板剪力墙钢板剪力墙的外包钢板可兼做混凝土浇筑的模板，同时，外包钢板约束混凝土，可提高剪力墙构件的承载力。以下结合《组合结构设计规范》JGJ 138 和《钢板剪力墙技术规程》JGJ/T 380 对组合钢板剪力墙的设计方法进行介绍，其中，《钢板剪力墙技术规程》JGJ/T 380 中所使用的设计方法主要针对外包钢板组合剪力墙。

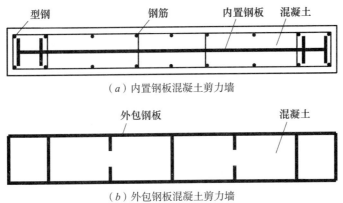

（a）内置钢板混凝土剪力墙

（b）外包钢板混凝土剪力墙

图 4-69　钢板混凝土剪力墙分类

1. 内置钢板混凝土剪力墙

内置钢板混凝土剪力墙在设计中应验算正截面承载力（包括偏心受压和偏心受拉两种情况）和斜截面受剪承载力（包括偏心受压和偏心受拉两种情况）。以下将分别介绍两种承载力的验算方法。

（1）正截面受压或受拉承载力验算

钢板混凝土偏心受压剪力墙，其正截面受压承载力应按下列方法进行验算，图 4-70、表 4-74 为正截面受压承载力计算参数含义。设计状况分为持久、短暂设计状况和地震设计状况两类。

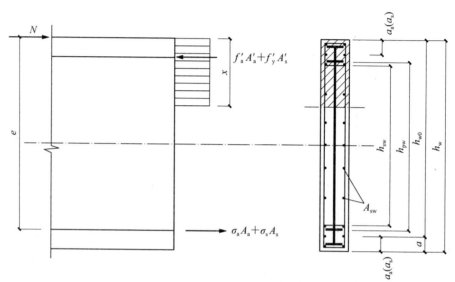

图 4-70　钢板混凝土偏心受压剪力墙正截面受压承载力计算参数示意

**内置钢板混凝土剪力墙正截面受压或受拉承载力计算**　　　　表 4-74

| 序号 | 计算项 | 计算方法 | 说明 |
|---|---|---|---|
| 1 | 偏心受压承载力计算（持久、短暂设计状况） | $N \leqslant \alpha_1 f_c b_w x + f_a' A_a' + f_y' A_s'$ $- \sigma_a A_a - \sigma_s A_s + N_{sw} + N_{pw}$ $Ne \leqslant \alpha_1 f_c b_w x \left( h_{w0} - \dfrac{x}{2} \right) + f_a' A_a' (h_{w0} - a_a')$ $+ f_y' A_s' (h_{w0} - a_a') + M_{sw} + M_{pw}$ | $e_0$——轴向压力对截面重心的偏心矩（mm）；<br>$e$——轴向力作用点到受拉型钢和纵向受拉钢筋合力点的距离（mm）；<br>$M$——剪力墙弯矩设计值（N·mm）；<br>$N$——剪力墙弯矩设计值 $M$ 相对应的轴向压力设计值（N）；<br>$a_s$、$a_a$——受拉端钢筋、型钢合力点至截面受拉边缘的距离（mm）；<br>$a_s'$、$a_a'$——受压端钢筋、型钢合力点至截面受压边缘的距离（mm）； |
| 2 | 偏心受压承载力计算（地震设计状况） | $N \leqslant \dfrac{1}{\gamma_{RE}} \left[ \alpha_1 f_c b_w x + f_a' A_a' + f_y' A_s' \right.$ $\left. - \sigma_a A_a - \sigma_s A_s + N_{sw} + N_{pw} \right]$ $Ne \leqslant \dfrac{1}{\gamma_{RE}} \left[ \alpha_1 f_c b_w x \left( h_{w0} - \dfrac{x}{2} \right) + f_y' A_s' (h_{w0} \right.$ $\left. - a_s') + f_a' A_a' (h_{w0} - a_a') + M_{sw} + M_{pw} \right]$ | $a$——受拉端型钢和纵向受拉钢筋合力点到受拉边缘的距离（mm）；<br>$x$——受压区高度（mm）；<br>$\alpha_1$——受压区混凝土压应力影响系数，受压边缘混凝土极限压应变 $\varepsilon_{cu}$ 取 0.003 相应的最大压应力取混凝土轴心抗压强度设计值 $f_c$ 乘以受压区混凝土压应力影响系数 $\alpha_1$，当混凝土强度等级不超过 C50 时，$\alpha_1$ 取为 1.0；当混凝土强度等级为 C80 时，$\alpha_1$ 取为 0.94，其间按线性内插法确定； |

| 序号 | 计算项 | 计算方法 | 说明 |
|---|---|---|---|
| 3 | $N_{sw}$、$N_{pw}$、$M_{sw}$、$M_{pw}$ 计算 | 当 $x \leqslant \beta_1 h_{w0}$ 时，$$N_{sw} = \left(1 + \frac{x - \beta_1 h_{w0}}{0.5\beta_1 h_{sw}}\right) f_{yw} A_{sw}$$ $$N_{pw} = \left(1 + \frac{x - \beta_1 h_{w0}}{0.5\beta_1 h_{pw}}\right) f_p A_p$$ $$M_{sw} = 0.5 - \left(\frac{x - \beta_1 h_{w0}}{0.5\beta_1 h_{sw}}\right)^2$$ $$M_{pw} = \left[0.5 - \left(\frac{x - \beta_1 h_{w0}}{\beta_1 h_{pw}}\right)^2\right] f_p A_p h_{pw}$$ 当 $x > \beta_1 h_{w0}$ 时，$N_{sw} = f_{yw} A_{sw}$　$N_{pw} = f_p A_p$ $M_{sw} = 0.5 f_{yw} A_{sw} h_{sw}$　$M_{sw} = 0.5 f_p A_p h_{pw}$ | $A_a$、$A'_a$——剪力墙受拉、受压边缘构件阴影部分内配置的型钢截面面积（$mm^2$）；$A_{sw}$——剪力墙边缘构件阴影部分外的竖向分布钢筋总面积（$mm^2$）；$f_{yw}$——剪力墙竖向分布钢筋强度设计值（$N/mm^2$）；$A_p$——剪力墙截面内配置的钢板截面面积（$mm^2$）；$f_p$——剪力墙截面内配置钢板的抗拉和抗压强度设计值（$N/mm^2$）；$\beta_1$——受压区混凝土应力图形影响系数，受压区应力图简化为等效的矩形应力图，其高度取按平截面假定所确定的中和轴高度乘以受压区混凝土应力图形影响系数 $\beta_1$，当混凝土强度等级不超过C50时，$\beta_1$ 取为0.8，当混凝土强度等级为C80时，$\beta_1$ 取为0.74，其间按线性内插法确定；$N_{sw}$——剪力墙竖向分布钢筋所承担的轴向力（N）；$M_{sw}$——剪力墙竖向分布钢筋合力对受拉型钢截面重心的力矩（N·mm）；$N_{pw}$——剪力墙截面内配置钢板所承担轴向力（N）；$M_{pw}$——剪力墙截面配置钢板合力对受拉型钢截面重心的力矩（N·mm）；$h_{sw}$——剪力墙边缘构件阴影部分外的竖向分布钢筋配置高度（mm）；$h_{pw}$——剪力墙截面钢板配置高度（mm）；$h_{w0}$——剪力墙截面有效高度（mm）；$b_w$——剪力墙厚度（mm）；$N$——钢板混凝土剪力墙轴向拉力设计值（N）；$e_0$——钢板混凝土剪力墙轴向拉力对截面重心的偏心矩（mm）；$N_{0u}$——钢板混凝土剪力墙轴向拉承载力（N）；$M_{wu}$——钢板混凝土剪力墙受弯承载力（N） |
| 4 | 偏心受拉承载力计算（持久、短暂设计状况） | $$N = \frac{1}{\dfrac{1}{N_{0u}} + \dfrac{e_0}{M_{wu}}}$$ | |
| 5 | 偏心受拉承载力计算（地震设计状况） | $$N \leqslant \frac{1}{\gamma_{RE}} \left[\frac{1}{\dfrac{1}{N_{0u}} + \dfrac{e_0}{M_{wu}}}\right]$$ | |
| 6 | $N_{0u}$、$M_{wu}$ 计算 | $$N_{0u} = f_y(A_s + A'_s) + f_a(A_a + A'_a) + f_{yw} A_{sw} + f_p A_p$$ $$M_{wu} = f_y A_s(h_{w0} - a'_s) + f_a A_a(h_{w0} - a'_a) + f_{yw} A_{sw}\left(\frac{h_{w0} - a'_s}{2}\right) + f_p A_p\left(\frac{h_{w0} - a'_a}{2}\right)$$ | |

（2）受剪截面设计规定及斜截面受剪承载力

钢板混凝土剪力墙的受剪截面和斜截面受剪承载力的计算方法应符合表4-75的规定。

内置钢板混凝土剪力墙受剪截面设计规定及斜截面受剪承载力　　表4-75

| 序号 | 计算项 | 计算方法 | 说明 |
|---|---|---|---|
| 1 | 受剪截面设计规定（持久、短暂设计情况） | $$V_{cw} \leqslant 0.25\beta_c f_c b_w h_{w0}$$ $$V_{cw} = V - \left[\frac{0.3}{\lambda} f_a A_{a1} + \frac{0.6}{\lambda - 0.5} f_p A_p\right]$$ | $V$——钢板混凝土剪力墙的墙肢截面剪力设计值（N）；$V_{cw}$——仅考虑墙肢截面钢筋混凝土部分承受的剪力值，即墙肢剪力设计值减去端部型钢和钢板承受的剪力值（N）； |

| 序号 | 计算项 | 计算方法 | 说明 |
|------|--------|----------|------|
| 2 | 受剪截面设计规定（地震设计状况） | 当剪跨比大于 2.5 时：$V_{cw} \leqslant \dfrac{1}{\gamma_{RE}} 0.20 \beta_c f_c b_w h_{w0}$<br><br>当剪跨比不大于 2.5 时：$V_{cw} \leqslant \dfrac{1}{\gamma_{RE}} 0.15 \beta_c f_c b_w h_{w0}$<br><br>$V_{cw} = V - \dfrac{1}{\gamma_{RE}} \left( \dfrac{0.25}{\lambda} f_a A_{a1} + \dfrac{0.5}{\lambda - 0.5} f_p A_p \right)$ | $\lambda$ ——计算截面处的剪跨比，$\lambda = \dfrac{M}{V h_{w0}}$，当 $\lambda < 1.5$ 时，取 $\lambda = 1.5$，当 $\lambda > 2.2$ 时，取 $\lambda = 2.2$；当计算截面与墙底之间的距离小于 $0.5 h_{w0}$ 时，$\lambda$ 应按距离墙底 $0.5 h_{w0}$ 处的弯矩值与剪力值计算；<br>$A_{a1}$ ——钢板混凝土剪力墙一端所配型钢的截面面积（mm²），当两端所配型钢截面面积不同时，取较小一端的面积；<br>$\beta_c$ ——混凝土强度影响系数，混凝土强度影响系数，当混凝土强度等级不超过 C50 时，取 $\beta_c = 1.0$；当混凝土强度等级为 C80 时，取为 $\beta_c = 0.8$；其间按线性内插法确定 |
| 3 | 斜截面偏心受拉受剪承载力（持久、短暂设计状况） | $V \leqslant \dfrac{1}{\lambda - 0.5} \left( 0.5 f_t b_w h_{w0} - 0.13 N \dfrac{A_w}{A} \right)$<br>$+ f_{yh} \dfrac{A_{sh}}{s} h_{w0} + \dfrac{0.3}{\lambda} f_a A_{a1} + \dfrac{0.6}{\lambda - 0.5} f_p A_p$<br>当上式右端的计算值小于<br>$f_{yh} \dfrac{A_{sh}}{s} h_{w0} + \dfrac{0.3}{\lambda} f_a A_{a1} + \dfrac{0.6}{\lambda - 0.5} f_p A_p$ 时，<br>取等于 $f_{yh} \dfrac{A_{sh}}{s} h_{w0} + \dfrac{0.3}{\lambda} f_a A_{a1} + \dfrac{0.6}{\lambda - 0.5} f_p A_p$ | $V$ ——钢板混凝土剪力墙的墙肢截面剪力设计值（N）；<br>$\lambda$ ——计算截面处的剪跨比，$\lambda = \dfrac{M}{V h_{w0}}$，当 $\lambda < 1.5$ 时，取 $\lambda = 1.5$，当 $\lambda > 2.2$ 时，取 $\lambda = 2.2$；当计算截面与墙底之间的距离小于 $0.5 h_{w0}$ 时，$\lambda$ 应按距离墙底 $0.5 h_{w0}$ 处的弯矩值与剪力值计算；<br>$A_{a1}$ ——钢板混凝土剪力墙一端所配型钢的截面面积（mm²），当两端所配型钢截面面积不同时，取较小一端的面积；<br>$\beta_c$ ——混凝土强度影响系数，混凝土强度影响系数，当混凝土强度等级不超过 C50 时，取 $\beta_c = 1.0$；当混凝土强度等级为 C80 时，取为 $\beta_c = 0.8$；其间按线性内插法确定 |
| 4 | 斜截面偏心受拉受剪承载力（地震设计状况） | $V \leqslant \dfrac{1}{\gamma_{RE}} \left[ \dfrac{1}{\lambda - 0.5} \left( 0.4 f_t b_w h_{w0} - 0.1 N \dfrac{A_w}{A} \right) \right.$<br>$\left. + 0.8 f_{yh} \dfrac{A_{sh}}{s} h_{w0} + \dfrac{0.25}{\lambda} f_a A_{a1} + \dfrac{0.5}{\lambda - 0.5} f_p A_p \right]$<br>当上式右端的计算值小于<br>$\dfrac{1}{\gamma_{RE}} \left[ 0.8 f_{yh} \dfrac{A_{sh}}{s} h_{w0} + \dfrac{0.25}{\lambda} f_a A_{a1} + \dfrac{0.5}{\lambda - 0.5} f_p A_p \right]$<br>时，应取等于<br>$\dfrac{1}{\gamma_{RE}} \left[ 0.8 f_{yh} \dfrac{A_{sh}}{s} h_{w0} + \dfrac{0.25}{\lambda} f_a A_{a1} + \dfrac{0.5}{\lambda - 0.5} f_p A_p \right]$ | |
| 5 | 斜截面偏心受压受剪承载力（持久、短暂设计状况） | $V \leqslant \dfrac{1}{\lambda - 0.5} \left( 0.5 f_t b_w h_{w0} + 0.13 N \dfrac{A_w}{A} \right)$<br>$+ f_{yh} \dfrac{A_{sh}}{s} h_{w0} + \dfrac{0.3}{\lambda} f_a A_{a1} + \dfrac{0.6}{\lambda - 0.5} f_p A_p$ | |
| 6 | 斜截面偏心受压受剪承载力（地震设计状况） | $V \leqslant \dfrac{1}{\lambda - 0.5} \left( 0.4 f_t b_w h_{w0} + 0.1 N \dfrac{A_w}{A} \right)$<br>$+ 0.8 f_{yh} \dfrac{A_{sh}}{s} h_{w0} + \dfrac{0.25}{\lambda} f_a A_{a1} + \dfrac{0.5}{\lambda - 0.5} f_p A_p$ | |

2. 外包钢板混凝土剪力墙

（1）受弯承载力验算

压弯作用下钢板组合剪力墙受弯承载力可采用全截面塑性设计方法计算（图 4-71），且应考虑剪力对钢板轴向强度的降低作用。钢板组合剪力墙受弯承载力计算应符合下列规定：

塑性中和轴的高度可按下式确定：

$$N = f_c A_{cc} + f_y A_{sfc} + \rho f_y A_{swc} - f_y A_{sft} - \rho f_y A_{swt} \qquad (4\text{-}103)$$

受弯承载力设计值可按下列公式计算：

$$M_{u,N} = f_c A_{cc} d_{cc} + f_y A_{sfc} d_{sfc} + \rho f_y A_{swc} d_{swc} + f_y A_{sft} d_{sft} + \rho f_y A_{swt} d_{swt} \qquad (4\text{-}104)$$

$$\rho = \begin{cases} 1 & (V/V_u \leqslant 0.5) \\ 1 - (2V/V_u - 1)^2 & (V/V_u > 0.5) \end{cases} \qquad (4\text{-}105)$$

截面弯矩设计值应符合下式规定：

$$M \leqslant M_{u,N} \qquad (4\text{-}106)$$

式中：$N$——剪力墙的轴压力设计值（N）；

$M$——剪力墙的弯矩设计值（N·mm）；

$V$——钢板剪力墙的剪力设计值（N）；

$f_c$——混凝土的轴心抗压强度设计值（N/mm²）；

$f_y$——钢材的屈服强度（N/mm²）；

$M_{u,N}$——钢板组合剪力墙在轴压力作用下的受弯承载力设计值（N·mm）；

$A_{cc}$——受压混凝土面积（mm²）；

$A_{sfc}$——垂直于剪力墙受力平面的受压钢板面积（mm²）；

$A_{sft}$——垂直于剪力墙受力平面的受拉钢板面积（mm²）；

$A_{swc}$——平行于剪力墙受力平面的受压钢板面积（mm²）；

$A_{swt}$——平行于剪力墙受力平面的受拉钢板面积（mm²）；

$d_{cc}$——受压混凝土的合力作用点到剪力墙截面形心的距离（mm）；

$d_{sfc}$——垂直于剪力墙受力平面的受压钢板合力作用点到剪力墙截面形心的距离（mm）；

$d_{sft}$——垂直于剪力墙受力平面的受拉钢板合力作用点到剪力墙截面形心的距离（mm）；

$d_{swc}$——平行于剪力墙受力平面的受压钢板合力作用点到剪力墙截面形心的距离（mm）；

$d_{swt}$——平行于剪力墙受力平面的受拉钢板合力作用点到剪力墙截面形心的距离（mm）；

$\rho$——考虑剪应力影响的钢板强度折减系数；

$V_u$——钢板剪力墙的受剪承载力设计值，按式（4-108）计算（N）。

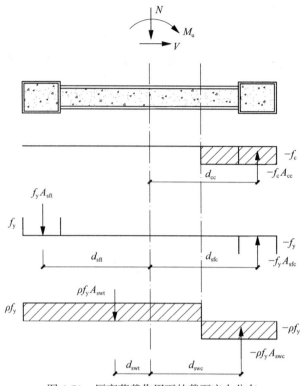

图 4-71 压弯荷载作用下的截面应力分布

（2）受剪承载力验算

钢板组合剪力墙的受剪承载力应符合下列公式规定：

$$V \leqslant V_u \tag{4-107}$$

$$V_u = 0.6 f_y A_{sw} \tag{4-108}$$

式中：$V$——钢板剪力墙的剪力设计值（N）；

$V_u$——钢板剪力墙的受剪承载力设计值（N）；

$A_{sw}$——平行于剪力墙受力平面的钢板面积（$mm^2$）。

# 4.8 本章小结

本章对装配式钢结构构件梁、柱的设计计算方法进行了简介和归纳，对常规截面柱、异形截面柱及组合柱的设计方法进行了总结。结合装配式钢结构体系的集成化设计和模块化设计理念，针对装配式楼盖体系、楼梯及预制模块和箱式模块单元的分类、构成和设计方法给出了具体要求和建议。分别对减震、隔震元件和抗侧力构件（支撑和钢板剪力墙）的分类和设计方法进行了拓展性介绍，为装配式钢结构的抗震设计提供参考。本章可为装配式钢结构的构件和其他结构单元的设计提供有针对性、便利的参考。

# 参考文献

［1］中华人民共和国住房和城乡建设部. 钢结构设计标准：GB 50017—2017［S］. 北京：中国建筑工业出版社，2018.

［2］中华人民共和国住房和城乡建设部. 钢管混凝土结构技术规范：GB 50936—2014［S］. 北京：中国建筑工业出版社，2014.

［3］中国工程建设标准化协会. 钢管混凝土结构技术规程：CECS 28—2012［S］. 北京：中国计划出版社，2012.

［4］中国建筑科学研究院，等. 轻型钢结构住宅技术规程：JGJ 209—2010［S］. 北京：中国建筑工业出版社，2010.

［5］中国建筑科学研究院. 建筑抗震设计规范：GB 50011—2010［S］. 北京：中国建筑工业出版社，2010.

［6］中国建筑科学研究院. 钢—混凝土组合结构设计规程：DL/T 5085—2021［S］. 北京：中国计划出版社，2021.

［7］同济大学，等. 多高层钢结构住宅技术规程：DG/TJ 08-2029-2007［S］. 上海：上海市工程建设规范，2007.

［8］安徽省市场监督管理局. 高层钢结构住宅技术规程：DB34/T 5001—2019［S］. 合肥：安徽地方标准，2020.

［9］中国工程建设标准化协会. 钢结构住宅设计规范：CECS 261—2009［S］. 北京：中国建筑工业出版社，2009.

［10］上海市城乡建设和交通委员会. 轻型钢结构技术规程：DG/TJ 08-2089-2012［S］. 上海：上海市工程建设规范，2012.

［11］中华人民共和国住房和城乡建设部. 装配式住宅建筑设计标准：JGJ/T 398—2017［S］. 北京：中国建筑工业出版社，2018.

［12］中华人民共和国住房和城乡建设部. 装配式钢结构建筑技术标准：GB/T 51232—2016［S］. 北京：中国建筑工业出版社，2017.

［13］曹双寅，等. 工程结构设计原理［M］. 南京：东南大学出版社，2018.

［14］聂建国，等. 钢—混凝土组合结构［M］. 北京：中国建筑工业出版社，2005.

［15］雷敏，沈祖炎，李元齐，等. 异形钢管混凝土柱研究现状［J］. 结构工程师，2013，29（3）：155-163.

［16］中华人民共和国住房和城乡建设部. 高层民用建筑钢结构技术规程：JGJ 99—2015［S］. 北京：中国建筑工业出版社，2016.

［17］中华人民共和国住房和城乡建设部. 组合结构设计规范：JGJ 138—2016［S］. 北京：中国建筑工业出版社，2016.

［18］中国工程建设标准化协会. 组合楼板设计与施工规范：CECS 273—2010［S］. 北京：中国计划出版社，2010.

［19］中华人民共和国住房和城乡建设部. 钢筋桁架楼承板：JG/T 368—2012［S］. 北京：中国标准出版社，2012.

［20］中华人民共和国住房和城乡建设部. 钢筋桁架叠合楼板应用技术规程：CECS 2019［S］. 北京：中国建筑工业出版社，2019.

［21］中国住房和城乡建设部建筑制品与构配件产品标准化委员会. 叠合板用预应力混凝土底板：GB/T 16727—2007［S］. 北京：中国标准出版社，2008.

［22］中华人民共和国住房和城乡建设部. 预制带肋底板混凝土叠合楼板技术规程：JGJ/T 258—2011［S］. 北京：中国建筑工业出版社，2012.

［23］中华人民共和国住房和城乡建设部. 建筑楼盖结构振动舒适度技术标准：JGJ/T 441—2019［S］. 北京：中国建筑工业出版社，2020.

［24］《钢多高层结构设计手册》编委会. 钢多高层结构设计手册［M］. 北京：中国计划出版社，2018.

［25］但泽义，等. 钢结构设计手册：第四版［M］. 北京：中国建筑工业出版社，2019.

［26］娄宇，黄健，吕佐超. 楼板体系振动舒适度设计［M］. 北京：科学出版社，2012.

［27］中国工程建设标准化协会. 箱式钢结构集成模块建筑技术规程：T/CECS 641—2019［S］. 北京：中国计划出版社，2020.

［28］广东省住房和城乡建设厅. 集装箱式房屋技术规程：DBJ/T 15-112-2016［S］. 北京：中国城市出版社，2016.

［29］广东省住房和城乡建设厅. 装配式钢结构建筑技术规程：DBJ/T 15-177-2020［S］. 北京：中国建筑工业出版社，2020.

# 第5章 连接与节点设计

装配式钢结构建筑连接与节点设计，应遵循《装配式钢结构建筑技术标准》GB/T 51232、《钢结构设计标准》GB 50017、《冷弯薄壁型钢结构技术规范》GB 50018 等国家规范标准的规定，在满足结构性能要求的同时，应特别注意满足方便装配的要求。本章重点介绍连接与节点设计的一般要求、焊接连接、紧固件连接、梁柱连接节点、钢柱拼接节点、支撑及剪力墙连接节点、模块连接节点、柱脚节点等方面内容。

## 5.1 一般规定

本节主要介绍连接和节点设计的一般规定，主要包括选材、构造、分析设计内容等方面基本要求。

连接设计应遵循以下一般规定：

（1）连接设计时，应合理选择材料和连接构造，满足强度、刚度要求，方便维护和制作，减少应力集中，避免三向受拉。

（2）设计文件应注明焊缝质量等级及承受动荷载的特殊构造要求、螺栓防松构造要求；高强螺栓应注明预拉力、摩擦面处理和抗滑移系数。

（3）连接设计计算模型和方法应能反映连接构造特征，装配过程对连接性能有影响时，计算设计应采用合适方法考虑。

节点设计应遵循以下一般规定：

（1）节点设计时，应遵循强节点、弱构件的原则。对抗震设防的钢结构节点，设计应满足《建筑抗震设计规范》GB 50011 的相关规定。

（2）装配式节点应合理选择材料和构造，满足强度、刚度要求，方便维护和制作。

（3）装配式节点设计计算模型应能反映节点构造特征和装配过程影响，与实际工作状态一致。

## 5.2 焊接连接

本节主要介绍框架结构、框架—支撑结构、框架—剪力墙结构、框架—筒体结构等常见装配式钢结构建筑结构体系焊接连接计算与构造要求。装配式钢结构焊接连接中主要有全熔透、部分熔透对接焊缝和角焊缝。焊接类型主要有构件组焊、构件及板材拼接、构件节点区及肋板焊接和构件节点区及板的焊接。对于焊接连接具体构造及设计计算要求应执行《钢结构焊接规范》GB 50661、《钢结构设计标准》GB 50017 相关条文规定。

冷成型轻钢龙骨结构焊接连接节点计算及构造参照《冷弯薄壁型钢结构技术规范》GB 50018 的相关章节执行。

## 5.2.1 焊接形式与构造

### 1. 工厂制作焊接形式与构造

装配式钢结构工厂制作焊接因焊缝位置不同，常遇的焊接形式及焊接质量等级要求见表 5-1。

工厂制作焊接焊缝连接构造要求及质量等级　　　表 5-1

| 焊缝位置 | | | 焊接要求 | 焊接质量等级 |
|---|---|---|---|---|
| 钢板、构件拼接接长 | | | 坡口全熔透对接 | 一级 |
| 梁翼缘对应十字形钢柱处水平加劲肋（或横隔板） | 与柱翼缘 | | 全熔透 T 形对接 | 二级 |
| | 与柱腹板 | | 角焊缝 | 三级 |
| 梁翼缘对应 H 形、工字形钢柱处水平加劲肋（或横隔板） | 梁与柱强轴刚度 | 与柱翼缘 | 全焊头 T 形对接 | 二级 |
| | | 与柱腹板 | 角焊缝 | 三级 |
| | 梁与柱弱轴刚接 | 与柱壁板 | 坡口全熔透对接 | 一级 |
| 梁翼缘对应箱形钢柱处水平加劲肋（或横隔板） | 与柱壁板 | | 全熔透 T 形对接或熔化嘴电渣焊 | 二级 |
| 竖向连接板、竖向加劲肋（或竖隔板） | 与梁、柱壁板 | | 角焊缝 | 三级 |
| 工厂制作焊接 · 柱壁板间组合焊缝 | 框架梁柱节点区及框架梁上下各 500mm 范围内 | | 坡口全熔透 | 一级 |
| | 柱接头上下各 100mm | | 坡口全熔透 | 一级 |
| | 全熔透区以外 · 箱形柱 | 四角 | 坡口部分熔透 | 二级 |
| | 工字形 | 腹板与翼缘 | 角焊缝或 K 形坡口部分熔透 | 二级 |
| | 十字形 | 腹板与翼缘 | K 形坡口部分熔透 | 二级 |
| | | 腹板与腹板 | | |
| 梁腹板开洞时，补强板与梁腹板 | | | 角焊缝 | 三级 |
| 高层钢结构中心支撑扩大端与框架梁柱节点区壁板间 | | | 坡口全熔透 | 一级 |
| 多层钢结构中心支撑节点板与框架梁柱节点 | | | 坡口全熔透 | 二级 |
| 吊柱与梁下翼缘 | | | 坡口全熔透 | 一级 |

2. 现场安装焊接形式与构造

装配式钢结构现场安装焊接因焊缝位置不同，常遇的焊接形式及焊接质量等级要求见表5-2。

现场安装焊接焊缝连接构造要求及质量等级　　　　　　　　　　表 5-2

| 焊缝位置 | | | 焊接要求 | 焊接质量等级 |
|---|---|---|---|---|
| 现场安装 | 梁柱全焊接刚性节点 | 梁翼缘 | 坡口全熔透 | 一级 |
| | | 梁腹板 | 角焊缝 | 三级 |
| | 梁—柱栓焊混合连接刚性节点（梁端翼缘加焊加强盖板） | 梁翼缘 | 坡口全熔透 | 一级 |
| | | 盖板与梁翼缘 | 角焊缝 | 三级 |
| | 钢柱带悬臂梁段与框架梁栓焊混合连接刚性节点 | 梁翼缘 | 坡口全熔透 | 二级 |
| | 柱与柱 | 工字形柱全栓焊 | 翼缘 | 坡口全熔透 | 一级 |
| | | | 腹板 | 上柱开K形坡口全熔透 | 二级 |
| | | 箱形柱 | 壁板 | 上柱开坡口全熔透 | 一级 |
| | | 箱形柱与十字形柱 | 过渡段壁板 | 上柱开坡口全熔透 | 一级 |
| | | 变截面柱 | 壁板 | 上柱开坡口全熔透 | 一级 |
| | | | 横隔板与壁板 | 坡口全熔透 | 一级 |
| | 次梁与主梁栓焊混合刚接 | 翼缘 | 坡口全焊透 | 二级 |
| | 隔撑与节点板 | | 角焊缝 | 三级 |
| | 梁腹板开洞时补强板与梁腹板 | | 角焊缝 | 三级 |
| | 柱与柱脚底板 | | 全熔透对接与角接组合焊缝 | 二级 |
| | 梁端翼缘与支座或预埋件刚接 | | 全熔透对接与角接组合焊缝 | 二级 |
| | 悬挑梁根部与支座或预埋件 | | 全熔透对接与角接组合焊缝 | 一级 |
| | 多层钢结构中心支撑与节点板 | | 角焊缝 | 三级 |
| | 偏心支撑与消能梁段 | | 坡口全熔透 | 二级 |
| | 内藏钢板支撑剪力墙支撑钢板下端与下框架梁上翼缘 | | 坡口全熔透 | 二级 |

3. 常见焊缝连接形式与构造要求

（1）受力和构造焊缝常采用对接焊缝、角接焊缝、对接角接组合焊缝，重要连接或有等强要求的对接焊缝为熔透焊缝，较厚板件或无需焊透时采用部分熔透焊缝。

（2）不同厚度及宽度的材料对接时，应作平缓过渡，并应符合下列规定：

1）不同厚度的板材或管材对接接头受拉时，其允许厚度差值（$t_1 - t_2$）应符合表5-3的规定。当厚度差值（$t_1 - t_2$）超过表5-3的规定时应将焊缝焊成斜坡状，其坡度最大允许值应为1：2.5，或将较厚板的一面或两面及管材的内壁或外壁在焊前加工成斜坡，其坡度最大允许值应为1：2.5（图5-1）；

**不同厚度钢材对接的允许厚度差**（单位：mm）　表 5-3

| 较薄钢材厚度 $t_2$ | $5 \leqslant t_2 \leqslant 9$ | $9 < t_2 \leqslant 12$ | $t_2 > 12$ |
|---|---|---|---|
| 允许厚度差 $t_1 - t_2$ | 2 | 3 | 4 |

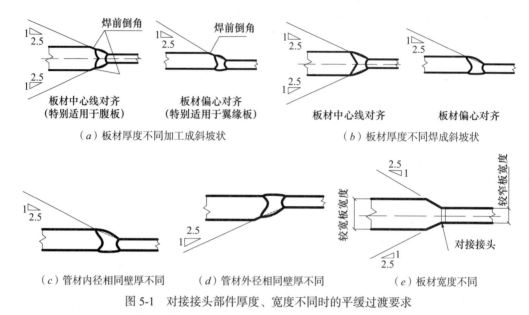

（a）板材厚度不同加工成斜坡状　　　（b）板材厚度不同焊成斜坡状

（c）管材内径相同壁厚不同　　　（d）管材外径相同壁厚不同　　　（e）板材宽度不同

图 5-1　对接接头部件厚度、宽度不同时的平缓过渡要求

2）不同宽度的板材对接时，应根据施工条件采用热切割、机械加工或砂轮打磨的方法使之平缓过渡，其连接处最大允许坡度值应为 1：2.5（图 5-1-$a$）。

（3）角焊缝的尺寸应符合下列规定：

1）角焊缝的最小计算长度应为其焊脚尺寸（$h_f$）的 8 倍，且不应小于 40mm；焊缝计算长度应为扣除引弧、收弧长度后的焊缝长度；

2）角焊缝的有效面积应为焊缝计算长度与计算厚度（$h_e$）的乘积。对任何方向的荷载，角焊缝上的应力应视为作用在这一有效面积上；

3）断续角焊缝焊段的最小长度不应小于最小计算长度；

4）角焊缝最小焊脚尺寸宜按表 5-4 取值；

**角焊缝最小焊脚尺寸**（单位：mm）　表 5-4

| 母材厚度 $t$[①] | 角焊缝最小焊脚尺寸 $h_f$ |
|---|---|
| $t \leqslant 6$ | 3 |
| $6 < t \leqslant 12$ | 5 |
| $12 < t \leqslant 20$ | 6 |
| $t > 20$ | 8 |

注：① 采用不预热的非低氢焊接方法进行焊接时，$t$ 等于焊接连接部位中较厚件厚度，宜采用单道焊缝。采用预热的非低氢焊接方法或低氢焊接方法进行焊接时，$t$ 等于焊接连接部位中较薄件厚度。

5）被焊构件中较薄板厚度不小于25mm时，宜采用开局部坡口的角焊缝；

6）采用角焊缝焊接连接，不宜将厚板焊接到较薄板上。

（4）搭接连接角焊缝的尺寸及布置应符合下列规定：

1）传递轴向力的部件，其搭接连接最小搭接长度应为较薄件厚度的5倍，且不应小于25mm（图5-2），并应施焊纵向或横向双角焊缝；

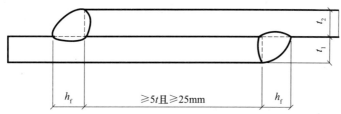

图 5-2　搭接连接双角焊缝的要求

$t$—$t_1$ 和 $t_2$ 中较小者；$h_f$—焊脚尺寸，按设计要求

2）只采用纵向角焊缝连接型钢杆件端部时，型钢杆件的宽度 $W$ 不应大于200mm（图5-3），当宽度 $W$ 大于200mm时，应加横向角焊；型钢杆件每一侧纵向角焊缝的长度 $L$ 不应小于 $W$；

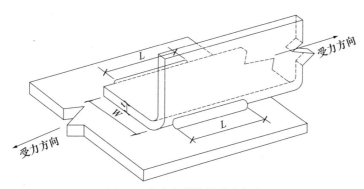

图 5-3　纵向角焊缝的最小长度

3）型钢杆件搭接连接采用围焊时，在转角处应连续施焊。杆件端部搭接角焊缝作绕焊时，绕焊长度不应小于焊脚尺寸的2倍，并应连续施焊；

4）搭接焊缝沿母材棱边的最大焊脚尺寸，当板厚小于等于6mm时，应为母材厚度，当板厚大于6mm时，应为母材厚度减去1～2mm（图5-4）；

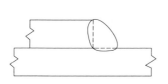
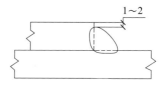

（a）母材厚度小于等于6mm时　　　　　（b）母材厚度大于6mm时

图 5-4　搭接焊缝沿母材棱边的最大焊脚尺寸

（5）工厂制作及现场安装常见的焊接坡口形式见表 5-5、表 5-6。

工厂制作常见的焊接坡口形式　　　　　　表 5-5

| 坡口类型 | 坡口形状示意图 | 坡口尺寸（单位：mm） | 备注 |
|---|---|---|---|
| 对接接头 | | $b = 0 \sim 3$<br>$p = 0 \sim 3$<br>$\alpha = 60°$ | 背面清根<br>全熔透 |
| | | $b = 0 \sim 3$<br>$p = 0 \sim 3$<br>$\alpha = 45°$ | |
| | | $b = 0 \sim 3$<br>$H_1 = 2/3 \, (t-p)$<br>$p = 0 \sim 3$<br>$H_2 = 1/3 \, (t-p)$<br>$\alpha_1 = 45°$<br>$\alpha_2 = 60°$ | |
| | | $b = 0 \sim 3$<br>$H_1 = 2/3 \, (t-p)$<br>$p = 0 \sim 3$<br>$H_2 = 1/3 \, (t-p)$<br>$\alpha_1 = 45°$<br>$\alpha_2 = 60°$ | |
| | | $b = 6, \ \alpha = 45°$；<br>$b = 10, \ \alpha = 30°$；<br>$p = 0 \sim 2$ | 衬垫焊<br>全熔透 |
| | | $b = 6, \ \alpha = 45°$；<br>$b = 10, \ \alpha = 30°$；<br>$p = 0 \sim 2$ | |
| | | $b = 0$<br>$H_1 \geqslant 2\sqrt{t}$<br>$p = t - H_1$<br>$\alpha = 60°$ | 部分熔透 |

| 坡口类型 | 坡口形状示意图 | 坡口尺寸（单位：mm） | 备注 |
|---|---|---|---|
| 对接接头 | | $b=0$<br>$H_1 \geqslant 2\sqrt{t}$<br>$p=t-H_1$<br>$\alpha=45°$ | 部分熔透 |
| | | $b=0$<br>$H_1 \geqslant 2\sqrt{t}$<br>$p=t-H_1-H_2$<br>$H_2 \geqslant 2\sqrt{t}$<br>$\alpha_1$、$\alpha_2=45°$ | |
| T 形接头 | | $b=0\sim3$<br>$p=0\sim3$<br>$\alpha=45°$ | 背面清根<br>全熔透 |
| | | $b=0\sim3$<br>$H_1=2/3\,(t-p)$<br>$p=0\sim3$<br>$H_2=1/3\,(t-p)$<br>$\alpha_1=45°$<br>$\alpha_2=60°$ | |
| | | $b=6,\ \alpha=45°;$<br>$b=10,\ \alpha=30°;$<br>$p=0\sim2$ | 衬垫焊<br>全熔透 |
| | | $b=0$<br>$H_1 \geqslant 2\sqrt{t}$<br>$p=t-H_1$<br>$\alpha=45°$ | |
| | | $b=0$<br>$H_1 \geqslant 2\sqrt{t}$<br>$p=t-H_1-H_2$<br>$H_2 \geqslant 2\sqrt{t}$<br>$\alpha_1$、$\alpha_2=45°$ | 部分熔透 |
| 角接接头 | | $b=0\sim3$<br>$p=0\sim3$<br>$\alpha=60°$ | 背面清根<br>全熔透 |

| 坡口类型 | 坡口形状示意图 | 坡口尺寸（单位：mm） | 备注 |
|---|---|---|---|
| 角接接头 | | $b = 0\sim3$<br>$p = 0\sim3$<br>$\alpha = 45°$ | 背面清根<br>全熔透 |
| | | $b = 0\sim3$<br>$H_1 = 2/3\,(t-p)$<br>$p = 0\sim3$<br>$H_2 = 1/3\,(t-p)$<br>$\alpha_1 = 45°$<br>$\alpha_2 = 60°$ | |
| | | $b = 6,\ \alpha = 45°$；<br>$b = 10,\ \alpha = 30°$；<br>$p = 0\sim2$ | 衬垫焊<br>全熔透 |
| | | $b = 6,\ \alpha = 45°$；<br>$b = 10,\ \alpha = 30°$；<br>$p = 0\sim2$ | |
| | | $b = 0$<br>$H_1 \geqslant 2\sqrt{t}$<br>$p = t-H_1$<br>$\alpha = 60°$ | 部分熔透 |
| | | $b = 0$<br>$H_1 \geqslant 2\sqrt{t}$<br>$p = t-H_1$<br>$\alpha = 45°$ | |
| | | $b = 0$<br>$H_1 \geqslant 2\sqrt{t}$<br>$p = t-H_1-H_2$<br>$H_2 \geqslant 2\sqrt{t}$<br>$\alpha_1 、 \alpha_2 = 45°$ | |

| 坡口类型 | 坡口形状示意图 | 坡口尺寸（单位：mm） | 备注 |
|---|---|---|---|
| 电渣焊接头 | | $t \leqslant 32$；$b = 25$<br>$32 < t \leqslant 45$；$b = 28$<br>$t > 45$；$b = 30 \sim 32$ | |

**现场安装常见的焊接坡口形式** 表 5-6

| 坡口类型 | 坡口形状示意图 | 坡口尺寸（单位：mm） | 备注 |
|---|---|---|---|
| 对接坡口 | | $b = t$ | |
| | | $b = 6$，$\alpha = 45°$；<br>$b = 10$，$\alpha = 30°$；<br>$p = 0 \sim 2$ | 衬垫焊<br>全熔透 |
| | | $b = 6$，$\alpha = 45°$；<br>$b = 10$，$\alpha = 30°$；<br>$p = 0 \sim 2$ | |
| | | $b = 0 \sim 3$<br>$p = 0 \sim 3$<br>$\alpha = 45°$ | 背面清根<br>全熔透 |
| | | $b = 0 \sim 3$<br>$H_1 = 2/3\,(t-p)$<br>$p = 0 \sim 3$<br>$H_2 = 1/3\,(t-p)$<br>$\alpha_1 = 45°$<br>$\alpha_2 = 60°$ | |

## 5.2.2 焊接连接的计算

装配式钢结构焊缝的设计，按国家建筑标准设计图集《多、高层民用建筑钢结构节点构造详图》16G519 中的焊缝图例选用，焊接连接的计算见《钢结构设计标准》GB 50017。常见的装配式钢结构焊缝计算主要有：

1. 全熔透对接焊缝和对接与角接组合焊缝的计算

（1）全熔透对接焊缝和对接与角接组合焊缝连接应符合表 5-7 规定。

全熔透对接焊缝和对接与角接组合焊缝的计算公式　　　　表 5-7

| 序号 | 受力方式 | 计算简图 | 计算公式 | 说明 |
|---|---|---|---|---|
| 1 | 轴心受拉或轴心受压 | | 正应力：$$\sigma = \frac{N}{l_w h_e} \leqslant f_t^w \text{或} f_c^w$$ | $l_w$——焊缝计算长度；<br>$h_e$——对接焊缝的计算厚度（mm），取连接件的较小厚度；<br>$f_t^w$、$f_c^w$——对接焊缝的抗拉、抗压强度设计值 |
| 2 | 轴心受拉或轴心受压 | | 正应力：$$\sigma = \frac{N\sin\theta}{l_w h_e} \leqslant f_t^w \text{或} f_c^w$$ 剪应力：$$\tau = \frac{N\cos\theta}{l_w h_e} \leqslant f_v^w$$ | 当 $\tan\theta \leqslant 1.5$ 且 $b \geqslant 50$mm 时可不进行强度计算；<br>$l_w$——斜焊缝计算长度；<br>$h_e$——连接件的较小厚度；<br>$\theta$——焊缝与作用力间的夹角；<br>$f_v^w$——对接焊缝的抗剪强度设计值 |
| 3 | 弯矩和剪力共同作用 | | 最大正应力：$$\sigma = \frac{6M}{l_w^2 h_e} \leqslant f_t^w \text{或} f_c^w$$ 最大剪应力：$$\tau = \frac{V S_w}{I_w h_e} \leqslant f_v^w$$ | $S_w$——焊缝计算截面的毛截面面积矩；<br>$I_w$——焊缝计算截面的惯性矩 |
| 4 | 轴力、剪力和弯矩共同作用 | | 最大正应力：$$\sigma = \frac{N}{A_w} + \frac{M}{W_w} \leqslant f_t^w \text{或} f_c^w$$ 最大剪应力：$$\tau = \frac{V S_w}{I_w h_e} \leqslant f_v^w$$ 同时受有较大正应力和剪应力处（点 1 处）应按下式验算折算应力：$$\sqrt{\sigma_1^2 + 3\tau_1^2} \leqslant 1.1 f_t^w$$ $$\sigma_1 = \frac{\sigma h_0}{h}, \ \tau_1 = \frac{V S_{w1}}{t_w I_w}$$ | $S_w$——焊缝计算截面的毛截面面积矩；<br>$S_{w1}$——焊缝计算截面在点"1"处的毛截面面积矩；<br>$A_w$——焊缝截面面积；<br>$I_w$——焊缝计算截面的惯性矩；<br>$t_w$——腹板厚度 |

（2）对接焊缝的抗拉强度设计值 $f_t^w$ 应根据焊缝质量等级取值。

（3）焊缝的计算长度 $l_w$，当采用引弧板和引出板施焊时，取焊缝实际长度；当未采用引弧板和引出板施焊时，每条焊缝的计算长度为实际长度减去 $2t$（$t$ 为较薄焊件的厚度）。

（4）焊接截面工字形梁翼缘与腹板的焊缝连接采用焊透的 T 形对接与角接组合

焊缝时，其焊缝强度可不计算。

2. 部分熔透对接焊缝和对接与角接组合焊缝的计算

（1）部分熔透的对接焊缝和对接与角接组合焊缝主要用于板件较厚但板件间连接受力较小时，或采用角焊缝焊脚尺寸过大时，一般用于承受压力的钢柱接头、H形或箱形构件的组合焊缝。当在垂直于焊缝长度方向受力时，由于未焊透处的应力集中会带来不利影响，对直接承受动力荷载的连接一般不宜采用部分熔透的对接焊缝。但当平行于焊缝长度方向受力时，可以采用。

（2）部分熔透对接焊缝和对接与角接组合焊缝，其强度计算应符合《钢结构设计标准》GB 50017 中角焊缝的强度计算公式的要求。在垂直于焊缝长度方向的压力作用下，取 $\beta_f = 1.22$，其他情况取 $\beta_f = 1.0$，其焊脚计算厚度应符合表 5-8 的规定。

部分熔透焊缝的焊脚厚度计算公式 表 5-8

| 焊缝类型 | 计算简图 | 坡口形式 | 计算公式 | 说明 |
|---|---|---|---|---|
| 部分熔透对接连接焊缝 | | 双面 V 形 | $\alpha \geqslant 60°$ 时，$h_e = s$ | |
| | | | $\alpha < 60°$ 时，$h_e = 0.75s$ | |
| L 形对接与角接组合焊缝 | | 单边 V 形 | 当 $\alpha = 45° \pm 5°$ 时，$h_e = s - 3$ | |
| T 形对接与角接组合焊缝 | | K 形 | 当 $\alpha = 45° \pm 5°$ 时，$h_e = s - 3$ | $s$——为坡口深度，即根部至焊缝表面（不考虑余高）的最短距离（mm）；$\alpha$——为 V 形、单边 V 形或 K 形坡口角度 |
| 部分熔透对接连接焊缝 | | U 形 | 当 $\alpha = 45° \pm 5°$ 时，$h_e = s$ | |
| L 形对接与角接组合焊缝 | | J 形 | 当 $\alpha = 45° \pm 5°$ 时，$h_e = s$ | |

（3）当熔合线处焊缝截面边长等于或接近于最短距离 $s$ 时，抗剪强度设计值应按角焊缝的强度设计值乘以 0.9。

3. 角焊缝连接的计算

（1）角焊缝焊脚计算厚度 $h_e$ 的取值应符合表 5-9 的规定。不同焊接条件的折减值 $z$ 应符合表 5-10 的规定。角焊缝的计算应符合表 5-11 的规定。

| 角焊缝类型 | 角焊缝简图 | 有效计算厚度 | 说明 |
|---|---|---|---|
| 搭接角焊缝及直角角焊缝 | | 当两焊件间隙 $b \leqslant 1.5\text{mm}$ 时，$h_e = 0.7h_f$；<br>当两焊件间隙 $1.5\text{mm} < b \leqslant 5\text{mm}$ 时，$h_e = 0.7(h_f - b)$ | $h_f$——焊脚尺寸（mm） |
| 斜角角焊缝 | （a）<br>（b）<br>（c）<br>（d） | （1）$60° \leqslant \alpha \leqslant 135°$（图 a～c）：<br>当两焊件间隙 $b$、$b_1$ 或 $b_2 \leqslant 1.5\text{mm}$ 时：$h_e = h_f\cos\dfrac{\alpha}{2}$<br>当两焊件间隙 $b$、$b_1$ 或 $b_2 > 1.5\text{mm}$ 但 $\leqslant 5\text{mm}$ 时，<br>$h_e = \left[ h_f - \dfrac{b(\text{或}b_1、b_2)}{\sin\alpha} \right]\cos\dfrac{\alpha}{2}$<br>（2）$30° \leqslant \alpha < 60°$ 图（d）：<br>将（1）中公式所计算的焊缝计算厚度 $h_e$ 减去折减值 $z$，不同焊接条件的折减值 $z$ 应符合表 5-11 的规定；<br>（3）$\alpha < 30°$：<br>必须进行焊接工艺评定，确定焊缝计算厚度 | $\alpha$——两面角（°）；<br>$h_f$——焊脚尺寸（mm）；<br>$b$、$b_1$、或 $b_2$——焊缝坡口根部间隙（mm） |

**30° ≤ α < 60° 时的焊缝计算厚度折减值 z**　　　　表 5-10

| 两面角 α | 焊接方法 | 折减值 z（单位：mm） | |
|---|---|---|---|
| | | 焊接位置 V 或 O | 焊接位置 F 或 H |
| 45° ≤ α < 60° | 焊条电弧焊 | 3 | 3 |
| | 药芯焊丝自保护焊 | 3 | 0 |
| | 药芯焊丝气体保护焊 | 3 | 0 |
| | 实芯焊丝气体保护焊 | 3 | 0 |
| 30° ≤ α < 45° | 焊条电弧焊 | 6 | 6 |
| | 药芯焊丝自保护焊 | 6 | 3 |
| | 药芯焊丝气体保护焊 | 10 | 6 |
| | 实芯焊丝气体保护焊 | 10 | 6 |

**角焊缝的计算公式**　　　　表 5-11

| 序号 | 受力方式 | 计算简图 | 计算公式 | 说明 |
|---|---|---|---|---|
| 1 | 通过焊缝形心的拉力、压力和剪力作用下 | | 正面角焊缝（作用力垂直于焊缝长度方向）：<br>$$\sigma_f = \frac{N}{h_e l_w} \leq \beta_f f_f^w$$<br>侧面角焊缝（作用力平行于焊缝长度方向）：<br>$$\tau_f = \frac{N}{h_e l_w} \leq f_f^w$$ | $h_e$——角焊缝计算厚度；应符合表 5-9 的要求；<br>$l_w$——角焊缝的计算长度，对每条焊缝取其实际长度减去 $2h_f$；<br>$\beta_f$——正面角焊缝的强度设计值增大系数。对承受静力荷载和间接承受动力荷载的结构，$\beta_f = 1.22$；对直接承受动力荷载的结构，$\beta_f = 1.0$ |
| 2 | 各种力综合作用处 | | 各种力综合作用下，$\sigma_f$ 和 $\tau_f$ 共同作用处：<br>$$\sqrt{\left(\frac{\sigma_f}{\beta_f}\right)^2 + \tau_f^2} \leq f_f^w$$ | |

| 序号 | 受力方式 | 计算简图 | 计算公式 | 说明 |
|---|---|---|---|---|
| 3 | 轴心受拉或轴心受压 | | 直接承受动力荷载时：<br>$$\tau_f = \frac{N}{h_e \sum l_w} \leqslant f_f^w$$<br>承受静力荷载和间接承受动力荷载时：<br>$$\tau_f = \frac{N}{h_e \left( \sum l_w + \sum \beta_f l_{wi} \right)} \leqslant f_f^w$$ | $\sum l_w$——连接件一端的焊缝总计算长度；<br>$h_e$——角焊缝计算厚度；<br>$\beta_f$——正面角焊缝的强度设计值增大系数 |
| 4 | 轴心受拉或轴心受压 | | 直接承受动力荷载时：<br>$$\tau_f = \frac{N}{h_e \sum l_w} \leqslant f_f^w$$<br>承受静力荷载和间接承受动力荷载时：<br>$$\tau_f = \frac{N}{h_e \left( \sum l_{w1} + \sum \beta_{f\theta} l_{w2} + \sum \beta_f l_{w3} \right)} \leqslant f_f^w$$ | 当正面角焊缝长度较小时，为简化计算，可忽略正面角焊缝及斜焊缝的 $\beta_f$ 增大系数，取 $\beta_f = \beta_{f\theta} = 1$ |
| 5 | 搭接角焊缝轴心受拉或轴心受压 | | $$\sigma_f = \frac{N}{0.7 \left( h_{f1} + h_{f2} \right) l_w} \leqslant 1.22 f_f^w$$ | 仅适用于承受静力荷载和间接承受动力荷载的结构 |
| 6 | 角焊缝承受拉力、剪力和弯矩的共同作用 | | $$\sigma_N^A = \frac{N}{h_e \sum l_w}$$<br>$$\tau_V^A = \frac{V}{h_e \sum l_w}$$<br>$$\sigma_M^A = \frac{M}{W_w}$$<br>$$\sqrt{\left( \frac{\sigma_N^A + \sigma_M^A}{\beta_f} \right)^2 + \tau_V^{A2}} \leqslant f_f^w$$ | 直接承受动力荷载时，$\beta_f = 1$，$M = Ve$ |

| 序号 | 受力方式 | 计算简图 | 计算公式 | 说明 |
|---|---|---|---|---|
| 7 | 弯矩和剪力共同作用 | | A 点焊缝强度验算：$$\sigma_{fA}=\dfrac{My_1}{I_{wx}}\le\beta_f f_f^w$$ B 点焊缝强度验算：$$\sqrt{\left(\dfrac{\sigma_{fB}}{\beta_f}\right)^2+\tau_f^2}\le f_f^w$$ 式中：$\sigma_{fB}=\dfrac{My_2}{I_{wx}}$；$\tau_f=\dfrac{V}{h_e\sum l_w}$ C 点焊缝强度验算：$$\sqrt{\left(\dfrac{\sigma_{fC}}{\beta_f}\right)^2+\tau_f^2}\le f_f^w$$ 式中：$\sigma_{fC}=\dfrac{My_3}{I_{wx}}$ | $I_{wx}$——焊缝有效截面的惯性矩 |
| 8 | 轴心力、扭矩和剪力共同作用 | 在 $V$、$N$ 作用下　　在 $M$ 作用下 | A 点的焊缝强度验算：$$\sqrt{\left(\dfrac{\tau_V+\sigma_M}{\beta_f}\right)^2+(\tau_N+\tau_M)^2}\le f_f^w$$ 式中：$$\tau_V=\dfrac{V}{h_e\sum l_w}$$ $$\tau_N=\dfrac{V}{h_e\sum l_w}$$ $$\tau_M=\dfrac{Mr_y}{I_x+I_y}$$ $$\sigma_M=\dfrac{Mr_x}{I_x+I_y}$$ | $l_x$、$l_y$——分别为焊缝有效截面对 $x$ 轴和 $y$ 轴的惯性矩；$r$——焊缝最外一点 A 点至焊缝形心 $O$ 点的距离 |
| 9 | 弯矩和剪力共同作用 | | 翼缘上边缘焊缝验算：$$\sigma_{fA}=\dfrac{M}{W_w}\le\beta_f f_f^w$$ 腹板最高点焊缝验算：$$\sqrt{\left(\dfrac{\sigma_{fB}}{\beta_f}\right)^2+\tau_f^2}\le f_f^w$$ 式中：$\sigma_{fB}=\dfrac{M}{I_f}\cdot\dfrac{h_2}{2}$；$$\tau_f=\dfrac{V}{2h_{e2}l_{w2}}$$ | $2h_{e2}l_{w2}$——腹板焊缝有效面积之和 |

| 序号 | 受力方式 | 计算简图 | 计算公式 | 说明 |
|---|---|---|---|---|
| 10 | 圆钢与钢板（或型钢的平板部分）的连接焊缝 | | $\tau_f = \dfrac{N}{h_e l_w} \leqslant f_f^w$ <br> $h_e = 0.7 h_f$ | |

（2）角焊缝的搭接焊缝连接中，当焊缝计算长度 $l_w$ 超过 $60h_f$ 时，焊缝的承载力设计值应乘以折减系数 $\alpha_f$，$\alpha_f = 1.5 - \dfrac{l_w}{120 h_f}$，并不小于 0.5。

（3）斜角角焊缝，其强度计算应符合《钢结构设计标准》GB 50017 中角焊缝的强度计算公式（11.2.2-1）至公式（11.2.2-3）的要求。斜角角焊缝焊脚计算厚度 $h_e$ 的取值应符合表 5-9 的要求。正面角焊缝的强度设计值增大系 $\beta_f$ 取 1.0。

（4）焊接截面工字形梁翼缘与腹板的焊缝连接采用双面角焊缝连接时，其强度应按下式计算，当梁上翼缘受有固定集中荷载时，宜在该处设置顶紧上翼缘的支承加劲肋，按下式计算时取 $F = 0$。

$$\frac{1}{2h_e} \sqrt{\left(\frac{VS_f}{I}\right)^2 + \left(\frac{\psi F}{\beta_f I_z}\right)^2} \leqslant f_f^w$$

式中：$S_f$——所计算翼缘毛截面对梁中和轴的面积矩（$mm^3$）；

$I$——梁的毛截面惯性矩（$mm^4$）；

$F$、$\psi$——按《钢结构设计标准》GB 50017 第 6.1.4 条采用。

4. 预埋件焊接计算

预埋件宜根据国标图集《钢筋混凝土结构预埋件》16G362 选用。直锚筋与锚板应采用 T 形焊接，且应满足表 5-12 的要求。

表 5-12

直锚筋与锚板焊接

| 计算简图 | 适用情况 | 计算说明 |
|---|---|---|
| <br> 1—锚板；2—直锚筋 | 当锚筋直径不大于 20mm 时宜采用压力埋弧焊 | 不用计算 |

| 计算简图 | 适用情况 | 计算说明 |
|---|---|---|
| 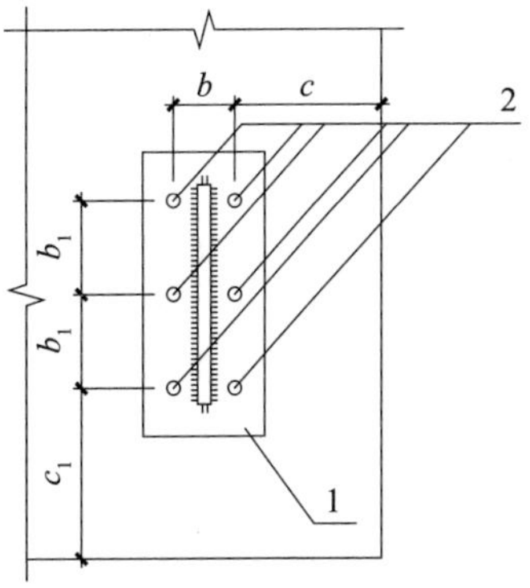 <br>1—锚板；2—直锚筋 | 当锚筋直径大于 20mm 时宜采用穿孔塞焊 | 按穿孔塞焊 |
|  | 当采用于工焊时，焊缝高度不宜小于 6mm，且对 300MPa 级钢筋不宜小于 $0.5d$，对其他钢筋不宜小于 $0.6d$，$d$ 为锚筋的直径 | 按角焊缝 |
| 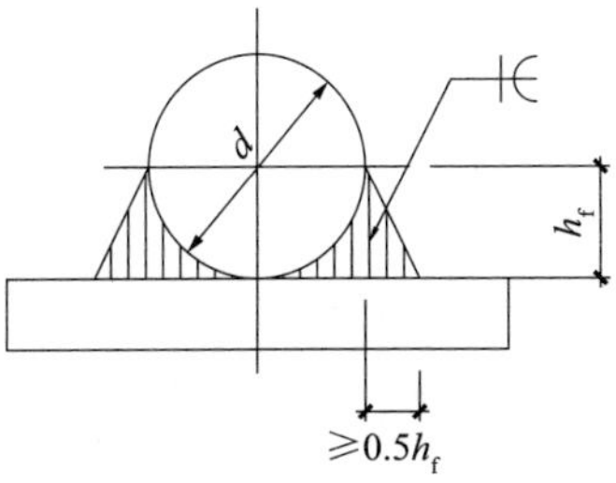 | 用于水平受拉锚筋 | 按表 5-11 第 10 项 |

对于常见节点焊接连接的计算采用 MTSTOOL、理正工具箱、PKPM 及 YJK 工具箱等常规软件，对于构造复杂的重要节点焊接连接计算采用 ANSYS、ABAQUS、MIDAS 等有限元软件。

# 5.3 紧固件连接

合理采用紧固件连接是方便现场装配的主要技术措施之一。目前常用的紧固件主要有普通螺栓、高强螺栓、锚栓和铆钉，重要受力连接宜采用高强螺栓。紧固件连接设计计算主要依据《钢结构设计标准》GB 50017、《冷弯薄壁型钢结构技术规范》GB 50018，连接构造以方便装配为主要原则。

## 5.3.1 普通螺栓、锚栓或铆钉连接计算

### 1. 受剪连接承载力计算

在如图 5-5 所示普通螺栓或铆钉受剪连接中，每个螺栓的承载力设计值应取受剪和承压承载力设计值中的较小者。受剪和承压承载力设计值应分别按式（5-1）、式（5-2）和式（5-3）、式（5-4）计算。

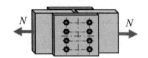 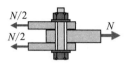

图 5-5　普通螺栓或铆钉受剪连接

普通螺栓：
$$N_v^b = n_v \frac{\pi d^2}{4} f_v^b \qquad (5\text{-}1)$$

铆钉：
$$N_v^r = n_v \frac{\pi d_0^2}{4} f_v^r \qquad (5\text{-}2)$$

普通螺栓：
$$N_c^b = d \sum t f_c^b \qquad (5\text{-}3)$$

铆钉：
$$N_c^r = d_0 \sum t f_c^r \qquad (5\text{-}4)$$

式中：$N_v^b$、$N_c^b$——一个普通螺栓的抗剪、承压承载力设计值（N）；

$N_v^r$、$N_c^r$——一个铆钉抗剪、承压承载力设计值（N）；

$n_v$——受剪面数；

$d$——螺杆直径（mm）；

$d_0$——铆钉孔直径（mm）；

$\sum t$——在不同受力方向中一个受力方向承压构件总厚度的较小者（mm）；

$f_v^b$、$f_c^b$——螺栓的抗剪和承压强度设计值（N/mm²）；

$f_v^r$、$f_c^r$——铆钉的抗剪和承压强度设计值（N/mm²）。

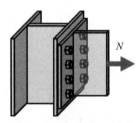

图 5-6　普通螺栓、锚栓或铆钉受拉连接

2. 受拉连接承载力计算

在如图 5-6 所示普通螺栓、锚栓或铆钉杆轴向方向受拉的连接中，每个普通螺栓、锚栓或铆钉的承载力设计值应按下列公式计算：

普通螺栓：
$$N_t^b = \frac{\pi d_e^2}{4} f_t^b \qquad (5\text{-}5)$$

锚栓：
$$N_t^a = \frac{\pi d_e^2}{4} f_t^a \qquad (5\text{-}6)$$

铆钉：
$$N_t^r = \frac{\pi d_e^2}{4} f_t^r \qquad (5\text{-}7)$$

式中：$N_t^b$、$N_t^r$——一个普通螺栓、铆钉的抗拉承载力设计值（N）；

$d_e$——螺栓或锚栓在螺纹处的有效直径（mm）；

$f_t^b$、$f_t^a$、$f_t^r$——普通螺栓、锚栓和铆钉的抗拉强度设计值（N/mm²）。

3. 同时受剪拉连接承载力计算

同时承受剪力和杆轴方向拉力的普通螺栓和铆钉，其承载力应分别符合下列公式的要求：

普通螺栓：
$$\sqrt{\left(\frac{N_v}{N_v^b}\right)^2+\left(\frac{N_t}{N_t^b}\right)^2}\leqslant 1.0 \tag{5-8}$$

$$N_v\leqslant N_c^b \tag{5-9}$$

铆钉：
$$\sqrt{\left(\frac{N_v}{N_v^r}\right)^2+\left(\frac{N_t}{N_t^r}\right)^2}\leqslant 1.0 \tag{5-10}$$

$$N_v\leqslant N_c^r \tag{5-11}$$

式中：$N_v$、$N_t$——分别为某个普通螺栓所承受的剪力和拉力（N）。

常用普通螺栓群计算见表 5-13。

常用普通螺栓群计算公式      表 5-13

| 序号 | 受力方式 | 计算简图 | 计算公式 | 说明 |
|---|---|---|---|---|
| 1 | 螺栓群承受轴心剪力作用 | | 所需螺栓数目：$n=\dfrac{N}{\beta\times N_{min}^b}$ 板件净截面强度计算：$\sigma=\dfrac{N}{A_n}\leqslant f$ | $N$——作用于螺栓群的轴心力设计值；$\beta$——折减系数，见 5.3.3 节 $N_{min}^b=(N_v^b,N_c^b)$ 的最小值；$A_n$——构件净截面面积 |
| 2 | 螺栓群承受扭矩作用 | | 螺栓 1 距形心最远，其所受剪力 $N_{1T}$ 最大，分解为两个分量：$N_{1x}^T=\dfrac{T\cdot y_1}{\sum x_i^2+\sum y_i^2}$ $N_{1y}^T=\dfrac{T\cdot x_1}{\sum x_i^2+\sum y_i^2}$ $\sqrt{(N_{1x}^T)^2+(N_{1y}^T)^2}\leqslant N_{min}^b$ | $N_{min}^b=(N_v^b,N_c^b)$ 的最小值 |
| 3 | 螺栓群受弯矩作用 | | 在弯矩 $M$ 的作用下螺栓 1 所受的最大拉力为：$N_1^M=\dfrac{M\cdot y_1}{m\sum y_i^2}$ | $m$——螺栓群的列数 |

## 5.3.2 高强度螺栓连接计算

1. 摩擦型连接计算

（1）受剪连接承载力计算

在受剪连接中，每个高强度螺栓的承载力设计值按下式计算：

$$N_v^b = 0.9kn_f\mu P \qquad (5\text{-}12)$$

式中：$N_v^b$——一个高强度螺栓的受剪承载力设计值（N）；

$k$——孔型系数，标准孔取 1.0；大圆孔取 0.85；内力与槽孔长向垂直时取 0.7；内力与槽孔长向平行时取 0.6；

$n_f$——传力摩擦面数目；

$\mu$——摩擦面的抗滑移系数，可按表 5-14 取值；

$P$——一个高强度螺栓的预拉力设计值（N），按表 5-15 取值。

钢材摩擦面的抗滑移系数 μ 表 5-14

| 连接处构件接触面的处理方法 | 构件的钢材牌号 | | |
| --- | --- | --- | --- |
| | Q235 钢 | Q345 钢或 Q390 钢 | Q420 钢或 Q460 钢 |
| 喷硬质石英砂或铸钢棱角砂 | 0.45 | 0.45 | 0.45 |
| 抛丸（喷砂） | 0.40 | 0.40 | 0.40 |
| 钢丝刷清除浮锈或未经处理的干净轧制面 | 0.30 | 0.35 | — |

注：1. 钢丝刷除锈方向应与受力方向垂直。

2. 当连接构件采用不同钢材牌号时，$\mu$ 按相应较低强度者取值。

3. 采用其他方法处理时，其处理工艺及抗滑移系数值需经试验确定。

一个高强度螺栓的预拉力设计值 P（单位：kN） 表 5-15

| 螺栓的承载性能等级 | 螺栓公称直径（单位：mm） | | | | | |
| --- | --- | --- | --- | --- | --- | --- |
| | M16 | M20 | M22 | M24 | M27 | M30 |
| 8.8 级 | 80 | 125 | 150 | 175 | 230 | 280 |
| 10.9 级 | 100 | 155 | 190 | 225 | 290 | 355 |

（2）受拉连接承载力计算

在螺栓杆轴方向受拉的连接中，每个高强度螺栓的承载力按下式计算：

$$N_t^b = 0.8P \qquad (5\text{-}13)$$

（3）同时受剪拉连接承载力计算

当高强度螺栓摩擦型连接同时承受摩擦面间的剪力和螺栓杆轴方向的外拉力时，承载力应符合下式要求：

$$\frac{N_v}{N_v^b} + \frac{N_t}{N_t^b} \leqslant 1.0 \qquad (5\text{-}14)$$

式中：$N_v$、$N_t$——分别为某个高强度螺栓所承受的剪力和拉力（N）；

$N_v^b$、$N_t^b$——一个高强度螺栓的受剪、受拉承载力设计值（N）。

高强度螺栓摩擦型连接螺栓群因承受弯矩等因素导致各螺栓承受拉力差别明显时，按式（5-14）验算受拉力最大的螺栓控制设计将导致出现较大浪费，考虑到摩擦型连接达到破坏前没有滑移，螺栓群抗剪承载力可按整体承载力控制，按下式计算：

$$\sum N_{vi} \leqslant \sum N_{vi}^{b} \qquad (5\text{-}15)$$

$$N_{vi}^{b} = 0.9kn_{f}(P - 1.25N_{ti}) \qquad (5\text{-}16)$$

式中：$N_{vi}$、$N_{ti}$、$N_{vi}^{b}$——分别为第 $i$ 个螺栓承受的剪力、拉力和受剪承载力。$N_{vi}^{b}$ 由式（5-13~5-14）变换得到。

同时补充验算各螺栓抗拉承载力：

$$N_{ti} \leqslant N_{t}^{b} \qquad (5\text{-}17)$$

2. 承压型连接计算

承压型连接的高强度螺栓预拉力 $P$ 的施拧工艺和设计值取值应与摩擦型连接高强度螺栓相同。

（1）受剪连接承载力计算

承压型连接中每个高强度螺栓的受剪承载力设计值，其计算方法与普通螺栓相同，但当计算剪切面在螺纹处时，其受剪承载力设计值应按螺纹处的有效截面积进行计算。

（2）受拉连接承载力计算

在杆轴受拉的连接中，每个高强度螺栓的受拉承载力设计值的计算方法与普通螺栓相同。

（3）同时受剪拉连接承载力计算

同时承受剪力和杆轴方向拉力的承压型连接，承载力应符合下列公式的要求：

$$\sqrt{\left(\frac{N_{v}}{N_{v}^{b}}\right)^{2} + \left(\frac{N_{t}}{N_{t}^{b}}\right)^{2}} \leqslant 1.0 \qquad (5\text{-}18)$$

$$N_{v} \leqslant N_{c}^{b}/1.2 \qquad (5\text{-}19)$$

式中：$N_{v}$、$N_{t}$——所计算的某个高强度螺栓所承受的剪力和拉力；

$N_{v}^{b}$、$N_{t}^{b}$、$N_{c}^{b}$——一个高强度螺栓按普通螺栓计算时的受剪、受拉和承载力设值。

### 5.3.3 紧固件连接构造要求

1. 螺栓孔孔径与孔型要求

螺栓孔的孔径与孔型应符合下列规定：

（1）B 级普通螺栓的孔径 $d_0$ 较螺栓公称直径 $d$ 大 0.2~0.5mm，C 级普通螺栓的孔径 $d_0$ 较螺栓公称直径 $d$ 大 1.0~1.5mm。

（2）高强度螺栓承压型连接采用标准圆孔时，其孔径 $d_0$ 可按表 5-16 采用。

（3）高强度螺栓摩擦型连接可采用标准孔、大圆孔和槽孔，孔型尺寸可按表 5-16 采用。采用扩大孔连接时，同一连接面只能在盖板和芯板其中之一的板上采用大圆孔或槽孔，其余仍采用标准孔。

高强度螺栓连接的孔型尺寸匹配（单位：mm） 表 5-16

| 螺栓公称直径 | | | M12 | M16 | M20 | M22 | M24 | M27 | M30 |
|---|---|---|---|---|---|---|---|---|---|
| 孔型 | 标准孔 | 直径 | 13.5 | 17.5 | 22 | 24 | 26 | 30 | 33 |
| | 大圆孔 | 直径 | 16 | 20 | 24 | 28 | 30 | 35 | 38 |
| | 槽孔 | 短向 | 13.5 | 17.5 | 22 | 24 | 26 | 30 | 33 |
| | | 长向 | 22 | 30 | 37 | 40 | 45 | 50 | 55 |

（4）高强度螺栓摩擦型连接盖板按大圆孔、槽孔制孔时，应增大垫圈厚度或采用连续型垫板，其孔径与标准垫圈相同，对 M24 及以下的螺栓，厚度不宜小于 8mm；对 M24 以上的螺栓，厚度不宜小于 10mm。

2. 螺栓（铆钉）连接布置要求

螺栓（铆钉）连接宜采用紧凑布置，其连接中心宜与被连接构件截面的重心相一致。螺栓或铆钉的间距、边距和端距容许值应符合表 5-17 的规定。

螺栓或铆钉的间距、边距和端距容许值 表 5-17

| 名称 | 位置和方向 | | | 最大容许间距（取两者的最小值） | 最小容许间距 |
|---|---|---|---|---|---|
| 中心间距 | 外排（垂直内力方向或顺内力方向） | | | $8d_0$ 或 $12t$ | $3d_0$ |
| | 中间排 | 垂直内力方向 | | $16d_0$ 或 $24t$ | |
| | | 顺内力方向 | 构件受压力 | $12d_0$ 或 $18t$ | |
| | | | 构件受拉力 | $16d_0$ 或 $24t$ | |
| | 沿对角线方向 | | | — | |
| 中心至构件边缘距离 | 顺内力方向 | | | $4d_0$ 或 $8t$ | $2d_0$ |
| | 垂直内力方向 | 剪切边或手工切割边 | | | $1.5d_0$ |
| | | 轧制边、自动气割或锯割边 | 高强度螺栓 | | |
| | | | 其他螺栓或铆钉 | | $1.2d_0$ |

注：1. $d_0$ 为螺栓或铆钉的孔径，对槽孔为短向尺寸，$t$ 为外层较薄板件的厚度。
2. 钢板边缘与刚性构件（如角钢，槽钢等）相连的高强度螺栓的最大间距，可按中间排的数值采用。
3. 计算螺栓孔引起的截面削弱时可取 $d + 4mm$ 和 $d_0$ 的较大者。

3. 螺栓或铆钉数目增加要求

在下列情况的连接中，螺栓或铆钉的数目应予增加：

（1）一个构件借助填板或其他中间板与另一构件连接的螺栓（摩擦型连接的高强度螺栓除外）或铆钉数目，应按计算增加 10%。

（2）当采用搭接或拼接板的单面连接传递轴心力，因偏心引起连接部位发生弯曲时，螺栓（摩擦型连接的高强度螺栓除外）数目应按计算增加 10%。

（3）在构件的端部连接中，当利用短角钢连接型钢（角钢或槽钢）的外伸肢以缩短连接长度时，在短角钢两肢中的一肢上，所用的螺栓或铆钉数目应按计算增加 50%。

（4）当铆钉连接的铆合总厚度超过铆钉孔径的 5 倍时，总厚度每超过 2mm，铆钉数目应按计算增加 1%（至少应增加 1 个铆钉），但铆合总厚度不得超过铆钉孔径的 7 倍。

4. 螺栓承载力折减要求

在构件连接节点的一端，当螺栓沿轴向受力方向的连接长度 $l_1$ 大于 $15d_0$ 时（$d_0$ 为孔径），应将螺栓的承载力设计值乘以折减系数 $\beta$ $\left( \beta = 1.1 - \dfrac{l_1}{150d_0} \right)$，当大于 $60d_0$ 时，折减系数 $\beta$ 取为定值 0.7。

5. 其他要求

（1）直接承受动力荷载的螺栓连接要求

直接承受动力荷载构件的螺栓连接应符合下列规定：

1）抗剪连接时应采用摩擦型高强度螺栓；

2）普通螺栓受拉连接应采用双螺帽或其他能防止螺帽松动的有效措施。

（2）螺栓连接设计其他要求

螺栓连接设计应符合下列规定：

1）连接处应有必要的螺栓施拧空间。

2）螺栓连接或拼接节点中，每一杆件一端的永久性的螺栓数不宜少于 2 个。对组合构件的缀条，其端部连接可采用 1 个螺栓。

3）沿杆轴方向受拉的螺栓连接中的端板（法兰板），宜设置加劲肋。

（3）高强螺栓连接设计其他要求

高强度螺栓连接设计应符合下列规定：

1）本章的高强度螺栓连接均应按本标准表 5-15 施加预拉力；

2）采用承压型连接时，连接处构件接触面应清除油污及浮锈，仅承受拉力的高强度螺栓连接，不要求对接触面进行抗滑移处理；

3）高强度螺栓承压型连接不应用于直接承受动力荷载的结构，抗剪承压型连接在正常使用极限状态下应符合摩擦型连接的设计要求；

4）当高强度螺栓连接的环境温度为 100～150℃时，其承载力应降低 10%。

# 5.4　梁柱连接节点

装配式钢结构建筑梁柱节点设计中要充分考虑装配式钢结构建筑对结构性能的要求，采用科学的节点设计理念和结构性能实现方式，选用合适的节点形式和节点设计方法，积极采用单边螺栓、套管节点等方便现场装配连接方式和节点形式。

### 5.4.1 梁柱连接节点构造

**1. 普通梁柱连接节点构造形式**

一般梁柱连接节点可采用焊接连接、螺栓连接、栓焊混合连接、端板连接、顶底角钢连接等构造，普通梁柱刚性连接节点可采用如图 5-7 所示构造，当柱连接不等高梁时刚性连接节点可采用如图 5-8 所示构造，普通梁柱铰接连接节点可采用如图 5-9 所示构造。当抗震要求较高时，还可以采用"狗骨式"等抗震耗能性能更好的节点形式。

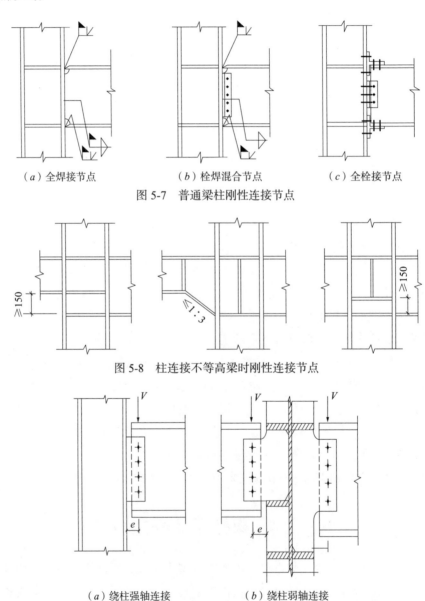

（a）全焊接节点　　　　（b）栓焊混合节点　　　　（c）全栓接节点

图 5-7　普通梁柱刚性连接节点

图 5-8　柱连接不等高梁时刚性连接节点

（a）绕柱强轴连接　　　　　　（b）绕柱弱轴连接

图 5-9　普通梁柱铰接连接节点

2.《装配式钢结构建筑技术规范（征求意见稿）》推荐的节点形式

《装配式钢结构建筑技术规范（征求意见稿）》增补推荐了如图 5-10 所示梁柱连接节点构造，可作为梁柱连接节点的主要构造。

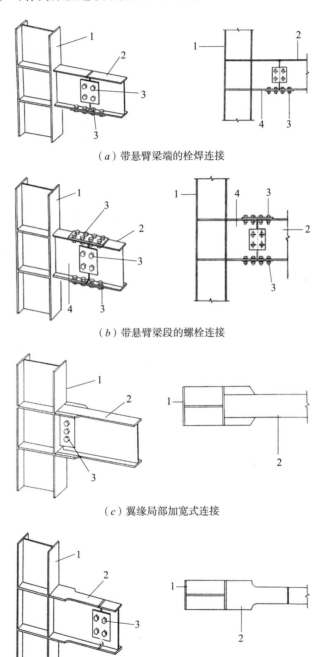

（a）带悬臂梁端的栓焊连接

（b）带悬臂梁段的螺栓连接

（c）翼缘局部加宽式连接

（d）梁翼缘扩翼式连接

图 5-10 《装配式钢结构建筑技术规范（征求意见稿）》推荐的梁柱连接节点（一）

1—柱；2—梁；3—高强度螺栓；4—悬臂端

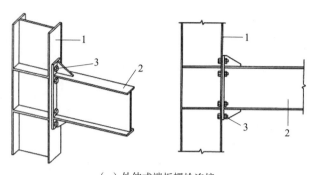

（e）外伸式端板螺栓连接

1—柱；2—梁；3—高强度螺栓；4—悬臂端

图 5-10 《装配式钢结构建筑技术规范（征求意见稿）》推荐的梁柱连接节点（二）

### 3. 新型套筒式钢管柱梁节点形式

装配式钢结构建筑中钢柱采用方管或矩形管可提升柱的性能，但传统连接构造不便于现场装配，可采用图 5-11～图 5-14 所示新型套筒式钢管柱梁节点构造。

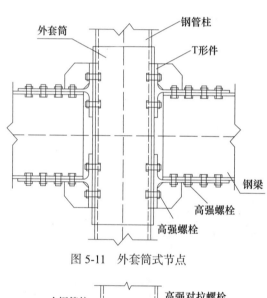

图 5-11 外套筒式节点

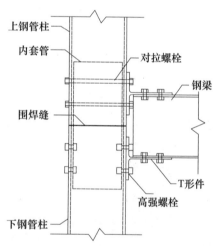

图 5-12 钢管内套筒—T形件梁柱连接节点

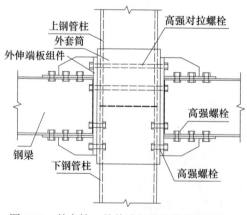

图 5-13 外套筒—外伸端板组件梁柱接连节点

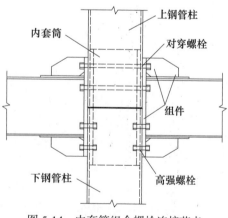

图 5-14 内套筒组合螺栓连接节点

4. 梁柱刚接节点构造要求

（1）焊接和栓焊混合连接梁柱刚接节点构造要求

采用焊接连接或栓焊混合连接（梁翼缘与柱焊接，腹板与柱高强度螺栓连接）的梁柱刚接节点，其构造应符合下列规定：

1）H形钢柱腹板对应于梁翼缘部位宜设置横向加劲肋，箱形（钢管）柱对应于梁翼缘的位置宜设置水平隔板。

2）梁柱节点宜采用柱贯通构造，当柱采用冷成型管截面或壁板厚度小于翼缘厚度较多时，梁柱节点宜采用隔板贯通式构造。

3）节点采用隔板贯通式构造时，柱与贯通式隔板应采用全熔透坡口焊缝连接。贯通式隔板挑出长度 $l$ 宜满足 $25mm \leqslant l \leqslant 60mm$；隔板宜采用拘束度较小的焊接构造与工艺，其厚度不应小于梁翼缘厚度和柱壁板的厚度。当隔板厚度不小于 36mm 时，宜选用厚度方向钢板。

4）梁柱节点区柱腹板加劲肋或隔板应符合下列规定：

① 横向加劲肋的截面尺寸应经计算确定，其厚度不宜小于梁翼缘厚度；其宽度应符合传力、构造和板件宽厚比限值的要求。

② 横向加劲肋的上表面宜与梁翼缘的上表面对齐，并以焊透的 T 形对接焊缝与柱翼缘连接。当梁与 H 形截面柱弱轴方向连接，即与腹板垂直相连形成刚接时，横向加劲肋与柱腹板的连接宜采用焊透对接焊缝。

③ 箱形柱中的横向隔板与柱翼缘的连接宜采用焊透的 T 形对接焊缝，对无法进行电弧焊的焊缝且柱壁板厚度不小于 16mm 时，可采用熔化嘴电渣。

④ 当采用斜向加劲肋加强节点域时，加劲肋及其连接应能传递柱腹板所能承担剪力之外的剪力；其截面尺寸应符合传力和板件宽厚比限值的要求。

（2）端板连接梁柱刚接节点构造要求

1）端板连接的梁柱刚接节点应符合下列规定：

① 端板宜采用外伸式端板。端板的厚度不宜小于螺栓直径。

② 节点中端板厚度与螺栓直径应由计算决定，计算时宜计入撬力的影响。

③ 节点区柱腹板对应于梁翼缘部位应设置横向加劲肋，其与柱翼缘围隔成的节点域应按《钢结构设计标准》GB 50017 第 5.4.2 条进行抗剪强度的验算，强度不足时宜设斜加劲肋加强。

2）采用端板连接的节点，应符合下列规定：

① 连接应采用高强度螺栓，螺栓间距应满足国家标准的规定；

② 螺栓应成对称布置，并应满足拧紧螺栓的施工要求。

## 5.4.2 梁柱连接节点计算

1. 梁柱刚性连接节点域计算

如图 5-15 所示，当梁柱采用刚性连接，对应于梁翼缘的柱腹板部位设置横向加劲肋时，节点域应符合下列规定：

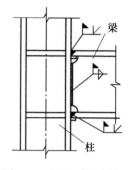

图 5-15　梁柱刚性连接柱腹板部位设置横向加劲肋

1）当横向加劲肋厚度不小于梁的翼缘板厚度时，节点域的受剪正则化宽厚比 $\lambda_{n,s}$ 不应大于 0.8；对单层和低层轻型建筑，$\lambda_{n,s}$ 不得大于 1.2。节点域的受剪正则化宽厚比 $\lambda_{n,s}$ 应按下式计算：

当 $h_c/h_b \geqslant 1.0$ 时：

$$\lambda_{n,s} = \frac{h_b/t_w}{37\sqrt{5.34 + 4\,(h_b/h_c)^2}} \frac{1}{\varepsilon_k} \tag{5-20}$$

当 $h_c/h_b < 1.0$ 时：

$$\lambda_{n,s} = \frac{h_b/t_w}{37\sqrt{4 + 5.34\,(h_b/h_c)^2}} \frac{1}{\varepsilon_k} \tag{5-21}$$

式中：$h_c$、$h_b$——分别为节点域腹板的宽度和高度。

2）节点域的承载力应满足下式要求：

$$\frac{M_{b1} + M_{b2}}{V_p} \leqslant f_{ps} \tag{5-22}$$

H 形截面柱：

$$V_p = h_{b1} h_{c1} t_w \tag{5-23}$$

箱形截面柱：

$$V_p = 1.8 h_{b1} h_{c1} t_w \tag{5-24}$$

圆管截面柱：

$$V_p = (\pi/2) h_{b1} d_c t_c \tag{5-25}$$

式中：$M_{b1}$、$M_{b2}$——分别为节点域两侧梁端弯矩设计值（N）；

　　　　$V_p$——节点域的体积（$mm^3$）；

　　　　$h_{c1}$——柱翼缘中心线之间的宽度和梁腹板高度（mm）；

　　　　$h_{b1}$——梁翼缘中心线之间的高度（mm）；

　　　　$t_w$——节点域钢管壁厚（mm）；

　　　　$d_c$——钢管直径线上管壁中心线之间的距离（mm）；

　　　　$t_c$——节点域钢管壁厚（mm）；

　　　　$f_{ps}$——节点域的抗剪强度（$N/mm^2$）。

3）节点域的抗剪强度 $f_{ps}$ 应据节点域受剪正则化宽厚 $\lambda_{n,s}$ 比按下列规定取值：

① 当 $\lambda_{n,s} \leqslant 0.6$ 时，$f_{ps} = \dfrac{4}{3} f_v$；

② 当 $0.6 < \lambda_{n,s} \leqslant 0.8$ 时，$f_{ps} = \dfrac{1}{3} \left( 7 - 5\lambda_{n,s} \right) f_v$；

③ 当 $0.8 < \lambda_{n,s} \leqslant 1.2$ 时，$f_{ps} = \left[ 1 - 0.75 \left( \lambda_{n,s} - 0.8 \right) \right] f_v$；

④ 当轴压比 $\dfrac{N}{Af} >$ 时，受剪承载力 $f_{ps}$ 应乘以修正系数，当 $\lambda_{n,s} \leqslant 0.8$ 时，修正系数可取为 $\sqrt{1 - \left( \dfrac{N}{Af} \right)^2}$。

4）当节点域厚度不满足式（5-22）的要求时，对 H 形截面柱节点域可采用下列补强措施：

① 加厚节点域的柱腹板。腹板加厚的范围应伸出梁的上下翼缘外不小于 150mm。

② 节点域处焊贴补强板加强。补强板与柱加劲肋和翼缘可采用角焊缝连接，与柱腹板采用塞焊连成整体，塞焊点之间的距离不应大于较薄焊件厚度的 $21\varepsilon_k$ 倍。

③ 设置节点域斜向加劲肋加强。

2. 未设置水平加劲肋梁柱刚性连接节点计算

如图 5-16 梁柱刚性节点中当工字形梁翼缘采用焊透的 T 形对接焊缝与 H 形柱的翼缘焊接，同时对应的柱腹板未设置水平加劲肋时，柱翼缘和腹板厚度应符合下列规定：

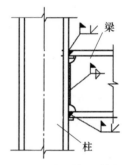

图 5-16 梁柱刚性连接柱腹板部位未设置横向加劲肋

1）在梁的受压翼缘处，柱腹板厚度 $t_w$ 应同时满足：

$$t_w \geqslant \frac{A_{fb} f_b}{b_e f_c} \qquad (5\text{-}26)$$

$$t_w \geqslant \frac{h_c}{30} \frac{1}{\varepsilon_{k,c}} \qquad (5\text{-}27)$$

$$b_e = t_f + 5h_y \qquad (5\text{-}28)$$

2）在梁的受拉翼缘处，柱翼缘板的厚度 $t_c$ 应满足下式要求：

$$t_c \geqslant 0.4 \sqrt{A_{ft} f_b / f_c} \qquad (5\text{-}29)$$

式中：$A_{fb}$——梁受压翼缘的截面面积（$mm^2$）；

$f_b$、$f_c$——分别为梁和柱钢材抗拉、抗压强度设计值（$N/mm^2$）；

$b_e$——在垂直于柱翼缘的集中压力作用下，柱腹板计算高度边缘处压应力的假定分布长度（mm）；

$h_y$——自柱顶面至腹板计算高度上边缘的距离，对轧制型钢截面取柱翼缘边缘至内弧起点间的距离，对焊接截面取柱翼缘厚度（mm）；

$t_f$——梁受压翼缘厚度（mm）；

$h_c$——柱腹板的宽度（mm）；

$\varepsilon_{k,c}$——柱的钢号修正系数；

$A_{ft}$——梁受拉翼缘的截面积（mm²）。

# 5.5 钢柱（竖向构件）拼接节点

本节主要介绍钢柱（竖向构件）拼接节点分析设计要求，包括一般要求和分析计算两个方面。

## 5.5.1 钢柱拼接接头一般要求

装配式钢结构建筑钢柱宜采用H形、箱形或圆管形，钢骨混凝土柱中钢骨宜采用H形或十字形。钢柱在制作和安装过程中，由于运输、起重设备等条件的限制，或者柱截面发生变化，需要将柱和柱拼接起来。柱的拼接分工厂拼接和工地拼接两种。

1. 柱的工厂拼接

钢柱的工厂拼接，拼接接头宜采用全焊接连接，且翼缘与腹板的结构应相互错开一定距离，以避免在同一截面有过多的焊缝。

对于焊接H形钢，翼缘板拼接缝和腹板拼接缝的间距，不宜小于200mm（图5-17）；对于箱形构件，侧板拼接长度不应小于600mm，相邻两侧板拼接缝的间距不宜小于200mm（图5-18）。

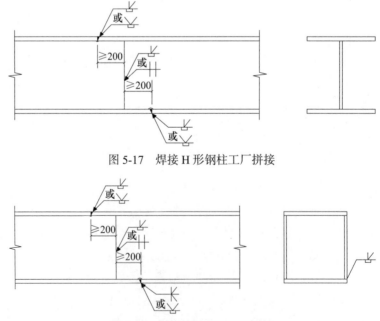

图5-17　焊接H形钢柱工厂拼接

图5-18　焊接箱形钢柱工厂拼接

设计无特殊要求时，用于次要构件的热轧型钢可采用直口全熔透焊接拼接，其拼接长度不宜小于 600mm。

钢管接长时，每个节间宜为一个接头，最短接长长度应符合下列规定：

（1）当钢管直径 $d \leqslant 500$mm 时，不应小于 500mm；

（2）当钢管直径 500mm $< d \leqslant 1000$mm，不应小于直径 $d$；

（3）当钢管直径 $d > 1000$mm 时，不应小于 1000mm；

（4）当钢管采用卷制方式加工成型时，可有若干个接头，但最短接长长度应符合本条第（1）～（3）款的要求。

钢管接长时，相邻管节或管段的纵向焊缝应错开，错开的最小距离（沿弧长方向）不应小于钢管壁厚的 5 倍，且不应小于 200mm。

2．柱的工地拼接

钢柱的工地拼接，理想的情况应设置在内力较小处。但是，从现场施工的难易程度和提高安装效率方面考虑，通常框架柱的拼接连接接头宜设置在框架梁上方 1.2～1.3m 附近或柱净高的一半，取二者的较小值。为了便于制造和安装，减少柱的拼接连接节点数目，一般情况下，柱的安装单元宜二～四层为一根。特大或较重的柱，其安装单元应根据起重、运输、吊装等机械设备的能力来确定。

钢柱的工地拼接连接，可以采用全螺栓连接、栓—焊混合连接或全焊接连接。H形钢柱的常用拼接做法如图 5-19 所示，腹板采用高强度螺栓连接，以便柱子对中就位，翼缘采用焊缝连接。如果腹板较厚，为避免螺栓用量较多，也可采用焊缝连接如图 5-20 所示。为便于现场安装，H形钢柱还可采用全高强度螺栓连接，如图 5-21 所示。

当 H 形钢柱翼缘采用焊接连接时，为便于安装就位，在翼缘两侧设置安装耳板，耳板厚度根据阵风和施工荷载确定，并不小于 10mm。拼接时，首先用连接板和螺栓将上下的耳板连接固定在一起，再进行柱翼缘和腹板的焊接和螺栓连接，柱焊好后，可采用气割或碳弧气刨方式再离母材 3～5mm 位置切除，严禁采用锤击方式去除。连接板为单板时，其板厚宜取耳板厚度的 1.2～1.4 倍；双板时，宜取耳板厚度的 0.7 倍。连接耳板的螺栓直径不小于 M20。

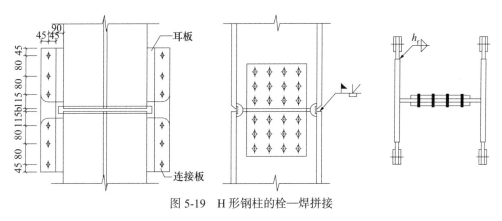

图 5-19　H形钢柱的栓—焊拼接

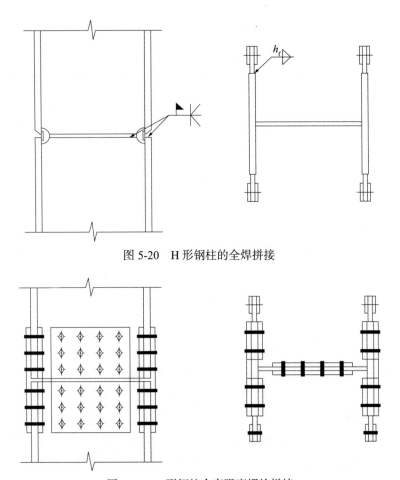

图 5-20　H 形钢柱的全焊拼接

图 5-21　H 形钢柱全高强度螺栓拼接

　　箱形截面柱的工地拼接如图 5-22 所示。上下柱均设置安装耳板，以便安装就位，耳板及连接板的有关要求和 H 形钢柱相同。

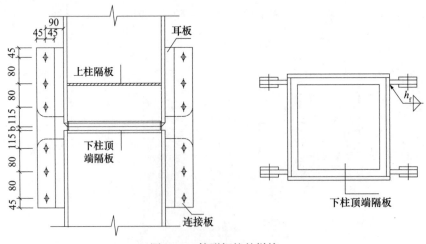

图 5-22　箱形钢柱的拼接

圆形截面柱的工地拼接如图 5-23 所示。上下柱均设置安装耳板，以便安装就位，耳板及连接板的有关要求和 H 形钢柱相同。

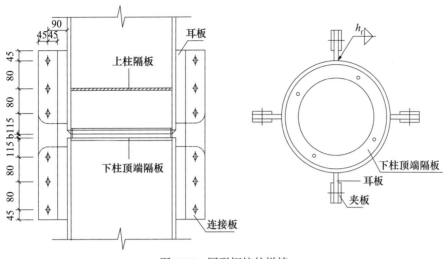

图 5-23　圆形钢柱的拼接

十字形柱的工地拼接翼缘均为焊接。在多高层钢结构中腹板应采用焊接。如用在钢骨混凝土柱中，腹板可用高强度螺栓连接（图 5-24）。柱每侧的翼缘均设置耳板，以便安装就位，耳板及连接板的有关要求同 H 形钢柱。

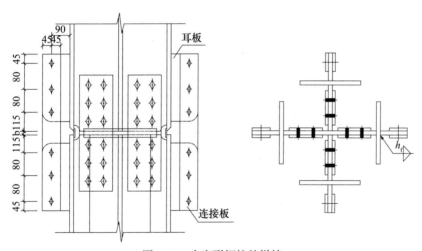

图 5-24　十字形钢柱的拼接

箱形柱和焊接 H 形钢柱（包括翼缘和腹板是焊接的十字形柱），在拼缝上下各 100mm 范围内，柱翼缘和腹板间及壁板间的连接焊缝，应采用全熔透坡口焊。

3. 变截面钢柱的拼接

柱需要改变截面时，一般应尽可能地保持截面高度不变，而采用改变翼缘厚度（或板件厚度）的办法。若需改变柱截面高度时，一般常将变截面段设于梁与柱连接节点处，使柱在层间保持等截面。变截面段的坡度，一般可在 1：4～1：6 的范围内采用。变截面钢柱一般在工厂里制作完成。

对边列柱可采用图 5-25-*a* 所示的做法，不影响挂外墙板，但应考虑由于上下柱重心偏离所产生的附加弯矩的影响。

对中列柱可采用图 5-25-*b* 所示的做法。上下柱中心仍在一条直线上，不产生附加弯矩的影响。箱形截面柱变截面处上下端应设置横隔板，上下柱端铣平，周边坡口焊接。

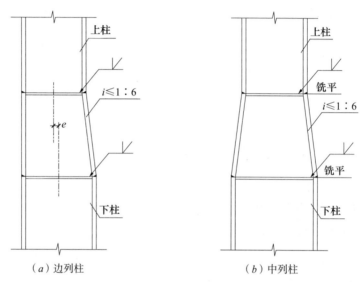

（*a*）边列柱　　　　　　　（*b*）中列柱

图 5-25　钢柱变截面拼接

柱的变截面段设于梁柱连接的节点部位时，可采取在工厂完成柱外带悬臂梁段的连接方式（图 5-26），变截面段可设于主梁截面高度范围之内，也可大于主梁截面高度。另外，也可采用梁贯通型或贯通横隔板的节点连接（图 5-27），这样节点连接可在现场安装完成。

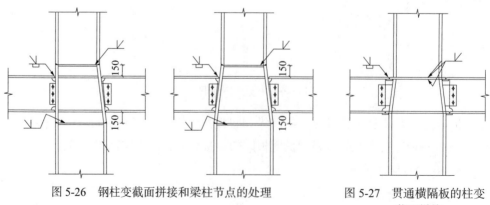

图 5-26　钢柱变截面拼接和梁柱节点的处理　　　图 5-27　贯通横隔板的柱变截面拼接

下柱为十字形钢骨混凝土柱与上柱的箱形截面钢柱的连接，存在着两种不同截面的过渡段；为了使上柱（箱形截面柱）的内力能均衡传递给下柱（十字形截面柱）的翼缘和腹板，下柱的翼缘和腹板的连接焊缝相对于上柱的内力要有足够的长度（过渡段长度），一般情况下，可取过渡段的长度 $L \geqslant h_c + 200\text{mm}$（图 5-28）。

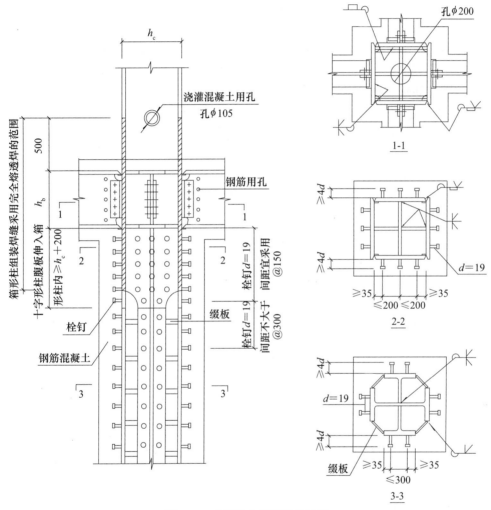

图 5-28　十字柱与箱形柱的连接

另外，由于在上柱的箱形柱内浇灌混凝土是困难的，在验算箱形柱与十字形柱界限处的应力时，不宜考虑钢筋混凝土的作用。

## 5.5.2　钢柱拼接节点计算

柱的拼接连接节点，可以按等强度设计法和实用设计法进行计算。

1. 等强度设计法

等强度设计法是按被连接柱翼缘和腹板的净截面面积的等强度条件进行拼接连

接的设计，用于抗震设防要求的结构中，以确保柱强度和刚度的连续性。

采用等强度设计法进行柱拼接连接的强度计算时，设计内力值按以下公式计算：

轴心压力： $\qquad N = A_n f_y \qquad$ （5-30）

弯矩： $\qquad M = W_n f_y \qquad$ （5-31）

剪力： $\qquad V = A_{wn} f_v \qquad$ （5-32）

式中：$A_n$、$W_n$、$A_{wn}$——分别是柱的净截面面积、净截面抵抗矩和腹板的净面积，均可扣除螺栓孔的部分。

柱翼缘和腹板拼接分担轴心压力 $N$，则柱翼缘拼接承受轴心压力 $N_f$ 和绕强轴的全部弯矩 $M$，腹板拼接承受轴心压力 $N_w$ 和全部剪力 $V$。其中，$N = N_f + N_w$，$N_f = A_f f_y$，$N_w = A_w f_y$，$A_f$ 和 $A_w$ 分别是翼缘和腹板的净截面面积。

当柱的拼接为全熔透焊接时，无需作拼接处的强度计算。故只讨论拼接处采用高强度螺栓连接的计算。

如柱翼缘的拼接采用高强度螺栓连接，则一侧翼缘所需高强度螺栓数目为：

$$n \geqslant \frac{1}{N_v^b} \left[ \frac{M}{h - t_f} + \frac{N_f}{2} \right] \qquad （5-33）$$

式中：$h$、$t_f$——分别为柱截面高度的柱翼缘厚度；

　　$A_f$、$A$——分别为柱翼缘截面面积和柱全截面面积。

如柱腹板的拼接连接采用高强度螺栓连接，则所需高强度螺栓数目应根据螺栓布置规定满足下式要求：

$$N_{v1} = \sqrt{(N_{m1x} + N_v)^2 + (N_{m1y} + N_N)^2} \leqslant N_v^b \qquad （5-34）$$

其中

$$N_{m1x} = \frac{V \cdot e \cdot y_1}{\sum (x_i^2 + y_i^2)} \qquad （5-35）$$

$$N_{m1y} = \frac{V \cdot e \cdot x_1}{\sum (x_i^2 + y_i^2)} \qquad （5-36）$$

$$N_v = \frac{V}{n} \qquad （5-37）$$

$$N_n = \frac{N_w}{n} \qquad （5-38）$$

式中：$x_i$，$y_i$——分别为任一个高强度螺栓至螺栓群中心的水平和垂直距离。

其他参数的含义如图 5-29 所示。

确定柱翼缘和腹板的高强度螺栓拼接连接板的截面尺寸时，要求柱单侧翼缘拼接连接板的净截面面积不小于单侧翼缘的净截面面积，柱腹板拼接板的净截面面积不小于柱腹板的净截面面积，同时，柱翼缘和腹板拼接板净截面抵抗矩不小于柱全截面的净截面抵抗矩。

柱翼缘拼接板宜采用双剪连接，内力较小及翼缘宽度较窄时，可采用单剪连接。确定柱翼缘的拼接连接板时，应考虑连接板的对称性和互换性，以方便施工，翼缘外侧拼接连接板的宽度可取与翼缘同宽。

柱腹板拼接板一般均应在腹板的两侧成对设置，即采用双剪连接。

2. 实用设计法

实用设计法是根据柱拼接位置的实际内力设计拼接连接的方法。其中全熔透焊缝连接和高强度螺栓连接的计算方法与等强度设计法相同，且柱翼缘和腹板的高强度螺栓拼接连接板应按等强度设计法中的规定设置。以下仅讨论柱翼缘采用部分熔透焊缝连接的计算。

图 5-29　H 形钢柱腹板
高强度螺栓拼接计算简图

实用设计法中柱翼缘承受全部的弯矩 $M$ 和部分轴力 $N_f$。当柱翼缘采用部分熔透焊缝连接时：

$$\sigma_f = \frac{1}{h_e\,(2b_f)}\left(N_f \pm \frac{M}{h-t_f}\right) \leqslant \beta_f f_f^w \tag{5-39}$$

式中：　$h_e$——部分熔透焊缝的有效高度；

　　　　$t_f$、$b_f$——分别为柱翼缘的厚度和宽度；

　　　　$\beta_f$——正面角焊缝强度设计值，$\beta_f = 1.22$。

# 5.6　支撑及剪力墙连接节点

本节主要介绍抗侧力构件（支撑、剪力墙）连接节点设计，包括一般要求和连接设计两方面。

## 5.6.1　一般要求

一、二级的钢结构房屋，宜设置偏心支撑、带竖缝钢筋混凝土剪力墙板、内藏钢支撑钢筋混凝土墙板、屈曲约束支撑等消能支撑或筒体；

支撑框架在两个方向的布置均宜基本对称、支撑框架之间的楼盖的长宽比不宜大于 3；

抗震设防时，三、四级且高度不大于 50m 的钢结构宜采用中心支撑，也可采用偏心支撑、屈曲约束支撑等消能支撑；

抗侧力构件连接的承载力设计值，不应小于相连构件的承载力设计值；高强度螺栓连接不得滑移；抗侧力构件连接的极限承载力应大于构件的屈服强度。

### 5.6.2　连接设计

**1. 中心支撑与钢框架连接**

（1）中心支撑的轴线宜交汇于梁柱构件轴线的交点。当受构造条件限制，确有困难时，偏离交点时的偏心距不应超过支撑杆件宽度，并应计入由此产生的附加弯矩。

（2）在抗震设防的结构中，支撑宜采用 H 形钢制作，在构造上两端应刚接。梁柱与支撑连接处应设置加劲肋。当采用焊接组合截面时，其翼缘与腹板应采用全熔透焊缝连接。H 形截面连接时，在柱壁板的相应位置应设置隔板。H 形钢有两种布置方式，一是将 H 形钢的腹板位于框架平面外（图 5-30-*a*），即 H 形钢的弱轴位于框架平面外，此时节点可采用支托式连接，支撑平面外的计算长度取轴线长度的0.7 倍。二是将 H 形钢的腹板朝向框架平面内（图 5-30-*b*），即 H 形钢的弱轴位于框架平面内，支撑平面外的计算长度取轴线长度的 0.9 倍。

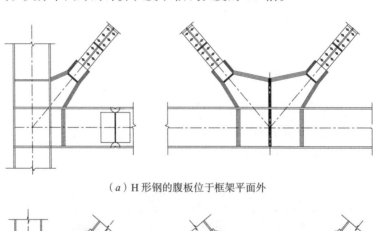

（*a*）H 形钢的腹板位于框架平面外

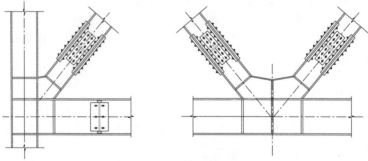

（*b*）H 形钢的腹板朝向框架平面内

图 5-30　中心支撑与框架连接

（3）支撑与框架连接处，支撑杆端宜做成圆弧，圆弧半径不得小于 200mm。

（4）梁在其与 V 形支撑或人字支撑相交处，应设置侧向支撑。该支撑点与梁端支承点间的侧向长细比 $\lambda_y$ 以及支承力，应符合现行国家标准《钢结构设计标准》GB 50017 关于塑性设计的规定。

（5）若支撑和框架采用节点板连接，节点板应符合在连接杆件每侧有不小于30°夹角的规定；一、二级时，支撑端部节点板最近嵌固点（节点板与框架构件连接焊缝的端部）在沿支撑杆件轴线方向的距离，不应小于节点板厚度的2倍。

（6）中心支撑与钢框架连接设计

抗震设计时，支撑在框架连接和拼接处的受拉承载力应满足式（5-40）要求：

$$N_{ubr}^j \geqslant \alpha A_{br} f_y \tag{5-40}$$

式中：$N_{ubr}^j$——支撑连接的极限受拉承载力（N）；

$\alpha$——连接系数，按现行国家标准《高层民用建筑钢结构技术规程》JGJ 99 的有关规定采用；

$A_{br}$——支撑斜杆的截面面积（$mm^2$）；

$f_y$——支撑斜杆钢材的屈服强度（$N/mm^2$）。

为了安装方便，有时将支撑两端在工厂与框架构件焊接在一起，支撑中部设工地拼接（图 5-31），此时拼接应按式（5-40）计算。当支撑在工地采用螺栓拼接时，支撑连接的极限受拉承载力 $N_{ubr}^j$ 可按式（5-41）、式（5-42）计算的较小值：

螺栓受剪：$$N_{ubr}^j = 0.58 n n_f A_e^b f_u^b \tag{5-41}$$

钢板承压：$$N_{ubr}^j = nd\left(\sum t\right) f_{cu}^b \tag{5-42}$$

式中：$n$、$n_f$——分别为接头一侧的螺栓数量和一个螺栓的受剪面数量；

$A_e^b$——螺栓螺纹处的有效截面面积（$mm^2$）；

$f_u^b$——螺栓钢材的极限抗拉强度最小值（$N/mm^2$）；

$d$——螺栓杆的直径（mm）；

$\sum t$——被连接钢板同一受力方向的钢板厚度之和（mm）。

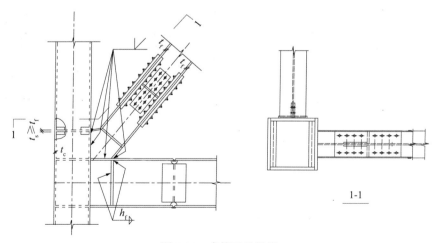

图 5-31　支撑工地拼接

2. 偏心支撑与钢框架连接

（1）偏心支撑与框架梁连接时，偏心支撑的斜杆轴线与框架梁轴线的交点，通常设在消能梁段的端部（图 5-32-a），有时也设在消能梁段内（图 5-32-b），但不得在消能梁段外（图 5-32-c）。此时将产生于消能梁段端部相反的附加弯矩，从而较少消能梁段和支撑的弯矩，有利于抗震。但交点不应在消能梁段以外，否则将增大支撑和消能梁段的弯矩，不利于抗震。

（2）消能梁段与支撑连接处，应在其腹板两侧设置加劲肋，加劲肋的高度应为梁腹板高度，一侧的加劲肋宽度不应小于（$b_f/2-t_w$），厚度不应小于 $0.75t_w$ 和 10mm 的较大值。

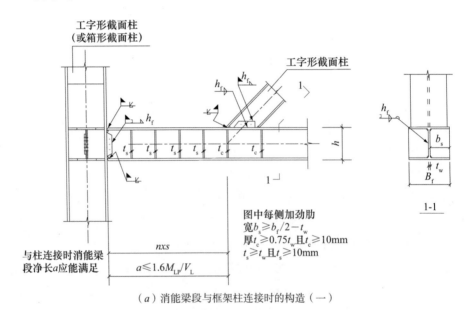

（a）消能梁段与框架柱连接时的构造（一）

（b）消能梁段与框架柱连接时的构造（二）

图 5-32　偏心支撑与框架梁连接（一）

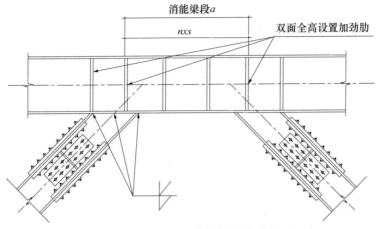

（c）消能梁段位于支撑与支撑之间的构造（三）

图 5-32　偏心支撑与框架梁连接（二）

（3）消能梁段与支撑连接处，其上、下翼缘应设置侧向支撑，支撑的轴力设计值不应小于消能梁段翼缘轴向极限承载力的 6%，即 $0.6f_y b_f t_f$。$f_y$ 为消能梁段钢材的屈服强度，$b_f$、$t_f$ 分别为消能梁段翼缘的宽度和厚度。

（4）偏心支撑与钢框架的连接设计

1）支撑斜杆的轴力设计值，应取与支撑斜杆相连的消能梁段达到受剪承载力时支撑斜杆轴力与增大系数的乘积。其值在一级时应不小于 1.4，二级时不应小于 1.3，三级时应不小于 1.2，四级时不应小于 1.0。

2）支撑斜杆与下能梁段连接的承载力不得小于支撑的承载力，若支撑需抵抗弯矩，支撑与梁的连接应按抗压弯连接设计。

3. 屈曲约束支撑与钢框架连接

（1）屈曲约束支撑宜设计为轴心受力构件。

（2）梁柱等构件在与屈曲约束支撑相连接的位置处应设置加劲肋。

（3）屈曲约束支撑与钢框架的连接设计：

1）屈曲约束支撑与钢框架的连接宜采用高强螺栓或销栓连接，也可采用焊接连接。

2）当采用高强螺栓连接时，螺栓数目 $n$ 可由式（5-43）确定：

$$n \geqslant \frac{1.2N_{y\max}}{0.9n_f \mu P} \qquad （5-43）$$

式中：$n_f$——螺栓连接的剪切面数量；

　　　$\mu$——摩擦面的抗滑移系数，按现行国家标准《钢结构设计标准》GB 50017 的有关规定采用；

　　　$P$——每个高强螺栓的预拉力（kN），按现行国家标准《钢结构设计标准》GB 50017 的有关规定采用；

$N_{ymax}$——屈曲约束支撑的极限承载力（N），按现行国家标准《高层民用建筑钢结构技术规程》JGJ 99 的有关规定采用。

3）当采用焊接连接时，焊缝的承载力设计值 $N_f$ 应按式（5-44）要求：

$$N_f \geqslant 1.2N_{ymax} \tag{5-44}$$

4. 钢板剪力墙与钢框架连接

（1）钢板剪力墙与钢框架的连接构造，宜保证钢板只承担侧向力，而不承受重力荷载或因柱压缩变形引起的压力。实际情况不易实现时，承受竖向荷载的钢板剪力墙，其竖向应力导致抗剪承载力的下降不应大于 20%。钢板剪力墙用高强螺栓与设置于周边框架的连接板连接。

（2）钢柱上应焊接鱼尾板作为钢板剪力墙的安装临时固定，鱼尾板与钢柱应采用熔透焊缝焊接，鱼尾板与钢板剪力墙的安装宜采用水平槽孔，钢板剪力墙与钢柱的焊接应采用与钢板等强的对接焊缝，对接焊缝质量等级为三级；鱼尾板尾部与剪力墙宜采用角焊缝现场焊接（图 5-33）。

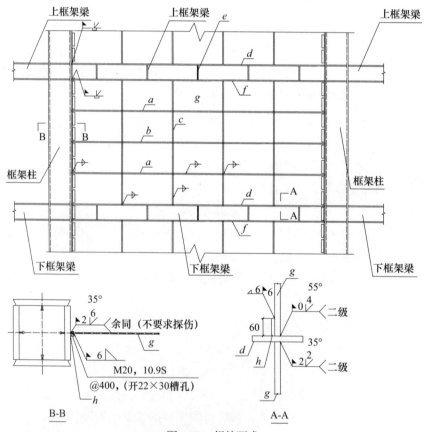

图 5-33　焊接要求

a—水平加劲肋；b—贯通式水平加劲肋；c—竖向加劲肋；d—贯通式水平加劲肋兼梁的上翼缘；

e—梁内加劲肋，与剪力墙上的加劲肋错开，可尽量减少加劲肋承担的竖向应力；

f—水平加劲肋兼梁的下翼缘；g—钢板剪力墙；h—工厂熔透焊缝

5. 内藏钢板支撑剪力墙与钢框架连接

（1）支撑端部的节点构造，应力求截面变化平缓，传力均匀，以避免应力集中。内藏钢板支撑剪力墙仅在节点处与框架结构相连。墙板上部宜用节点板和高强度螺栓与上框架梁下翼缘处的连接板在施工现场连接，支撑钢板的下端与下框架梁的上翼缘连接件采用全熔透坡口焊缝连接焊缝连接（图5-34）。用高强度螺栓连接时，每个节点的高强螺栓不宜少于4个，螺栓布置应符合现行国家《钢结构设计标准》GB 50017的要求。

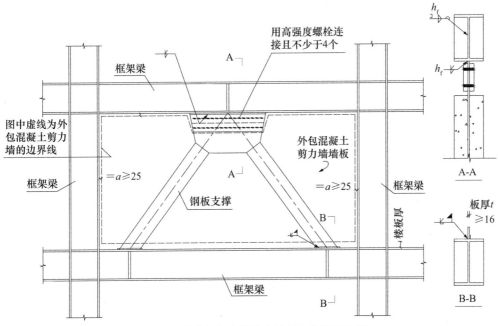

图5-34 内藏钢板支撑剪力墙板与框架的连接

（2）剪力墙下端的缝隙在浇筑楼板时应该用混凝土填充；剪力墙上部与上框架梁之间的间隙以及两侧与框架柱之间的间隙，宜用隔音的弹性绝缘材料填充，并用轻型金属架及耐火板材覆盖。

（3）剪力墙与框架柱的间隙 $a$，应满足以下要求：

$$2[u] < a < 4[u]$$

式中：$[u]$——荷载标准值下框架的层间位移标准值。

（4）内藏钢板支撑剪力墙连接节点的最大承载力，应大于支撑屈服承载力的20%，以避免在地震作用下连接节点先于支撑杆件破坏。

6. 内嵌竖缝混凝土剪力墙板与钢框架连接

（1）通常情况下，带竖缝混凝土剪力墙板只承受水平荷载产生的剪力，不承受竖向荷载产生的压力。带竖缝混凝土墙板与框架柱没有连接，留有一定的间隙，安装时先将墙板四角与框架梁连接固定。框架梁的下翼缘宜与竖缝墙浇成一体，吊装就位后，在建筑物的结构部分完成总高度的 70%（含楼板），再与腹板和上翼缘组成的 T 形截面梁现场焊接，组成工字形截面梁（图 5-35）。

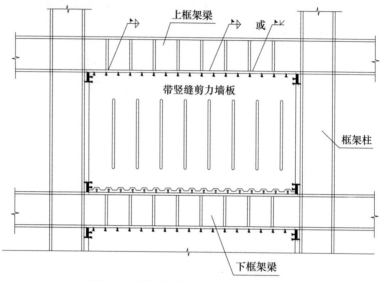

图 5-35　带竖缝剪力墙板与框架的连接

（2）当竖缝很宽，影响运输或吊装时，可设置竖向拼接缝。拼接缝两侧采用预埋钢板，钢板厚度不小于 16mm，通过现场焊接连成整体（图 5-36）。

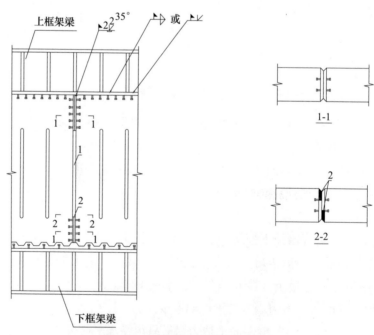

图 5-36　设置竖向拼缝的构造要求
1—缝宽等于 2 个预埋板厚；2—绕角焊缝 50mm 长度

# 5.7 模块连接节点

模块连接节点包括模块单元内部构件（梁、柱、支撑）之间、模块与模块之间以及模块与基础之间的连接。

模块内部梁、柱、板、支撑等之间的连接节点一般采用常规连接节点，节点设计应符合国家标准《钢结构设计标准》GB 50017 和《建筑抗震设计规范》GB 50011 的有关规定。对于模块单元边梁和角柱之间的刚性连接节点，应保证受力过程中交角不变。

模块单元之间的连接是保证单元模块集成式建筑整体性及承载能力的关键，可分为竖直方向上相邻模块间的连接和水平方向上相邻模块间的连接。

## 5.7.1 模块连接节点设计一般要求

模块连接节点应传力可靠、构造合理、施工方便且在构造上具备施拧施焊的作业空间以及便于调整的安装定位措施。梁、柱、支撑的主要节点构造和位置应与建筑设计相协调，在不影响建筑设计的前提下，可在底板梁顶面或顶棚梁底面的梁端处加腋。

节点应按强于结构构件设计，与结构计算模型假定相符合且具有必要的延性。连接设计应加强模块整体框架与支撑体系的整体性，增加相邻模块梁间、柱间的连接，防止结构失稳和倾覆，并进行极限承载力验算。

模块建筑连接设计宜采用弹性时程分析法进行地震作用下的内力补充计算。高层建筑模块之间的连接应进行抗震性能化设计，设防地震作用下的连接性能宜为弹性，罕遇地震作用下的连接性能宜为不屈服。外部支承结构上的预埋件，其锚固破坏不可先于连接件破坏。

单元模块集成式建筑单元之间角部的连接可采用角件相互连接的构造，其节点连接应保证有可靠的抗剪、抗压与抗拔承载力；框架与模块间的水平连接宜采用连接件与模块角件连接的构造，其节点连接应为只考虑水平力传递的构造。重要构件或节点连接的熔透焊缝不应低于二级质量等级要求；角焊缝质量应符合外观检查二级焊缝的要求。当采用摩擦型高强螺栓连接时，连接承载力应计入孔性系数的影响。图 5-37 为角件连接节点示意图。

对于在模块寿命期内可能拆装、迁移的单元模块集成式建筑，单元之间的连接节点宜采用便于拆装的全螺栓连接。

波纹钢板开洞时，应设置边框构件，边框梁柱节点应设置角撑或补强板等加强措施，如图 5-38 所示。

箱式模块金属箱壁板不作为抗侧力构件时，应与周边钢梁、钢柱柔性连接。

波纹板、金属面板和非金属面板的连接宜采用自攻螺钉或锚栓，连接承载力可通过试验确定。

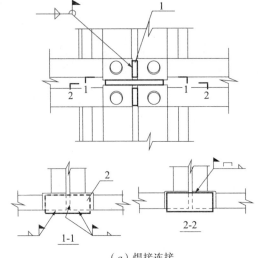

(a) 焊接连接

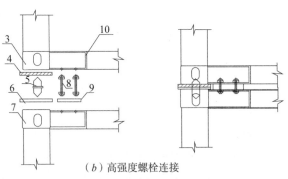

(b) 高强度螺栓连接

图 5-37　角件连接节点

1—竖垫板突出角件 10mm；2—连接垫板；3—上箱底角件；4—隔音胶垫；5—双头锥；
6—连接钢板；7—下箱顶角件；8—高强度螺栓；9—现场调整垫板；10—连接盒

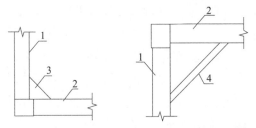

图 5-38　边框梁柱节点设置角撑或补强板示意图

1—边框柱；2—边框梁；3—补强板；4—角撑

箱式模块层间竖向连接应设置在箱式模块柱端，可采用螺栓连接、焊接连接、焊接与螺栓混合连接、自锁式连接或自锚式连接（图 5-39）。

箱式模块层间水平连接应满足楼层平面内水平力传递的要求，竖向连接位置宜设置水平连接，水平连接可设置在箱式模块顶面，可采用螺栓连接（图 5-40）、焊接连接或焊接与螺栓混合连接等。

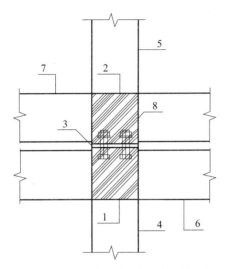
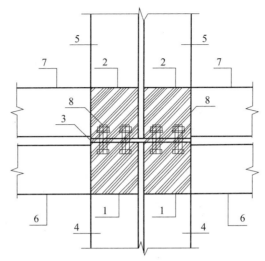

图 5-39　箱式模块螺栓式层间竖向连接示意图
1—柱顶连接盒；2—柱底连接盒；3—连接板；
4—下层箱式模块钢框架柱；5—上层箱式模块柱；
6—下层箱式模块箱顶板梁；7—上层箱式模块箱
底板梁；8—高强螺栓

图 5-40　箱式模块螺栓式层间水平连接示意图
1—柱顶连接盒；2—柱底连接盒；3—连接板；
4—下层箱式模块钢框架柱；5—上层箱式模块柱；
6—下层箱式模块箱顶板梁；7—上层箱式模块箱底板梁；
8—高强螺栓

　　箱式模块建筑采用现浇混凝土屋面或装配整体式混凝土叠合屋面时，屋面与箱式模块之间应设置抗剪连接件。

　　模块单元角柱为角钢或者其他开口截面时，可通过连接板和单个螺栓在模块顶部和底部进行竖直连接，同时水平连接可采用盖板螺栓连接。模块中的角柱为方钢管时，应在方钢管中预留直径不小于 50mm 的检查孔。

　　走廊和模块单元的连接可采用如图 5-41 所示的形式。

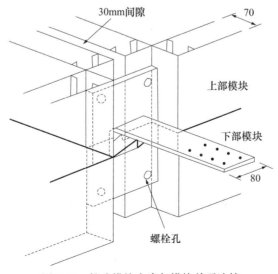

图 5-41　箱式模块走廊与模块单元连接

### 5.7.2　模块单元间的连接构造

模块单元应在四个角部进行水平和竖向连接，可采用盖板螺栓连接、平板扦销连接、模块预应力连接等多种节点构造，并根据结构抗侧刚度的需要选择铰接或刚接节点。

（1）盖板螺栓连接

盖板螺栓连接是目前比较常见的一种模块单元间节点连接方式，其连接位置一般为模块间相邻的梁间、柱间或单元角部汇集处（图5-42），其连接方式是在上下模块单元角柱端板上预留孔，中间设置连接板，组装后通过角柱上预留的操作孔采用高强度螺栓进行连接，使上下角柱连接成为一个整体。

（2）平板扦销连接

平板扦销连接是在连接板上下设置凸榫，然后将连接板放置在下模块单元顶部，再将上模块单元坐落安装，整体组装后，再进行上下模块单元相邻的框架梁螺栓连接（图5-43）。

（3）模块预应力连接

模块预应力连接是天津市建筑设计院研发的模块化建筑节点连接形式，适用于层数较低的模块化建筑。其做法是在上下模块单元框架柱端板及之间的连接板上预留穿筋圆孔，并在下模块单元顶板上设置小型钢管作为抗剪键，上模块单元安装后，将钢绞线从上模块单元往下插入连接器，以与下部钢绞线形成整体，再在上模块单元顶部进行张拉，施加预应力（图5-44）。

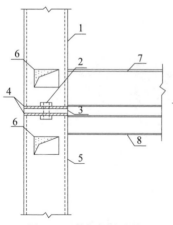

图 5-42　盖板螺栓连接
节点构造

1—上模块柱；2—螺栓；3—连接板；
4—角柱端板；5—下模块柱；
6—操作孔；7—上模块梁；
8—下模块梁

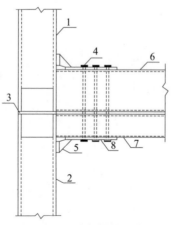

图 5-43　平板扦销连接
节点构造

1—上模块柱；2—下模块柱；
3—平板扦销连接块；4—对拉螺栓；
5—肋板；6—底梁；7—顶梁；
8—盖板

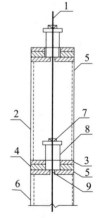

图 5-44　模块预应力连接
节点构造

1—预应力钢绞线；2—上模块柱；
3—上模块柱底板；4—连接板；
5—下模块柱底板；6—下模块柱；
7—连接器；8—抗剪键；9—穿筋孔

### 5.7.3 集装箱式建筑箱体之间的连接

集装箱式建筑箱体之间的连接宜采用角件相互连接的构造，其节点连接应保证有可靠的抗剪、抗压与抗拔承载力；框架与箱体间的水平连接宜采用连接件与箱体角件连接的构造，其节点连接可为仅考虑水平力传递的构造。角件与角件之间的连接可采用海运集装箱连接的双头锥加钢板的连接方式。双头锥应符合现行国家标准《船用集装箱紧固件》GB/T 11577 的有关要求。上下集装箱之间的剪切荷载可采用角件间双头锥和钢板的连接方式承担，上下集装箱之间的拉力荷载，可采用上、下侧梁螺栓连接的方式承担（图 5-45）。

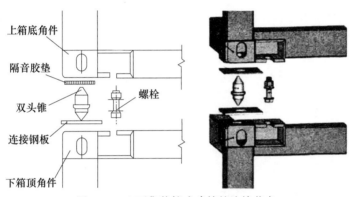

图 5-45　上下集装箱式建筑的连接节点

上下集装箱间双头锥水平抗剪承载力设计值按下式计算：

$$N_v^b = n_v \frac{\pi d^2}{4} f_v^b \qquad (5\text{-}45)$$

式中：$n_v$——受剪面数目；

$d$——双头锥直径；

$f_v^b$——双头锥抗剪强度设计值。

上下集装箱间上、下侧梁间的螺栓抗拉承载力设计值按下式计算：

$$N_t^b = n_v \frac{\pi d_e^2}{4} f_t^b \qquad (5\text{-}46)$$

式中：$d_e$——螺栓有效直径；

$f_t^b$——螺栓抗拉强度设计值。

左右集装箱水平方向连接产生的竖向剪切荷载，可采用集装箱专用连接件（转锁和桥型连接器）连接方式承担。集装箱式房屋上侧梁和下侧梁宜通过螺栓连接。当连接节点双头锥加钢板的连接不能直接满足现行国家标准《钢结构设计标准》GB 50017 和《建筑抗震设计规范》GB 50011 的有关规定时，应采取加强措施。相邻箱体的梁、柱间应以缀板连接，缀板厚度不宜小于 6mm，间距不宜小于 400mm。

所有外露角件侧孔均应以 6mm 钢板焊盖封堵。

集装箱建筑与基础或地下室混凝土结构之间的连接宜预埋钢板和预埋螺栓配件。箱式模块与基础或地下室混凝土结构之间的连接可采用螺栓连接、焊接连接、焊接与螺栓混合连接、自锁式连接或自锚式连接等方式。当采用螺栓连接、焊接与螺栓混合连接或自锚式连接时，每个连接节点螺栓数量不应少于 2 个。6 层以上叠箱结构体系的箱式模块连接，沿建筑外围已采用螺栓与焊接混合连接或焊接连接。

模块单元间的连接应充分考虑模块建筑结构、水暖电、管道线路、保温层、内外装修的完成度，并确保现场连接为焊接、螺栓连接、铆接施工提供足够的施工空间、安全保护；连接完成后的结构节点的封闭、保护、检修、更换等操作空间。

# 5.8 柱脚节点

本节主要介绍柱脚设计，包括类型与使用范围、一般构造要求和常用柱脚设计。

## 5.8.1 柱脚类型与适用范围及基本构造要求

### 1. 柱脚类型与适用范围

柱脚是结构中的重要节点，其作用是将柱下端的轴力、弯矩和剪力传递给基础，使钢柱与基础有效地连接在一起，确保上部结构承受各种外力作用。

柱脚类型按柱脚位置分外露式、外包式、埋入式和插入式四种；按柱脚形式分整体式和分离式两种；按受力情况分铰接和刚接柱脚两大类（图 5-46～图 5-51）。本节的内容均按现行国家和行业设计标准的统一分类（外露式、外包式、埋入式、插入式）进行编写。

外露式柱脚与基础的连接有铰接和刚接之分。外包式、埋入式和插入式柱脚均为刚接柱脚。轻型钢结构房屋和重工业厂房中采用外露式柱脚和插入式柱脚较多，高层钢结构柱脚一般采用外包式、埋入式，近年来也有采用插入式的钢柱脚。

图 5-46 外露式柱脚

图 5-47 外包式柱脚

图 5-48　埋入式柱脚

图 5-49　插入式柱脚

图 5-50　刚接柱脚

图 5-51　铰接柱脚

在抗震设防地区的多层和高层钢框架柱脚宜采用埋入式、插入式，也可采用外包式；抗震设防烈度为 6、7 度且高度不超过 50m 时可采用外露式。

无地下室情况下，钢柱脚刚接连接时一般可按以上介绍的基础形式设计。钢柱脚弯矩较小时，也可按高杯口基础设计，施工方便、速度快。

有地下室情况下，钢柱至少应下插一层。普遍采用的是地下为型钢混凝土柱，地上为箱形柱或圆形钢柱，在首层进行截面转换。柱脚可为铰接，主要起定位作用。

2. 柱脚基本构造

柱脚构造应符合计算假定，传力可靠，减少应力集中，且便于制作、运输和安装。

柱脚钢材牌号不应低于下段柱的钢材牌号，构造加劲肋可采用 Q235B 钢。对于承受拉力的柱脚底板，当钢板厚度不小于 40mm 时，应选用符合现行国家标准《厚度方向性能钢板》GB/T 5313 中 Z15 的钢板。

柱脚的靴梁、肋板、隔板应对称布置。

柱脚节点的承载力设计值应不小于下段柱承载力设计值。

柱脚节点焊缝承载力应不小于节点承载力，节点焊缝应根据焊缝形式和应力状态按下述原则分别选用不同的质量等级：

（1）要求与母材等强的对接焊缝或要求焊透的 T 形接头焊缝，其质量等级宜为一级；外露式柱脚的柱身与底板的连接焊缝应为一级。

（2）不要求焊透的 T 形接头采用的角焊缝或部分焊透的对接与角接组合焊缝，其焊缝的外观质量标准应为二级。其他焊缝的外观质量标准可为三级。

在抗震设防地区的柱脚节点，应与上部结构的抗震性能目标一致，柱脚节点构造应符合"强节点、弱构件"的设计原则。当遭受小震和设防烈度地震作用时，柱脚节点应保持弹性。当遭受罕遇地震作用时，柱脚节点的极限承载力不应小于下段柱全塑性承载力 1.2 倍。

外露式柱脚构造措施应防止积水，积灰，并采取可靠的防腐、隔热措施。

复杂的大型柱脚节点构造应通过有限元分析确定，并宜试验验证，不断修正和完善节点构造。

## 5.8.2　外露式柱脚计算及构造

1. 实腹柱铰接柱脚

（1）柱脚计算

铰接柱脚计算包括底板、靴梁、肋板、隔板、连接焊缝和抗剪键计算。

1）柱脚底板确定

底板的平面尺寸如图 5-52 所示，取决于基础混凝土轴心抗压强度值，计算时一般假定柱脚底板和基础之间的压力均匀分布，底板面积按下式计算：

$$A = \frac{N}{f_c} \tag{5-47}$$

式中：$N$——作用于柱脚的轴心压力；

$f_c$——混凝土轴心抗压强度设计值。

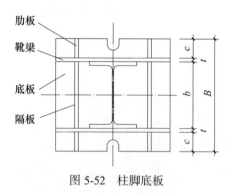

图 5-52　柱脚底板

柱脚设有靴梁时，底板宽度按下式确定：

$$B = b + 2t + 2c \tag{5-48}$$

式中：$b$——柱截面宽度；

   $t$——靴梁厚度，一般取柱翼缘厚度，且不小于 10mm；

   $c$——底板伸出靴梁外的宽度，一般取 20～30mm。

底板长度 $L$ 按底板对基础顶的最大压应力不大于混凝土强度设计值 $f_c$ 确定：

$$\sigma_{max} = \frac{N}{BL} \leqslant f_c \tag{5-49}$$

底板长度 $L$ 应不大于 2 倍宽度 $B$ 并尽量设计成方形。

底板被靴梁、隔板分隔成四边支承板、三边支承板和悬臂板。底板厚度 $t$ 可按下式计算：

$$t = \sqrt{\frac{6M_{max}}{f}} \tag{5-50}$$

式中：$M_{max}$——底板的最大弯矩，取四边支承板、三边支承板和悬臂板计算弯矩中的最大值。

上述计算简单，但偏于安全。柱脚底板厚度可采用有限元法进行计算分析确定。底板厚度不应小于 20mm，并不小于柱子板件的厚度，以保证底板有足够的刚度，使柱脚易于施工和维护。

柱端与靴梁、底板、隔板以及靴梁、底板、隔板间的相互连接焊缝一般都采用角焊缝。

2）柱下端与底板的连接焊缝计算

① 熔透的对接焊缝可不进行验算。

② 当柱子下端铣平时，连接角焊缝的焊脚尺寸的承载力应大于轴心压力的 15%，且应满足角焊缝最小焊脚尺寸和抗剪承载力的要求。

③ 角焊缝在轴向力和剪力共同作用下，其强度应按下列公式计算：

$$\sigma_f = \frac{N}{h_e l_w} \leqslant \beta_f f_f^w \tag{5-51}$$

$$\tau_f = \frac{N}{h_e l_w} \leqslant f_f^w \tag{5-52}$$

$$\sqrt{\left(\frac{\sigma_f}{\beta_f}\right)^2 + \tau_f^2} \leqslant f_f^w \tag{5-53}$$

式中：$N$——柱脚剪力；

   $h_e$——角焊缝的计算厚度，对直角角焊缝等于 $0.7h_f$，$h_f$ 为焊脚尺寸；

   $l_w$——角焊缝的计算长度，对每条焊缝取其实际长度减去 $2h_f$；

   $\beta_f$——正面角焊缝的强度设计值增大系数。

（2）抗剪键计算

柱脚锚栓不宜用以承受柱脚底部的水平反力，此水平反力首先通过柱脚底板与混凝土面之间的摩擦力传递给基础混凝土，但当柱脚承受的水平力大于该摩擦力时，需要设置抗剪键来抗剪。在工程中常用的抗剪键为型钢或方钢。抗剪键通常焊在底板下面，柱底的水平力由底板传递给焊缝，焊缝再传递给抗剪键，抗剪键通过承压传递给周围的混凝土。

（3）柱脚构造

铰接柱脚的轴心压力由柱脚底板传给混凝土基础，水平力由底板与混凝土之间的摩擦力（摩擦系数为0.4）或者设置抗剪键来承受，柱脚的锚栓不宜用于承受柱脚底板的水平力。铰接柱脚的构造方式有轴承式、平板式和底板加靴梁（图5-53）。

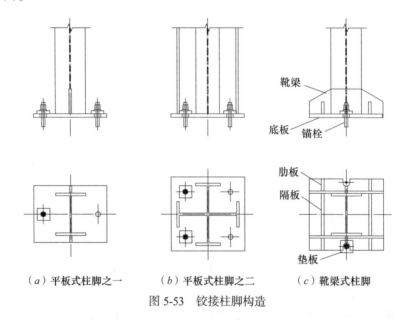

（a）平板式柱脚之一　　　（b）平板式柱脚之二　　　（c）靴梁式柱脚

图5-53　铰接柱脚构造

平板式铰接柱脚，在工程中采用较多，适用于轴力较小的轻型柱。这种柱脚构造简单，在柱的端部焊一块中等厚度的底板，柱身的轴力通过焊缝传到底板，底板再将压力传到基础上。当柱身轴力较大，连接焊缝的高度往往超过构造限制，而且基础存在压力不均，这种情况柱脚可以采用底板加靴梁的构造形式，柱端通过焊缝将力传给靴梁，靴梁通过与底板的连接焊缝传给底板而后再传给基础。当底板尺寸较大，为提高底板的抗弯能力，可在靴梁之间设置隔板，两侧设置肋板，隔板和肋板与靴梁和底板相焊，这样既可增加传力焊缝的长度，又可减小底板在反力作用下的弯矩值。隔板的数量和底板的厚度可合理优化设计减少钢材用量。

柱脚底板通过锚栓与基础固定，虽然锚栓的直径不是计算确定，但考虑到安装阶段的稳定和构造的需要，锚栓数量为2个或4个，其直径 $d$ 不应小于24mm，埋入基础内深度不宜小于25$d$，钢材质量等级可为Q235B或Q345B。为安装方便，底板开孔直径为1.5$d$，柱在安装调整后锚栓再套上垫板并与底板相焊，垫板的厚度为（0.4～0.5）$d$，一般不小于20mm，开孔直径 $d_0 = d + 2$mm，螺母应采用双螺母。

2. 实腹柱刚接柱脚

（1）柱脚计算

1）柱脚底板确定

柱脚各板件及其连接除应满足柱脚向基础传递内力的强度要求外，尚应具有承受基础反力及锚栓抗力作用的能力。因此，假定柱脚为刚体，基础反力呈线性变化。

底板宽度 $B$ 可按公式（5-48）确定。底板长度 $L$ 应满足下式要求：

$$\sigma_c = \frac{N}{BL} + \frac{6M}{BL^2} \leq f_c \tag{5-54}$$

式中：$N$、$M$——柱下端的框架组合内力，即轴心力和相应的弯矩。若柱的形心轴与底板的形心轴不重合时，底板采用的弯矩应另加偏心弯矩 $N \cdot e$（$e$ 为下柱截面形心轴与底板长度方向的中心线之间的距离）；

$f_c$——混凝土轴心抗压强度设计值，计入局部承压的提高系数时，则可取 $\beta_c f_c$ 替代。

底板厚度 $t$ 按下式计算：

$$t = \sqrt{\frac{6M_{max}}{f}} \tag{5-55}$$

式中：$M_{max}$——在基础反力作用下，各区格单位宽度上弯矩的最大值，当锚栓直接锚在底板上时，则取区格弯矩和锚栓产生弯矩的较大值。

底板被靴梁、加劲肋和隔板所分割区格的弯矩值可按下列公式计算：

四边支承板：

$$M = \beta_1 \sigma_c a_1^2 \tag{5-56}$$

三边支承板或两相邻边支承板：

$$M = \beta_2 \sigma_c a_2^2 \tag{5-57}$$

当 $b_1/a_1$ 或 $b_2/a_2 > 2$ 及两对边支承时：

$$M = \frac{1}{8} \sigma_c a_3^2 \tag{5-58}$$

悬臂板：

$$M = \frac{1}{2} \sigma_c a_4^2 \tag{5-59}$$

式中：$\sigma_c$——所计算区格内底板下部平均应力；

$\beta_1$、$\beta_2$——分别为 $b_1/a_1$ 或 $b_2/a_2 > 2$ 的有关参数；

$a_1$、$b_1$——分别为计算区格内板的短边和长边；

$a_2$、$b_2$——对三边支承板，为板的自由边长度和相邻边的边长；对两相邻边支
承板为两支承边对角线的长度和两支承边交点至对角线的距离；

$a_3$——简支板跨度；

$a_4$——悬臂长度。

底板厚度除按上述计算确定外，还应满足构造要求，即底板厚度不应小于
25mm，不宜大于100mm。

2）锚栓计算

锚栓计算时应选用柱脚荷载组合中最大 $M$ 和相应的较小 $N$，使底板在最大可
能范围内产生底部拉力（图5-54）。

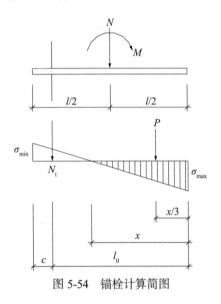

图5-54　锚栓计算简图

当偏心距 $e = \dfrac{M}{N} \leqslant \dfrac{l}{6}$ 或 $\dfrac{l}{6} < e \leqslant \left( \dfrac{l}{6} + \dfrac{x}{3} \right)$ 时，受拉侧锚栓按构造要求设置。

当偏心距 $e > \left( \dfrac{l}{6} + \dfrac{x}{3} \right)$ 时，受拉侧单个锚栓有效截面积 $A_c$ 可按下式计算：

$$A_c = \frac{N(e - l/2 + x/3)}{n_i (l - c - x/3) f_t^a} \tag{5-60}$$

式中：$M$、$N$——柱下端框架荷载组合中最大弯矩和相应的轴心力；

$n_i$——柱一侧锚栓数目；

$x$——底板一侧压应力分布长度，应采用使其产生最大拉力的组合弯矩
和相应的轴心力。

3）柱脚其他部分的计算

柱脚其他部分的计算与铰接柱脚相同，但柱底反力应按不均匀分布的实际情况
考虑。

关于柱脚锚栓能否用于抵抗水平剪力的问题,《钢结构设计标准》GB 50017、《建筑抗震设计规范》GB 50011 明确规定,柱脚锚栓不宜用以承受柱底水平力,柱底剪力应由钢底板与基础间的摩擦力(摩擦系数取 0.4)或设置抗剪键及其措施承担。《高层民用建筑钢结构技术规程》JGJ 99 规定,当柱脚底板的锚栓开孔直径不大于锚栓直径加 5mm,且锚栓垫片下设置盖板,盖板与柱脚底板相焊,角焊缝抗剪承载力大于柱脚剪力就可以承担柱脚剪力,这种构造设计锚栓除承受剪力外还应承受附加弯矩。当锚栓同时受拉和受剪共同作用时,单根锚栓的承载力除满足按高强度承压型连接的技术要求外,尚应考虑附加弯矩的影响。其单根锚栓的承载力可按《高层民用建筑钢结构技术规程》JGJ 99 中的相关公式计算。

在抗震设防 6、7 度地区的单层厂房和高度不超过 50m 的多层厂房以及民用建筑房屋的柱脚,其极限承载力应大于钢柱截面塑性屈服承载力的 1.2 倍。在计算柱脚极限承载力时,锚栓和混凝土强度分别取锚栓屈服强度和混凝土抗压强度标准值。靴梁、锚栓支承托座及加劲肋、底板以及板件间的连接焊缝均满足抗震构造措施要求。

(2)柱脚构造

1)构造设计原则

刚接柱脚与铰接柱脚不同之处,在于除承受轴心压力和水平力外还要承受弯矩,在构造上应保证传力明确,与基础之间的连接应牢固且便于制作和安装。当作用在柱脚的轴心压力和弯矩比较小,柱脚可采用图 5-55-a～e 形式,其中蜂窝柱,如图 5-55-d 所示,靠近底板的孔应用堵孔板与腹板相焊;当轴心压力和弯矩较大时,柱脚可采用图 5-55-f～g 形式。

实腹刚接柱脚主要由底板、加劲肋、靴梁、隔板、锚栓及锚栓支承托座等组成,各板件的强度和刚度及相互间的连接应起到增加柱脚整体刚度,提高柱脚承载力和变形能力的作用。刚接柱脚构造设计应符合下列要求:

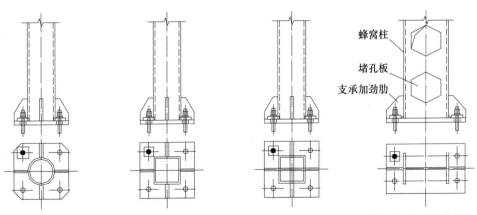

(a)支承加劲肋式之一  (b)支承加劲肋式之二  (c)支承加劲肋式之三  (d)支承加劲肋式之四

图 5-55 刚接柱脚构造(一)

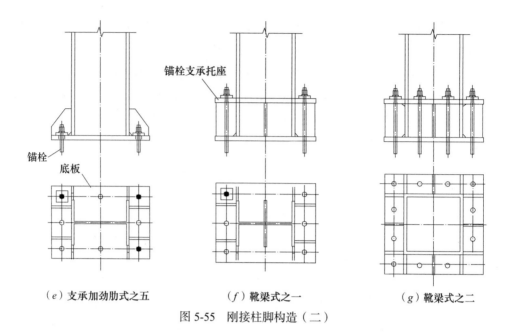

（e）支承加劲肋式之五 　　　（f）靴梁式之一 　　　（g）靴梁式之二

图 5-55　刚接柱脚构造（二）

① 实腹刚接柱脚板件较多，且板件间的净空狭小，选用合理的连接构造是柱脚设计中很重要的环节，连接设计不当将影响柱脚的制作和安全。

② 合理布置靴梁、肋板、隔板、锚栓支承托座等板件，可以提高底板刚度和减少底板厚度。柱脚各板件的构造连接组合，除满足受力要求外，尚应保证组装方便以及施焊的可能性。

③ 锚栓的承载能力应大于柱脚的承载力，在三级以上抗震等级时，不应小于柱脚的塑性承载力，且锚栓截面面积不宜小于钢柱下端截面面积的 20%。

④ 柱脚底板下的二次浇灌层的强度等级应大于基础混凝的强度等级且应加微膨胀剂。

2）构造要求

① 底板尺寸由计算和构造要求确定，底板厚度应大于柱翼缘板厚，且不应小于 25mm 也不宜大于 100mm。当荷载大，应增设靴梁、加劲肋、隔板和锚栓支承托座等措施，以扩展底板平面尺寸，减少底板厚度。当底板平面尺寸较大时，为便于浇灌底板下的二次浇灌层，达到充满紧密，应根据柱脚构造在底板上开设直径 80～100mm 的排气孔，其数量一般每平方米底板面积上开 1～2 个。

② 锚栓在柱端弯矩作用下承受拉力，同时作为柱安装过程中临时固定之用。锚栓直径由计算确定，一般不宜小于 30mm，锚栓一般对称布置，其数量在垂直于弯矩作用平面的每侧不应小于 2 个，同时尚应与柱子高度和柱身截面，以及安装要求相协调。锚栓的锚固长度应根据承载力的需要和基础混凝土强度等级确定，一般不宜小于 25$d$。

③ 柱脚底板和锚栓支承托座顶板的锚栓孔径，当柱脚设有靴梁，为便于柱子

的安装和调整，锚栓一般固定在柱脚外伸的锚栓支承托座的顶板上，而不穿过柱脚底板，支承托座顶板宜开 U 形缺口，孔径为 1.5d，缺口边距支承加劲肋的净距为20mm。锚栓垫板的锚栓孔径取锚栓直径加 2mm。柱子安装调整后应将垫板与底板或支承托座顶板相焊，焊脚尺寸不宜小于 10mm；锚栓应采用双螺母拧紧并与垫板点焊。

柱脚各板件之间的焊缝连接构造要求与实腹铰接柱脚相同。

3. 格构柱柱脚

在工业厂房中，当吊车起重量较大时，一般都采用格构柱。格构柱的柱脚可采用外露式，也可采用插入式。外露式柱脚可采用整体柱脚和分离柱脚两种。整体柱脚构造复杂，制作费工，耗钢量多，现已被插入式柱脚替代，当工程中需要设计格构柱整体柱脚时，可参照实腹柱刚接柱脚的有关内容进行设计。本节只介绍分离柱脚的计算和构造。

（1）柱脚计算

分离柱脚各板件的计算与整体柱脚类似，仅基础的应力系均匀分布，每个分肢受力按下列公式计算：

$$N_1 = \frac{Ny_2 \pm M}{a} \qquad (5-61)$$

$$N_2 = \frac{Ny_1 \pm M}{a} \qquad (5-62)$$

式中：$N$、$M$——为计算柱肢轴力时最不利组合内力；

$y_1$、$y_2$——分肢形心轴至格构柱全截面形心轴的距离。

若柱肢受压时，柱脚可按铰接柱脚计算。若柱肢受拉时，锚栓数量按下式计算：

$$n = \frac{N_i}{N_i^a} \qquad (5-63)$$

式中：$N_i$——柱肢的最大轴心拉力；

$N_i^a$——一个锚栓的受拉承载力设计值。

柱脚的其他部件按锚栓支承托座加劲肋验算底板、加劲肋及其连接的承载力。

格构柱的分离柱脚一般均设支承托座加劲肋，无论柱肢受拉或受压，其构造应协调。

（2）柱脚构造

分离柱脚在格构柱中采用较多，此种柱脚易于制造和安装，且省钢材，其构造要求原则上与实腹柱刚接柱脚相同。靴板可与柱肢翼缘板对焊连接，也可采用角焊缝与柱肢翼缘贴焊，靴板的构造如图 5-56 所示，其厚度与柱肢翼缘相等。联系角钢一般不宜小于∟80×8。

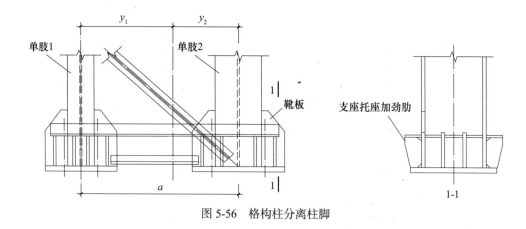

图 5-56　格构柱分离柱脚

### 5.8.3　外包式柱脚计算及构造

1. 柱脚计算

柱脚弯矩由外包混凝土和钢柱脚共同承担，柱脚底板应设加劲肋，因此，基础承压面积为底板面积。柱脚轴向压力由钢柱直接传给基础，柱脚底板下混凝土的局部承压按现行国家标准《混凝土结构设计规范》GB 50010 相关规定进行验算。外包式柱脚可用于 6～9 度抗震设防地区。

柱脚弯矩由外包层混凝土和钢柱共同承担，其基本思路是将外包式柱脚分为两部分，一部分弯矩由柱脚底板下的混凝土与锚栓承担，另一部分弯矩由外包的钢筋混凝土承担，柱脚的承载力是这两部分承载力的叠加。在计算基础底板下部混凝土的承载力时，应忽略锚栓的抗压强度。柱脚的受弯承载力按下式验算：

$$M \leqslant 0.9 A_s f_y h_0 + M_1 \qquad (5\text{-}64)$$

式中：$M$——柱脚的弯矩设计值；

$A_s$——外包混凝土中受拉侧的钢筋截面面积；

$f_y$——受拉钢筋抗拉强度设计值；

$h_0$——受拉钢筋合力点至混凝土受压区边缘的距离；

$M_1$——钢柱脚的受弯承载力。

外包式柱脚的剪力主要由外包混凝土承担，外包层混凝土截面的受剪承载力按下式验算：

$$V \leqslant b_c h_0 (0.7 f_t + 0.5 f_{yv} \rho_{sh}) \qquad (5\text{-}65)$$

式中：$V$——柱底截面的剪力设计值；

$b_c$——外包混凝土的截面有效宽度，按图 5-57 采用；

$f_t$——混凝土轴心抗拉强度设计值；

$f_{yv}$——箍筋的抗拉强度设计值；

$\rho_{sh}$——水平箍筋的配箍率。

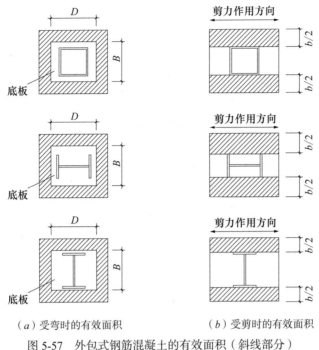

（a）受弯时的有效面积　　　　　（b）受剪时的有效面积

图 5-57　外包式钢筋混凝土的有效面积（斜线部分）

### 2. 柱脚构造

外包式刚接柱脚是柱脚底板用锚栓与基础梁相连，钢柱用混凝土包起来形成刚接的柱脚（图 5-58），柱脚构造规定如下：

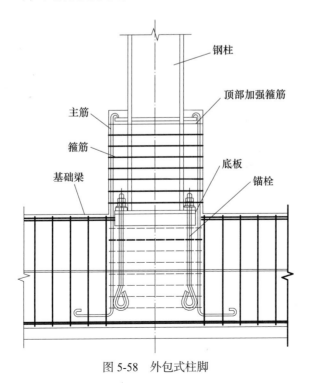

图 5-58　外包式柱脚

钢柱脚和外包混凝土位于基础顶面上，钢柱脚与基础的连接应采用抗弯连接，抗弯连接构造应在底板上设置加劲肋，锚栓直径不宜小于 16mm 锚栓埋入长度不应小于直径的 20 倍。锚栓直径的选取应使基础的最大压应力值不应超过混凝土的局部承压强度设计值。锚栓底部应设锚板或弯钩。

柱脚外包混凝土高度，H 形截面柱应大于柱截面高度的 2 倍，矩形管柱或圆管柱应为柱截面高度或圆管直径的 2.5 倍；当没有地下室时，外包宽度和高度宜增大 20%；当仅有一层地下室时，外包宽度宜增加 10%；抗震设防地区柱脚外包混凝土高度应符合《建筑抗震设计规范》GB 50011 的相关规定。

外包混凝土厚度，对 H 形截面柱不应小于 160mm，对矩形管柱或圆管柱不应小于 180mm，同时不宜小于钢柱截面高度的 0.3 倍，其强度等级不宜低于 C30。

外包层混凝土内主筋伸入基础的长度不应小于 25 倍主筋直径，且四角主筋的两端都应加弯钩，下弯长度不应小于 15$d$，外包层中应配置受拉主筋和箍筋，其直径、间距和配筋率应符合现行国家标准《混凝土结构设计规范》GB 50010 的有关规定；外包层顶部箍筋应加密，且不小于 3 根直径 12mm 的 HRB335 级热轧钢筋，其间距不应大于 50mm。

当钢柱为矩形管或圆管时，应在管内浇灌混凝土，强度等级应不小于基础混凝土，浇灌高度应大于外包混凝土高度。

柱脚底板尺寸和厚度在满足受力要求的前提下，柱脚底板宜尽量小，但伸出柱边的长度应满足锚栓最小边距的要求，厚度不应小于翼缘板厚，且不小于 16mm；底板加劲肋应满足受力要求，其厚度不宜小于柱腹板厚度，且不小于 12mm。

柱脚端部应刨平，并与底板顶紧焊透；柱在外包混凝土的顶部箍筋处应设置水平加劲肋或横隔板，其宽厚比应符合《钢结构设计标准》GB 50017 的相关规定。管柱的横隔板在中部应开空洞，以便浇灌混凝土。加劲肋或横隔板应与柱翼缘板或腹板焊透。

外包部分的钢柱翼缘表面宜按构造设置栓钉。

## 5.8.4 埋入式柱脚计算及构造

### 1. 柱脚计算

埋入式柱脚内力的传递是通过柱翼缘接触的混凝土侧压力所产生的弯矩，平衡柱脚弯矩和剪力。在柱脚设计中，柱脚埋入混凝土部分均设置栓钉，而栓钉的传力机制在埋入式柱脚中作用不明显。有研究文献认为栓钉的存在，钢柱通过栓钉必然传递一部分轴心压力给周围混凝土，其值是柱子轴力的 25%～35%。现行行业标准《高层民用建筑钢结构技术规程》JGJ 99 规定柱脚轴向压力由柱脚底板直接传给基础，不考虑栓钉的作用，柱脚底板下混凝土的局部承压按下式计算：

$$\frac{N}{A_{cn}} \leqslant 1.35\beta_c\beta_1 f_c \qquad (5\text{-}66)$$

式中： $N$——柱脚轴心压力设计值；

$A_{cn}$——混凝土局部受压净面积，对埋入式柱脚取底板面积；

$f_c$——混凝土轴心抗压强度设计值；

$\beta_c$、$\beta_l$——分别是混凝土强度影响系数和混凝土局部受压时的强度提高系数，其值按现行国家标准《混凝土设计规范》GB 50010 的规定取用。

柱脚埋深在构造设计中没有反应出埋深与柱脚内力（$M$、$V$）和混凝土强度等级的关系。柱脚在传递弯矩和剪力时，对基础混凝土产生的侧向压应力应不大于混凝土的轴心抗压强度设计值，假定钢柱冀缘侧混凝土的支承反力为矩形分布，支承反力形成的抵抗矩和承压高度范围内混凝土抗力与钢柱的弯矩和剪力平衡，其受力机理与插入式柱脚相同。

柱脚埋入混凝土基础中的深度 $d$，尚应满足柱脚埋入深度的构造要求。

在抗震设防地区设计埋入式柱脚时，钢柱下部在强震作用下易出现塑性区段，形成塑性铰。为实现"小震不坏、中震可修、大震不倒"的抗震设防目标，不允许埋入式柱脚首先屈服。埋入深度应大于计算值，使混凝土基础的抗力大于地震作用力，保证柱脚处于嵌固状态。

埋入式柱脚在传递柱脚弯矩和剪力时，钢柱冀缘对基础混凝土产生侧向压力，边缘混凝土的承压应力可按下式验算：

方形、矩形管柱：

$$\frac{V}{b_f d} + \frac{2M}{b_f d^2} + \frac{1}{2}\sqrt{\left(\frac{2V}{b_f d} + \frac{4M}{b_f d^2}\right)^2 + \frac{4V^2}{b_f^2 d^2}} \leqslant f_c \qquad (5\text{-}67)$$

圆管柱：

$$\frac{V}{d_c d} + \frac{2M}{d_c d^2} + \frac{1}{2}\sqrt{\left(\frac{2V}{d_c d} + \frac{4M}{d_c d^2}\right)^2 + \frac{4V^2}{d_c^2 d^2}} \leqslant 0.8 f_c \qquad (5\text{-}68)$$

式中：$M$、$V$——柱脚底部的弯矩和剪力的设计值；

$b_f$——柱冀缘宽度；

$d$——钢柱脚埋深；

$d_c$——钢管外径。

抗震设防地区，埋入式柱脚的极限受弯承载力 $M_u$ 不应小于钢柱全塑性抗弯承载力，并应满足下式要求：

$$M_u \geqslant 1.2 M_{pc} \qquad (5\text{-}69)$$

$$M_u = f_{ck} B_f h_0 \{\sqrt{(2h_0 + d)^2 + d^2} - (2h_0 + d)\} \qquad (5\text{-}70)$$

式中：$h_0$——基础顶面到钢柱反弯点的高度，可取底层层高的 2/3；

$B_f$——与弯矩作用方向垂直的柱身宽度，对 H 形截面柱取等效宽度，见现行行业标准《高层民用建筑钢结构技术规程》JGJ 99；

$d$——钢柱脚埋深。

埋入式柱脚极限抗剪承载力，应符合下式要求：

$$V_u = M_u/h_0 \leqslant 0.58 h_w t_w f_y \qquad (5-71)$$

2. 柱脚构造

埋入式钢柱脚是将钢柱脚直接埋入钢筋混凝土基础上，基础可以是独立基础、筏板基础和基础梁。高层结构框架柱和抗震设防烈度为 8、9 度地区的框架柱的柱脚，宜采用埋入式柱脚，其构造如图 5-59 所示。一般厂房钢柱脚不采用埋入式柱脚。

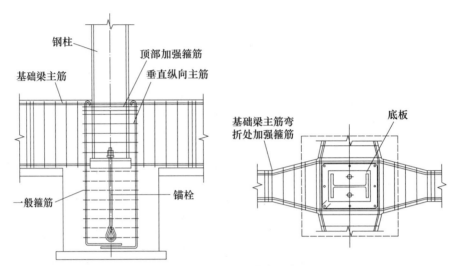

图 5-59　埋入式柱脚构造示意图

柱脚埋深：H 形截面柱的埋置深度不应小于钢柱截面高度的 2 倍；矩形管柱和圆管柱的埋置深度不应小于截面高度和圆管外径的 2.5 倍。抗震设防地区柱脚埋深应符合《建筑抗震设计规范》GB 50011 的相关规定。

钢柱脚的底板应采用抗弯连接，锚栓埋入钢筋混凝土长度不应小于直径的 25 倍，其底部应设弯钩或锚板。

钢柱埋入部分四周应设置竖向钢筋和箍筋，竖向钢筋的直径应符合现行国家标准《混凝土结构设计规范》GB 50010 的构造要求，箍筋直径不应小于 10mm，间距不大于 250mm，且顶部应加密。

钢柱埋入部分的顶部箍筋处，应设置水平加劲肋，矩形柱和圆形管柱应在柱内浇灌混凝土，强度等级应大于基础混凝土，在基础面以上的浇灌高度应大于矩形截高度和圆管直径的 1 倍。

钢柱埋入部分可不设栓钉，对于有拔力的柱可设栓钉，栓钉直径为 19mm 或 22mm，竖向间距不小于 6d，横向间距不小于 4d，边距为 50mm。拔力由锚钉和钢柱表面与混凝土的粘结力承担。

钢柱脚不宜采用冷成型箱形柱。主要是冷成型箱形柱角部塑性和韧性降低材性变脆，且存在应力集中。

## 5.8.5 插入式柱脚计算及构造

**1. 实腹柱插入式柱脚计算**

在工程中常用的实腹柱有：H形钢柱、矩形管柱、矩形钢管混凝土柱、圆形钢管柱和圆形钢管混凝土柱。上述这些实腹柱插入式柱脚在《高层民用建筑钢结构技术规范》JGJ 99 中没有相关的规定，在国家现行标准《钢结构设计标准》GB 50017 和《建筑抗震设计规范》GB 50011 中钢柱的插入深度太笼统，设计中很难使用。

插入式柱脚是指柱脚直接插入已浇灌好的杯口内，经校准后用细石混凝土浇灌至基础顶面。柱脚的作用是将柱下端的内力（轴力、弯矩、剪力）通过二次浇灌的细石混凝土传递给基础，使上部结构与基础牢固地连接在一起，承受上部结构各种最不利组合内力或作用。插入式柱脚作用力的传递机理与埋入式柱脚基本相同，柱脚下部的弯矩和剪力，主要是通过二次浇灌层细石混凝土对钢柱翼缘的侧向压力所产生的弯矩来平衡，轴向力由二次浇灌层的黏剪力和柱底板反力承受。

（1）H形实腹柱、矩形管柱插入深度计算

假定钢柱插入杯口深度为 $d$，柱脚下部在基础顶面的轴力、弯矩和剪力分别为 $N$、$M$、$V$（图 5-60）。为保证柱脚与基础的刚性连接，钢柱脚必须有足够的插入深度，保证钢柱受压翼缘侧的细石混凝土不被压溃。现假定钢柱侧面混凝土的支承反力为矩形分布，支承反力形成的抵抗矩和承压高度 $d_v$ 范围内混凝土抗力与钢柱的弯矩和剪力平衡，插入深度 $d$ 应大于 $d_v$，根据弯矩平衡条件可得：

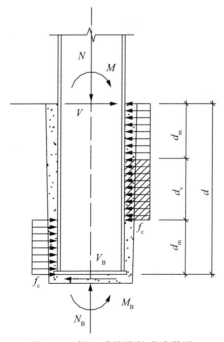

图 5-60　插入式柱脚的内力传递

$$M - M_B + \frac{Vd}{2} - b_f \frac{d-d_v}{2} f_c \left\{ d - \frac{1}{2}(d-d_v) \right\} = 0 \left.\begin{array}{l} \\ \\ \\ \end{array}\right\}$$

$$\left.\begin{array}{l} N_B = N \\ V_B = V \end{array}\right\}$$ （5-72）

当作用于基础顶面钢柱部分的弯矩等于钢柱的受弯承载力，且柱脚底板处的弯矩 $M_B$ 为 0 时，经整理可得钢柱的最大插入深度 $d_{max}$ 为：

$$d_{max} = \frac{V}{b_f f_c} + \sqrt{2\left(\frac{V}{b_f f_c}\right)^2 + \frac{4M}{b_f f_c}}$$ （5-73）

式中：$M$、$V$——基础顶面钢柱的弯矩和剪力；

$b_f$——插入部分钢柱的翼缘宽度；

$f_c$——二次浇灌层细石混凝土轴心抗压强度设计值。

（2）圆管柱插入深度计算

圆管柱的受力情况比 H 形钢柱、矩形钢管柱复杂得多，危险截面上的应力分布很不均匀，与钢管外壁粘结的二次浇灌层混凝土压应力分布亦不均匀，很难精确计算，可根据现行行业标准《钢管混凝土结构计算与施工规程》JCJ 01 的规定计算。

2. 格构柱插入式柱脚计算

通过试验研究和工程实践经验证明，格构柱柱肢插入深度，在保证受压脚肢底板下混凝土局部受压承载力和杯口底板抗冲切承载力的前提下，插入深度主要由受拉肢轴心拉力控制，经试验和理论分析的综合研究，插入深度可按下式简化计算：

$$d \geqslant \frac{N_{max}}{s f_t}$$ （5-74）

式中：$N_{max}$——受拉肢的最大轴向拉力；

$s$——受拉肢柱底板的周长，钢管柱 $s = (d_c + 100)$ mm；

$f_t$——二次浇灌层细石混凝土的轴心抗拉强度设计值。

在抗震设防地区的插入深度可按下式计算：

$$d \geqslant \frac{A f_y}{s f_{tk}}$$ （5-75）

式中：$f_{tk}$——二次浇灌层细石混凝土的轴心抗拉强度标准值。

3. 杯口基础设计

插入式柱脚基础可为独立基础、筏板基础、桩基础，其杯口基础的杯底厚度和杯壁厚度以及配筋是承受钢柱下端内力（轴力、弯矩、剪力）的关键。在非抗震设防地区杯口基础的设计应根据钢柱底部内力设计值作用于基础顶面确定杯底和杯壁厚度以及配置钢筋，其要求应符合《建筑地基基础设计规范》GB 50007 的有关规定。抗震设防地区，插入式柱脚的极限承载力不应小于钢柱全塑性承载力的1.2倍。

4. 柱脚构造

H形实腹柱、矩形管柱、圆管柱插入深度，应由计算确定，且不宜小于柱截面高度的2.5倍。双肢格构柱的插入深度除计算外，尚应不小于单肢截面高度（或外径）的2.5倍，亦不宜小于$0.5h_c$，$h_c$为两肢垂直于虚轴方向最外边的距离。抗震设防地区插入深度应符合现行国家标准《建筑抗震设计规范》GB 50011的相关规定。

H形实腹柱，可不设柱底板，当内力较大时应设柱底板。矩形管柱、圆形管柱和双肢格构柱应设柱底板。柱底端至基础杯口底的距离，一般采用50mm，当有柱底板时，可采用200mm，且底板下应设置临时调整措施。

格构柱插入式柱脚，为保证受拉肢杯口壁在撬力的作用下不产生破坏，充分发挥受拉肢的抗拔作用，杯口壁的宽高比$t_1/h_s$应不小于0.75（图5-61）。$h_s$可取两柱肢间距离的（1/3～2/3）$a$。

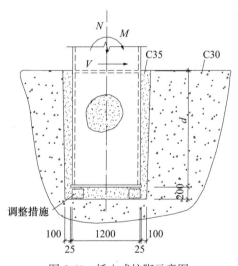

图 5-61　插入式柱脚示意图

钢柱脚在插入深度范围内，不得刷油漆。柱脚安装时，应将钢柱表面的泥土、油污、铁锈和焊渣等用砂轮清刷干净。

H形实腹柱、矩形和圆形管柱基础设单杯口。双肢格构柱基础一般设双杯口。杯口内表面在拆模时应立即进行打毛、清刷干净，并施工好杯口底面的水泥砂浆垫层，待钢柱安装调整固定后，杯口与钢柱之间的空隙用细石混凝土（一般应比基础混凝土强度等级高一级）振捣浇灌密实并加强养护。

单层框架柱的独立杯口基础和高杯口基础的杯底和杯壁厚度以及短柱截面尺寸与配筋应符合《建筑地基基础设计规范》GB 50007的有关规定。

# 5.9 本章小结

本章对连接和节点设计的基本要求和设计内容进行了归纳总结，5.2 焊缝连接部分对各类焊缝计算公式通过表格梳理总结，5.3 紧固件连接部分对各类螺栓连接计算公式通过表格梳理总结，方便查找应用。补充了适合装配式钢结构建筑的新型连接节点，如 5.4.1 梁柱连接节点构造部分给出了新型套筒式钢管柱梁节点形式，5.7 模块连接节点设计部分给出了模块建筑连接节点设计建议。本章可供装配式钢结构建筑连接和节点设计参考。

## 参考文献

［1］中华人民共和国住房和城乡建设部. 装配式钢结构建筑技术标准：GB/T 51232—2016［S］. 北京：中国建筑工业出版社，2017.

［2］中华人民共和国住房和城乡建设部. 钢结构设计标准：GB 50017—2017［S］. 北京：中国建筑工业出版社，2017.

［3］中华人民共和国住房和城乡建设部. 冷弯薄壁型钢结构技术规范：GB 50018—2020［S］. 北京：中国计划出版社，2016.

［4］中华人民共和国住房和城乡建设部. 建筑抗震设计规范：GB 50011—2010［S］. 北京：中国建筑工业出版社，2016.

［5］中华人民共和国住房和城乡建设部. 钢结构焊接规范：GB 50661—2011［S］. 北京：中国建筑工业出版社，2011.

［6］中华人民共和国住房和城乡建设部. 多、高层民用建筑钢结构节点构造详图：16G519［S］. 北京：中国建筑标准设计研究院，2016.

［7］中华人民共和国住房和城乡建设部. 钢筋混凝土结构预埋件：16G362［S］. 北京：中国建筑标准设计研究院，2016.

［8］李国强. 高性能钢结构若干重要概念及实现方法［J］. 建筑钢结构进展，2020，22（5）：1-18.

［9］徐婷，王伟，陈以一. 国外单边螺栓研究现状［J］. 钢结构，2015，30（8）：27-33.

［10］卢俊凡，郝际平，薛强，等. 一种新型装配式钢结构节点的力学性能研究［J］. 建筑结构，2017，47（10）：39-52.

［11］张爱林，郭志鹏，刘学春，等. 带 Z 字形悬臂梁段拼接的装配式钢框架节点抗震性能试验研究［J］. 工程力学，2017，34（8）：31-41.

［12］张爱林，李超，姜子钦，等. 装配式钢结构梁柱—柱法兰连接节点受力机理研究［J］. 工业建筑，2018，48（5）：11-17.

［13］张爱林，王琦，姜子钦，等. 一种可恢复功能的装配式钢结构梁柱节点受力机理研究［J］. 工业建筑，2018，48（5）：18-23.

［14］张爱林，李然，姜子钦，等. 翼缘双盖板装配式钢结构梁柱节点静力性能有限元分析［J］. 工业建筑，2018，48（5）：30-36.

［15］张爱林，吴靓，姜子钦，等. 端板型装配式钢结构梁柱节点受力机理研究［J］. 工业建筑，2017，47（7）：6-12.

［16］鲁秀秀，王燕，刘秀丽. 钢结构装配式梁柱连接节点研究进展［J］. 钢结构，2016，31（10）：1-7.

［17］王修军，王燕，安琦. 装配式梁柱外环板高强螺栓连接节点抗震性能试验研究［J］. 土木工程学报，2020，53（6）：53-63.

［18］张经纬，王燕，臧晓光. 装配式钢结构方钢管柱与梁连接节点研究进展［J］. 钢结构，2019，34（8）：1-9.

［19］孙风彬，刘秀丽，卢扬. 装配式钢结构梁柱连接节点研究进展［J］. 钢结构，2019，34（11）：1-11.

［20］中华人民共和国住房和城乡建设部. 轻型模块化钢结构组合房屋技术标准：JGJ/T 466—2019［S］. 北京：中国建筑工业出版社，2019.

［21］中国工程建设标准化协会. 集装箱模块化组合房屋技术规程：CECS 334—2013［S］. 北京：中国计划出版社，2013.

［22］中国工程建设标准化协会. 钢骨架集成模块建筑技术规程：T/CECS 535—2018［S］. 北京：中国建筑工业出版社，2019.

［23］广东省住房和城乡建设厅. 集装箱式房屋技术规程：DBJ/T 15-112［S］. 北京：中国城市出版社，2016.

［24］丁阳，邓恩峰，等. 模块化钢结构建筑连接节点研究进展［J］. 建筑结构学报，2019，40（3）：33-40.

# 第6章 结构体系

钢结构是自 19 世纪末以来最主要的建筑结构形式。钢结构具有的高强、高延性、工业化加工制作等优势，完全符合我国目前建筑产业化的发展方向，国内钢结构建筑进入高速发展阶段。近年来，在工程科技界的共同努力下，我国钢结构的理论体系也逐步完善，缩小了和国际先进水平的差距。本章将钢结构建筑结构体系进行梳理概括，供相关技术人员参考。

## 6.1 设计标准与要求

在装配式钢结构建筑结构设计中，要做到技术先进、经济合理、安全适用并确保质量，必须正确地选用并遵守相应的技术规范、规程和标准。

（1）装配式钢结构建筑的结构设计应符合《工程结构可靠性设计统一标准》GB 50153 的规定，结构的设计使用年限不应少于 50 年，其安全等级不应低于二级；相应的作用分项系数应符合《建筑结构可靠性设计统一标准》GB 50068 的规定。

（2）装配式钢结构建筑荷载和效应的标准值、荷载效应组合、组合值系数应符合《建筑结构荷载规范》GB 50009 的规定，但对特殊用途的建筑物及构筑物尚应参考相应的专门行业标准取值。

（3）装配式钢结构建筑应按《建筑工程抗震设防分类标准》GB 50223 的规定确定其抗震设防类别，并应按《建筑抗震设计规范》GB 50011 进行抗震设计。

（4）装配式钢结构的主材、结构设计应符合《钢结构设计标准》GB 50017 和《冷弯薄壁型钢结构技术规范》GB 50018 的规定。装配式钢结构的钢材牌号、质量等级及其性能要求应根据构件重要性和荷载特征、结构形式和连接方法、应力状态、工作环境以及钢材品种和板件厚度等因素确定，并应在设计文件中完整注明钢材的技术要求。有条件时，可采用耐候钢、耐火钢、高强钢等高性能钢材。

（5）钢结构构件间的连接设计与施工应符合《钢结构焊接规范》GB 50661 及《钢结构高强度螺栓连接技术规程》JGJ 82 的规定。

（6）当设计采用钢管混凝土结构时应符合《钢管混凝土结构技术规范》GB 50936 的规定；当设计采用钢板剪力墙时应符合《钢板剪力墙技术规程》JGJ 380 的规定；当采用预应力技术时，尚应符合《预应力钢结构技术规程》CECS 212 的规定。

（7）装配式钢结构建筑应符合《装配式钢结构建筑技术标准》GB/T 51232 的规定，高层钢结构建筑应符合《高层民用建筑钢结构技术规程》JGJ 99 的规定。装配式钢结构住宅应满足《装配式钢结构住宅建筑技术标准》JGJ/T 469 的规定。

（8）钢结构组合楼盖设计应满足《组合楼板设计与施工规范》CECS 273 的规定。

（9）钢结构的防护和耐久性设计应符合《建筑钢结构防火技术规范》GB 51249 以及《工业建筑防腐蚀设计标准》GB/T 50046 的规定。

（10）装配式钢结构设计，应了解《钢结构工程施工质量验收规范》GB 50205、《钢结构工程质量检验评定标准》GB 50205 以及《钢结构工程施工规范》GB 50755 的相关规定。

## 6.1.1 结构体系与选型

装配式钢结构建筑可根据建筑功能、建筑高度以及抗震设防水准等选择钢框架结构、钢框架—支撑结构、钢框架—延性墙板结构、筒体结构、巨型结构。超过 50m 的高层民用建筑，8、9 度时宜采用框架—偏心支撑、框架—延性墙板或屈曲约束支撑等结构。采用钢框架结构时，特殊设防、重点设防的建筑和高层的标准设防建筑不应采用单跨框架，多层的标准设防建筑不宜采用单跨框架。

装配式钢结构建筑的结构体系及布置应遵守以下原则：

（1）结构的平面宜简单规整对称，具有明确的计算简图和合理的传力路径；结构竖向布置宜保持刚度、质量变化均匀，具有适宜的承载能力、刚度及耗能能力；宜避免采用不规则的建筑结构方案。

（2）结构布置应考虑温度作用、地震作用或不均匀沉降等效应的不利影响，当设置伸缩缝、防震缝或沉降缝时，应满足相应的功能要求；应避免因部分结构或构件的破坏而导致整个结构丧失承受重力荷载、风荷载和地震作用的能力。

（3）装配式钢结构的节点连接宜采用螺栓连接，其延性和抗震性能均优于焊接连接；高烈度地震区的钢结构，其重要的构件接头和节点宜采用高强度螺栓连接；避免塑性铰出现在节点区域内，对薄弱部位应采取有效地加强措施。

1. 钢结构房屋最大适用高度和高宽比限值

民用建筑钢结构房屋适用的最大高度应符合表 6-1 的要求。

民用建筑钢结构房屋适用的最大高度（单位：m）　　表 6-1

| 结构体系 | 6、7 度（0.10g） | 7 度（0.15g） | 8 度 | | 9 度（0.40g） | 非抗震设计 |
| --- | --- | --- | --- | --- | --- | --- |
| | | | （0.20g） | （0.30g） | | |
| 框架 | 110 | 90 | 90 | 70 | 50 | 110 |
| 框架—中心支撑 | 220 | 200 | 180 | 150 | 120 | 240 |

| 结构体系 | 6、7度（0.10g） | 7度（0.15g） | 8度 | | 9度（0.40g） | 非抗震设计 |
| --- | --- | --- | --- | --- | --- | --- |
| | | | （0.20g） | （0.30g） | | |
| 框架—偏心支撑<br>框架—屈曲约束支撑<br>框架—延性墙板 | 240 | 220 | 200 | 180 | 160 | 260 |
| 筒体（框筒、筒中筒、桁架筒、束筒）巨型框架 | 300 | 280 | 260 | 240 | 180 | 360 |

注：1. 房屋高度指室外地面到主要屋面板板顶的高度（不包括局部突出屋顶部分）。
　　2. 超过表内高度的房屋，应进行专门研究和论证，采取有效地加强措施。
　　3. 表内筒体不包括混凝土筒。
　　4. 框架柱包括全钢柱和钢管混凝土柱。

钢结构民用房屋适用的最大高宽比应符合表 6-2 的要求。

民用建筑钢结构房屋适用的最大高宽比　　　　　　表 6-2

| 烈度 | 6、7度 | 8度 | 9度 |
| --- | --- | --- | --- |
| 最大高宽比 | 6.5 | 6.0 | 5.5 |

注：1. 计算高宽比的高度从室外地面算起。
　　2. 塔形建筑的底部有大底盘时，计算高宽比的高度从大底盘顶部算起。
　　3. 钢结构房屋适用的抗震等级见表 6-3。

## 2. 钢结构房屋抗震等级

钢结构房屋应根据抗震设防分类、抗震设防烈度和房屋高度采用不同的抗震等级，并应符合相应的计算和构造措施要求。标准设防类建筑的抗震等级应按表 6-3 确定。

钢结构房屋的抗震等级　　　　　　表 6-3

| 房屋高度 | 烈度 | | | |
| --- | --- | --- | --- | --- |
| | 6度 | 7度 | 8度 | 9度 |
| ≤50m | | 四 | 三 | 二 |
| >50m | 四 | 三 | 二 | 一 |

## 3. 钢结构房屋体系规则性

钢结构平面、竖向不规则性划分：

民用建筑钢结构存在表 6-4 或表 6-5 中某一项不规则类型，应属于不规则的民用建筑钢结构。

当存在多项不规则或某项不规则超过规定的参考指标较多时，应属于特别不规则的民用建筑钢结构。特别不规则的结构，应经专门研究，采取更有效的加强措施或对薄弱部位采用相应的抗震性能化设计方法。

**平面不规则的主要类型**　　　　　　　　　表 6-4

| 不规则类型 | 定义和参考指标 |
| --- | --- |
| 扭转不规则 | 在具有偶然偏心的规定水平力作用下，楼层两端抗侧力构件弹性水平位移（或层间位移）的最大值与平均值的比值大于 1.2 |
| 偏心布置 | 偏心率大于 0.15 或相邻质心相差大于相应边长的 15% |
| 凹凸不规则 | 结构平面凹进的尺寸，大于相应投影方向总尺寸的 30% |
| 局部楼板不连续 | 楼板的尺寸和平面刚度急剧变化，例如，有效楼板宽度小于该层楼板典型宽度的 50%，或开洞面积大于该层楼面面积的 30%，或有较大的楼层错层 |

注：扭转不规则和偏心布置不重复计算。

**竖向不规则的主要类型**　　　　　　　　　表 6-5

| 不规则类型 | 定义和参考指标 |
| --- | --- |
| 侧向刚度不规则 | 该层的侧向刚度小于相邻上一层的 70%，或小于其上相邻三个楼层侧向刚度平均值的 80%；除顶层或出屋面小建筑外，局部收进的水平向尺寸大于相邻下一层的 25% |
| 竖向抗侧力构件不连续 | 竖向抗侧力构件（柱、抗震墙、抗震支撑）的内力由水平转换构件（梁、桁架等）向下传递 |
| 楼层承载力突变 | 抗侧力结构的层间受剪承载力小于相邻上一楼层的 80% |

不应采用严重不规则的结构方案。

4. 钢结构房屋的水平位移限值和舒适度要求

在正常使用条件下，多高层钢结构房屋应具有足够的刚度，其位移应满足下列要求：在风荷载或多遇地震作用下，按弹性方法计算的楼层层间最大水平位移与层高的比值不宜大于 1/250；结构薄弱层或薄弱部位弹塑性层间位移不应大于层高的 1/50。

房屋高度不小于 150m 的高层建筑结构应满足风振舒适度要求。在现行国家标准《建筑结构荷载规范》GB 50009 规定的 10 年一遇的风荷载标准值作用下，结构顶点的顺风向和横风向最大加速度不应超过下表规定的最大加速度限值 $\alpha_{\text{lim}}$。必要时，也可通过风洞试验判断确定。结构顶部加速度验算时阻尼比可取 0.01～0.02（表 6-6、表 6-7）。

**结构顶点最大加速度限值**　　　　　　　　　表 6-6

| 使用功能 | 加速度限值 $\alpha_{\text{lim}}$（m/s$^2$） | |
| --- | --- | --- |
| | 全钢结构 | 钢—混凝土组合结构 |
| 住宅、公寓 | 0.20 | 0.15 |
| 办公、旅馆 | 0.28 | 0.25 |

楼盖结构应具有适宜的舒适度。楼盖结构的竖向振动频率不宜小于 3Hz，竖向振动加速度峰值不应大于下表的限值。楼盖结构竖向振动加速度可按《高层建筑混凝土结构技术规程》JGJ 3 的有关规定计算。

楼盖竖向振动加速度限值 表 6-7

| 人员活动环境 | 峰值加速度限值（m/s²） | |
| :---: | :---: | :---: |
| | 竖向自振频率不大于 2Hz | 竖向自振频率不小于 4Hz |
| 住宅、办公 | 0.07 | 0.05 |
| 商场和室内连廊 | 0.22 | 0.15 |

注：楼盖结构竖向振动频率为 2～4Hz 时，峰值加速度限值可按线性插值选取。

5. 其他

钢结构房屋需要设置防震缝时，缝宽应不小于相应钢筋混凝土房屋的 1.5 倍。

装配式钢结构房屋的楼盖宜采用压型钢板现浇钢筋混凝土组合楼板或钢筋混凝土楼板，并应与钢梁有可靠连接。6、7 度区且高度不超过 50m 的钢结构，尚可采用装配整体式钢筋混凝土楼板、装配式楼板或其他轻型楼盖，但应将楼板预埋件与钢梁焊接，或采取其他保证楼盖整体性的措施。转换层楼盖或楼板有大洞口等情况下，可设置水平支撑予以加强。

结构弹性分析计算时，钢筋混凝土楼板与钢梁间有可靠连接，可计入钢筋混凝土楼板对钢梁的刚度增大作用，两侧有混凝土板的钢梁其惯性矩可取 $1.5I_b$，仅单侧有混凝土板的钢梁其惯性矩可取 $1.2I_b$，$I_b$ 为钢梁截面惯性矩。弹塑性分析时，不应考虑楼板对钢梁惯性矩的增大作用。

超过 50m 的钢结构房屋应设置地下室，框架—支撑（抗震墙板）结构中竖向连续布置的支撑（抗震墙板）应延伸至基础，钢框架柱应至少延伸至地下一层，其竖向荷载应直接传至基础；采用天然地基时，基础埋置深度不宜小于房屋总高度的 1/15；采用桩基时，基础埋置深度不宜小于房屋总高度的 1/20。

装配式钢结构建筑的填充隔墙等非结构构件宜选用轻质板材，并应与主体结构可靠连接。当非承重墙为轻质砌块、轻质墙板或外挂墙板时，自振周期折减系数可取 0.9～1.0。

采用振型分解反应谱法计算地震作用时，所需的振型数可取为振型参与质量达到总质量的 90% 所需的振型数。

## 6.1.2　结构分析与稳定性设计

钢结构因材料的高强和高弹性特征，钢结构整体、构件、构件的局部都有丧失稳定的可能，因此钢结构的内力和位移计算采用传统的一阶弹性分析时，尚应进行整体的、单根构件及构件局部的稳定复核。对于形式和受力复杂的结构，当采用一阶弹性分析方法进行结构分析与设计时，可按结构弹性稳定理论确定构件的计算长度系数，并应按规范的相关规定进行构件稳定性设计。

1. 结构分析基本要求

建筑结构的内力和变形可按结构静力学方法进行弹性或弹塑性分析，采用弹性分析结果进行设计时，截面板件宽厚比等级为 S1、S2、S3 级的构件可有塑性变形发展。

结构的计算模型和基本假定应与构件连接的实际性能相符合。

框架结构的梁柱连接宜采用刚接或铰接。梁柱采用半刚性连接时，应计入梁柱交角变化的影响，在内力分析时，应假定连接的弯矩—转角曲线，并在节点设计时，保证节点构造与假定的弯矩—转角曲线相符。

结构稳定性设计应在结构分析或构件设计中考虑二阶效应。结构内力分析可采用一阶弹性分析、二阶弹性分析或直接分析，应根据下列公式计算的最大二阶效应系数 $\theta^{\mathrm{II}}_{\mathrm{i,\,max}}$ 选用适当的结构分析方法。当 $\theta^{\mathrm{II}}_{\mathrm{i,\,max}} \leqslant 0.1$ 时，可采用一阶弹性分析；当 $0.1 < \theta^{\mathrm{II}}_{\mathrm{i,\,max}} \leqslant 0.25$ 时，宜采用二阶弹性分析或采用直接分析；当 $\theta^{\mathrm{II}}_{\mathrm{i,\,max}} > 0.25$ 时，应增大结构的侧移刚度或采用直接分析。

规则框架结构的二阶效应系数可按下式计算：

$$\theta^{\mathrm{II}}_{\mathrm{i}} = \frac{\sum N_i \Delta u_i}{\sum H_{ki} h_i} \tag{6-1}$$

式中：$\sum N_i$——所计算 $i$ 楼层各柱轴心压力设计值之和（N）；

$\sum H_{ki}$——产生层间侧移的计算楼层及以上各层的水平力标准值之和（N）；

$h_i$——所计算 $i$ 楼层的层高（mm）；

$\Delta u_i$—— $\sum H_{ki}$ 作用下按一阶弹性分析求得的计算楼层的层间侧移（mm）。

一般结构的二阶效应系数可按下式计算：

$$\theta^{\mathrm{II}}_{\mathrm{i}} = \frac{1}{\eta_{\mathrm{cr}}} \tag{6-2}$$

式中：$\eta_{\mathrm{cr}}$——整体结构最低阶弹性临界荷载与荷载设计值的比值。

二阶 $P\text{-}\Delta$ 弹性分析应考虑结构整体初始几何缺陷的影响，直接分析应考虑初始几何缺陷和残余应力的影响。

当对结构进行连续倒塌分析、抗火分析或在其他极端荷载作用下的结构分析时，可采用静力直接分析或动力直接分析。

以整体受压或受拉为主的大跨度钢结构的稳定性分析应采用二阶 $P\text{-}\Delta$ 弹性分析或直接分析。

高层钢结构建筑应按《高层民用建筑钢结构技术规程》JGJ 99 的要求，复核整体稳定性。

2. 初始缺陷

结构整体初始几何缺陷模式可按最低阶整体屈曲模态采用。框架及支撑结构整体初始几何缺陷代表值的最大值 $\Delta_0$（图 6-1）可取为 $H/250$，$H$ 为结构总高度。框架及支撑结构整体初始几何缺陷代表值也可按式（6-3）确定（图 6-1）；或可通过在每层柱顶施加假想水平力 $H_{ni}$ 等效考虑，假想水平力可按式（6-4）计算，施加方向应考虑荷载的最不利组合（图 6-2）。

$$\Delta_i = \frac{h_i}{250}\sqrt{0.2 + \frac{1}{n_s}} \tag{6-3}$$

$$H_{ni} = \frac{G_i}{250}\sqrt{0.2 + \frac{1}{n_s}} \tag{6-4}$$

式中：$\Delta_i$——所计算 $i$ 楼层的初始几何缺陷代表值（mm）；

$n_s$——结构总层数，当 $\sqrt{0.2 + \frac{1}{n_s}} < \frac{2}{3}$ 时取此根号值为 $\frac{2}{3}$；当 $\sqrt{0.2 + \frac{1}{n_s}} > 1.0$

时，取此根号值为 1.0；

$h_i$——所计算楼层的高度（mm）；

$G_i$——第 $i$ 楼层的总重力荷载设计值（N）。

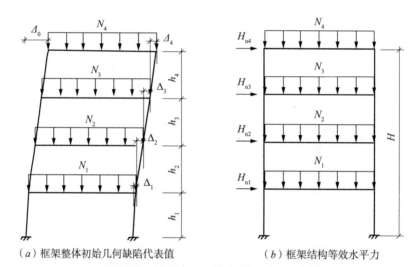

（a）框架整体初始几何缺陷代表值 　　（b）框架结构等效水平力

图 6-1　框架结构整体初始几何缺陷代表值及等效水平力

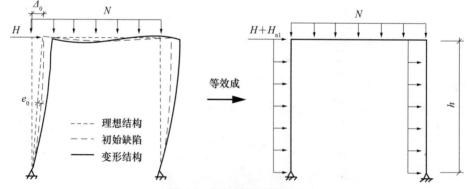

图 6-2　框架结构计算模型

$h$—层高；$H$—水平力；$H_{n1}$—假想水平力；$e_0$—构件中点处的初始变形值

构件的初始缺陷代表值可按式（6-5）计算确定，该缺陷值包括了残余应力的影响（图 6-3-$a$）。构件的初始缺陷也可采用假想均布荷载进行等效简化计算，假想均布荷载可按式（6-6）确定（图 6-3-$b$）。

$$\delta_0 = e_0 \sin \frac{\pi x}{l} \qquad (6\text{-}5)$$

$$q_0 = \frac{8N_k e_0}{l^2} \qquad (6\text{-}6)$$

式中：$\delta_0$——离构件端部 $x$ 处的初始变形值（mm）；

$\qquad$ $e_0$—— 构件中点处的初始变形值（mm）；

$\qquad$ $x$——离构件端部的距离（mm）；

$\qquad$ $l$——构件的总长度（mm）；

$\qquad$ $q_0$——等效分布荷载（N/mm）；

$\qquad$ $N_k$——构件承受的轴力标准值（N）。

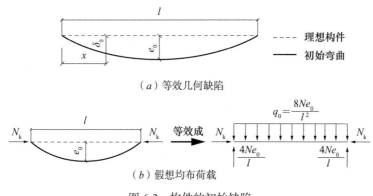

（$a$）等效几何缺陷

（$b$）假想均布荷载

图 6-3　构件的初始缺陷

构件初始弯曲缺陷值 $\dfrac{e_0}{l}$，当采用直接分析不考虑材料弹塑性发展时，可按表 6-8 取构件综合缺陷代表值；当采用直接分析并考虑材料弹塑性发展时，应按《钢结构设计标准》GB 50017 第 5.5.8 条或第 5.5.9 条考虑构件初始缺陷。

构件综合缺陷代表值　　　　　　　　　　表 6-8

| 轴心受压构件的截面分类 | 二阶分析采用的 $e_0/l$ 值 |
| --- | --- |
| a 类 | 1/400 |
| b 类 | 1/350 |
| c 类 | 1/300 |
| d 类 | 1/250 |

3. 二阶 $P\text{-}\varDelta$ 弹性分析与设计

采用仅考虑 $P\text{-}\varDelta$ 效应的二阶弹性分析时，应考虑结构的整体初始缺陷，计算结构在各种荷载或作用设计值下的内力和标准值下的位移，并进行构件的稳定性设计。构件稳定验算时，计算长度系数可取 1.0 或其他认可的值。

二阶 $P\text{-}\Delta$ 效应可按近似的二阶理论对一阶弯矩进行放大来考虑。对无支撑框架结构，杆件杆端的弯矩 $M_\Delta^{\mathrm{II}}$ 也可采用下列近似公式进行计算：

$$M_\Delta^{\mathrm{II}} = M_{\mathrm{q}} + \alpha_{\mathrm{i}}^{\mathrm{II}} M_{\mathrm{H}} \tag{6-7}$$

$$\alpha_{\mathrm{i}}^{\mathrm{II}} = \frac{1}{1-\theta_{\mathrm{i}}^{\mathrm{II}}} \tag{6-8}$$

式中：$M_{\mathrm{q}}$——结构在竖向荷载作用下的一阶弹性弯矩（N·mm）；

    $M_\Delta^{\mathrm{II}}$——仅考虑 $P\text{-}\Delta$ 效应的二阶弯矩（N·mm）；

    $M_{\mathrm{H}}$——结构在水平荷载作用下的一阶弹性弯矩（N·mm）；

    $\theta_{\mathrm{i}}^{\mathrm{II}}$——二阶效应系数，可按公式（6-2）计算；

    $\alpha_{\mathrm{i}}^{\mathrm{II}}$——第 $i$ 层杆件的弯矩增大系数；当 $\alpha_{\mathrm{i}}^{\mathrm{II}} > 1.33$ 时，宜增大结构的侧移刚度。

4. 直接分析设计法

直接分析设计法应采用考虑二阶 $P\text{-}\Delta$ 和 $P\text{-}\delta$ 效应，按《钢结构设计标准》的要求同时考虑结构和构件的初始缺陷、节点连接刚度和其他对结构稳定性有显著影响的因素，允许材料的弹塑性发展和内力重分布，获得各种荷载设计值（作用）下的内力和标准值（作用）下位移，同时在分析的所有阶段，无需按计算长度系数法及稳定系数法进行构件受压稳定承载力验算。

直接分析法不考虑材料弹塑性发展时，结构分析应限于第一个塑性铰的形成，对应的荷载水平不应低于荷载设计值，不允许进行内力重分布。

直接分析法按二阶弹塑性分析时宜采用塑性铰法或塑性区法。钢材的应力—应变关系可为理想弹塑性，屈服强度可取《钢结构设计标准》GB 50017 规定的强度设计值，弹性模量按《钢结构设计标准》GB 50017 第 4.4.8 条采用；钢结构构件截面应为双轴对称截面或单轴对称截面，塑性铰处截面板件宽厚比等级应为 S1、S2级，其出现的截面或区域应保证有足够的转动能力；允许一个或者多个塑性铰产生，构件的极限状态应根据设计目标及构件在整个结构中的作用来确定。

当结构采用直接分析设计法进行连续倒塌分析时，结构材料的应力—应变关系宜考虑应变率的影响；进行抗火分析时，应考虑结构材料在高温下的应力—应变关系对结构和构件内力产生的影响。

结构和构件采用直接分析设计法进行分析和设计时，计算结果可直接作为承载能力极限状态和正常使用极限状态下的设计依据，应按下列公式进行构件截面承载力验算：

（1）当构件有足够侧向支撑以防止侧向失稳时：

$$\frac{N}{Af} + \frac{M_x^{\mathrm{II}}}{M_{cx}} + \frac{M_y^{\mathrm{II}}}{M_{cy}} \leqslant 1.0 \tag{6-9}$$

当构件可能产生侧向失稳时：

$$\frac{N}{Af} + \frac{M_x^{\mathrm{II}}}{\varphi_b W_x f} + \frac{M_y^{\mathrm{II}}}{M_{cy}} \leqslant 1.0 \tag{6-10}$$

（2）当截面板件宽厚比等级不符合 S2 级要求时，构件不允许形成塑性铰，受弯承载力设计值应按式（6-11）、式（6-12）确定：

$$M_{cx} = \gamma_x W_x f \tag{6-11}$$

$$M_{cy} = \gamma_y W_y f \tag{6-12}$$

当截面板件宽厚比等级符合 S2 级要求时，不考虑材料弹塑性发展时，受弯承载力设计值应按式（6-11）、式（6-12）确定，按二阶弹塑性分析时，受弯承载力设计值应按式（6-13）、式（6-14）确定：

$$M_{cx} = W_{px} f \tag{6-13}$$

$$M_{cy} = W_{py} f \tag{6-14}$$

式中：$M_x^{\mathrm{II}}$、$M_y^{\mathrm{II}}$——分别为绕 $x$ 轴、$y$ 轴的二阶弯矩设计值，可由结构分析直接得到（N·mm）；

$A$——构件的毛截面面积（mm²）；

$M_{cx}$、$M_{cy}$——分别为绕 $x$ 轴、$y$ 轴的受弯承载力设计值（N·mm）；

$W_x$、$W_y$——当构件板件宽厚比等级为 S1 级、S2 级、S3 级或 S4 级时，为构件绕 $x$ 轴、$y$ 轴的毛截面模量；当构件板件宽厚比等级为 S5 级时，为构件绕 $x$ 轴、$y$ 轴的有效截面模量（mm³）；

$W_{px}$、$W_{py}$——构件绕 $x$ 轴、$y$ 轴的塑性毛截面模量（mm³）；

$\gamma_x$、$\gamma_y$——截面塑性发展系数，应按《钢结构设计标准》GB 50017 第 6.1.2 条的规定采用；

$\varphi_b$——梁的整体稳定系数，应按《钢结构设计标准》GB 50017 附录 C 确定。

采用塑性铰法进行直接分析设计时，当受压构件所受轴力大于 $0.5Af$ 时，其弯曲刚度应乘以刚度折减系数 0.8。

采用塑性区法进行直接分析设计时，构件的初始几何缺陷应不小于 1/1000，并考虑初始残余应力。

5. 分析参数取值

装配式钢结构设计应根据房屋的结构体系取用合理的阻尼比，可按下列情形分别取用：

（1）舒适度验算时的阻尼比应取 0.01～0.02。

（2）多遇地震作用的计算，高度 ≤ 50m 时可取 0.04；高度在 50～200m 时可取

0.03；高度 ≥ 200m 时宜取 0.02。

（3）当偏心支撑框架部分承担的地震倾覆力矩大于结构总地震倾覆力矩的 50%时，其阻尼比可相应增加 0.005。

（4）罕遇地震作用下的弹塑性分析，阻尼比可取 0.05。

# 6.2　框架和框架—支撑结构

框架结构是沿纵横方向由多榀框架构成及承担水平荷载的抗侧力结构，它也是承担竖向荷载的结构。梁柱之间常采用刚性连接的形式。由于钢材的弹性模量及强度均较高，从而可形成较强的抗侧刚度，可用于多、高层的民用建筑，并具有较好的延性。

当高度增大，或有较大的水平荷载作用时，亦可以采用框架—支撑结构。抗震设防烈度较高时，宜采用偏心支撑、屈曲约束支撑等消能支撑。

## 6.2.1　结构体系

装配式钢框架结构宜由正交相连的框架构成，由此可简化连接构造，并采用柱贯通型的节点做法；当由多个方向的非正交相连的框架构成时，在汇交点处的梁柱节点构造较为复杂，形成异形节点，甚至不得不采用梁贯通型的节点做法。

装配式钢框架结构的框架柱大多由常规截面框架柱、组合截面框架柱、异形截面框架柱等组成，抗震设计的钢框架柱宜采用箱形截面，箱型截面也便于涂刷防火涂料和柱子的外包装修；框架柱也可以采用热轧的 H 形钢或焊接的 H 形钢，宜使 H 形钢的强轴对应于柱弯矩较大的方向，或对应于柱的计算长度较大的方向，对应于抗震设计，宜在两个抗侧力方向均匀布置；框架梁大多采用热轧的窄翼缘 H 形钢或焊接 H 形钢，但不宜采用热轧的工字钢。

在低烈度设防地区的中、低高度的装配式钢框架结构，某一方向或框架的部分跨间的梁柱可采用铰接，同时设置中心支撑（剪力墙板）承担水平力，以减少现场的焊接量；支撑应按压杆设计，并加强抗震构造措施。除了非抗震设防地区，不宜采用双向均为铰接梁柱体系。局部的平台及楼梯间等的梁柱节点，也可采用铰接连接而不形成抗侧力结构。

无支撑的筒体结构也是纯框架，利用其整体的空间作用功能，形成较强的侧向刚度，承担地震作用，能够具有较好的延性。

钢框架结构的设计应符合下列规定：

（1）梁柱连接可采用带悬臂梁段、翼缘焊接腹板栓接或全焊接连接形式；抗震等级为一、二级时，梁与柱的连接宜采用加强型连接；当有可靠依据时，也可采用端板螺栓连接的形式。

（2）钢柱的拼接可采用焊接或螺栓连接的形式。

（3）在可能出现塑性铰处，梁的上下翼缘均应设侧向支撑，当钢梁上铺设装配整体式或整体式楼板且可靠连接时，上翼缘可不设侧向支撑。

（4）框架柱截面可采用异型组合截面，其设计要求应符合国家现行标准的规定。

采用框架—支撑结构的钢结构房屋应符合下列规定：

（1）支撑框架在两个方向的布置均宜基本对称，支撑框架之间楼盖的长宽比不宜大于3。

（2）三、四级且高度不大于50m的钢结构宜采用中心支撑，也可采用偏心支撑、屈曲约束支撑等消能支撑。

（3）中心支撑框架宜采用交叉支撑，也可采用人字支撑或单斜杆支撑，不宜采用K形支撑；支撑的轴线宜交汇于梁柱构件轴线的交点，偏离交点时的偏心距不应超过支撑杆件宽度，并应计入由此产生的附加弯矩。当中心支撑采用只能受拉的单斜杆体系时，应同时设置不同倾斜方向的两组斜杆，且每组中不同方向单斜杆的截面面积在水平方向的投影面积之差不应大于10%。

（4）偏心支撑框架的每根支撑应至少有一端与框架梁连接，并在支撑与梁交点和柱之间或同一跨内另一支撑与梁交点之间形成消能梁段。

（5）采用屈曲约束支撑时，宜采用人字支撑、成对布置的单斜杆支撑等形式，不应采用K形或X形，支撑与柱的夹角宜在35°～55°之间。屈曲约束支撑受压时，其设计参数、性能检验和作为一种消能部件的计算方法可按相关要求设计。

## 6.2.2 结构分析

钢框架结构内力分析可采用一阶线弹性分析或二阶线弹性分析。其整体稳定验算均采用和常规截面框架柱等效的办法。钢框架柱的整体稳定性系数按《钢结构设计标准》GB 50017附录C计算，框架柱在框架平面内的计算长度应等于该层柱的高度乘以计算长度系数$\mu$，框架柱的计算长度应按《钢结构设计标准》GB 50017第8.3节的规定计算。

框架梁可按梁端截面的内力设计。对工字形截面柱，宜计入梁柱节点域剪切变形对结构侧移的影响；对箱形柱框架、中心支撑框架和不超过50m的钢结构，其层间位移计算可不计入梁柱节点域剪切变形的影响，近似按框架轴线进行分析。

1. 线弹性分析和框架柱计算长度

当采用一阶弹性分析方法计算内力时，框架柱的计算长度系数应按下列规定确定：

（1）无支撑框架

1）等截面框架柱的计算长度系数按《钢结构设计标准》GB 50017附录E表E.0.2

有侧移框架柱的计算长度系数确定，也可按下列简化公式计算：

$$\mu = \sqrt{\frac{7.5K_1K_2 + 4(K_1 + K_2) + 1.52}{7.5K_1K_2 + K_1 + K_2}} \qquad （6-15）$$

式中：$K_1$、$K_2$——分别为相交于柱上端、柱下端的横梁线刚度之和与柱线刚度之和的比值。$K_1$、$K_2$ 的修正见《钢结构设计标准》GB 50017 附录表 E.0.2 注。

对底层框架柱：当柱下端铰接且具有明确转动可能时，$K_2 = 0$；柱下端采用平板式铰支座时，$K_2 = 0.1$；柱下端刚接时，$K_2 = 10$。分别为相交于柱上端、柱下端的横梁线刚度之和与柱线刚度之和的比值。当梁的远端铰接时，梁的线刚度应乘以 0.5；当梁的远端固接时，梁的线刚度应乘以 2/3；当梁近端与柱铰接时，梁的线刚度为 0。

2）设有摇摆柱时，摇摆柱自身的计算长度系数应取 1.0，框架柱的计算长度系数应乘以放大系数 $\eta$，$\eta$ 应按下式计算：

$$\eta = \sqrt{1 + \frac{\sum(N_1/h_1)}{\sum(N_f/h_f)}} \qquad （6-16）$$

式中：$\sum(N_f/h_f)$——本层各框架柱轴心压力设计值与柱子高度比值之和；

$\sum(N_1/h_1)$——本层各摇摆柱轴心压力设计值与柱子高度比值之和。

3）当有侧移框架同层各柱的 $N/I$ 不相同时，柱计算长度系数宜按式（6-17）计算；当框架附有摇摆柱时，框架柱的计算长度系数宜按式（6-19）确定；当根据式（6-17）或式（6-19）计算而得的 $\mu_i$ 小于 1.0 时，应取 $\mu_i = 1$。

$$\mu_i = \sqrt{\frac{N_{Ei}}{N_i}\frac{1.2}{K}\sum\frac{N_i}{h_i}} \qquad （6-17）$$

$$N_{Ei} = \pi^2EI_i/h_i^2 \qquad （6-18）$$

$$\mu_i = \sqrt{\frac{N_{Ei}}{N_i}\frac{1.2\sum(N_i/h_i) + \sum(N_{1j}/h_j)}{K}} \qquad （6-19）$$

式中：$N_i$——第 $i$ 根柱轴心压力设计值（N）；

$N_{Ei}$——第 $i$ 根柱的欧拉临界力（N）；

$h_i$——第 $i$ 根柱高度（mm）；

$K$——框架层侧移刚度，即产生层间单位侧移所需的力（N/mm）；

$N_{1j}$——第 $j$ 根摇摆柱轴心压力设计值（N）；

$h_j$——第 $j$ 根摇摆柱的高度（mm）。

4）计算单层框架和多层框架底层的计算长度系数时，$K$ 值宜按柱脚的实际约束情况进行计算，也可按理想情况（铰接或刚接）确定 $K$ 值，并对算得的系数 $\mu$ 进行修正。

5）当多层单跨框架的顶层采用轻型屋面，或多跨多层框架的顶层抽柱形成较大跨度时，顶层框架柱的计算长度系数应忽略屋面梁对柱子的转动约束。

（2）有支撑框架：

当支撑结构（支撑桁架、剪力墙等）满足式（6-20）要求时，为强支撑框架（无侧移失稳模式），框架柱的计算长度系数 $\mu$ 可《钢结构设计标准》GB 50017 附录表 E.0.1 无侧移框架柱的计算长度系数确定，也可按式（6-21）计算。

$$S_b \geqslant 4.4 \left[ \left(1 + \frac{100}{f_y}\right) \sum N_{bi} - \sum N_{0i} \right] \qquad (6\text{-}20)$$

$$\mu = \sqrt{\frac{(1 + 0.41K_1)(1 + 0.41K_2)}{(1 + 0.82K_1)(1 + 0.82K_2)}} \qquad (6\text{-}21)$$

式中：$\sum N_{bi}$、$\sum N_{0i}$——分别为 $i$ 层层间所有框架柱用无侧移框架和有侧移框架柱计算长度系数算得的轴压杆稳定承载力之和（N）；

$S_b$——支撑结构层侧移刚度，即施加于结构上的水平力与其产生的层间位移角的比值（N）；

$K_1$、$K_2$——分别为相交于柱上端、柱下端的横梁线刚度之和与柱线刚度之和的比值。$K_1$、$K_2$ 的修正见《钢结构设计标准》GB 50017 附录表 E.0.1 注。

（3）当计算框架的格构式柱和桁架式横梁的惯性矩时，应考虑柱或横梁截面高度变化和缀件（或腹杆）变形的影响。

（4）框架柱在框架平面外的计算长度可取面外支撑点之间距离。

2. 二阶弹性分析或直接分析

钢框架结构亦可按《钢结构设计标准》GB 50017 采用二阶 $P\text{-}\Delta$ 弹性分析，计算结构和构件在各种荷载或作用设计值下的内力和标准值下的位移，并进行构件的承载能力复核，计算构件轴心受压稳定承载能力时，构件计算长度系数可取 1.0 或其他认可的值。

钢框架结构亦可按《钢结构设计标准》GB 50017 采用直接分析设计法，考虑二阶 $P\text{-}\Delta$ 和 $P\text{-}\delta$ 效应，直接分析法中对构件初始缺陷的模拟对应于轴心受压构件的稳定验算，可对钢框架构件截面直接进行应力复核或采用弹塑性分析方法考虑塑性的重分布。

3. 框架—支撑结构分析

钢框架—支撑结构的斜杆可按端部铰接杆计算；其框架部分按刚度分配计算得到的地震层剪力应乘以调整系数，达到不小于结构底部总地震剪力的 25% 和框架部分计算最大层剪力 1.8 倍二者的较小值。

中心支撑框架的斜杆轴线偏离梁柱轴线交点不超过支撑杆件的宽度时，仍可按中心支撑框架分析，但应计及由此产生的附加弯矩。

偏心支撑框架中，与消能梁段相连构件的内力设计值，应按下列要求调整：

（1）支撑斜杆的轴力设计值，应取与支撑斜杆相连接的消能梁段达到受剪承载力时支撑斜杆轴力与增大系数的乘积；其增大系数，一级不应小于1.4，二级不应小于1.3，三级不应小于1.2；

（2）位于消能梁段同一跨的框架梁内力设计值，应取消能梁段达到受剪承载力时框架梁内力与增大系数的乘积；其增大系数，一级不应小于1.3，二级不应小于1.2，三级不应小于1.1；

（3）框架柱的内力设计值，应取消能梁段达到受剪承载力时柱内力与增大系数的乘积；其增大系数，一级不应小于1.3，二级不应小于1.2，三级不应小于1.1。

中心支撑、偏心支撑框架构件的抗震承载力验算尚应符合《建筑抗震设计规范》GB 50011 的相关要求。

### 6.2.3　节点设计

钢框架节点处的抗震承载力验算，应符合下列规定：

（1）节点左右梁端和上下柱端的全塑性承载力，除下列情况之一外，应符合式（6-22）、式（6-23）的要求：

1）柱所在楼层的受剪承载力比相邻上一层的受剪承载力高出25%；

2）柱轴压比不超过0.4，或 $N_2 \leqslant \varphi A_c f$（$N_2$ 为2倍地震作用下的组合轴力设计值）；

3）与支撑斜杆相连的节点。

（2）等截面梁与柱连接时：

$$\sum W_{pc} \left( f_{yc} - N/A_c \right) \geqslant \eta \sum W_{pb} f_{yb} \qquad （6-22）$$

（3）梁端加强型连接或骨式连接的端部变截面梁与柱连接时：

$$\sum W_{pc} \left( f_{yc} - N/A_c \right) \geqslant \sum \left( \eta W_{pb1} f_{yb} + V_{pb}s \right) \qquad （6-23）$$

式中：$W_{pc}$、$W_{pb}$——分别为交汇于节点的柱和梁的塑性截面模量；

　　　$W_{pb1}$——梁塑性铰所在截面的梁塑性截面模量；

　　　$f_{yc}$、$f_{yb}$——分别为柱和梁钢材的屈服强度；

　　　$N$——地震作用的柱轴力；

　　　$A_c$——框架柱的截面积；

　　　$\eta$——强柱系数，一级取1.15，二级取1.10，三级取1.05；

　　　$V_{pb}$——梁塑性铰剪力；

　　　$s$——塑性铰至柱面的距离，塑性铰可取梁端部变截面翼缘的最小处。

（4）节点域的屈服承载力应符合下列要求：

$$\psi \left( M_{pb1} + M_{pb2} \right) / V_p \leqslant \left( 4/3 \right) f_{yv} \qquad （6-24）$$

工字形截面柱（绕强轴）： $V_p = h_{b1}h_{c1}t_w$ （6-25）

工字形截面柱（绕弱轴）： $V_p = 2h_{b1}bt_f$ （6-26）

箱型截面柱： $V_p = 1.8h_{b1}h_{c1}t_w$ （6-27）

圆管截面柱： $V_p = (\pi/2)h_{b1}h_{c1}t_w$ （6-28）

（5）工字形截面柱和箱形截面柱的节点域应按下列公式验算：

$$t_w \geqslant (h_{b1} + h_{c1})/90$$ （6-29）

$$(M_{b1} + M_{b2})/V_p \leqslant (4/3)f_v/\gamma_{RE}$$ （6-30）

式中：$M_{pb1}$、$M_{pb2}$——分别为节点域两侧梁的全塑性受弯承载力；

$V_p$——节点域的体积；

$f_v$——钢材的抗剪强度设计值；

$f_{yv}$——钢材的屈服抗剪强度，取钢材的屈服强度的 0.58 倍；

$\psi$——折减系数，三、四级取 0.6，一、二级取 0.7；

$h_{b1}$、$h_{c1}$——分别为梁翼缘厚度中点间的距离，和柱翼缘（或钢管直径线上管壁）厚度中点间的距离；

$t_w$——柱在节点域的腹板厚度；

$M_{b1}$、$M_{b2}$——分别为节点域两侧梁的弯矩设计值；

$\gamma_{RE}$——节点域承载力抗震调整系数，取 0.75。

当节点域的腹板厚度不满足上述要求时，应采取加厚柱腹板或采取贴焊补强板的措施。补强板的厚度及其焊缝应按传递补强板所分担剪力的要求设计。

装配式钢结构框架柱不宜出现局部失稳，其腹板宽厚比、翼缘宽厚比应符合《钢结构设计标准》GB 50017 表 3.5.1 规定的压弯构件 S4 级截面要求。不满足该要求时，应按《钢结构设计标准》GB 50017 的要求，以有效截面代替实际截面计算杆件的承载力。抗震设计时，尚应满足《建筑抗震设计规范》GB 50011 表 8.3.2 的要求。

## 6.2.4 构造要求（抗震构造措施）

1. 钢框架结构的抗震构造措施

框架柱的长细比，一级不应大于 $60\sqrt{235/f_{ay}}$，二级不应大于 $80\sqrt{235/f_{ay}}$，三级不应大于 $100\sqrt{235/f_{ay}}$，四级时不应大于 $120\sqrt{235/f_{ay}}$。

框架梁、柱板件宽厚比，应符合表 6-9 的规定：

框架梁、柱的板件宽厚比限值　　　　　　　表 6-9

| | 板件名称 | 一级 | 二级 | 三级 | 四级 |
|---|---|---|---|---|---|
| 柱 | 工字形截面翼缘外伸部分 | 10 | 11 | 12 | 13 |
| | 工字形截面腹板 | 43 | 45 | 48 | 52 |
| | 箱形截面壁板 | 33 | 36 | 38 | 40 |

| 板件名称 | | 一级 | 二级 | 三级 | 四级 |
|---|---|---|---|---|---|
| 梁 | 工字形截面和箱形截面翼缘外伸部分 | 9 | 9 | 10 | 11 |
| | 箱形截面翼缘在两腹板之间部分 | 30 | 30 | 32 | 36 |
| | 工字形截面和箱形截面腹板 | $72$ $-120N_b/(Af)$ $\leqslant 60$ | $72$ $-120N_b/(Af)$ $\leqslant 65$ | $72$ $-120N_b/(Af)$ $\leqslant 70$ | $72$ $-120N_b/(Af)$ $\leqslant 75$ |

注：1. 表列数值适用于 Q235 钢，采用其他牌号钢材时，应乘以 $\sqrt{235/f_{ay}}$。

2. $N_b/(Af)$ 为梁轴压比。

梁柱构件的侧向支承应符合下列要求：

（1）梁柱构件受压翼缘应根据需要设置侧向支承。

（2）梁柱构件在出现塑性铰的截面，上下翼缘均应设置侧向支承。

（3）相邻两支承点间的构件长细比，应符合《钢结构设计标准》GB 50017 的有关规定。

梁与柱的连接构造应符合下列要求：

（1）梁与柱的连接宜采用柱贯通型。

（2）柱在两个互相垂直的方向都与梁刚接时宜采用箱形截面，在梁翼缘连接处设置隔板；隔板采用电渣焊时，壁板厚度不应小于 16mm，小于 16mm 时可改用工字形柱或采用贯通式隔板。当柱仅在一个方向与梁刚接时，宜采用工字形截面，并将柱腹板置于刚接框架平面内。

（3）工字形柱（绕强轴）和箱形柱与梁刚接时，应符合下列要求：

1）梁翼缘与柱翼缘间应采用全熔透坡口焊缝；一、二级时，应检验焊缝的 V 形切口冲击韧性，比冲击韧性在 -20℃时不低于 27J；

2）柱在梁翼缘对应位置应设置横向加劲肋（隔板），加劲肋（隔板）厚度不应小于梁翼缘厚度，强度与梁翼缘相同；

3）梁腹板宜采用摩擦型高强度螺栓与柱连接板连接（经工艺试验合格能确保现场焊接质量时，可用气体保护焊进行焊接）；腹板角部应设置焊接孔，孔形应使其端部与梁翼缘全焊透坡口焊缝完全隔开；

4）腹板连接板与柱的焊接，当板厚不大于 16mm 时应采用双面角焊缝，焊缝有效厚度应满足等强度要求，且不小于 5mm；板厚大于 16mm 时采用 K 形坡口对接焊缝。该焊缝宜采用气体保护焊，且板端应绕焊；

5）一级和二级时，宜采用能将塑性铰自梁端外移的端部扩大形连接、梁端加盖板或骨形连接。

（4）框架梁采用悬臂梁段与柱刚性连接时，悬臂梁段与柱应采用全焊接连接，此时上下翼缘焊接孔的形式宜相同；梁的现场拼接可采用翼缘焊接腹板螺栓连接或全部螺栓连接。

（5）箱形柱在与梁翼缘对应位置设置的隔板，应采用全熔透对接焊缝与壁板相连。工字形柱的横向加劲肋与柱翼缘，应采用全熔透对接焊缝连接，与腹板可采用角焊缝连接。

梁与柱刚性连接时，柱在梁翼缘上下各500mm的范围内，柱翼缘与柱腹板间或箱形柱壁板间的连接焊缝应采用全熔透坡口焊缝。

框架柱的接头距框架梁上方的距离，可取1.3m和柱净高一半二者的较小值。上下柱的对接接头应采用全熔透焊缝，柱拼接接头上下各100mm范围内，工字形柱翼缘与腹板间及箱型柱角部壁板间的焊缝，应采用全熔透焊缝。

钢结构的刚接柱脚宜采用埋入式，也可采用外包式；6、7度且高度不高不超过50m时也可采用外露式。

2. 钢框架—中心支撑结构的抗震构造措施

中心支撑的杆件的长细比，按压杆设计时，不应大于$120\sqrt{235/f_{ay}}$；一、二、三级中心支撑不得采用拉杆设计，四级采用拉杆设计时，其长细比不应大于180。支撑杆件的板件宽厚比，不应大于表6-10规定的限值。采用节点板连接时，应注意节点板的强度和稳定。

钢结构中心支撑板件宽厚比限值　　　　　　　　表 6-10

| 板件名称 | 一级 | 二级 | 三级 | 四级 |
|---|---|---|---|---|
| 翼缘外伸部分 | 8 | 9 | 10 | 13 |
| 工字形截面腹板 | 25 | 26 | 27 | 33 |
| 箱形截面壁板 | 18 | 20 | 25 | 30 |
| 圆管外径与壁厚比 | 38 | 40 | 40 | 42 |

注：表列数值适用于Q235钢，采用其他牌号钢材应乘以$\sqrt{235/f_{ay}}$，圆管应乘以$235/f_{ay}$。

中心支撑节点的构造应符合下列要求：

（1）一、二、三级，支撑宜采用H形钢制作，两端与框架可采用刚接构造，梁柱与支撑连接处应设置加劲肋；一级和二级采用焊接工字形截面的支撑时，其翼缘与腹板的连接宜采用全熔透连续焊缝。

（2）支撑与框架连接处，支撑杆端宜做成圆弧。

（3）梁在其与V形支撑或人字支撑相交处，应设置侧向支承；该支承点与梁端支承点间的侧向长细比（$\lambda_y$）以及支承力，应符合现行国家标准《钢结构设计标准》GB 50017关于塑性设计的规定。

（4）若支撑和框架采用节点板连接，应符合现行国家标准《钢结构设计标准》GB 50017关于节点板在连接杆件每侧有不小于30°夹角的规定；一、二级时，支撑端部至节点板最近嵌固点（节点板与框架构件连接焊缝的端部）在沿支撑杆件轴线方向的距离，不应小于节点板厚度的2倍。

框架—中心支撑结构的框架部分，当房屋高度不高于 100m 且框架部分按计算分配的地震剪力不大于结构底部总地震剪力的 25% 时，一、二、三级的抗震构造措施可按框架结构降低一级的相应要求采用。

3. 钢框架—偏心支撑结构的抗震构造措施

偏心支撑框架消能梁段的钢材屈服强度不应大于 345MPa。消能梁段及与消能梁段同一跨内的非消能梁段，其板件的宽厚比不应大于表 6-11 规定的限值。

偏心支撑框架梁的板件宽厚比限值 表 6-11

| 板件名称 | | 宽厚比现值 |
|---|---|---|
| 翼缘外伸部分 | | 8 |
| 腹板 | 当 $N/(Af) \leqslant 0.14$ 时 | $90[1-1.65N/(Af)]$ |
| | 当 $N/(Af) > 0.14$ 时 | $33[2.3-N/(Af)]$ |

注：表列数值适用于 Q235 钢，采用其他牌号钢材应乘以 $\sqrt{235/f_{ay}}$，$N/(Af)$ 为梁轴压比。

偏心支撑框架的支撑杆件长细比不应大于 $120\sqrt{235/f_{ay}}$，支撑杆件的板件宽厚比不应超过现行国家标准《钢结构设计标准》GB 50017 规定的轴心受压构件在弹性设计时的宽厚比限值。

（1）消能梁段的构造应符合下列要求：

1）当 $N > 0.16Af$ 时，消能梁段的长度应符合下列规定：

当 $\rho(A_w/A) < 0.3$ 时

$$\alpha < 1.6M_{lp}/V_1 \tag{6-31}$$

当 $\rho(A_w/A) \geqslant 0.3$ 时

$$\alpha \leqslant [1.15-0.5\rho(A_w/A)]1.6M_{lp}/V_1 \tag{6-32}$$

$$\rho = N/V \tag{6-33}$$

式中：$\alpha$——消能梁段的长度；

$\rho$——消能梁段轴向力设计值与剪力设计值之比。

2）消能梁段的腹板不得贴焊补强板，也不得开洞。

3）消能梁段与支撑连接处，应在其腹板两侧配置加劲肋，加劲肋的高度应为梁腹板高度，一侧的加劲肋宽度不应小于 $(b_f/2-t_w)$，厚度不应小于 $0.75t_w$ 和 10mm 的较大值。

4）消能梁段应按下列要求在其腹板上设置中间加劲肋：

① 当 $\alpha \leqslant 1.6M_{lp}/V_1$ 时，加劲肋间距不大于 $(30t_w-h/5)$；

② 当 $2.6M_{lp}/V_1 < \alpha \leqslant 5M_{lp}/V_1$ 时，应在距消能梁段端部 $1.5b_f$ 处配置中间加劲肋，且中间加劲肋间距不应大于 $(52t_w-h/5)$；

③ 当 $1.6M_{lp}/V_1 < \alpha \leqslant 2.6M_{lp}/V_1$ 时，中间加劲肋的间距宜在上述二者间线性插入；

④ 当 $\alpha > 5M_{lp}/V_l$ 时，可不配置中间加劲肋；

⑤ 中间加劲肋应与消能梁段的腹板等高，当消能梁段截面高度不大于 640mm 时，可配置单侧加劲肋，消能梁段截面高度大于 640mm 时，应在两侧配置加劲肋，一侧加劲肋的宽度不应小于 $(b_f/2 - t_w)$，厚度不应小于 $t_w$ 和 10mm。

（2）消能梁段与柱的连接应符合下列要求：

① 消能梁段与柱连接时，其长度不得大于 $1.6M_{lp}/V_l$，且应满足相关标准的规定。

② 消能梁段翼缘与柱翼缘之间应采用坡口全熔透对接焊缝连接，消能梁段腹板与柱之间应采用角焊缝（气体保护焊）连接；角焊缝的承载力不得小于消能梁段腹板的轴力、剪力和弯矩同时作用时的承载力。

③ 消能梁段与柱腹板连接时，消能梁段翼缘与横向加劲板间应采用坡口全熔透焊缝，其腹板与柱连接板间应采用角焊缝（气体保护焊）连接；角焊缝的承载力不得小于消能梁段腹板的轴力、剪力和弯矩同时作用时的承载力。

消能梁段两端上下翼缘应设置侧向支撑，支撑的轴力设计值不得小于消能梁段翼缘轴向承载力设计值的 6%，即 $0.06b_f t_f f$。

偏心支撑框架梁的非消能梁段上下翼缘，应设置侧向支撑，支撑的轴力设计值不得小于梁翼缘轴向承载力设计值的 2%，即 $0.02b_f t_f f$。

框架—偏心支撑结构的框架部分，当房屋高度不高于 100m 且框架部分按计算分配的地震作用不大于结构底部总地震剪力的 25% 时，一、二、三级的抗震构造措施可按框架结构降低一级的相应要求采用。

# 6.3 异形柱框架—支撑结构

常规的钢框架—支撑结构，其承重构件主要为矩形截面、方钢管以及工字型截面，研究相对成熟；近些年，随着装配式钢结构体系在住宅中的推广，为了满足住宅建筑中空间梁柱不外露的要求，异形承重截面的应用逐渐开始增多，即采用异形柱钢框架—支撑结构体系，目前常见的异形柱截面主要有以下几种：方钢管混凝土组合异形柱（图 6-5、图 6-6）、钢异形柱（图 6-7）以及钢异形束柱（图 6-8），其中方钢管混凝土组合异形柱和钢异形束柱为闭合截面，后期还可依据需要内灌混凝土来提高承载力和稳定性能，比较适合我国目前的高层住宅建筑。而钢异形柱主要应用于低多层建筑中，并且后期影响建筑空间使用，应用比较少，因此，本节将围绕着闭合截面的异形柱钢框架支撑结构体系（图 6-4）进行详细介绍。

（a）钢异形束柱框架支撑结构体系　　　　　（b）方钢管混凝土组合异形柱支撑结构体系

图 6-4　异形柱钢框架支撑结构体系

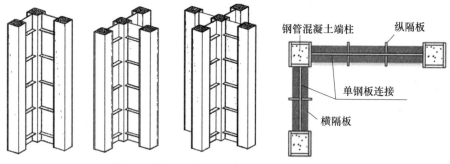

图 6-5　单板连接型方钢管混凝土组合异形柱

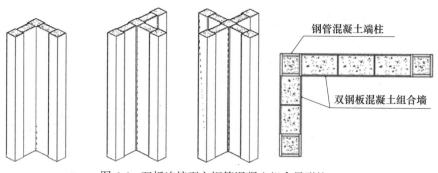

图 6-6　双板连接型方钢管混凝土组合异形柱

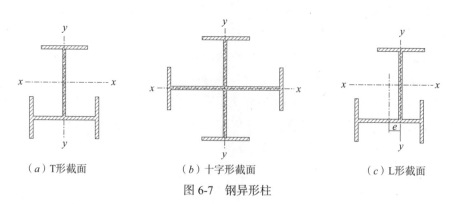

（a）T形截面　　　　　　（b）十字形截面　　　　　　（c）L形截面

图 6-7　钢异形柱

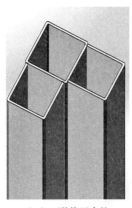

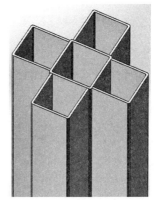

（a）L形截面束柱　　　　（b）T形截面束柱　　　　（c）十字形界面束柱

图 6-8　钢异形束柱

### 6.3.1　异形柱框架支撑结构的一般规定

异形柱钢框架支撑结构布置应与建筑相协调，由于其大多应用于居住建筑，梁柱布置宜避免在房间内露梁露柱。角柱可采用 L 形柱，边柱可采用 T 形柱，中柱可采用十字形柱；在楼梯间、电梯间、风井等局部楼板不连续的地方宜采用常规的方钢管柱或者方钢管混凝土柱；钢梁布置宜采取合理构造避免其受扭。

异形柱框架支撑结构体系，考虑尚未广泛应用，因此对其适用高度进行修正，具体见表 6-12。

异形截面框架—支撑结构适用高度　　　　　　　　表 6-12

| 6度、7度（0.10g） | 7度（0.15g） | 8度 | | 9度（0.40g） | 非抗震设计 |
| --- | --- | --- | --- | --- | --- |
| | | （0.20g） | （0.30g） | | |
| 70m | 90m | 50m | 24m | 12m | 100m |

注：1. 房屋高度指室外地面到主要屋面板板顶的高度（不包括局部突出屋顶部分）。
　　2. 超过表内高度的房屋，应进行专门研究和论证，采取有效地加强措施。

按弹性方法计算的风荷载或多遇地震标准值作用下的楼层层间最大水平位移与层高之比 $\Delta u/h$ 宜符合表 6-13 的规定：

楼层层间最大水平位移与层高之比的限值　　　　　　表 6-13

| 结构体系 | 风荷载下弹性侧移 | 多遇地震下弹性层间位移 |
| --- | --- | --- |
| 钢框架（支撑） | 1/350 | 1/300 |

在罕遇地震作用下，住宅钢结构及混合结构的弹塑性分析，多层、中高层与高层钢结构的层间侧移不应超过层高的 1/50，中高层与高层钢结构的层间侧移延性比不应大于 2.5。

### 6.3.2　异形柱钢框架支撑连接和节点设计

对于异形柱钢框架支撑结构体系中梁柱节点的构造应简单、整体性好、传力明确、安全可靠、节约材料和施工方便。节点设计应做到构造合理，使节点具有必要的延性，并避免出现应力集中和过大约束，满足强节点弱构件的要求。

抗震设计时，构件按多遇地震作用下的内力组合值选择截面；节点连接除应符合构造措施要求外，应按弹塑性设计，节点连接的极限承载力应大于构件的全塑性承载力。

刚性连接的异形柱钢框架支撑结构中节点的受弯承载力应由梁翼缘与柱的连接提供，连接的受剪承载力应由梁腹板与柱的连接提供（表6-14）。

钢梁与钢管混凝土组合异形柱刚性连接抗震设计的连接系数　　　　表6-14

| 母材牌号 | 焊接 | 高强螺栓连接 |
|---|---|---|
| Q235 | 1.40 | 1.45 |
| Q355 | 1.35 | 1.40 |
| Q355GJ | 1.25 | 1.30 |

抗震设计时，尚应对连接焊缝和高强螺栓的强度按下列公式验算：

$$M_u \geqslant \alpha M_p \qquad (6-34)$$

$$V_u \geqslant 1.2 \left(2M_p / l_n\right) + V_{Gb} \qquad (6-35)$$

式中：$M_u$——连接焊缝与高强螺栓连接处的极限受弯承载力设计值，应采用现行行业标准《高层民用建筑钢结构技术规程》JGJ 99 规定执行；

$\quad\quad V_u$——连接焊缝与高强螺栓连接处的极限受剪承载力设计值，应采用现行行业标准《高层民用建筑钢结构技术规程》JGJ 99 规定执行；

$\quad\quad M_p$——梁端全截面塑性受弯承载力；

$\quad\quad V_{Gb}$——梁在重力荷载代表值（9度时尚应包括竖向地震作用标准值）作用下，应按简支梁分析的梁端截面剪力设计值；

$\quad\quad l_n$——梁的净跨；

$\quad\quad \alpha$——节点域承载力抗震调整系数，取 0.75。

对于矩形钢管混凝土组合异形柱，其角节点、边节点和中节点可分别采用 L 形、T 形和十字形异形柱与外肋环板连接构造形式，分别如图 6-9 所示。其中外肋环板与钢梁的连接形式可分为栓焊混合连接、"互"型连接、短牛腿连接、下栓上焊连接等构造形式。

对翼缘竖向加劲板加强型梁柱节点（图 6-10），加劲板形状可以为三角形或梯形，也可采用圆弧形；竖向加劲板的外伸长度可取为 1.0~1.2 倍的钢梁高度，宽度可取为 1/4~1/3 的钢梁高度，厚度可取为 1.2 倍钢梁翼缘的厚度。

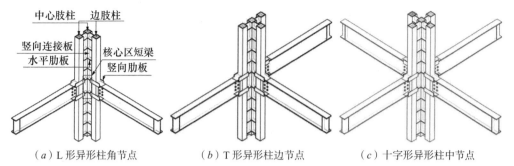

（a）L形异形柱角节点　　　　（b）T形异形柱边节点　　　　（c）十字形异形柱中节点

图 6-9　角节点、边节点和中节点构造示意图

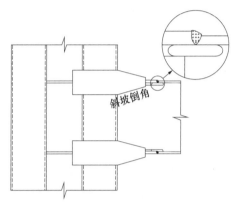

图 6-10　竖向肋板及钢梁翼缘连接板外伸部分构造图

对于钢管混凝土组合异形柱—钢梁竖向肋板连接中钢梁翼缘连接板的厚度的规定，其应不小于钢梁翼缘厚度加 2mm，同时宜小于钢梁翼缘厚度加 4mm，同时可以将竖向肋板外伸部分进行不小于 1∶4 的斜坡倒角，以减小应力集中。

对于异形束柱钢框架支撑结构体系，其节点形式则可采用上环板下隔板的构造形式，具体如图 6-11 所示。

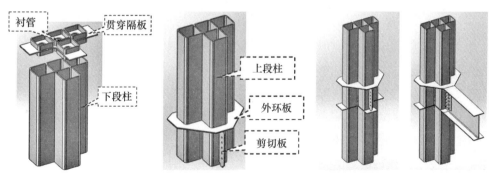

（a）工厂贯穿隔板与下段柱连接　（b）工厂外环板与上段柱连接　（c）现场柱连接　（d）现场梁柱连接

图 6-11　异形束柱建议节点形式

对于上环板下贯穿隔板节点，其环板构造可选取以下两种构造方式（图 6-12），其中宜取第二种构造形式。

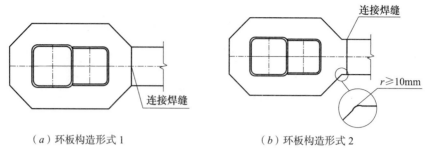

（a）环板构造形式 1　　　　　　　　　（b）环板构造形式 2

图 6-12　环板构造要求

对于该类梁柱节点，其极限承载力进行计算时，考虑截面应力集中的影响，建议取 0.85 倍的梁截面翼缘面积进行折减。

# 6.4　钢框架—钢筋混凝土核心筒结构

钢框架—钢筋混凝土核心筒结构充分发挥框架平面布置灵活和钢筋混凝土核心筒侧向刚度大的优势，在建筑功能和结构刚度方面实现了有效互补。在水平荷载作用下，钢框架侧向变形呈剪切型，层间侧移自下而上逐层减小；剪力墙（核心筒）侧向变形呈弯曲型，其层间侧移自下而上逐层增大，框架与剪力墙（核心筒）通过各层刚性楼盖使得侧向变形协调一致，介于剪切型与弯曲型之间，呈现出整体弯剪型变形。其中钢筋混凝土核心筒承担大部分水平荷载，钢框架只承担较少部分水平荷载。钢筋混凝土筒体同时具备良好的抗火能力，钢框架则减轻了竖向构件的截面面积和结构自重，并能实现快速施工，两者结合的优势使该类型结构成为我国超高层建筑的常用形式。

## 6.4.1　结构体系

钢框架—钢筋混凝土核心筒结构中，核心筒为抗震的第一道防线，核心筒连梁首先进入塑性，随后核心筒剪力墙开裂并逐渐屈服耗能，并与钢框架组成抗震的第二道防线，符合高层建筑抗震多道设防的基本思想。

当钢筋混凝土核心筒与钢框架刚度差异较大，钢框架部分的地震剪力分担率较低，可能无法形成双重抗侧力结构体系，此时应要求钢筋混凝土核心筒承担全部地震剪力。抗震设防烈度 8 度（0.2g）及其以上地区，可采用钢管混凝土柱或增设支撑提高钢框架部分的剪力分担率，以形成双重抗侧力结构体系。

混合结构的形式有很多种，如框架部分可以是钢框架（钢管混凝土柱）、型钢（钢管）混凝土框架，主要的抗侧力部分可以是钢筋混凝土筒、也可以是钢筋混凝土剪力墙。由于型钢混凝土框架更接近于钢筋混凝土结构的性能，钢框架和剪力墙结构混用的具体形式也较复杂且应用甚少，因此本节的混合结构主要指钢框架—钢筋混凝土核心筒结构形式。混合结构的设计指引主要应依据《高层建筑混凝土结构技术规程》JGJ 3、《组合结构设计规范》JGJ 138、《高层建筑钢混凝土混合结构设计规程》CECS 230 的有关规定（图 6-13）。

图 6-13 钢框架—钢筋混凝土核心筒结构示意图

## 6.4.2 结构设计

### 1. 适用高度

钢框架—钢筋混凝土剪力墙（核心筒）混合结构最大适用高度应符合表 6-15 的规定。

钢框架—钢筋混凝土（核心筒）混合结构的最大适用高度（单位：m）　表 6-15

| 结构类型 | | 非抗震设计 | 抗震设防烈度 | | | | |
|---|---|---|---|---|---|---|---|
| | | | 6度 | 7度 | 8度 | | 9度 |
| | | | | | 0.20g | 0.30g | |
| 双重抗侧力体系 | 钢框架—钢筋混凝土核心筒 | 210 | 200 | 160 | 120 | 100 | 70 |
| | 钢外筒—钢筋混凝土核心筒 | 280 | 260 | 210 | 160 | 140 | 80 |
| 非双重抗侧力体系 | 钢框架—钢筋混凝土核心筒 | 160 | 120 | 100 | — | — | — |

注：1. 房屋高度指室外地面到主要屋面板板顶的高度（不包括局部突出屋顶部分）。
　　2. 平面和竖向均不规则的结构，最大适用高度宜适当降低。
　　3. 钢筋混凝土剪力墙是指剪力墙全部是钢筋混凝土剪力墙以及结构局部部位是型钢混凝土剪力墙或钢板混凝土剪力墙。
　　4. 钢框柱包括全钢柱和钢管混凝土柱。

### 2. 位移限值要求

钢框架—钢筋混凝土混合结构的位移限值同钢筋混凝土结构的位移限值，在风荷载和多遇地震作用下，最大弹性层间位移角在高度不大于 150m 时应不大于

1/800，在高度大于 250m 时不大于 1/500，房屋高度 $H$ 介于 150~250m 时，层间位移角限值可采用线性插值；在罕遇地震作用下，钢框架—钢筋混凝土混合结构的弹塑性层间位移角不应大于 1/100。

3. 抗震等级

钢框架—钢筋混凝土混合结构中钢筋混凝土和钢构件的抗震等级应根据抗震设防分类、抗震设防烈度和房屋高度采用不同的抗震等级，并应符合相应的计算和构造措施要求。标准设防类建筑的抗震等级应按下表确定。特殊设防类、重点设防类建筑的抗震等级可按现行国家标准《建筑工程抗震设防分类标准》GB 50223 和《建筑抗震设计规范》GB 50011 的有关规定执行。钢柱、钢梁和钢支撑的抗震等级按 6.1 节的要求或《建筑抗震设计规范》GB 50011 中钢结构构件确定（表 6-16）。

混合结构中钢筋混凝土构件抗震等级　　　　表 6-16

| 结构类型 | | | 抗震设防烈度 | | | | | | |
|---|---|---|---|---|---|---|---|---|---|
| | | | 6 | | 7 | | 8 | | 9 |
| 双重抗侧力体系 | 钢框架＋核心筒 | 高度（m） | ≤ 150 | > 150 | ≤ 130 | > 130 | ≤ 100 | > 100 | ≤ 70 |
| | | 钢筋混凝土核心筒 | 二 | 二 | 一 | 特一 | 一 | 特一 | 特一 |
| | 钢外筒＋核心筒 | 高度（m） | ≤ 180 | > 180 | ≤ 150 | > 150 | ≤ 120 | > 120 | ≤ 90 |
| | | 钢筋混凝土核心筒 | 二 | 二 | 一 | 特一 | 一 | 特一 | 特一 |
| 非双重抗侧力体系 | 钢框架＋核心筒 | 高度（m） | ≤ 80 | > 80 | ≤ 60 | > 60 | — | | — |
| | | 钢筋混凝土核心筒 | 一 | | 一 | | | | |

注：1. 表中所指"特一级和一、二、三、四级"即抗震等级为"特一级和一、二、三、四级"的简称。
　　2. 接近或等于高度分界时，应结合房屋不规则程度及场地、地基条件适当确定抗震等级。

4. 其他规定

钢框架—钢筋混凝土核心筒混合结构外框梁柱应采用刚接；楼盖梁宜采用钢梁，与周边框架柱宜采用刚接，与钢筋混凝土核心筒宜采用铰接，与型钢混凝土核心筒中型钢的连接可视具体情况采用铰接或刚接。

钢管混凝土柱的钢管在施工阶段未灌注混凝土之前的轴向应力不应大于其抗压强度设计值的 60%，并应符合稳定性验算的规定。抗震设计时，钢框架—钢筋混凝土剪力墙（核心筒）结构的底部加强部位分布钢筋的最小配筋率不宜小于 0.35%，其他部位的分布筋不宜小于 0.30%。

### 6.4.3　计算分析

1. 一般要求

钢框架—钢筋混凝土核心筒结构计算的一般规定如表 6-17 所示。

| 项目 | 相关要求 |
| --- | --- |
| 阻尼比 | 1. 钢框架—钢筋混凝土核心筒结构在多遇地震作用下弹性分析时阻尼比可取为 0.04。<br>2. 风荷载作用下楼层位移验算和构件设计时，阻尼比可取为 0.02～0.04 |
| 周期折减 | 混合结构在地震作用下的内力和位移计算所采用的结构自振周期，应考虑非结构构件的影响予以修正。当非承重墙体为填充轻质砌块、填充轻质墙板或外挂墙时自振周期折减系数可取 0.9～1.0 |
| 构件刚度取值 | 1. 钢管混凝土柱截面的轴向刚度、抗弯刚度和抗剪刚度可采用型钢或钢管部分的刚度与钢筋混凝土部分的刚度之和。<br>2. 无端柱型钢混凝土剪力墙可近似按相同截面的混凝土剪力墙计算其轴向、抗弯和抗剪刚度，可忽略端部型钢对截面刚度的提高作用。<br>3. 有端柱的型钢混凝土剪力墙可按 H 形混凝土截面计算轴向和抗弯刚度，端柱内型钢可折算为等效混凝土面积计入 H 形截面的翼缘面积，墙的抗剪刚度可不计入型钢的影响。<br>4. 钢板混凝土剪力墙可将钢板折算为等效混凝土面积计算其轴向、抗弯和抗剪刚度 |
| 施工影响 | 1. 当混凝土筒体先于外围框架结构施工时，应考虑施工阶段混凝土筒体在风力及其他荷载作用下的不利受力状态；应验算在浇筑混凝土之前外围型钢结构在施工荷载及可能的风荷载作用下的承载力、稳定及变形，并据此确定钢结构安装与浇筑楼层混凝土的间隔层数。<br>2. 对于高度超过 100m 的高层混合结构，应进行模拟施工过程计算，并宜考虑混凝土后期徐变、收缩和不同材料构件压缩变形差的影响，必要时应根据分析结果预调构件的加工长度和安装标高，并应采取措施控制由差异变形产生的结构附加内力 |

2. 重力二阶效应及结构稳定

钢框架—钢筋混凝土核心筒结构刚度满足下式规定时，弹性计算分析时可不考虑重力二阶效应的不利影响。

$$EJ_d \geqslant 2.7H^2 \sum_{i=1}^{n} G_i \qquad (6\text{-}36)$$

式中：$EJ_d$——结构一个主轴方向的弹性等效侧向刚度，可按倒三角形分布荷载作用下结构顶点位移相等的原则，将结构的侧向刚度折算为竖向悬臂受弯构件的等效侧向刚度；

$H$——房屋高度；

$G_i$——第 $i$ 楼层重力荷载设计值，取 1.3 倍永久荷载标准值与 1.5 倍楼面可变荷载标准值的组合值；

$n$——结构计算总层数。

当结构不满足时上式要求时，结构弹性计算时应计入重力二阶效应对水平力作用下结构内力和位移的不利影响。

钢框架—钢筋混凝土核心筒结构的整体稳定性应符合下列规定：

$$EJ_d \geqslant 1.4H^2 \sum_{i=1}^{n} G_i \qquad (6\text{-}37)$$

3. 计算参数与内力调整

钢框架—钢筋混凝土核心筒结构中的钢梁刚度可按 6.1 节的要求予以调整。钢框架梁不宜考虑竖向荷载作用下弯矩塑性内力重分布。

抗震设计的核心筒剪力墙连梁刚度可予以折减，折减系数不宜小于 0.5；也可根据连梁弹性刚度计算得到的弯矩，直接降低连梁弯矩，降低系数不宜小于 0.8；上述两种方法不应同时采用。当连梁上支承有次梁时，连梁刚度不宜折减。

抗震设计时，多层和高层混合结构，竖向不规则结构中薄弱层（或软弱层）的层剪力应乘以 1.15（多层）和 1.25（高层）的增大系数。钢框架—钢筋混凝土剪力墙（核心筒）混合结构的框架部分按侧向刚度分配的楼层地震剪力标准值应符合下列规定：

（1）框架部分分配的楼层地震剪力标准值的最大值不宜小于结构底部总地震剪力的 10%。

（2）当框架部分分配的地震剪力标准值小于结构底部总地震剪力标准值的 20%，但其最大值不小于结构底部总地震剪力标准值的 10% 时，应按结构底部总地震剪力标准值的 20% 和框架部分楼层地震剪力标准值中最大值的 1.5 倍二者的较小值进行调整。

（3）不参与抗侧力计算、仅承受竖向荷载的少量柱，其弯矩设计值可取其轴力设计值乘以结构层间位移值，并按此弯矩计算该构件的剪力设计值。

（4）当框架部分分配的楼层地震剪力标准值的最大值小于结构底部总地震剪力的 10% 时，各层框架部分承担的地震剪力标准值应增大到结构底部总地震剪力标准值的 15%；此时，各层剪力墙墙体的地震剪力标准值宜乘以增大系数 1.1，但可不大于结构底部总地震剪力标准值，墙体的抗震构造措施应按抗震等级提高一级后采用，已为特一级的可不再提高。

（5）非双重抗侧力体系的钢框架—钢筋混凝土核心筒中，当框架部分分配的楼层地震剪力标准值的最大值小于结构底部总地震剪力的 10% 时，各层框架部分承担的地震剪力标准值应增大到结构底部总地震剪力标准值的 10%；此时，各层剪力墙墙体的地震剪力标准值宜乘以增大系数 1.1，但可不大于结构底部总地震剪力标准值，墙体的抗震构造措施应按抗震等级提高一级后采用，已为特一级的可不再提高。

（6）有加强层时，本条框架部分分配的楼层地震剪力标准值最大值不应包括加强层及其、下层的框架剪力。

# 6.5 钢框架—钢板剪力墙（钢支撑内筒）结构

钢板剪力墙因其轻质高强、良好的延性和耗能能力，具有优越的抗震性能，在强地震作用下其承载力及刚度不会出现明显退化，其较大的刚度能够保证风荷载作用下的变形和舒适度要求，适用于高烈度抗震设防地区。钢板剪力墙还减少了支模的工序，大大缩短了工期，加快了施工进度。

### 6.5.1 结构体系

以钢框架为基础，在部分钢梁和钢柱区格内嵌入钢板剪力墙或在内筒框架周边设置支撑形成钢框架—钢板剪力墙（钢支撑内筒）结构，充分发挥框架平面布置灵活和钢板剪力墙或钢支撑内筒侧向刚度大的优势，在建筑功能和结构刚度方面实现了有效互补，并且结构抗震性能更优于钢框架—钢筋混凝土剪力墙结构，更符合节能环保、绿色建筑的要求，更适合用于装配式钢结构建筑（图6-14）。

图 6-14　钢框架—钢板剪力墙结构体系

### 6.5.2 结构设计

钢框架—钢板剪力墙（钢支撑内筒）结构最大适用高度参考 6.1.1 节中钢框架—延性墙板结构。在正常使用条件下，高层民用建筑钢结构应具有足够的刚度，避免产生过大的位移而影响结构的承载能力、稳定性和使用要求。在风荷载或多遇地震作用下，一般钢板剪力墙结构不宜大于 1/250，含钢板组合剪力墙时不宜大于1/400。在罕遇地震作用下，钢板组合剪力墙弹塑性层间位移角不宜大于 1/80，其余类型的钢板剪力墙结构弹塑性层间位移角不宜大于 1/50。

### 6.5.3 计算规定

钢框架—钢板剪力墙（钢支撑内筒）结构弹性计算模型应根据结构的实际情况确定，选择空间杆系、空间杆—墙板元及其他组合有限元等计算模型，钢板剪力墙根据是否承担竖向荷载可采用剪切膜单元或正交异性板平面应力单元参与结构整体的内力分析。高层钢框架—钢板剪力墙（钢支撑内筒）结构弹性分析时，应计入重力二阶效应的影响。

钢框架—钢板剪力墙（钢支撑内筒）结构弹性分析时，应考虑构件的下列变形：

（1）梁的弯曲和扭转变形，必要时考虑轴向变形；

（2）柱的弯曲、轴向、剪切和扭转变形；

（3）支撑的弯曲、轴向和扭转变形；

（4）钢板剪力墙的剪切变形。

对结构分析软件的分析结果，应进行分析判断，确认其合理、有效后方可作为工程设计的依据。

非加劲的钢板剪力墙，应计算其抗剪强度及稳定性。当计算其稳定性时，可利用其屈曲后强度，与梁、柱连接时，应能保证钢板张力能有效传递到梁、柱，在设计梁、柱时，应计入钢板屈曲后的张力场效应。钢板剪力墙宜按不承受竖向荷载设计计算，并应采用相应的构造和施工措施来实现计算假定，当钢板剪力墙承受竖向荷载时，应考虑竖向荷载对受剪承载力的影响。

加劲的钢板剪力墙，应验算其抗剪强度、区格内的局部稳定性以及整体稳定性。

内藏钢板支撑的净截面面积，应根据所承受的剪力按强度条件选择，不考虑屈曲。内藏钢板支撑剪力墙设计，必须对钢板支撑的受剪承载力以及支撑钢板屈服前和屈服后墙板刚度进行计算。

开缝钢板剪力墙墙板承载力应分别计算缝间墙部分和实体墙的承载力。缝间墙部分按对称配筋大偏心受压构件计算两侧纵向主筋并复核缝间墙斜截面抗剪强度；实体墙部分复核斜截面抗剪强度。

钢框架—钢板剪力墙（钢支撑内筒）结构的框架部分按刚度分配计算得到的地震层剪力应乘以调整系数，达到不小于结构总地震剪力的 25% 和框架部分计算最大层剪力 1.8 倍二者的较小值。

钢板剪力墙的设计应符合下列规定：

（1）钢板剪力墙的节点，不应先于钢板剪力墙和框架梁柱破坏；

（2）与钢板剪力墙相连周边框架梁柱腹板厚度不应小于钢板剪力墙厚度；在罕遇地震作用下，周边框架梁柱不应先于钢板剪力墙破坏；

（3）钢板剪力墙上开设洞口时应按等效原则予以补强。

《高层民用建筑钢结构技术规程》JGJ 99 附录 B 给出了非加劲钢板剪力墙和加劲钢板剪力墙的设计规定和方法，附录 C 给出了无黏结内藏钢板支撑墙板的设计规定和方法，附录 D 给出钢框架—内嵌竖缝混凝土剪力墙板的设计规定和方法；《钢板剪力墙技术规程》JGJ/T 380 第 6 章给出了防屈曲钢板剪力墙的设计规定和方法，第 7 章给出了钢板组合剪力墙的设计规定和方法，第 8 章给出了开缝钢板剪力墙的设计规定和方法。在工程应用时，均应遵守相关的规定。

# 6.6　冷成型轻钢龙骨结构体系

轻钢龙骨体系为采用镀锌冷弯薄壁型钢等承重龙骨构件的结构体系。该体系的主体结构通常由梁、柱、天龙骨、地龙骨和各种支撑构件组成，通过扣件、加劲件、自攻螺丝等连接件的连接，形成坚固稳定的"板肋结构体系"。轻钢龙骨结构主要用于中低层住宅或别墅，目前在美国、加拿大等发达国家已为人们所接受并广泛使用。近年来我国建筑钢结构虽然发展很快，但以冷弯薄壁型钢为骨架的钢结构住宅结构体系仍处于发展初期。

## 6.6.1 结构体系

冷成型轻钢龙骨结构体系的建筑、结构、设备和装修应进行一体化设计，应采用轻质墙体、楼盖和屋盖系统，宜利用低碳、再生资源。该体系通过把建筑物自身的荷载分解到各个承重构件，梁和楼板的荷载由墙的龙骨传至基础，具有优良的抵抗水平荷载和抗震能力。

冷成型轻钢龙骨结构用钢材宜采用 Q235 钢、Q355 钢，其质量要求应分别符合《碳素结构钢》GB/T 700 以及《低合金高强度结构钢》GB/T 1591 的规定，强度设计值应符合现行国家标准《冷弯薄壁型钢结构技术规范》GB 50018 的相关规定。冷弯薄壁型钢可采用锌或铝锌合金镀层防腐，镀锌和镀铝锌钢板及钢带的质量尚应符合《连续热镀锌和锌合金镀层钢板及钢带》GB/T 2518 和《连续热镀锌和锌合金镀层钢板及钢带》GB/T 14978 的规定。单位镀锌量根据不同地区的耐腐蚀要求有相应的规定。用于承重结构的冷弯薄壁型钢的钢带或钢板，应具有抗拉强度、伸长率、屈服强度、冷弯试验和硫、磷含量的合格保证。

构件所使用的冷弯薄壁型钢在工厂制作，通常承重构件的截面厚度不小于 0.84mm，非承重构件则不小于 0.45mm，高度一般大于 75mm，小于 200mm。承重墙中承重柱的间距通常在 400～600mm 之间，截面高度通常在 100～150mm 之间。

轻钢龙骨结构常用的连接类型有自攻螺钉、螺栓连接以及焊接，自攻螺丝之间的间距要小于 300mm。自攻螺钉连接方法应按表 6-18 中的相应规范执行。

**各类连接材料执行标准**　　　　表 6-18

| 连接件类型 | 执行标准 |
| --- | --- |
| 自攻螺钉 | 《开槽盘头自攻螺钉》GB/T 5282 |
| | 《开槽沉头自攻螺钉》GB/T 5283 |
| | 《开槽半沉头自攻螺钉》GB/T 5284 |
| | 《六角头自攻螺钉》GB/T 5285 |
| | 《十字槽盘头自钻自攻螺钉》GB/T 15856.1 |
| | 《十字槽沉头自钻自攻螺钉》GB/T 15856.2 |
| | 《十字槽半沉头自钻自攻螺钉》GB/T 15856.3 |
| | 《六角法兰面自钻自攻螺钉》GB/T 15856.4 |
| | 《射钉》GB/T 18981 |

注：本表执行标准的年份省略。

结构面板可采用镀锌或镀铝锌薄钢板、定向刨花板等不易腐蚀的材料，各种材料的力学性能应符合国家相关标准、规范的规定。保温材料、防水材料、屋面及外墙饰面等围护材料应采用轻质材料，并应符合相关标准规定的耐久性、适用性、气密性、防火、隔热和隔声等性能要求。结构用黏胶、胶带、硅胶等黏结密封材料均应符合相关标准的规定，并提供质保书或试验论证材料。混凝土和钢筋应符合《混凝土结构设计规范》GB 50010 的规定。

## 6.6.2　结构分析

冷弯薄壁型钢承重结构应按承载能力极限状态和正常使用极限状态进行设计。

冷弯薄壁型钢结构的重要性系数 $\gamma$ 应根据结构的安全等级、设计使用年限确定。一般工业与民用建筑冷弯薄壁型钢结构的安全等级取为二级，设计使用年限为 50 年时，其重要性系数不应小于 1.0；设计使用年限为 25 年时，其重要性系数不应小于 0.95。特殊建筑冷弯薄壁型钢结构安全等级、设计使用年限可另行确定。

冷弯薄壁型钢房屋建筑竖向荷载应由承重墙体的立柱独立承担。墙架柱在每层高度范围内，可近似地视作两端铰接的竖向构件；水平风荷载或水平地震作用应由抗剪墙体承担。

结构平面布置规则时，冷弯薄壁型钢房屋建筑结构设计可在建筑结构的两个主轴方向分别计算水平荷载的作用。每个主轴方向的水平荷载应由该方向抗剪墙体承担，可根据其抗剪刚度大小按比例分配，并应考虑门窗洞口对墙体抗剪刚度的削弱作用。横墙应与纵墙、楼盖可靠连接，以保证房屋的整体刚度。

各墙体承担的水平剪力可按照下式计算：

$$V_j = \frac{\alpha_j K_j L_j}{\sum_{i=1}^{n} \alpha_i K_i L_i} V \tag{6-38}$$

式中：$V_j$——第 $j$ 面抗剪墙体承担的水平剪力；

$\quad\quad V$——由水平风荷载或多遇地震作用产生的 $x$ 方向或 $y$ 方向总水平剪力；

$\quad\quad K_j$——第 $j$ 面抗剪墙体单位长度的抗剪刚度；

$\quad\quad \alpha_j$——第 $j$ 面抗剪墙体门窗洞口刚度折减系数；

$\quad\quad L_j$——第 $j$ 面抗剪墙体的长度；

$\quad\quad n$——$x$ 方向或 $y$ 方向抗剪墙数。

抗剪墙体应在建筑平面和竖向均匀布置，其最大间距应符合表 6-19 的要求。抗侧力构件应贯通连接房屋全高，上、下端应分别延伸至屋盖和基础。

抗侧力构件的最大间距　　　　　　　　　　　　　表 6-19

| 抗震设防烈度 | 楼盖类别 | 最大间距（m） |
|---|---|---|
| 6 度、7 度 | 定向刨花板楼盖 | 11 |
|  | 压型钢板混凝土楼盖 | 15 |

| 抗震设防烈度 | 楼盖类别 | 最大间距（m） |
|---|---|---|
| 8度 | 定向刨花板楼盖 | 9 |
| | 压型钢板混凝土楼盖 | 11 |

结构平面布置不规则时，宜采用空间整体分析模型进行设计。

在多遇地震作用下，结构的地震作用效应可按《建筑抗震设计规范》GB 50011的底部剪力法计算，结构任一楼层的水平地震剪力应符合《建筑抗震设计规范》GB 50011的相关规定。多遇地震作用下，结构的弹性层间侧移 $\Delta u_e$ 值应符合下式规定：

$$\Delta u_e \leqslant [\theta_e] h \tag{6-39}$$

式中：$h$——层间高度（mm）；

$\Delta u_e$——多遇地震作用时结构的弹性层间侧移值（mm）；

$[\theta_e]$——多遇地震作用时结构的弹性层间位移角限值，取为 1/250。

冷成型轻钢龙骨多层住宅的内力和计算可采用一阶弹性分析，结构构件应按下列规定进行验算：

（1）墙体立柱应按压弯构件验算其强度、稳定性及刚度；

（2）屋架构件应按屋面荷载的效应，验算其强度、稳定性及刚度；

（3）楼面梁应按承受楼面竖向荷载的受弯构件验算其强度和刚度。

冷成型轻钢龙骨多层住宅基本构件的挠度容许值，应按表 6-20 的规定确定。

**基本构件的挠度容许值**　　　　　　　　　　表 6-20

| 构件类别 | 可变荷载作用时的挠度容许值 $[v_q]$ | 全部荷载作用时的挠度容许值 $[v_r]$ |
|---|---|---|
| 楼盖梁 | $l/500$ | $l/250$ |
| 门、窗过梁 | $l/350$ | $l/250$ |
| 屋面斜梁 | $l/250$ | $l/250$ |
| 吊顶格栅 | $l/350$ | $l/250$ |

## 6.6.3　构件设计

轻钢龙骨房屋结构构件承载力按受力状态不同，分别进行如下验算（表 6-21）：

**验算表**　　　　　　　　　　表 6-21

| | 强度计算 | 稳定计算 | 参数说明 |
|---|---|---|---|
| 轴心受拉构件 | $\sigma = \dfrac{N}{A_n} \leqslant f$ | / | $\sigma$——正应力；<br>$N$——轴心力；<br>$A_n$——净截面面积；<br>$f$——钢材的抗拉、抗压和抗弯强度设计值 |

| | 强度计算 | 稳定计算 | 参数说明 |
|---|---|---|---|
| 轴心受压构件 | $\sigma = \dfrac{N}{A_{en}} \leqslant f$ | $\dfrac{N}{\varphi A_e} \leqslant f$ | $A_{en}$——有效净截面面积；<br>$\varphi$——轴心受压构件的稳定系数；<br>$A_e$——有效截面面积 |
| 荷载通过截面形心并与主轴平行的受弯构件 | $\sigma = \dfrac{M_{max}}{W_{enx}} \leqslant f$<br><br>$\tau = \dfrac{V_{max}S}{It} \leqslant f_v$ | $\dfrac{M_{max}}{\varphi_{bx}W_{ex}} \leqslant f$ | $M_{max}$——跨间对主轴 $x$ 轴的最大弯矩；<br>$V_{max}$——最大剪力；<br>$W_{enx}$——对主轴 $x$ 轴的较小有效净截面模量；<br>$\tau$——剪应力；<br>$S$——计算剪应力处以上截面对中和轴的面积矩；<br>$I$——毛截面惯性矩；<br>$t$——腹板厚度之和；<br>$\varphi_{bx}$——受弯构件的整体稳定系数；<br>$W_{ex}$——对截面主轴 $x$ 轴的受压边缘的有效截面模量；<br>$f_v$——钢材抗剪强度设计值 |
| 荷载偏离截面形心但与主轴平行的受弯构件 | $\sigma = \dfrac{M}{W_{enx}} + \dfrac{B}{W_\omega} \leqslant f$ | $\dfrac{M_{max}}{\varphi_{bx}W_{ex}} + \dfrac{B}{W_\omega} \leqslant f$ | $M$——计算弯矩；<br>$B$——与所取弯矩同一截面的双力矩；<br>$W$——与弯矩引起的应力同一验算点处的毛截面扇性模量 |
| 荷载偏离截面形心且与主轴倾斜的受弯构件 | $\sigma = \dfrac{M_x}{W_{enx}} + \dfrac{M_y}{W_{eny}} + \dfrac{B}{W_\omega} \leqslant f$ | $\dfrac{M_x}{\varphi_{bx}W_{ex}} + \dfrac{M}{W_{ey}} + \dfrac{B}{W_\omega} \leqslant f$ | $M_x$、$M_y$——对截面主轴、$y$ 轴的弯矩 |
| 拉弯构件 | $\sigma = \dfrac{N}{A_n} \pm \dfrac{M_x}{W_{nx}} \pm \dfrac{M_y}{W_{ny}} \leqslant f$ | / | |
| 压弯构件 | $\sigma = \dfrac{N}{A_{en}} \pm \dfrac{M_x}{W_{enx}} \pm \dfrac{M_y}{W_{eny}} \leqslant f$ | $\dfrac{N}{\varphi A_e} + \dfrac{\beta_m M}{\left(1 - \dfrac{N}{N'_E}\varphi\right)W_e} \leqslant f$ | $M$——计算弯矩，取构件全长范围内的最大弯矩；<br>$\beta_m$——等效弯矩系数 |

## 6.6.4 节点设计

对接焊缝和角焊缝的强度可参照 5.2 节计算。

电阻点焊可用于构件的缀合或组合连接，每个焊点所承受的最大剪力不得大于表 6-22 中规定的抗剪承载力设计值。

螺栓的连接可参照 5.3 节的紧固件连接验算。

用于压型钢板之间和压型钢板与冷弯型钢构件之间紧密连接的抽芯铆钉（拉铆钉）、自攻螺钉和射钉连接的强度可按下列规定计算（表 6-23）。

| 相焊板件中外层较薄板件的厚度 $t$（mm） | 每个焊点的抗剪承载力设计值 $N_\mathrm{v}^\mathrm{s}$（KN） | 相焊板件中外层较薄板件的厚度 $t$（mm） | 每个焊点的抗剪承载力设计值 $N_\mathrm{v}^\mathrm{s}$（KN） |
|---|---|---|---|
| 0.4 | 0.6 | 2.0 | 5.9 |
| 0.6 | 1.1 | 2.5 | 8.0 |
| 0.8 | 1.7 | 3.0 | 10.2 |
| 1.0 | 2.3 | 3.5 | 12.6 |
| 1.5 | 4.0 | — | — |

验算表　　　表 6-23

| | 受拉 | 受剪 | 同时承受剪力和拉力 |
|---|---|---|---|
| 抽芯铆钉（拉铆钉） | 当只受静荷载作用时：$N_\mathrm{t}^\mathrm{f} = 17tf$ 当受含有风荷载的组合荷载作用时：$N_\mathrm{t}^\mathrm{f} = 8.5tf$ | 当 $t_1/t = 1$ 时：$N_\mathrm{v}^\mathrm{f} = 3.7\sqrt{t^3df}$ $N_\mathrm{v}^\mathrm{f} \leqslant 2.4tdf$ 当 $t_1/t \geqslant 2.5$ 时：$N_\mathrm{v}^\mathrm{f} = 2.4tdf$ | $\sqrt{\left(\dfrac{N_\mathrm{v}}{N_\mathrm{v}^\mathrm{f}}\right)^2 + \left(\dfrac{N_\mathrm{f}}{N_\mathrm{t}^\mathrm{f}}\right)^2} \leqslant 1$ |
| 自攻螺钉 | | | |
| 射钉 | | $N_\mathrm{v}^\mathrm{f} = 3.7tdf$ | |

$N_\mathrm{t}^\mathrm{f}$——一个连接件的抗拉承载力设计值；

$N_\mathrm{v}^\mathrm{f}$——一个连接件的抗剪承载力设计值；

$t$——紧挨钉头侧的压型钢板厚度（mm），应满足 0.5mm $\leqslant t \leqslant$ 1.5mm；

$f$——被连接钢板的抗拉强度设计值（N/mm²）

## 6.6.5　构造设计

### 1. 构件构造

冷弯薄壁型钢结构构件的壁厚不宜大于 6mm，也不宜小于 1.5mm（压型钢板除外），主要承重结构构件的壁厚不宜小于 2mm。

构件中受压板件的最大宽厚比应符合表 6-24 的规定。

受压构件的宽厚比限值　　　表 6-24

| 板件类别 ＼ 钢材牌号 | Q235 钢 | Q355 钢 |
|---|---|---|
| 非加劲板 | 45 | 35 |
| 部分加劲板件 | 60 | 50 |
| 加劲板件 | 250 | 200 |

圆管截面构件的外径与壁厚之比，对于 Q235 钢，不宜大于 100；对于 Q355 钢，不宜大于 68。

受压构件的长细比不宜超过表 6-25 中所列数值：

| 受压构件的容许长细比 | | 表 6-25 |
|---|---|---|
| 项次 | 构件类别 | 容许长细比 |
| 1 | 主要构件（如主要承重柱、刚架柱、桁架和格构式刚架的弦杆及支座压杆等） | 150 |
| 2 | 其他构件及支撑 | 200 |

受拉构件的长细比不宜超过 350，但张紧的圆钢拉条的长细比不受此限。当受拉构件在永久荷载和风荷载组合作用下受压时，长细比不宜超过 250；在吊车荷载作用下受压时，长细比不宜超过 200。

用缀板或缀条连接的格构式柱宜设置横隔，其间距不宜大于 2～3m，在每个运输单元的两端均应设置横隔。实腹式受弯及压弯构件的两端和较大集中荷载作用处应设置横向加劲肋，当构件腹板高厚比较大时，构造上宜设置横向加劲肋。

2. 节点构造

当被连接板件的厚度 $t \leqslant 6$mm 时，焊缝的计算长度不得小于 30mm；当 $t >$ 6mm 时，不得小于 40mm。角焊缝的焊脚尺寸不宜大于 $1.5t$（$t$ 为相连板件中较薄板件的厚度）。直接相贯的钢管节点的角焊缝焊脚尺寸可放大到 $2.0t$。

当采用喇叭形焊缝时，单边喇叭形焊缝的焊脚尺寸 $h_f$ 不得小于被连接板件的最小厚度的 1.4 倍。

电阻点焊的焊点中距不宜小于 $15\sqrt{t}$ mm，焊点边距不宜小于 $10\sqrt{t}$ mm（$t$ 为被连接板件中较薄板件的厚度）。

螺栓的中距不得小于螺栓孔径 $d_0$ 的 3 倍，端距不得小于螺栓孔径的 2 倍，边距不得小于螺栓孔径的 1.5 倍（图 6-15）。在靠近弯角边缘处的螺栓孔边距，尚应满足使用紧固工具的要求。

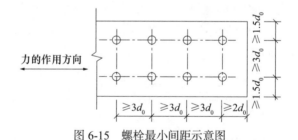

图 6-15　螺栓最小间距示意图

抽芯铆钉（拉铆钉）和自攻螺钉的钉头部分应靠在较薄的板件一侧。连接件的中距和端距不得小于连接件直径的 3 倍，边距不得小于连接件直径的 1.5 倍。受力连接中的连接件数不宜少于 2 个。

抽芯铆钉的适用直径为 2.6～6.4mm，在受力蒙皮结构中宜选用直径不小于 4mm 的抽芯铆钉；自攻螺钉的适用直径为 3.0～8.0mm，在受力蒙皮结构中宜选用直径不小于 5mm 的自攻螺钉。

射钉只用于薄板与支承构件（即基材，如檩条）的连接。射钉的间距不得小于射钉直径的4.5倍，且其中距不得小于20mm，到基材的端部和边缘的距离不得小于15mm，射钉的适用直径为3.7～6.0mm。

射钉的穿透深度（指射钉尖端到基材表面的深度，如图6-16所示）应不小于10mm。

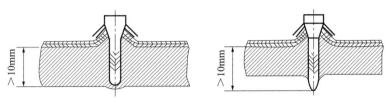

图 6-16　射钉的穿透厚度

基材的屈服强度应不小于150N/mm²，被连钢板的最大屈服强度应不大于360N/mm²。基材和被连钢板的厚度应满足表6-26和表6-27的要求。

| 被连钢板的最大厚度（单位：mm） | | | 表 6-26 |
|---|---|---|---|
| 射钉直径 | ≥ 3.7 | ≥ 4.5 | ≥ 5.2 |
| 单一方向 | | | |
| 单层被固定钢板最大厚度 | 1.0 | 2.0 | 3.0 |
| 多层被固定钢板最大厚度 | 1.4 | 2.5 | 3.5 |
| 相反方向 | | | |
| 所有被固定钢板最大厚度 | 2.8 | 5.0 | 7.0 |

| 基材的最小厚度（重绘） | | | 表 6-27 |
|---|---|---|---|
| 射钉直径（mm） | ≥ 3.7 | ≥ 4.5 | ≥ 5.2 |
| 最小厚度（mm） | 4.0 | 6.0 | 8.0 |

在抗拉连接中，自攻螺钉和射钉的钉头或垫圈直径不得小于14mm；且应通过试验保证连接件由基材中的拔出强度不小于连接件的抗拉承载力设计值。

## 6.7　单元模块集成式建筑（箱式模块集成式建筑）

箱式模块集成式建筑，简称箱式模块建筑，是以箱式钢结构集成模块为主，在施工现场组合而成的装配式建筑，也称为单元模块集成式建筑。

### 6.7.1　一般规定及结构选型

单元箱式模块集成式建筑（模块集成式建筑）可分为两大类，一类是采用集装箱（角柱、端侧梁、带波纹板蒙皮结构）为主体，不依靠其他支撑结构建造而成、能满足道路运输要求的轻型钢结构建筑（本书称为"集装箱式建筑"）；另一类是结构体系采用附加的外框架或框架—支撑结构，箱体单元仅为施工和安装方便，模块式安装在主体结构中，箱体单元本身不参与结构整体受力，采用现行钢结构规范按照传统钢结构进行设计。

根据国内外单元模块集成式建筑的建造和使用经验，其适用范围以低层和多层建筑为多，部分国内规范规定的适用范围列于表6-28。

单元模块集成式建筑的适用范围      表6-28

| 标准 | 适用范围 | | | | 备注 |
|---|---|---|---|---|---|
| | | 层数 | 高度 | 抗震设防烈度 | |
| 《轻型模块化钢结构组合房屋技术标准》JGJ/T 466 | 叠箱结构体系 | 层数不宜超过3层 | 不超过24m | 8度及8度以下 | — |
| | 叠箱—底层框架混合结构体系 | 不应超过4层 | 不应超过13m | | |
| | 叠箱—剪力墙/核心筒混合结构体系和嵌入式模块化结构体系 | 不宜超过8层 | 不超过24m | | |
| 中国工程建设标准化协会《箱式钢结构集成模块建筑技术规程》T/CECS 641 | — | | 25~100m | 8度及8度以下 | — |
| 广东省地方标准《集装箱式房屋技术规程》DBJ/T 15—112 | 6层及6层以下 | | 不宜超过24m | 6~8度 | 对抗震设防烈度8度以上、6层单跨集装箱式房屋应采用特殊措施保证抗震设计要求 |

《箱式钢结构集成模块建筑技术规程》T/CECS 641 规定了箱式模块建筑的最大适用高度，见表6-29；箱式模块建筑适用的最大高宽比见表6-30；箱式模块建筑结构构件应根据抗震设防类别、抗震设防标准、结构体系和房屋高度采用不同的抗震等级，相应抗震措施应符合现行国家标准《建筑抗震设计规范》GB 50011 的有关规定，标准设防类箱式模块建筑结构的抗震等级应按表6-31取用。

箱式模块建筑的最大适用高度（单位：m）      表6-29

| 结构体系 | 抗震设防烈度 | | | | |
|---|---|---|---|---|---|
| | 6度 | 7度（0.1g） | 7度（0.15g） | 8度（0.2g） | 8度（0.3g） |
| 叠箱结构 | 40 | 35 | 35 | 30 | 25 |
| 箱—框结构 | 60 | 50 | 50 | 40 | 30 |
| 箱—框支撑结构 | 100 | 100 | 80 | 60 | 50 |

**箱式模块建筑适用的最大高宽比**　　　　　　　　　表 6-30

| 结构体系 | 抗震设防烈度 | | | | |
|---|---|---|---|---|---|
| | 6 度 | 7 度（0.1g） | 7 度（0.15g） | 8 度（0.2g） | 8 度（0.3g） |
| 叠箱结构 | 5 | 4 | 4 | 3 | 3 |
| 箱—框结构 | 5 | 4 | 4 | 3 | 3 |
| 箱—框支撑结构 | 6 | 6 | 5 | 4 | 4 |

**箱式模块建筑结构的抗震等级**　　　　　　　　　　表 6-31

| 结构体系 | 房屋高度（m） | 抗震设防烈度 | | |
|---|---|---|---|---|
| | | 6 度 | 7 度 | 8 度 |
| 叠箱结构 | ≤ 50 | / | 四 | 三 |
| 箱—框结构<br>箱—框支撑结构 | > 50 | 四 | 三 | 二 |

单元模块的尺寸多数源自 609.6cm 和 1219.2cm 两种标准集装箱。同时应满足车辆运输和道路法规的要求，一般按 6000mm×3000mm×2800mm 进行模块组合。《箱式钢结构集成模块建筑技术规程》T/CECS 641 规定模块外轮廓尺寸长度不宜大于 17m，宽度不宜大于 4.5m，高度不宜大于 3.6m。

单元模块的建筑剖面示意图见图 6-17。

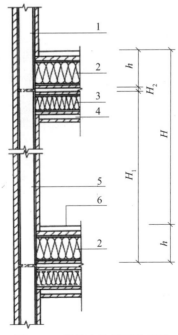

图 6-17　模块建筑剖面示意图

$H$—层高；$H_1$—单个模块的高度；$H_2$—模块竖向间隙；$h$—模块底板厚度；

1—上层墙体；2—模块底板；3—模块顶板；4—吊顶；5—下层墙体；6—建筑楼面面层完成面

模块外皮之间的间隙不宜小于20mm。集装箱式房屋的围护体系多数采用波纹板加金属面复合保温夹芯板或非金属面复合保温夹芯板。也有采用轻钢龙骨、保温材料及非金属板材相结合的做法。集装箱式房屋的屋面材料宜采用压型钢板，并与顶部框架焊接成一整体，下部加保温层和装饰吊顶。也有采用一次成型的复合材料，两面层之间设置加强筋和保温材料。

### 6.7.2 结构体系与结构布置

集装箱式建筑设计，应合理选用集装箱型号和构造措施，合理设计集装箱外形尺寸和结构，满足集装箱式建筑在运输、施工和使用过程中的强度、刚度和稳定性的要求，并采取模块式组合方式。图6-18为模块组合示意图。

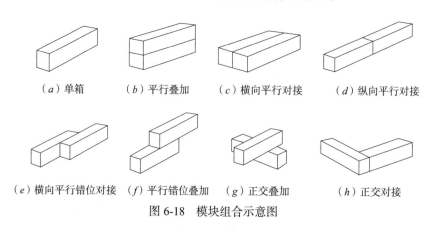

（a）单箱　　　（b）平行叠加　　（c）横向平行对接　　（d）纵向平行对接

（e）横向平行错位对接　（f）平行错位叠加　（g）正交叠加　　（h）正交对接

图6-18　模块组合示意图

箱式模块建筑的结构体系应具有明确的计算简图和合理的传力途径；结构体系应避免因部分结构或构件破坏而导致整个结构丧失对水平荷载及重力荷载的承载能力；应具备必要的抗震承载力、良好的变形能力和耗散地震能量的能力。对可能出现的薄弱部位，应采取提高抗震能力的措施。常见的箱式模块建筑结构体系如表6-32所示。

常见的箱式模块建筑结构体系　　　　　　　　　　　　表6-32

| 名称 | 定义 | 示意图 | 备注 |
|------|------|--------|------|
| 叠箱结构体系 | 由箱式模块叠置并通过连接件相互连接而成的能承受竖向和水平作用的结构体系 | | 箱式模块水平层间竖向连接 |

| 名称 | 定义 | 示意图 | 备注 |
|------|------|--------|------|
| 箱—框结构体系 | 由箱式模块与钢框架组成的共同承受竖向和水平作用的结构体系。简称箱—框结构体系 | | 箱式模块与非箱式模块结构连接 |
| 箱—框—支撑结构体系 | 由箱式模块与钢框架—支撑组成的共同承受竖向和水平作用的结构体系。简称箱—框—支撑结构体系 | | 箱式模块与钢框架—支撑结构连接 |

箱式模块建筑结构的平面布置宜规则、对称，并应与建筑设计相协调；在两个主轴方向的动力特性宜相近，并应减少因刚度、质量不对称造成扭转；竖向受力构件应连续布置，并应保持刚度、质量变化均匀；作为抗侧力构件的金属箱壁板及支撑宜沿建筑高度竖向连续布置，并延伸至计算嵌固端；作为抗侧力构件的金属箱壁板不宜过长，较长的金属箱壁板宜设置洞口将金属箱壁板分成长度较均匀的若干段；各段长度不宜小于 0.8m，不宜大于 3m。

模块布置应考虑与结构支撑、剪力墙等布置的协调。当室内布局需要较大尺寸空间时，可采用模块与框架结构、框架支撑结构等形成混合结构体系的方式实现（图 6-19）。

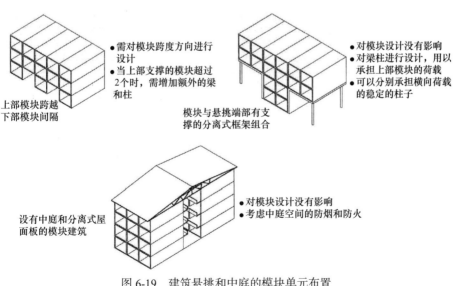

图 6-19 建筑悬挑和中庭的模块单元布置

箱—框、箱—框—支撑结构体系的钢框架、支撑设计，应符合《钢结构设计标准》GB 50017、《建筑抗震设计规范》GB 50011 和《高层民用建筑钢结构技术规程》JGJ 99 的有关规定。

### 6.7.3　结构分析

单元模块集成式建筑结构，包括集装箱式建筑的结构设计应按承载能力极限状态和正常使用极限状态进行设计，荷载及其组合应符合现行国家标准《建筑结构荷载规范》GB 50009 的有关规定。

箱式模块建筑应采用空间结构模型进行结构计算分析，计算模型应根据结构的实际情况确定，计算结构位移时，可采用分块刚性楼板假定；计算结构内力时，应采用弹性楼板假定；当屋面板采用整体现浇或装配整体式钢筋混凝土板时，可假定屋面平面内为刚性。

当箱式模块建筑采用金属箱壁板作为抗侧力构件时，结构计算应计入金属箱壁板对结构刚度的影响，并应验算金属箱壁板的抗剪承载力。

叠箱框架（剪力墙／核心筒）混合结构体系宜按双重抗侧力体系计算，任一层叠箱部分承担的地震剪力不应小于结构底部总地震剪力的 20%。叠箱结构、箱—框结构和箱—框—支撑结构的框架按刚度分配计算得到的地震层剪力标准值应乘以调整系数，达到不小于结构总地震剪力标准值的 25% 和框架部分计算最大层剪力标准值 1.8 倍二者的较小值。当高层箱式模块建筑采用箱—框—支撑结构体系时，非箱式模块部分钢框架—支撑部分承担的地震层剪力标准值不应小于对应层地震剪力标准值的 60%。

箱式模块建筑位移限值应按表 6-33 控制：

箱式模块建筑位移限值

表 6-33

| 作用 | 楼层层间最大位移与层高之比 $\Delta u/h$（弹性位移） | 楼层层间最大位移与层高之比 $\Delta up/h$（弹塑性位移） |
|---|---|---|
| 多遇地震标准值 | 1/300 | |
| 罕遇地震 | | 1/50 |
| 风荷载 | 1/400 | |

计算各振型地震影响系数所采用的结构自振周期，应计入非承重填充墙体的刚度影响予以折减。

箱式模块建筑抗震计算时结构的阻尼比，多遇地震下可取 0.035；罕遇地震作用下的弹塑性分析可取 0.05。

垂直放置的模块组合在结构计算时，由于定位和加工而在每一层引起的水平误差最大累计值可按下式计算：

$$\delta_{\mathrm{H}} = 12\,(n-1)^{0.5} \qquad\qquad (6\text{-}40)$$

式中：$\delta_{\mathrm{H}}$——水平误差最大累计值；

　　　$n$——所在层数。

单柱的水平误差允许值 $\delta_{\mathrm{H}}$ 可取柱高的 1/200；当考虑多层的平均值时，平均 $\delta_{\mathrm{H}}$ 不应大于柱高的 1/300。当水平方向有多个柱组合时，整个结构水平误差允许值应减小。

由于定位和加工中的水平误差引起的荷载偏心作用应和风荷载同时考虑（图 6-20）。

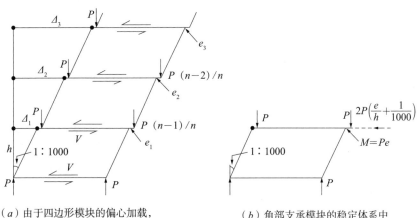

（a）由于四边形模块的偏心加载，　　　　　（b）角部支承模块的稳定体系中
在端墙处引起的剪力偏心荷载的传递

图 6-20　水平误差引起的偏心作用

偏心距可转换为施加于每个楼层的名义水平力，名义水平力至少应取为作用于每个模块的垂直载荷的 1%，并用作评估结构整体稳定性的最小水平载荷。

高层箱式模块建筑应根据二阶效应系数来确定采用一阶或二阶弹性分析，并应符合《钢结构设计标准》GB 50017 的相关规定。采用混凝土核心筒作为抗侧力构件时，其稳定性可参照《高层建筑混凝土结构技术规程》JGJ 3 的相关规定计算。在结构的某一层和直接相邻的上层，建筑物有倒塌风险的部分不应超过该层面积的 15% 或 70m² （以较少者为准）。如果假想地移除一个竖向承重构件将使得有倒塌风险的面积超过上述的规定值，则竖向承重构件应设计为关键构件。模块化单元荷载传导路径应通过下部模块的墙或刚性角件往下传递。设计时应考虑到荷载传导路径失效的可能性（图 6-21），墙体设计应符合以深梁或膜片的形式水平跨越损坏区域；当由相邻模块支撑时，以墙体受拉的形式跨越损坏区域，单元间除了竖向连接以外，水平向也要进行连接。

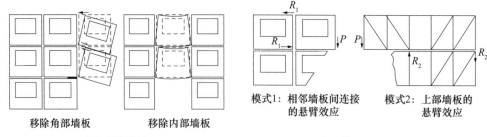

| 移除角部墙板 | 移除内部墙板 | 模式1：相邻墙板间连接的悬臂效应 | 模式2：上部墙板的悬臂效应 |

（a）移除墙板　　　　　　　　　　（b）模块的悬臂效应

图 6-21　满足单元模块建筑倒塌的风险和对策

# 6.8　其他新型装配式钢结构体系

## 6.8.1　分层装配式钢结构建筑体系

对于低层建筑结构，可采用分层装配式结构，该体系在梁柱节点处保持梁通长、柱分层，通过端板螺栓节点形式实现梁与柱、梁与梁、梁与屋架以及柱与基础等的连接（图 6-22-*a*）。该体系主要依靠柱间交叉柔性支撑抵抗水平力，框架只承受竖向荷载而不提供抗侧力（图 6-22-*b*），属于支撑式钢结构。该结构在低层结构中，施工方便，安装便捷，具有比较好的应用前景。

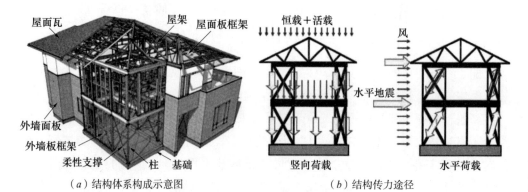

（a）结构体系构成示意图　　　　　　　（b）结构传力途径

图 6-22　分层装配式结构体系传力机制

1. 分层装配式结构的一般规定

对分层装配支撑钢框架结构房屋有震后功能可恢复性能要求时，柱宜优先采用 Q390 钢、Q420 钢、Q460 钢。对需充分发展塑性的支撑变形集中段及有相同塑性变形能力要求的构件，其所用钢材应符合以下规定：

1）屈强比不应大于 0.85；

2）钢材应有明显的屈服台阶，且伸长率不应小于 20%。

结构按承载能力极限状态和正常使用极限状态设计时，荷载效应组合应符合

《建筑结构荷载规范》GB 50009 的规定，对抗震设防烈度为 6 度及以上地区的结构，尚应符合《建筑抗震设计规范》GB 50011 的规定。

按正常使用极限状态设计时，楼层相对变形不宜大于层高的 1/250。

分层装配支撑钢框架房屋结构体系须符合下列规定：

1）应具有明确的计算简图和合理的水平地震作用传递途径。

2）应具有必要的承载能力，足够大的刚度，良好的变形能力和消耗地震能量的能力。

3）应避免因部分结构或构件的破坏而导致整个结构丧失承载能力。

4）当采用柔性支撑时，应采用可施加预紧力的高延性柔性支撑。

5）对可能出现的薄弱部位，应采取有效地加强措施。

分层装配支撑钢框架房屋应优先采用工厂化生产、装配化施工的构件和部品，采取减少现场焊接、湿作业的技术措施，宜采用全装修方式。

分层装配支撑钢框架房屋的最大层数和高度应符合表 6-34 的规定，其单层最大高度不宜超过 4m。

分层装配式体系　　　　　　　　　　　　表 6-34

| 建筑设计控制参数 | 抗震设防烈度 | | |
| --- | --- | --- | --- |
| | 6 度、7 度 | 8 度 | 9 度 |
| 层数 | 6 | 4 | 3 |
| 高度 | 24 | 15 | 12 |

2. 结构计算和分析

分层装配支撑钢框架结构由钢柱、钢梁、支撑和楼板组成稳定的结构体系（图 6-23）。结构采用柱按层分段、梁贯通的构成方式，梁的上层柱与下层柱可不对齐，现场连接节点应采用螺栓连接。同一层中所有与柱连接的钢梁宜采用同一截面高度，正交梁宜采用铰接连接，钢梁宜选用高频焊接或普通焊接的 H 形截面或热轧 H 形钢。当由楼板和钢梁形成整体性楼盖系统时，楼板应与钢梁进行可靠连接。

分层装配支撑钢框架结构体系结构分析时可假定柱两端与梁的连接、支撑两端与柱的连接均为铰接。分层装配支撑钢框架结构中柱的长细比不应超过 120，钢柱宜选用方钢管截面。框架梁和柱的线刚度比不宜小于 3。

分层装配支撑钢框架结构承受竖向荷载作用时计算模型，梁根据节点性质设为简支梁或者连续梁，柱设为两端铰接轴压杆。结构承受侧向荷载作用时，假定所有侧向力均由支撑承担，侧向力根据刚性隔板假定在各柱间支撑按刚度进行分配。地震作用可以采用底部剪力法或者振型分解反应谱法进行计算。结构应进行多遇地震作用下的内力和变形验算，并应满足《建筑抗震设计规范》GB 50011 的要求。

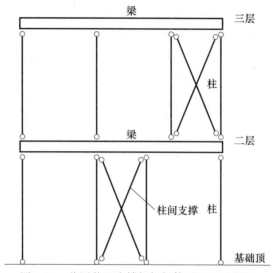

图 6-23　分层装配支撑钢框架体系立面示意图

构件设计应符合以下要求，同层柱平均轴压比不宜超过 0.3，轴压比按下式计算：

$$n = \frac{N}{Af_y} \quad (6\text{-}41)$$

式中：　$n$——轴压比；

　　　　$N$——作用在柱上的轴向压力标准值，但不计水平力作用下支撑对柱产生的附加轴力，也不计支撑张紧过程对柱引起的施工轴力；

　　　　$A$、$f_y$——柱毛截面面积、柱钢材的名义屈服强度。

支撑近旁柱考虑支撑产生的附加轴力后，总轴压比不宜超过 0.6，且应进行单柱轴压下的整体稳定计算。每层柱沿同一方向的弯曲刚度总和不宜大于该层支撑抗侧刚度总和的 20%，按下式计算：

$$\sum \frac{12EI_c}{L_c^3} \leqslant 0.2 \sum k_{bH} \quad (6\text{-}42)$$

式中：$EI_c$——框架柱在计算方向的抗侧刚度；

　　　$L_c$——框架柱钢材屈服强度，取公称值；

　　　$k_{bH}$——按设防烈度确定的层地震剪力。

按计算长度系数为 1.0 计算的柱子长细比不宜小于 $65\sqrt{235/f_y}$，不应大于 $120\sqrt{235/f_y}$；非支撑开间的柱子，计算强度和整体稳定时其内力仅考虑竖向荷载的组合作用；支撑开间的柱子，还应计入支撑对柱产生的附加轴力。

柱子轴压整体稳定计算时，计算长度系数取为 1.0，柱子几何长度可取上下端梁间净距。支撑应按仅承受拉力的柔性支撑要求进行设计。

同一层支撑承载力设计值应大于不同荷载组合下的沿支撑同方向的该层剪力设

计值。柔性支撑应由变形集中段、预紧力施加段和端部连接段构成（图 6-24）。其中变形集中段宜采用扁钢，其截面如有开孔、开槽、加工螺纹等削弱必需补强至与原截面同等强度或以上，预紧力施加段可采用花篮螺栓、双向拧紧螺纹套筒或其他可以施加预紧力的部件以及与支撑其他分段相连的过渡部件，端部连接段可采用连接板。

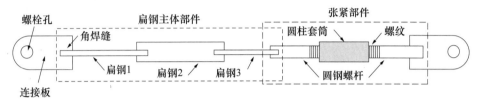

本图中扁钢主体部件为变形集中段，张紧部件范围为预紧力施加段，连接板范围为端部连接段

图 6-24 柔性支撑组成

支撑开间的宽高比应符合下式要求：

$$\frac{1+(B/H)^2}{B/H} \leqslant \frac{E}{f_y}\left[\frac{\Delta}{H}\right]_e \qquad (6\text{-}43)$$

式中：$B$、$H$——支撑所在开间的宽度和高度（即所在楼层的高度）；

$f_y$——柔性支撑变形集中段的钢材公称屈服强度；

$\left[\dfrac{\Delta}{H}\right]_e$——弹性设计时结构的层间变形容许值，其中 $\Delta$ 为层间变形。

柔性支撑的长细比不应小于 250。计算长细比时，可按变形集中段的截面面积和最小惯性矩确定支撑截面的回转半径。变形集中段的长度应符合下式要求且不宜小于 2m：

$$\frac{L_{bd}}{L_{br}} \cdot \frac{1+(B/H)^2}{B/H} \geqslant \frac{E}{15f_y}\left[\frac{\Delta}{H}\right]_p \qquad (6\text{-}44)$$

式中：$L_{bd}$、$L_{br}$——变形集中段的长度和支撑总长度；

$\left[\dfrac{\Delta}{H}\right]_p$——框架结构罕遇地震下的最大层间变形容许值，取 1/50。

柔性支撑各分段的强度计算，除应满足《钢结构设计标准》GB 50017、《建筑抗震设计规范》GB 50011 的有关要求外，尚应满足以下要求：

$$\eta_H N_{dP} \leqslant N_{linkU}$$
$$(\eta_H - 0.05)N_{dP} \leqslant N_{linkP}$$
$$1.05N_{linkP} \leqslant N_{presP}$$

式中：$\eta_H$——考虑钢材强化和材料超强的提高系数，按表 6-35 取值；

$N_{dp}$——变形集中段的截面塑性抗拉承载力，$N_{dp}=A_d f_y$，$A_d$ 为该段断面面积，$f_y$ 为该段钢材屈服强度。

$N_{linkU}$——支撑各分段间的连接承载力设计值和支撑与框架构件的连接承载力设计值中的最小值；

$N_{linkP}$——端部连接段的连接板的净截面受拉或撕剪破坏塑性承载力；

$N_{presP}$——预紧力施加段受拉时的塑性承载力，当该段有若干部件串联而成时，应是所有部件塑性承载力中的最小值。

钢结构抗震设计的提高系数 $\eta_H$ 表 6-35

| 变形集中段钢材牌号 | 连接方式 | |
|:---:|:---:|:---:|
| | 焊接 | 螺栓 |
| Q235 | 1.25 | 1.30 |
| Q345 | 1.20 | 1.25 |

### 3. 连接和节点设计

方钢管柱与 H 形钢梁应采用梁贯通式全螺栓外伸端板连接（图 6-25）。螺栓连接可采用承压型或摩擦型高强螺栓连接，连接至少应能够承受钢柱边缘屈服弯矩及产生的剪力的复合内力作用。方钢管柱端板应沿 H 形钢梁轴线向两侧外伸，两侧外伸端板处应对称布置各 2 个螺栓，宜使每侧螺栓群中心与 H 形钢梁翼缘的中心重合。与柱相连的 H 形梁腹板处应设置 3 道支承加劲肋，中间为通长加劲肋，两侧加劲肋的高度宜取梁高的 $1/4 \sim 1/3$。柱端板厚度不宜小于 10mm，梁腹板处支承加劲肋厚度不宜小于 4mm。柱与端板的连接应采用全熔透对接焊缝。

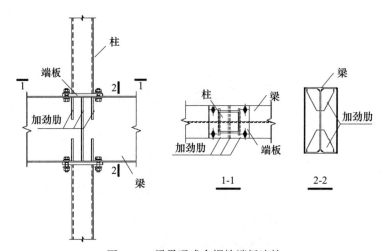

图 6-25 梁贯通式全螺栓端板连接

支撑与方钢管柱应采用节点板螺栓连接（图 6-26），宜采用摩擦型高强螺栓连接。连接板可仅设 1 个连接螺栓。支撑的中心线应与柱中心线交汇于一点，否则节点板和端板连接应考虑由于偏心产生的附加弯矩的影响。

主梁的拼接可采用平齐式端板螺栓连接（图 6-27），应设置在弯矩较小处。螺栓连接可采用承压型或摩擦型高强螺栓连接，端板厚度不宜小于 12mm，应按所受最大内力设计，且该连接抗弯承载力不应小于被连接主梁截面抗弯承载力设计值的 30%。

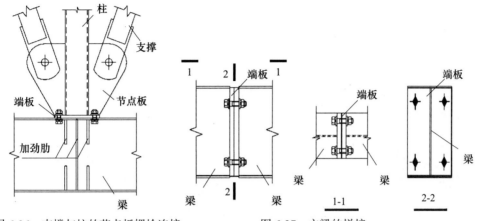

图 6-26　支撑与柱的节点板螺栓连接　　　　　图 6-27　主梁的拼接

主梁与次梁的连接可采用剪切板螺栓连接或平齐式端板螺栓连接（图 6-28）。螺栓连接可采用承压型或摩擦型高强螺栓连接。

钢柱脚宜采用预埋锚栓与柱底板连接的柱脚（图 6-29），并应符合下列要求：

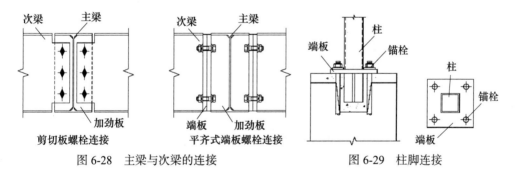

图 6-28　主梁与次梁的连接　　　　　　　图 6-29　柱脚连接

（1）柱脚锚栓的抗弯承载力不应小于设计内力，也不应小于柱截面抗弯承载力设计值的 30%。

（2）柱底板厚度不应小于柱壁厚度的 1.5 倍，且不小于 12mm。

（3）预埋锚栓直径不宜小于 16mm，预埋锚栓的埋入深度不应小于锚栓直径的 20 倍。

（4）钢柱脚在室内平面以下部分应采用钢丝网混凝土包裹。

（5）柱间支撑所在跨的柱脚应设置抗剪键，无柱间支撑的钢柱柱脚可不设置抗剪键。

螺栓连接节点应按《钢结构设计标准》GB 50017 的规定进行计算和设计，需要进行抗震验算的还应满足《建筑抗震设计规范》GB 50011 的有关规定。

### 6.8.2　新型组合剪力墙体系

近几年，国内许多企业和研究机构采用新型组合剪力墙体系代替传统的混凝土中剪力墙，来使结构体系更容易满足住宅建筑要求的灵活多变的空间布局，主要代表为钢管混凝土组合束墙和桁架式多腔体钢板组合剪力墙。

1. 结构体系一般规定

钢管混凝土组合束墙体由 C 形钢连续拼接形成钢管束腔体，并在空腔之内浇筑混凝土形成。该墙体在结构中其既作为承重构件也作为抗侧力构件，可布置成一字形、L 形、T 形或者十字形等形式。具体可见图 6-30。

（ａ）钢板混凝土剪力墙构造　　　　（ｂ）钢管混凝土组合束结构住宅体系应用

图 6-30　钢管混凝土组合束墙结构体系

桁架式多腔体钢板组合剪力墙通过钢筋桁架连接两侧钢板，在剪力墙水平延伸的端部拼接方钢管柱进行加强，最后内灌混凝土，形成桁架式多腔体钢板组合剪力墙。桁架式多腔体钢板组合剪力墙可依据结构需要布置成一字形、十字形、L 形以及 T 形等形式。

桁架式多腔体钢板组合剪力墙结构体系中，组合剪力墙的布置应符合下列规定：

（1）组合剪力墙宜均匀布置在建筑物的周边附近、楼梯间、电梯间、平面形状变化及恒载较大的部位，组合剪力墙间距不宜过大。

（2）组合剪力墙宜自下到上连续布置，避免刚度突变。

（3）平面形状凹凸较大时，宜在凸出部分的端部附近布置组合剪力墙。

（4）纵、横组合剪力墙宜组成一字形、L 形、T 形和 Z 形等形式。

（5）平面布置宜简单、规则，组合剪力墙宜沿两个主轴方向或其他方向双向布置，两个方向的侧向刚度不宜相差过大。

（6）单片组合剪力墙底部承担的水平剪力不应超过结构底部总水平剪力的 20%。

抗震设计时，桁架式多腔体钢板组合剪力墙结构体系底部加强部位的范围（图 6-31），应符合下列规定：

（1）底部加强部位的高度，应从地下室顶板算起。

（2）房屋高度大于 24m 时，底部加强部位的高度可取底部两层和结构体系总高度 1/10 二者的较大值；房屋高度不大于 24m 时，底部加强部位可取底部一层。

（3）当结构计算嵌固端位于地下一层底板或以下时，底部加强部位宜延伸到计算嵌固端。

图 6-31　桁架式多腔体钢板组合剪力墙

对于此类结构体系，国内学者进行深入研究，部分已经形成规范颁布，并且在实际工程中得到很多应用。一般来说，新型组合剪力墙结构的高宽比不宜大于表 6-36 的规定。

组合剪力墙结构适用的最大高宽比　　　　　　　　　　　　表 6-36

| 烈度 | 6 度，7 度 | 8 度 |
|---|---|---|
| 最大高宽比 | 6.5 | 6.0 |

抗震设防烈度为 6 度至 8 度的乙类和丙类桁架式多腔体组合结构的最大适用高度应符合表 6-37 的规定。

组合剪力墙结构的最大适用高度（单位：m）　　　　　　表 6-37

| 结构体系 | 抗震设防烈度 | | | |
|---|---|---|---|---|
| | 6 度或 7 度（0.1g） | 7 度（0.15g） | 8 度 | |
| | | | 0.2g | 0.3g |
| 组合剪力墙结构 | 170 | 150 | 130 | 100 |
| 框架—组合剪力墙结构 | | | | |
| 框架—组合剪力墙核心筒结构 | 220 | 190 | 150 | 130 |

钢板组合剪力墙的截面宽厚比应满足以下规定：

（1）一字形墙体的截面宽厚比应大于 4；

（2）L 形、T 形、Z 形墙体的各墙肢截面宽厚比的最大值应大于 4；

（3）钢板组合剪力墙的高厚比应不小于 30，墙体厚度不宜小于 120mm，墙体两侧钢板厚度均不应小于 4mm。钢筋桁架间距与钢板厚度的比值不应大于 $60\sqrt{235/f_y}$。

桁架式多腔体钢板组合剪力墙钢筋平面桁架中钢筋直径不宜小于 6mm；宜采用等边角钢，角钢肢长不宜小于 40mm，厚度不宜小于 4mm。桁架式多腔体钢板组合剪力墙两矩形钢管与墙体两侧钢板应采用对接焊缝连接，钢筋平面桁架与墙体两侧钢板可采用角焊缝连接；外侧钢板与矩形钢管的连接应采用全熔透焊缝，其质量等级应不低于二级；焊缝要求应符合现行国家标准《钢结构设计标准》GB 50017 的相关要求（图 6-32）。

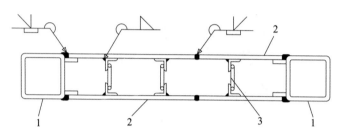

图 6-32　墙体连接焊缝
1—矩形钢管；2—外侧钢板；3—平面钢筋桁架

新型组合剪力墙上宜避免开孔。当无法避免时，宜在墙肢宽度方向中间部位的钢筋平面桁架之间开设圆形孔；孔边缘距钢筋平面桁架的距离不得小于 15mm。孔周边可采用套管、外贴钢板等措施予以补强，补强后的截面承载力不应低于未开洞截面的承载力，套管的壁厚应大于钢板厚度 2mm 以上（图 6-33）。

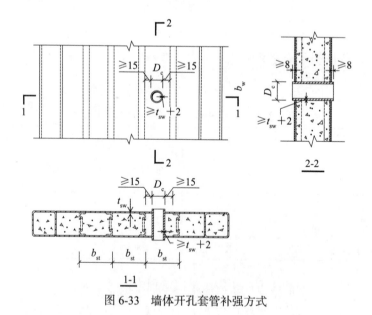

图 6-33　墙体开孔套管补强方式

## 2. 结构连接节点构造

对于此类结构体系，由于剪力墙的钢板较薄，传统隔板类节点应用在墙梁节点时，连接施工复杂且连接构造不够可靠，因此多采用外肋贴板的构造形式，具体详见图 6-34。

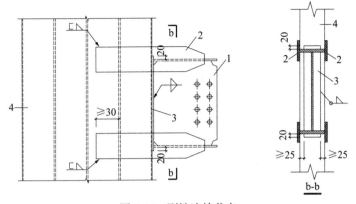

图 6-34　刚性连接节点

1—牛腿；2—外肋板；3—牛腿端板；4—桁架式多腔体

节点的构造应满足以下要求：

（1）牛腿翼缘、腹板厚度宜分别与钢梁翼缘、腹板厚度相同；牛腿端板厚度宜比钢梁腹板厚度大 2mm，宽度宜比墙体厚度小 50mm 以上，高度宜比钢梁高度高 40mm；

（2）牛腿翼缘与外肋板宜采用双面角焊缝连接，牛腿翼缘与牛腿端板宜采用角焊缝连接，牛腿端板与组合剪力墙宜采用角焊缝四面围焊连接；

（3）外肋板与组合剪力墙宜采用三面围焊连接；

（4）在组合剪力墙顶部，横隔板厚度应与钢梁上翼缘厚度相同，且不小于 10mm；所有组合剪力墙与钢梁连接位置应设置封顶板，封顶板厚度与横隔板厚度相同；在封顶板或横隔板上应焊接圆柱头焊钉。

组合剪力墙与钢梁的铰接连接节点，可采用 T 形连接件的形式（图 6-35），并对连接件、焊缝和高强度螺栓的承载力进行验算，同时应符合下列规定：

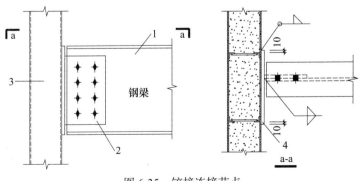

图 6-35　铰接连接节点

1—钢梁；2—T 形连接件连接板；3—桁架式多腔体；4—T 形连接件贴板

（1）T形连接件与桁架式多腔体钢板组合剪力墙应采用角焊缝四面围焊连接。

（2）T形连接件位于矩形钢管上时，连接件贴板居中布置；当位于墙体其他位置时，T形连接件贴板应跨过一个腔体。

钢板组合剪力墙作为现浇楼板边支座时，边界条件应按简支考虑。钢板组合剪力墙与楼板的连接，可采用预留钢筋或预留钢板形式。钢板组合剪力墙与楼板采用预留钢筋连接形式（图6-36）时，应符合下列规定：

（1）在板面、板底钢筋标高处，组合剪力墙上应设置预留孔；支座处应设置抗剪键，底部托板宽度不应小于板底钢筋直径的5倍及50mm的较大值，竖向肋板间距不宜大于600mm。

（2）当组合剪力墙作为楼板的中间支座图6-36（a）时，支座钢筋应伸入墙体两侧的楼板内，板面支座钢筋伸入长度不应小于钢筋基本锚固长度，且不小于板计算跨度的1/4；板底支座钢筋伸入长度不应小于钢筋基本锚固长度。

（3）当组合剪力墙作为楼板的边支座图6-36（b）时，板底支座钢筋应伸过墙体中线，且不小于5倍钢筋直径，板面支座钢筋应穿过墙体。

（4）当组合剪力墙位于卫生间周边图6-36（c）时，卫生间周边楼板应在与墙体交界处翻边，并应与楼板整浇。

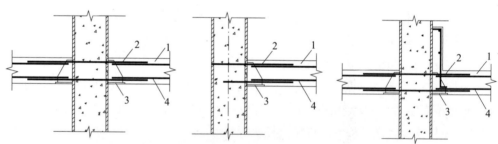

（a）组合剪力墙作为楼板中间支座　（b）组合剪力墙作为楼板边支座　（c）组合剪力墙位于卫生间周边

图6-36　组合剪力墙与楼板预留钢筋连接节点

1—楼板；2—支座钢筋；3—抗剪件；4—楼板钢筋

3. 工程应用案例

新型组合剪力墙体系已经在部分工程案例中进行应用和推广，并取得较好的社会反应，下面介绍一下新型组合剪力墙体系在某一实际案例中的应用。

该案例为杭州某一高层项目，采用新型组合剪力墙，其典型节点采用外肋贴板的连接方式，结构的部分具体示意图如图6-37所示。

连接节点　　　　　　　　　　　　　结构室内

组合剪力墙　　　　　　　　　　　　结构内部

图 6-37　新型组合剪力墙工程案例应用

# 6.9　本 章 小 结

　　本章在介绍传统钢框架、支撑等钢结构体系，以及钢结构的分析设计方法基础之上，重点介绍了钢框架—钢板剪力墙（钢支撑内筒）结构的设计要点，突出介绍了冷成型轻钢龙骨结构体系、单元模块集成式建筑、新型竖向与水平传力可分式结构等新型装配式钢结构体系。这些新型装配式体系的基本设计原理还是依据的传统钢结构设计理论，只是在材料的运用、连接的形式、传力的机制上予以了一定的变化，部分限制予以放松，部分限制予以更严格地把控。希望可以对装配式钢结构的应用推广起到一定作用。

## 参考文献

[1] 陈富生，邱国桦，范重. 高层建筑钢结构设计：第二版 [M]. 北京：中国建筑工业出版社，2004.

［2］李国强. 多高层建筑钢结构设计［M］. 北京：中国建筑工业出版社，2004.

［3］但泽义. 钢结构设计手册：第四版［M］. 北京：中国建筑工业出版社，2019.

［4］曹双寅，等. 工程结构设计原理［M］. 南京：东南大学出版社，2018.

# 第7章 内、外墙板设计与选型

本章介绍装配式钢结构建筑内、外墙板的设计和选型，包括耐久性、材料、模数、连接等。重点介绍预制混凝土外挂墙体、蒸压加气混凝土板材（ALC板）墙体、轻质空心隔墙板墙体、灌浆墙墙体、SP预应力墙体等内外墙板。

## 7.1 一 般 规 定

### 7.1.1 设计使用年限

装配式钢结构建筑外围护系统的设计使用年限是确定外围护系统性能要求、材料、构造等的关键。设计时应合理确定内、外墙板的设计使用年限，进而确定外围护系统维护、检查的时间周期和相关措施等。

建筑外墙板的设计使用年限应与主体结构相协调，主要是指建筑外围护系统的基层板、骨架系统、连接配件等结构构（部）件的设计使用年限应与建筑物主体结构相一致；外围护系统的接缝胶、涂装层、保温材料等应根据材料特性明确使用年限，并注明维护要求以满足使用要求。

### 7.1.2 材料选择

装配式钢结构建筑外墙围护系统的外墙板应综合建筑防火、防水、保温、隔声、抗震、抗风、耐候、美观等要求；内隔墙设计应符合国家现行相关标准对抗震、防火、防水、防潮、隔声和保温等的规定。所用材料性能应符合现行国家标准《墙体材料应用统一技术规范》GB 50574 的规定，选用部品体系配套成熟的轻质墙板或集成墙板等部品，并满足生产、运输和安装等要求。

装配式钢结构建筑的内、外墙板宜采用复合结构和轻质板材、宜选用下列新型外墙系统：蒸压加气混凝土类材料外墙、轻质混凝土空心类材料外墙、轻钢龙骨复合类材料外墙、水泥基复合类材料外墙等。

### 7.1.3 模数要求

装配式钢结构建筑外墙围护系统宜采用工厂化生产、装配化施工的部品，并应按非结构部品设计。采用统一模数协调设计的外墙围护系统，立面效果可与部品构成相协调、减少非功能性外墙装饰，并利于运输安装及维护。内墙设计也应遵循模数协调的原则，并与结构系统、外围护系统、设备与管线系统进行集成设计。

### 7.1.4 连接性能

外墙板可采用内嵌式、外挂式、嵌挂结合式等形式与主体结构连接，并宜分层悬挂或承托。在 50 年重现期的风荷载或多遇地震作用下，外墙板不得因主体结构的弹性层间位移而发生塑性变形、板面开裂、零件脱落等损坏；当主体结构的层间位移角达到 1/100 时，外墙板不得掉落。

外挂墙板与主体结构的连接应符合下列规定：

（1）墙体部（构）件及其连接的承载能力与变形能力应符合设计要求，当遭受多遇地震影响时外挂墙板及其接缝不应损坏或不需修理即可继续使用。

（2）当遭受设防烈度地震影响时，节点连接件不应损坏，外挂墙板及其接缝可能发生损坏，但经一般性修理后仍可继续使用。

（3）当遭受预估的罕遇地震作用时，外挂墙板不应脱落，节点连接件不应失效。

内隔墙的连接应满足下列规定：

（1）内隔墙与主体结构的连接，不应影响主体结构的整体稳定和使用安全。内隔墙与主体钢结构连接的构造应符合现行国家和地方相关规范的规定。

（2）墙板与不同材质墙体相接的板缝处，应采取弹性密封措施。

（3）分户隔墙不应对穿开设孔洞，内隔墙电气管线应暗敷。内隔墙体预留门窗洞应对洞口采取加强措施。

# 7.2　非金属外墙墙体设计与选型

建筑外墙墙体设计通常要考虑围护、隔热保温、防水以及美观等因素，除此之外作为装配式建筑还要考虑墙体材料一体化，避免墙体施工的湿作业。

装配式建筑的非金属墙体按照墙体材料的不同可以分为复合墙板类墙体、轻钢龙骨类墙体、灌浆墙墙体等，在进行外墙墙体设计时要根据建筑功能及建筑立面的设计要求选用。

复合墙体的墙板一般采用的是将几种不同材料通过挤压、蒸压等手段加工而成的复合墙板，包括蒸压加气混凝土板材（ALC 板）、玻璃纤维增强混凝土板（GRC板）、轻质空心墙板（KPB 墙板）、轻质陶粒混凝土墙板等。这些板材材质均匀，设计方式大致相同，目前蒸压加气混凝土板材应用最为广泛。

轻钢龙骨类墙体采用钢龙骨作为结构承载，在龙骨两面铺设不同板材形成墙面，内部填充轻质材料，重量轻、强度高、耐火性好、通用性强且安装简易等特点。

### 7.2.1 蒸压加气混凝土外墙墙体设计

蒸压加气混凝土外墙墙体由蒸压加气混凝土板材作为墙体基材、外敷外墙面层的做法构成。由于蒸压加气混凝土板材的材质比较均匀，表面平整度较好，因此蒸压加气混凝土外墙墙体的外面层做法可以按照常规进行设计。考虑蒸压加气混凝土板与钢结构的材料性能差别较大，因此在外墙墙体设计时还应采取一定的措施来避免外墙墙面产生裂缝。

目前，工程设计一般采用以下两种做法：一是采用保温装饰一体板做外墙面层，这种做法一般采用材料防水、构造防水、结构防水三重防水构造，保温装饰一体板拼缝处采用硅酮密封胶，板中设置防水过气通道，基墙表面涂刷防水界面剂。结构构造如图 7-1 所示。

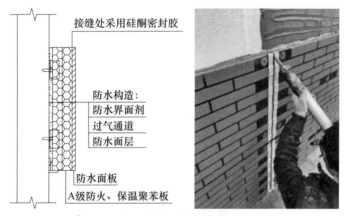

图 7-1　保温装饰一体板外墙面层做法

另一种是采用防裂砂浆压入耐碱网格布再加挤塑保温板的墙面做法，并做柔性腻子加真石漆面层。这样做是在板材外通过柔性材料贴附一层保温板材，来避免因材料性能不同而产生裂缝。做法示意如图 7-2 所示。

图 7-2　挤塑保温板防裂外墙做法示意

蒸压加气混凝土外墙墙体可以在墙体外做钢龙骨，然后挂设石材、瓷砖、幕墙等外墙装饰面层，这样可以将外墙墙体与装饰面层完全脱开，避免外墙漏水、开裂等问题的出现。但这种做法的造价相对较高，设计人员可根据建筑需要的实际情况选用。

1. 蒸压加气混凝土板的设计参数

蒸压加气混凝土板材，简称 ALC 板（Autoclaved Lightweight Concrete），是以粉煤灰（或硅砂）、水泥、石灰等为主原料，经过高压蒸汽养护而成的多气孔混凝土成型板材（其中板材需经过表明防腐处理的钢丝增强）；既可做建筑主体的内墙和外墙体材料，又可做屋面和楼层板，是一种性能优越的新型建材。可广泛应用于混凝土结构和钢结构住宅、办公楼、厂房的内外墙体、楼板、屋面板、防火墙、泄爆墙、钢结构梁柱防火维护、隔音墙、旧建筑物加层改造等。

ALC 板作外墙使用时，节能计算时导热系数可取 $\lambda = 0.11 \mathrm{W/m \cdot K}$。

ALC 板作外墙、楼层、屋面板使用时，结构计算用容重可取 $800 \sim 850 \mathrm{kg/m^3}$。

常用的 ALC 板耐火极限指标见表 7-1。

ALC 板耐火极限指标      表 7-1

| 序号 | ALC 板墙体构造 | 耐火时间（h） | 国家标准 |
|---|---|---|---|
| 1 | 50mm 板单独使用 | 1.57 | |
| 2 | 75mm 板单独使用 | ＞2 | |
| 3 | 100mm 板单独使用 | 3.42 | 《建筑构件耐火试验方法》 |
| 4 | 120mm 板单独使用 | ＞4 | GB/T 9978 |
| 5 | 150mm 板单独使用 | ＞4 | |
| 6 | 50mm 板保护钢柱耐火极限 | 一级防火≥4 | |
| 7 | 50mm 板保护钢梁耐火极限 | 二级防火≥3 | |

2. 蒸压加气混凝土外墙板连接计算原则

（1）蒸压加气混凝土板作为外墙板时

与主体结构连接构造在确保节点强度的可靠性、安全性的基础上，应同时保证板连接节点在平面内的可转动性及延性，以确保墙体能适应主体结构不同方向的层间位移，满足在抗震设防烈度下主体结构层间变形的要求。

（2）蒸压加气混凝土板抗风设计原则

蒸压加气混凝土板作外墙板时，应满足在风荷载作用下平面外的强度和变形要求。外墙板在风荷载作用下节点强度应满足下列条件：

$$R_{\mathrm{J}}/S_{\mathrm{JW}} \geqslant 2 \tag{7-1}$$

式中：$R_{\mathrm{J}}$——外墙板节点在风荷载作用下的破坏荷载；

$S_{\mathrm{JW}}$——作用于外墙板节点处的风荷载标准值。

（3）外墙板抗震设计原则

蒸压加气混凝土板在抗震设计中被视为柔性连接的建筑构件，不计入其刚度，也不计入其抗震承载力。支承蒸压加气混凝土板的结构构件，应将蒸压加气混凝土板的地震作用效应作为附加作用，并满足连接件的锚固要求。地震作用下，蒸压加气混凝土板节点强度应符合以下条件：

$$R_J/S_{JD} \geqslant 2 \qquad (7\text{-}2)$$

式中：$R_J$——外墙板节点在地震作用下的破坏荷载；

$S_{JD}$——沿最不利方向作用于外墙板节点处水平地震作用标准值。

（4）墙上挂重物设计原则

在蒸压加气混凝土板上安装重物时，应采用对穿螺栓将作用传递到墙上，对穿螺栓同时承受剪力和拉力，每只螺栓的承载能力由试验确定，按板厚选用的荷载应满尺下式要求：

$$F/P \geqslant 2 \qquad (7\text{-}3)$$

式中：$F$——每只螺栓所承受的极限荷载；

$P$——每只螺栓允许承受重物的荷载标准值。

（5）板上开槽

在蒸压加气混凝土板上开槽时，应沿板的纵向切槽，深度不大于1/3板厚；当必须沿板的横向切槽时，外墙板的槽长不大于1/2板宽，槽深不大于20mm，槽宽不大于30mm；内墙板的槽深不大于1/3板厚。

（6）建筑构造

蒸压加气混凝土板与其他墙、梁、柱相连接时，端部必须留有10～20mm的缝隙，缝中采用发泡剂填充；当有防火要求时，应采用岩棉填缝。外墙板板缝应采用专用密封胶密封。

（7）保温节能设计及板材选用

蒸压轻质加气混凝土板由于其良好的保温隔热性能，用于外墙时较易满足国家节能保温要求。

蒸压加气板用于外隔墙时，选用板材的型号主要以实现其保温和安全功能为目的，能够满足保温要求的板材一般同时满足隔声要求。

公共建筑的外墙板设计选型：公共建筑是人们进行各种公共活动的建筑，包括写字楼、学校、办公楼、商场、酒店和宾馆等。体形系数小于0.3时，设计采用大于125mm厚的板材即可以满足国家对其50%节能要求的标准；体形系数大于0.3时，设计中采用大于150mm厚的板材即可以满足国家对其50%节能标准。

住宅、公寓类建筑的外墙板设计选型：如设计选用150mm或175mm厚的板材作外墙，外部还应敷设保温板作保温层（根据节能设计计算一般需要选用30mm厚的聚苯乙烯泡沫板）。住宅、公寓类外墙可选用150mm厚蒸压加气混凝土板材，再根据节能计算铺设保温层来满足国家节能标准，这种做法从板材厚度和安装的角度考虑最为经济。

工业厂房类建筑的外墙板设计选型：钢结构普通厂房一般采用150mm厚的板材作为外墙板，常规设计柱距为6m正好满足板材横装的跨度，此为最经济的安装方式。柱距大于6m时，一般采用竖排安装，可根据厂房的檐口高度进行合理的排版设计，必要时设置横向圈梁。冷库类厂房建筑，一般外墙采用150mm厚的板材外侧再喷涂聚苯乙烯泡沫或其他绝缘质材料。恒温（冷）车间厂房，外墙一般采用150mm厚的板材，考虑冷库或恒温（冷）车间内壁和室外存在温差、容易导致冷凝水出现，所以外墙建议采用防水腻子和防水涂料处理。

3. 蒸压加气混凝土板材的外墙板连接节点设计

本节介绍蒸压轻质加气混凝土外墙板竖装的一些常用节点做法。

板材竖装，一般将板材两端与上下层的钢梁连接，图7-3是板材与梁端采用螺栓连接的两种做法，图7-4是外墙板竖装阳角处与框架梁连接构造节点。

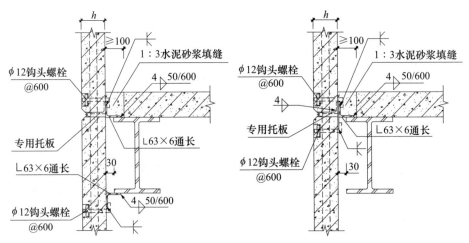

图7-3　竖装墙板螺栓固定法节点

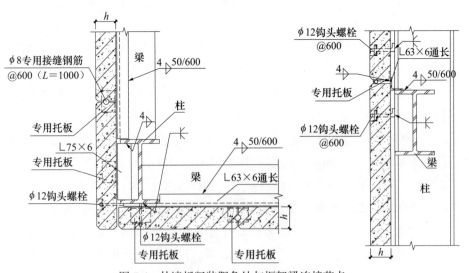

图7-4　外墙板竖装阳角处与框架梁连接节点

当楼板有悬挑或者安装到屋面板时，外墙板应安装到板底的位置，图7-5为竖装墙板与悬挑板或屋面板安装时，与框架梁的连接构造做法。图7-6为墙板竖装屋面女儿墙的连接构造详图。

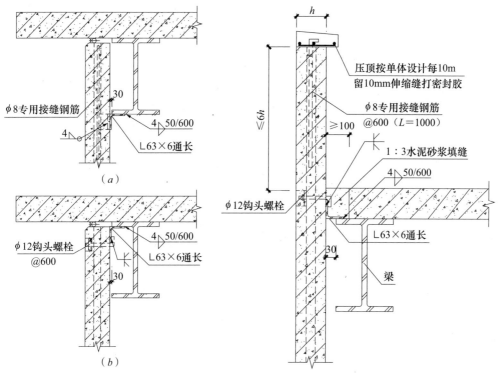

图7-5　竖装墙板与悬挑板或屋面板
安装构造节点

图7-6　墙板竖装屋面女儿墙的连接构造

当板材横装时，其固定安装通常是连在两端的钢柱上，常用安装节点做法如下。图7-7为外墙板横装时与框架柱螺栓连接时的构造节点，图7-8为外墙板横装阳角处与框架柱连接构造节点，图7-9为外墙板横装女儿墙、檐口处的构造节点。

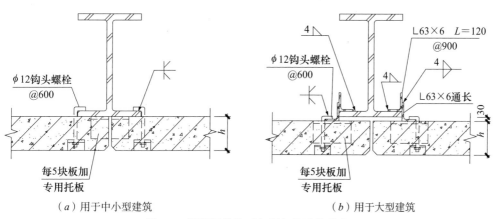

（a）用于中小型建筑　　　　　　（b）用于大型建筑

图7-7　外墙板横装时与框架柱连接节点

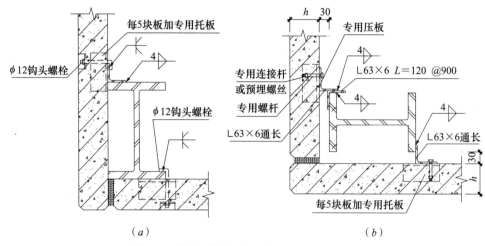

图 7-8　外墙板横装阳角处与框架柱连接节点

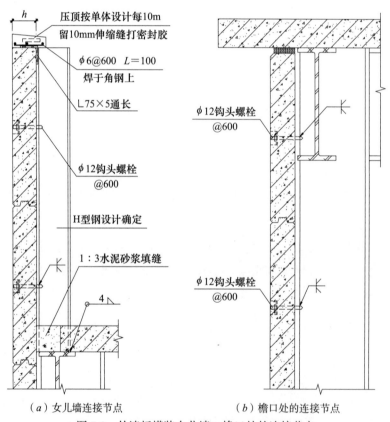

（a）女儿墙连接节点　　　　（b）檐口处的连接节点

图 7-9　外墙板横装女儿墙、檐口处的连接节点

　　一般建筑物的外墙多设有门洞与窗洞，当采用蒸压加气混凝土墙板作外墙板时，遇到开洞时要对洞口位置进行加强，以满足外墙的强度要求。图 7-10 为采用扁钢对洞口进行加固的构造详图，图 7-11 为采用角钢对洞口进行加固的构造详图，其他的加固方式可以参考图集《蒸压轻质加气混凝土板构造详图》选用。

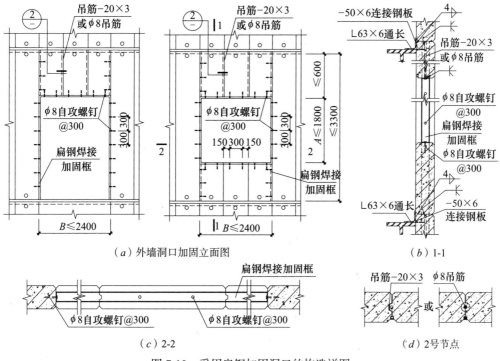

（a）外墙洞口加固立面图

（b）1-1

（c）2-2

（d）2号节点

图 7-10　采用扁钢加固洞口的构造详图

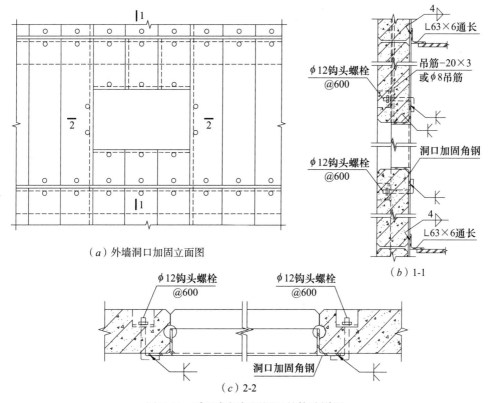

（a）外墙洞口加固立面图

（b）1-1

（c）2-2

图 7-11　采用角钢加固洞口的构造详图

加固采用扁钢还是角钢，与板厚度及洞口的尺寸直接相关，洞口越大需要的加固方式、材料强度也越大。表7-2列出了不同情况下洞口加固材料的型号供参考，实际工程应用时应依据风荷载等情况进行强度、变形验算后方可确定相关规格。

外墙板加固材料选用表（单位：mm） 表7-2

| 板厚（mm） | 板竖装 | | | 板横装 | | |
|---|---|---|---|---|---|---|
| | 洞口尺寸（B×A） | A（竖料） | B（横料） | 洞口尺寸（B×A） | A（竖料） | B（横料） |
| 100 | （B≤1200）×（A≤1200） | −70×8 | −70×8 | （B≤1200）×（A≤1200） | −70×8 | −70×8 |
| | （1200≤B≤1800）×（1200≤A≤1800） | −80×8 | −70×8 | （1200≤B≤1800）×（1200≤A≤1800） | −70×8 | −80×8 |
| | （1800≤B≤2400）×（1200≤A≤1800） | −90×8 | −80×8 | 1800≤A≤2400 | −90×8 | −80×8 |
| 125 | （B≤1000）×（A≤1000） | −80×8 | −70×8 | （B≤1000）×（A≤1000） | −70×8 | −80×8 |
| | （1000≤B≤2400）×（1000≤A≤1800） | −90×8 | −80×8 | （1000≤B≤2400）×（1000≤A≤1800） | −80×8 | −90×8 |
| | 2400≤B≤3000 | ∟90×8 | ∟80×8 | 1800≤A≤2400 | ∟80×8 | ∟90×8 |
| 150 | （B≤1000）×（A≤1000） | −80×8 | −70×8 | （B≤1000）×（A≤1000） | −70×8 | −90×8 |
| | （1000≤B≤2400）×（1000≤A≤1800） | −100×8 | −80×8 | （1000≤B≤2400）×（1000≤A≤1800） | −80×8 | −100×8 |
| | 2400≤B≤3000 | ∟90×8 | ∟80×8 | 1800≤A≤2400 | ∟80×8 | ∟90×8 |

注：1. 本选用表仅适用于设计风压标准值≤1.4kN/m²。
 2. 当竖装板建筑层高≤3300mm，横装板柱距≤3600mm时可按表用，若超过此值或洞口及各局部尺寸有一项不满足选用条件时，均应通过计算确定加固材料和方法。
 3. 内墙洞口加固可参照外墙洞口加固选用表适当减小扁钢厚度。内墙竖装板洞口≤1200mm时，可用U形扁钢加固。
 4. 加固材料和楼、地面连接时可焊接于钢梁、楼板埋件上。
 5. 如采取适当的施工措施，可以通过计算采用T形钢加固洞口。

更多的节点处理方式可以参考图集《蒸压轻质加气混凝土板构造详图》与图集《蒸压加气混凝土砌块、板材构造》。

4. 蒸压加气混凝土板材相关技术措施

（1）外墙板墙上有门或窗时的处理

门窗安装可采用尼龙胀栓固定安装，较大门窗口可用自攻螺钉固定扁钢或角钢加固安装。图7-12为采用扁钢和角钢对窗口进行加固的节点详图。

门窗口上端应采用聚合物水泥砂浆抹滴水线或鹰嘴；窗台应抹聚合物水泥砂浆，外侧应有坡度，内侧也可安装窗台板，门窗周边与板接触处应里打发泡胶、外打密封胶处理。

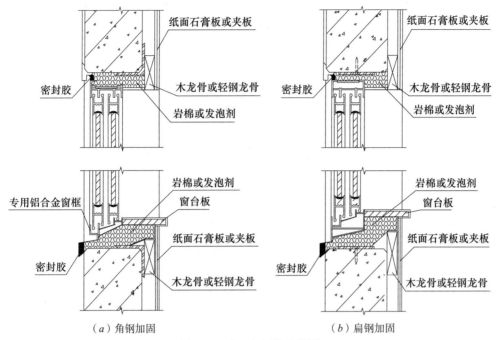

（a）角钢加固　　　　　　　　　　　　　（b）扁钢加固

图 7-12　窗口加固节点详图

（2）板材与梁、柱、顶板接触处的处理

蒸压轻质加气混凝土板与其他墙、梁、柱、顶板接触相连时，端部必须留有10～20mm 的缝隙，缝中应采用聚合物砂浆或发泡剂填充；有防火要求时应采用岩棉填缝，钢结构建筑一般顶缝多采用岩棉填充。图 7-13 所示为不同位置板缝处理节点详图。

（3）外墙板干挂石材和金属饰面的处理

外墙板干挂石材或金属饰面时，都需要先安装辅助金属骨架，通常该骨架固定在建筑主体的梁和柱上。在梁或柱间距过大等特殊情况下，需要在梁柱间增加支撑点时，可采取安装重物的方式固定该辅助金属骨架。

如果现场空间允许，可以在梁或柱间板的安装位置外直接安装辅助金属骨架（角钢）；如果现场空间不允许，可以在梁或柱间安装板时，在板缝内预埋角钢，然后（石材或金属饰面）辅助金属骨架再固定在角钢上。

如果板材已经安装完毕、现场又不具备其他安装条件时，可以先在选定位置的板材上用 2 或 4 颗对穿螺栓固定需要大小的钢板，然后（石材或金属饰面）辅助金属骨架再固定在该钢板上。

（4）关于外墙和内墙界面处理

内外墙采用蒸压轻质加气混凝土板材时，可以采用刮防水腻子、再直接喷涂料而不用抹灰。一般说来，如果外墙不做保温，考虑板材基面比较软，在刮腻子前最好在外墙面满涂聚合物砂浆。图 7-14 为外墙板地面处节点做法。

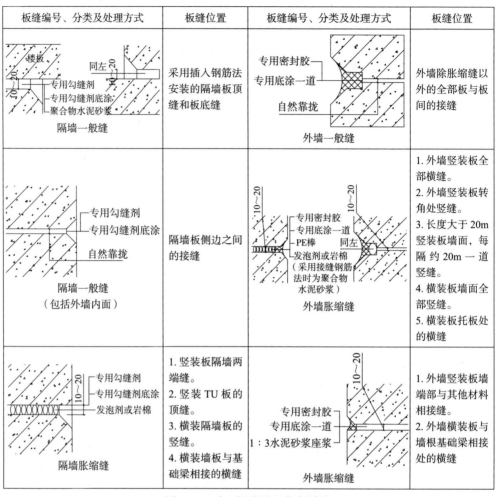

| 板缝编号、分类及处理方式 | 板缝位置 | 板缝编号、分类及处理方式 | 板缝位置 |
|---|---|---|---|
| 隔墙一般缝 | 采用插入钢筋法安装的隔墙板顶缝和板底缝 | 外墙一般缝 | 外墙除胀缩缝以外的全部板与板间的接缝 |
| 隔墙一般缝（包括外墙内面） | 隔墙板侧边之间的接缝 | 外墙胀缩缝 | 1. 外墙竖装板全部横缝。2. 外墙竖装板转角处竖缝。3. 长度大于20m竖装板墙面，每隔约20m一道竖缝。4. 横装板墙面全部竖缝。5. 横装板托板处的横缝 |
| 隔墙胀缩缝 | 1. 竖装板隔墙两端缝。2. 竖装TU板的顶缝。3. 横装隔墙板的竖缝。4. 横装墙板与基础梁相接的横缝 | 外墙胀缩缝 | 1. 外墙竖装板墙端部与其他材料相接缝。2. 外墙横装板与墙根基础梁相接处的横缝 |

图 7-13　墙面板缝处理节点详图

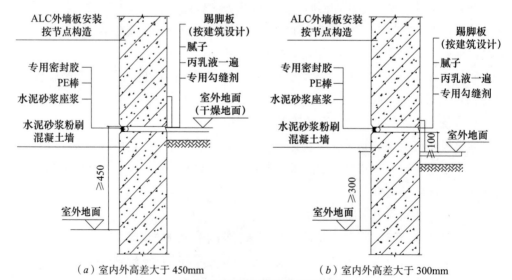

（a）室内外高差大于450mm　　　　（b）室内外高差大于300mm

图 7-14　外墙板地面处节点做法

（5）高度超过板材最大长度时的安装

一般安装高度低于板材的最大高度时（例如 100mm 厚的板最长 4m、150mm 厚的板最长 6m），可以采用竖装形式。如安装高度超过核定的规格型号的最长高度，可以采用横装板形式或横竖组合的安装方式。在一些钢结构厂房建筑中，如果柱距能够满足板材的最大长度，采用横装的方式最为经济，如柱距为 6m 的外墙采用 6m 长 150mm 或 200mm 厚的板材横装方式最合理。

## 7.2.2 轻质空心隔墙板墙体设计

轻质空心隔墙板墙体是采用建筑用轻质空心隔墙条板作为外墙基材，然后再设计防水保温等外墙面层做法的装配式外墙墙体。由于建筑用轻质空心隔墙条板材质均匀，表面平整性较好，其外墙面层做法与蒸压加气混凝土板材墙体基本一致。

建筑用轻质空心隔墙条板，简称 KPB 墙板。KPB 墙板是以硫铝酸盐水泥、脱硫石膏粉、机制砂（或矿渣、粉煤灰）、农作物秸秆（稻壳粉或花生壳等）为主要原材料，采用挤压法生产的一种轻质内隔墙板。产品分为空心条板、实心门框板、T 形板和 L 形板等。KPB 墙板的主要规格尺寸见表 7-3。

KPB 墙板的主要规格尺寸（单位：mm）　　　　　　表 7-3

| 型号 | 厚度（$T$） | 宽度（$B$） | 长度（$L$） | 壁厚（$t$） | 开孔率 |
|------|------|------|------|------|------|
| 常规板 | 90 | 600 | 2000/3200 | 15 | 52% |
| 门框板 | 90 | 200、150、100 | 2000/3200 | 90 | — |
| T 形板 | 90 | 200 | 2000/3200 | 90 | — |
| L 形板 | 90 | 200 | 2000/3200 | 90 | — |

KPB 墙板尺寸的允许偏差值见表 7-4。

KPB 墙板尺寸允许偏差值　　　　　　表 7-4

| 序号 | 项目 | 允许偏差（mm） |
|------|------|------|
| 1 | 长度 | ±5 |
| 2 | 宽度 | ±2 |
| 3 | 厚度 | ±1 |
| 4 | 板面平整度 | ≤ 2 |
| 5 | 对角线差 | ≤ 6 |
| 6 | 侧向弯曲 | $L/1000$ |

KPB 墙板尺寸的主要物理力学性能指标见表 7-5。

**KPB 墙板尺寸的主要物理力学性能指标**　　　　表 7-5

| 序号 | 项目 | 板厚 90 | |
| --- | --- | --- | --- |
| | | 标准值 | 实测值 |
| 1 | 抗冲击性能（次） | ≥5 | >5 |
| 2 | 抗弯破坏荷载（板自重倍数） | ≥1.5 | >1.5 |
| 3 | 抗压强度（MPa） | ≥3.5 | 5.2 |
| 4 | 软化系数 | ≥0.80 | 0.84 |
| 5 | 面密度（kg/m²） | ≤90 | 62 |
| 6 | 含水率（%） | ≤10 | 9 |
| 7 | 干燥收缩值（mm/m） | ≤0.6 | 0.58 |
| 8 | 吊挂力（N） | ≥1000 | >1000 |
| 9 | 空气声隔声量（dB） | ≥35 | 41（−1；−2） |
| 10 | 耐火极限（h） | ≥1 | 1 |
| 11 | 燃烧性能（级） | A2 | A2 |
| 12 | 内照射指数（Ira） | ≤0.1 | 0.1 |
| 13 | 外照射指数（Iγ） | ≤0.1 | 0.1 |

KPB 墙板隔墙系统主要技术性能指标见表 7-6。

**KPB 墙板隔墙系统主要技术性能**　　　　表 7-6

| 编号 | 墙厚（mm） | 自重（kg/m²） | 耐火极限(h) | 空气声隔声量(dB) | 传热系数 W/(m²·K) |
| --- | --- | --- | --- | --- | --- |
| KPB-1 | 90 | ≤90 | 1 | 41（−1；−2） | — |
| KPB-2 | 90 + 10（A）+ 90 | ≤200 | 2 | 43（−1；−3） | 1.388 |
| KPB-3 | 90 + 60(A) + 90(260) | ≤220 | 3 | 47（−1；4） | — |

### 7.2.3　SP 预应力墙体设计

SP 预应力墙体是采用 SP 预应力混凝土空心板作为外墙基材的外墙墙体。

SP 预应力混凝土空心板用作建筑外墙是一种很好的结构形式，SP 预应力混凝土空心板具有跨度大、承载力高、恢复力强、自重轻、板跨不受模数限制、产品质量稳定、几何尺寸偏差小等优点，同时具有良好的抗震、保温、耐火和隔音性能，并可以通过增加混凝土保护层厚度和增设保温层（如聚苯板等）来提高耐火和保温效果。

1. SP 板材料要求

（1）混凝土

基层混凝土强度等级一般采用 C45、C50，面层混凝土强度等级一般采用 C30。

（2）预应力钢绞线

低松弛钢绞线采用 1×7 标准型，强度级别为 1860MPa，直径一般采用 9.5mm、8.6mm。

（3）SP 复合墙板规格

板宽：1200mm、2400mm。

板长：10.5m 以内可任意切割。

面层混凝土厚度：50mm。

基层混凝土厚度：150mm、200m、250mm。

（4）吊装配件

SP 复合墙板的脱模和起吊可采用预留吊装孔或专用吊装配件，也可按工程设计确定。吊装配件的设计应满足相关规范的设计要求，确保吊装配件的安全性要求。

（5）连接件和预埋件

SP 复合墙板与主体结构用预埋件、安装用连接件应采用碳素结构钢、低合金结构钢或耐候钢等材料制作，也可以根据工程要求采用不锈钢材料制作。

焊接采用的焊条，应符合现行国家标准《非合金钢及细晶粒钢焊条》GB/T 5117 或《热强钢焊条》GB/T 5118 的规定。选择的焊条型号应与主体金属力学性能相适应。

金属件设计应考虑环境类别的影响，所有外露金属件（连接件、墙板埋件和结构埋件）应在设计时提出防腐措施，明确工程应用的材质选择和防腐做法，并应考虑在长期使用条件下铁件的锈蚀裕量。

（6）饰面材料

饰面包括涂料饰面、装饰混凝土饰面等类型；其中装饰混凝土饰面又可分为彩色混凝土、清水混凝土、露骨料混凝土及表面带装饰图案的混凝土等类型，装饰混凝土饰面应作表面防护处理。

（7）保温材料

保温材料可采用阻燃型压缩强度为 150～250kPa 的挤塑聚苯乙烯板。

（8）防水材料

板缝防水可采用硅酮类、聚硫类、聚氨酯类、丙烯酸类等建筑密封胶，其技术性能应符合《混凝土接缝用建筑密封胶》JC/T 881 要求。

（9）防火材料

防火材料可选用玻璃棉、矿棉或岩棉等，其技术性能应符合《绝热用玻璃棉及其制品》GB/T 13350 和《绝热用岩棉、矿渣棉及其制品》GB/T 11835 要求。

（10）变位材料

根据结构设计要求，对于抗震设防 7 度及以上的建筑，SP 复合墙板的连接构造节点应在连接螺栓垫板与连接件间设置滑移垫片，滑移垫片宜采用 1mm 至 2mm 厚的聚四氟乙烯板或不锈钢板制作，也可以通过设置弹性氯丁橡胶垫块来满足节点的地震或温度变形要求。

（11）背衬材料

背衬材料可选用直径为缝宽的 1.3～1.5 倍的发泡聚乙烯圆棒。

2. SP 板材料要求

（1）复合墙板的建筑立面划分及板型设计

SP 复合墙板建筑立面应根据工程设计要求进行深化设计，满足构件标准化、模数化设计要求，便于制作和施工安装。SP 复合墙板按建筑立面特征可划分为横条板体系和竖条板体系两种；两种体系的板型划分及设计参数要求应满足表 7-7 规定。

**板型划分及设计参数要求** 表 7-7

| 外墙立面划分 | 立面特征简图 | 复合墙板尺寸要求 | 适用范围 |
|---|---|---|---|
| 横条板体系 | 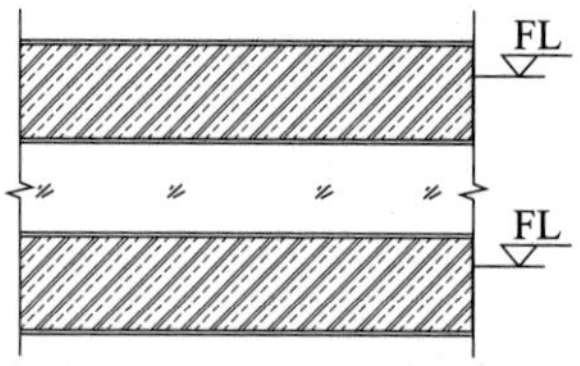 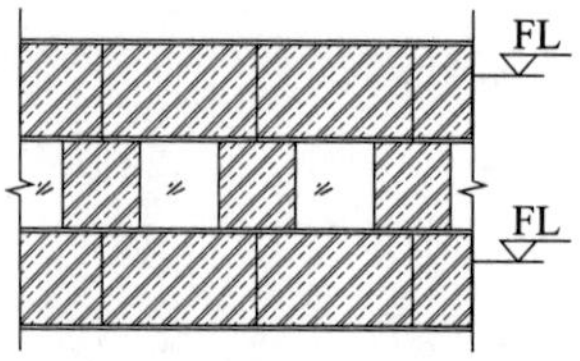 | 板宽：6.0m ≤ $B$ ≤ 9.0m；<br>板高：$H$ ≤ 2.4m；<br>结构板厚：150～250mm | 钢框架结构、门式刚架结构 |
| 竖条板体系 | 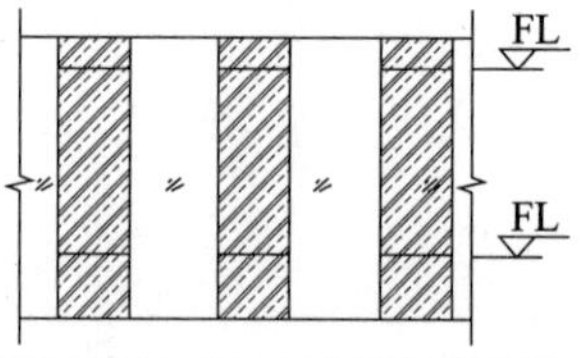 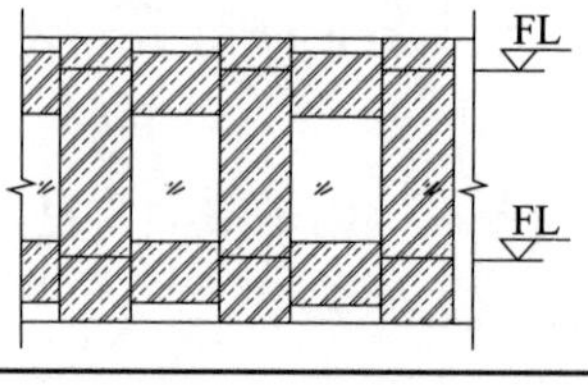 | 板宽：$B$ ≤ 2.4m；<br>板高：9.0m ≤ $H$ ≤ 12.0m；<br>结构板厚：150～250mm | |

（2）SP 复合墙板饰面装饰设计

涂料饰面外墙面所用外墙涂料应采用装饰性强、耐久性好的涂料，宜优先选用聚氨酯、硅树脂、氟树脂等耐候性好的材料。设计时应要求厂家制作样品，确认其表面颜色、质感、图案及表面防护要求等。

（3）SP 复合墙板保温节能设计

SP 复合墙板的保温层厚度可根据工程所在地节能设计要求确定，SP 复合墙板的热工设计应满足墙体保温隔热性能要求。SP复合墙板内外两层混凝土板的连接应采用不锈钢拉结件进行可靠连接，必要时应进行试验验证。

保温材料及厚度应根据工程节能设计要求确定，表7-8为SP复合墙板墙身热工性能指标，供设计参考选用。

SP复合墙板墙身热工性能指标 表 7-8

| 外板厚 δ1（mm） | 保温层厚 δ2（mm） | 内板厚 δ3（mm） | 传热阻值（m²·K/W） | 传热系数（W/m²·K） |
|---|---|---|---|---|
| 50 | 50 | 150 | 3.77 | 0.27 |
| | 60 | 150 | 4.07 | 0.25 |
| | 70 | 150 | 4.36 | 0.23 |
| | 80 | 150 | 4.66 | 0.21 |
| | 90 | 150 | 4.95 | 0.20 |
| | 100 | 150 | 5.24 | 0.19 |
| | 50 | 200 | 4.55 | 0.22 |
| | 60 | 200 | 4.85 | 0.21 |
| | 70 | 200 | 5.14 | 0.19 |
| | 80 | 200 | 5.43 | 0.18 |
| | 90 | 200 | 5.73 | 0.17 |
| | 100 | 200 | 6.02 | 0.17 |
| | 50 | 250 | 5.40 | 0.19 |
| | 60 | 250 | 5.69 | 0.18 |
| | 70 | 250 | 5.99 | 0.17 |
| | 80 | 250 | 6.28 | 0.16 |
| | 90 | 250 | 6.57 | 0.15 |
| | 100 | 250 | 6.87 | 0.15 |

注：δ1、δ3表示预制混凝土厚度，δ2表示保温层厚度。

（4）SP复合墙板的防水设计

SP复合墙板板缝应采用密封胶防水密封，所用的密封材料应选用耐候型密封胶，密封胶与混凝土的相容性、最大伸缩变形量、剪切变形性、防霉性及耐水性等均应满足设计要求，且应满足外饰面防污和环保要求。

（5）SP复合墙板防火设计

SP复合墙板板缝、板与主体结构层间缝、门窗部位等均应满足防火要求。

3. 结构设计

（1）荷载、效应及组合

SP复合墙板施工验算应计算复合墙板自重、脱模吸附力、翻板、吊装及运输等环节的荷载工况，动力系数可取 1.5。SP 复合墙板及连接节点按承载能力极限状态计算和按正常使用极限状态验算时，应计算复合墙板自重（含窗重）、风荷载、地震作用等荷载作用的最不利组合。

垂直于挂板平面的水平地震作用标准值可按下式计算：

$$q_{Ek} = \beta_E \alpha_{max} G_k / A \qquad (7\text{-}4)$$

式中：$q_{Ek}$——垂直于挂板的水平地震作用标准值（$kN/m^2$）；

$\beta_E$——动力放大系数，可取不小于 5.0；

$\alpha_{max}$——水平地震影响系数最大值，按表 7-9 采用；

$G_k$——挂板的重力荷载标准值（kN）；

$A$——挂板平面面积（$m^2$）。

水平地震影响系数最大值                                             表 7-9

| 抗震设防烈度 | 6 度 | 7 度 | 8 度 |
|---|---|---|---|
| $\alpha_{max}$ | 0.04 | 0.08（0.12） | 0.16（0.24） |

注：括号中数值分别用于设计基本地震加速度为 0.15g 和 0.30g 的地区。

平行于挂板平面的集中水平地作用标准值可按下式计算：

$$p_{Ek} = \beta_E \alpha_{max} G_k \qquad (7\text{-}5)$$

式中：$p_{Ek}$——平行于墙板平面的集中水平地震作用标准值（kN）。

（2）荷载与作用效应的组合

1）板承载力设计时，其荷载与作用效应的组合应符合下列规定：

非地震设计状况的效应组合应按下式计算：

$$S = \gamma_G S_{GK} + \gamma_w S_{wK} \qquad (7\text{-}6)$$

地震设计状况的效应组合应按下式计算：

$$S = \gamma_G S_{GK} + \Psi_w \gamma_w S_{wK} + \Psi_E \gamma_E S_{EK} \qquad (7\text{-}7)$$

式中：$S$——荷载及作用效应组合的设计值；

$S_{GK}$——重力荷载（永久荷载）效应标准值；

$S_{wK}$——风荷载效应标准值；

$S_{EK}$——地震作用效应标准值；

$\gamma_G$——重力荷载分项系数；

$\gamma_w$——风荷载分项系数；

$\gamma_E$——地震作用分项系数；

$\Psi_w$——风荷载的组合值系数；

$\Psi_E$——地震作用的组合值系数。

2）进行墙板的承载力设计时，荷载及作用分项系数应按下列规定取值：

一般情况下，重力荷载（永久荷载）、风荷载和地震作用的分项系数 $\gamma_G$、$\gamma_w$、

$\gamma_E$ 应分别取 1.2、1.4 和 1.3；当重力荷载（永久荷载）的效应起控制作用时，其分项系数 $\gamma_G$ 应取 1.35；当重力荷载（永久荷载）的效应对构件有利时，其分项系数 $\gamma_G$ 的取值应不大于 1.0。

3）可变荷载及作用的组合值系数应按下列规定采用：

一般情况下，风荷载的组合值系数 $\Psi_w$ 应取 1.0，地震作用的组合值系数 $\Psi_E$ 取 0.5；以地震作用为控制作用时，地震作用的组合值系数 $\Psi_E$ 取 1.0，风荷载的组合值系数 $\Psi_w$ 取 0.2。

（3）墙板工作变位

SP 复合墙板与主体结构的连接宜采用柔性连接构造，复合墙板在地震作用下应满足适应主体结构的最大层间位移角要求。复合墙板的最大允许层间位移角，当用于混凝土结构时应不大于 1/200，当用于钢结构时应不大于 1/100。

连接节点的变位设计应满足以下要求：

1）应具有对规范规定的主体结构误差、构件制作误差、施工安装误差等具有三维可调节适应的能力。

2）应满足将复合墙板的荷载有效传递到主体结构承载的同时，可协调主体结构层间位移及垂直方向变形的随动性。

3）应满足对复合墙板、连接件在极限温度变形情况下的适应能力要求。

（4）连接设计

1）连接节点设计包括连接件、牛腿、预埋件、螺栓连接及焊接连接等部件的极限承载力计算。

2）复合墙板及主体结构上的预埋件、混凝土牛腿应根据受力工况按现行《混凝土结构设计规范》GB 50010 设计，SP 墙板中的预埋件应进行试验验证；连接件、钢牛腿、螺栓及焊缝应根据最不利荷载组合按现行《钢结构设计标准》GB 50017 进行承载力极限状态设计。

3）连接节点应采取可靠的防腐蚀措施，其耐久性应满足工程设计使用年限要求。

（5）构造要求

SP 复合墙板外层混凝土为装饰面层，通过不锈钢连接件挂在内层混凝土上，在进行承载力和变形计算时宜按里层混凝土板作结构计算。复合板和单板的连接节点中的连接件厚度不宜小于 8mm，连接螺栓的直径不宜小于 20mm，现场焊缝高度应按相关规范要求设计且不应小于 6mm。

## 7.2.4　预制混凝土外挂墙板

预制混凝土外挂墙板适用于工业与民用建筑的外墙工程，在国外广泛应用于混凝土框架结构、钢结构的公共建筑、住宅建筑和工业建筑中。近几年，预制混凝土外挂墙板在国内也得到了一定程度的应用。预制混凝土外挂墙板具有如下优势：① 在工厂采用工业化生产，具有施工速度快、质量好、维修费用低的特点；② 利用混凝土可塑性强的特点，可充分表达设计师的意愿，根据工程需要使建筑外墙具有独特的表现力；③ 可设计成集外饰、保温、墙体围护于一体的夹层保温外墙板。

1. 板型划分

外挂墙板的接缝宜与建筑立面分格线位置相对应，并应结合表 7-10 所列因素合理确定墙板分格形式和尺寸。

外挂墙板立面划分原则  表 7-10

| 序号 | 划分原则 |
|------|----------|
| 1 | 建筑外立面效果与外门窗形式 |
| 2 | 建筑防排水要求 |
| 3 | 构件加工、运输、安装的最大尺寸和重量限值 |
| 4 | 外挂墙板支承系统形式 |
| 5 | 外挂墙板接缝宽度及墙板变形要求 |

预制混凝土外挂墙板主要板型划分及选用情况如表 7-11 所示。

预制混凝土外挂墙板板型选用  表 7-11

| 外挂墙板立面划分 | 立面特征简图 | 模型简图 | 常用尺寸 |
|------------------|--------------|----------|----------|
| 整版间 | 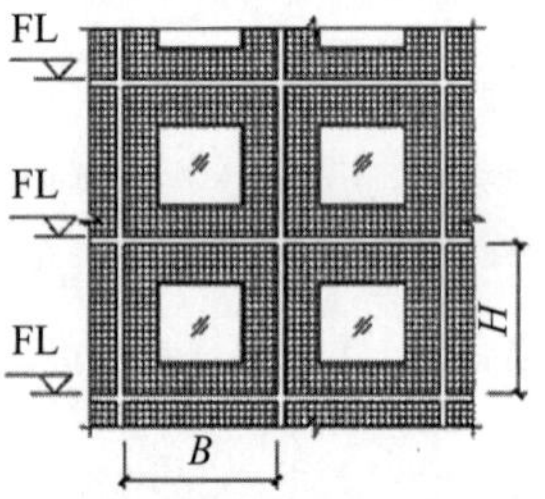 | 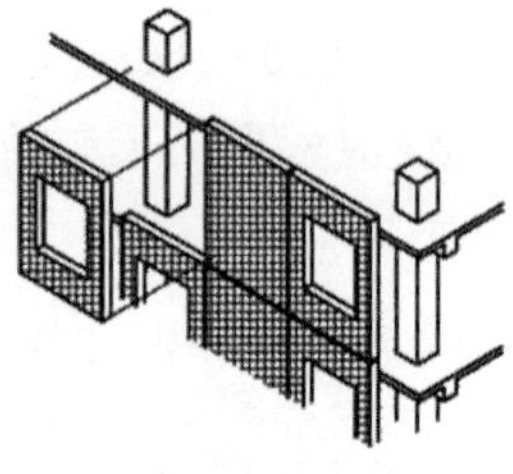 | 板宽 $B \leqslant 6.0m$<br>板高 $H \leqslant 5.4m$ |
| 横条板 | 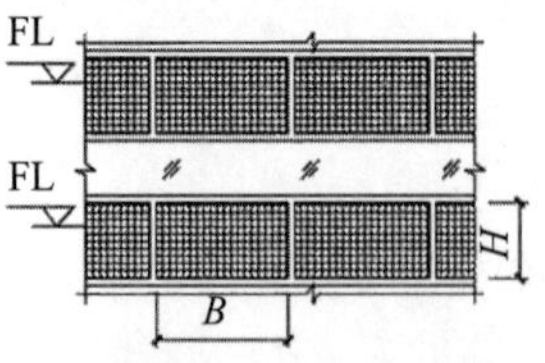 | 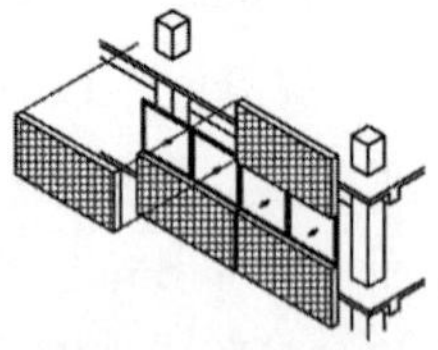 | 板宽 $B \leqslant 9.0m$<br>板高 $H \leqslant 2.5m$ |
| 竖条板 | 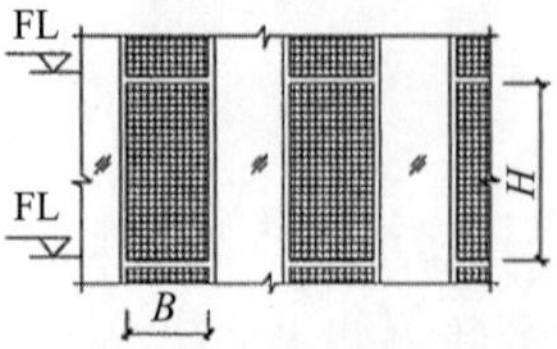 | 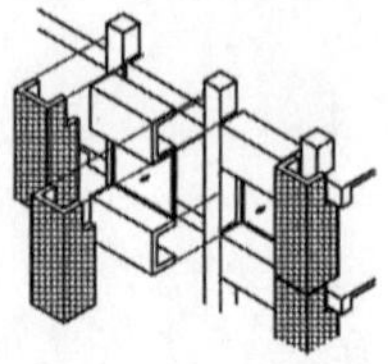 | 板宽 $B \leqslant 2.5m$<br>板高 $H \leqslant 6.0m$ |

| 外挂墙板立面划分 | 立面特征简图 | 模型简图 | 常用尺寸 |
|---|---|---|---|
| 装饰板 | | | 板宽 $B \leqslant 2.5\text{m}$<br>板高 $H \leqslant 6.0\text{m}$ |

注：参考《预制混凝土外挂墙板（一）》16J110-2 16G 333。

### 2. 运动模式

预制混凝土外挂墙板运动模式的选择原则如表 7-12 所示。

预制混凝土外挂墙板运动模式选择原则　　　　　　　　　表 7-12

| 运动模式 | | 运动简图 | 选择原则 |
|---|---|---|---|
| 线支承 | | | 外挂墙板适用于混凝土结构且对防水、隔音要求较高的建筑 |
| 点支承 | 平移式 | | 外挂墙板适用于整间板，适合板宽大于板高的情况 |
| | 旋转式 | | 外挂墙板适用于整间板和竖条板，适合板宽不大于板高的情况 |
| | 固定式 | | 外挂墙板适用于横条板和装饰板 |

注：预制混凝土外挂墙板运动模式的选择还需要考虑建筑功能的要求。

旋转式外挂墙板主要用于办公类公共建筑，其主体结构在风荷载或地震作用下，外挂墙板会发生平面内旋转，墙板与主体结构之间填充材料则因外挂墙板反复性旋转存在松动的风险，对于后期缝隙处防水、隔音、防烟的处理存在隐患，有可能影响到将来上下层住户的建筑使用功能。

平移式墙板相对于下层的钢梁和楼板无相对位移，墙板下端和楼板之间缝隙后期可采用水泥砂浆填实，上下户之间的防水、隔声、防烟问题可有效解决。

不同连接方式预制混凝土外挂墙板与主体结构的相对变形如表 7-13 所示。

不同连接方式外挂墙板与主体结构的相对变形　　　表 7-13

| | 平移式（线支撑） | 转动式 | 固定型 |
| --- | --- | --- | --- |
| 弯曲变形主结构中的墙板 | | | |
| 剪切变形主结构中的墙板 | | | |

### 3. 连接节点构造

参考《预制混凝土外墙挂板（一）》16J110-2 16G 333，图 7-15 给出了整间板与钢结构主体连接构造，图 7-16 给出了横条板与钢结构主体结构连接构造，图 7-17 给出了竖条板与钢结构主体连接构造。

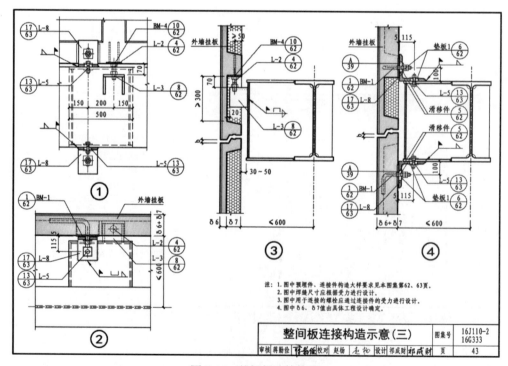

图 7-15　整间板连接构造

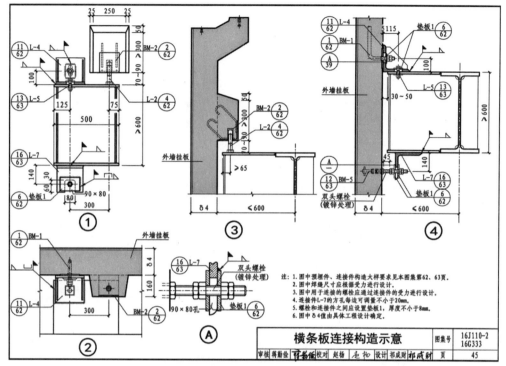

图 7-16　横条板连接构造

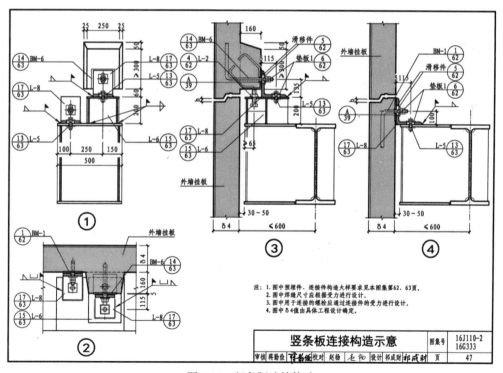

图 7-17　竖条板连接构造

## 4. 墙板构造

### （1）无洞口墙板配筋

预制混凝土外挂墙板（无洞口）模板及配筋图如图 7-18、图 7-19 所示。

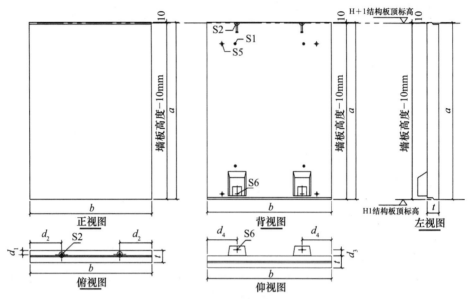

图 7-18　预制混凝土外挂墙板模板图（无洞口墙板）

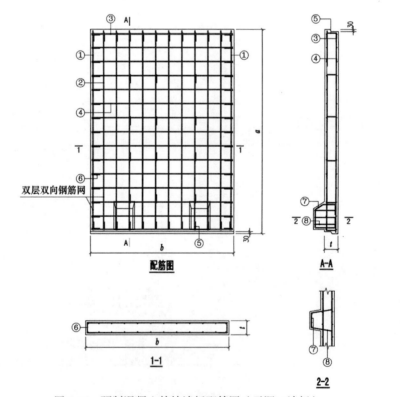

图 7-19　预制混凝土外挂墙板配筋图（无洞口墙板）

（2）有洞口墙板配筋

预制混凝土外挂墙板（有洞口）模板及配筋图如图 7-20 和图 7-21 所示。

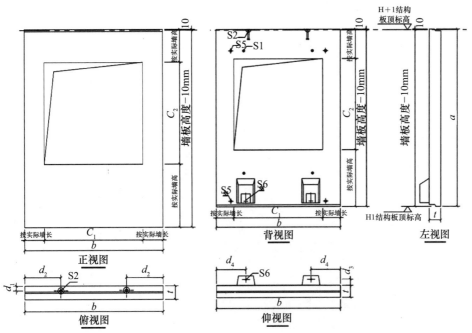

图 7-20　预制混凝土外挂墙板模板图（有洞口墙板）

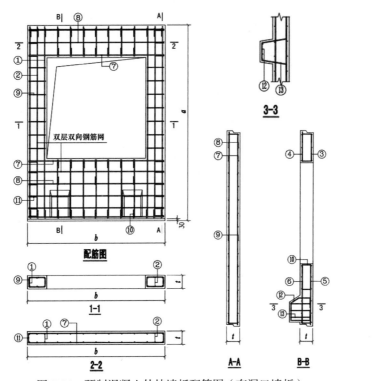

图 7-21　预制混凝土外挂墙板配筋图（有洞口墙板）

## 5. 墙板受力分析

预制混凝土外挂墙板受力分析可根据《预制混凝土外挂墙板应用技术标准》JGJ/T 458 的相关要求进行计算。

（1）节点计算

旋转式预制混凝土外挂墙板不同受力工况下的受力分析如表 7-14 所示。

平移式预制混凝土外挂墙板不同受力工况下的受力分析如表 7-15 所示。

旋转式预制混凝土外挂墙板节点受力分析 表 7-14

| 工况 | 受力分析 |
|---|---|
| 工况 1：重力+竖向地震作用 | 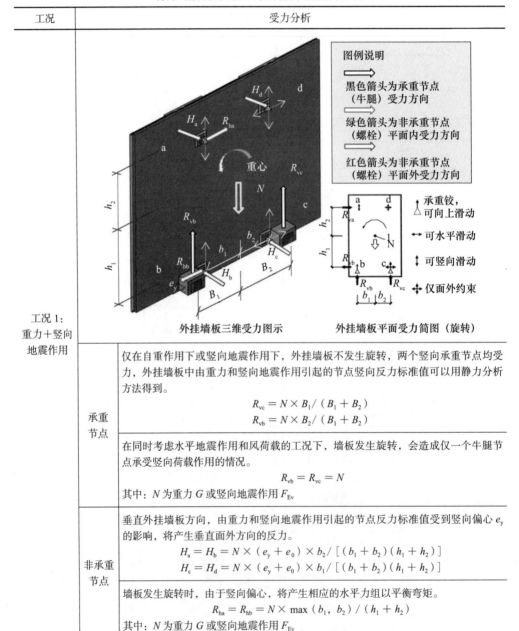 外挂墙板三维受力图示　　　　外挂墙板平面受力简图（旋转）|

| | 承重节点 | 仅在自重作用下或竖向地震作用下，外挂墙板不发生旋转，两个竖向承重节点均受力，外挂墙板中由重力和竖向地震作用引起的节点竖向反力标准值可以用静力分析方法得到。<br><br>$$R_{vc} = N \times B_1 / (B_1 + B_2)$$<br>$$R_{vb} = N \times B_2 / (B_1 + B_2)$$ |
|---|---|---|
| | | 在同时考虑水平地震作用和风荷载的工况下，墙板发生旋转，会造成仅一个牛腿节点承受竖向荷载作用的情况。<br><br>$$R_{vb} = R_{vc} = N$$<br>其中：$N$ 为重力 $G$ 或竖向地震作用 $F_{Ev}$ |
| | 非承重节点 | 垂直外挂墙板方向，由重力和竖向地震作用引起的节点反力标准值受到竖向偏心 $e_y$ 的影响，将产生垂直面外方向的反力。<br><br>$$H_a = H_b = N \times (e_y + e_0) \times b_2 / [(b_1 + b_2)(h_1 + h_2)]$$<br>$$H_c = H_d = N \times (e_y + e_0) \times b_1 / [(b_1 + b_2)(h_1 + h_2)]$$ |
| | | 墙板发生旋转时，由于竖向偏心，将产生相应的水平力组以平衡弯矩。<br><br>$$R_{ha} = R_{hb} = N \times \max(b_1, b_2) / (h_1 + h_2)$$<br>其中：$N$ 为重力 $G$ 或竖向地震作用 $F_{Ev}$ |

| 工况 | 受力分析 |
|---|---|

外挂墙板三维受力图示　　　外挂墙板平面受力简图

**图例说明**

⇒ 黑色箭头为承重节点（牛腿）受力方向

⇒ 绿色箭头为非承重节点（螺栓）平面内受力方向

⇒ 红色箭头为非承重节点（螺栓）平面外受力方向

承重铰，可向上滑动
↔ 可水平滑动
↕ 可竖向滑动
✛ 仅面外约束

**工况2：平面内水平地震作用**

**非承重节点**

垂直外挂墙板方向，由重力和竖向地震作用引起的节点反力标准值受到竖向偏心 $e_y$ 的影响，将产生垂直面外方向的反力。

$$H_a = H_b = N \times (e_y + e_0) \times b_2 / [(b_1 + b_2)(h_1 + h_2)]$$
$$H_c = H_d = N \times (e_y + e_0) \times b_1 / [(b_1 + b_2)(h_1 + h_2)]$$

其中：$N$ 为重力 $G$

旋转式外挂墙板的水平地震作用由上下两个螺栓承担。这两个螺栓的合力与重心在一条水平线上，所以竖向承重点不受力。此时上下两个支承点的反力可以根据下列公式计算：

$$R_{ha} = F_{Ek} h_1 / (h_1 + h_2)$$
$$R_{hb} = F_{Ek} h_2 / (h_1 + h_2)$$

式中：$R_{ha}$、$R_{hb}$ 分别为旋转式外挂墙板中节点 a、b 的面内水平反力标准值

外挂墙板三维受力图示　　　外挂墙板平面受力简图

**图例说明**

⇒ 黑色箭头为承重节点（牛腿）受力方向

⇒ 绿色箭头为非承重节点（螺栓）平面内受力方向

⇒ 红色箭头为非承重节点（螺栓）平面外受力方向

承重铰，可向上滑动
↔ 可水平滑动
↕ 可竖向滑动
✛ 仅面外约束

**工况3：平面外水平地震作用或风荷载作用**

外挂墙板与主体结构采用点支承连接时，在垂直外挂墙板平面的风荷载、地震作用下，外挂墙板支承点的反力宜按可能的三点支承板分别计算（宜考虑偏心影响），并取包络值确定。简化起见，也按照三个节点平均分配水平力

| 工况 | 受力分析 | | |
|---|---|---|---|
| 工况 1：重力＋竖向地震作用 | | 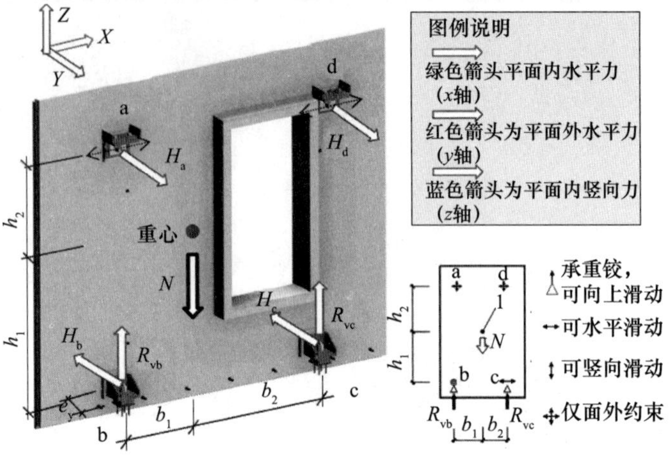 外挂墙板三维受力图示 | 外挂墙板平面受力简图 |
| | 承重节点 | 仅在自重作用下或竖向地震作用下，外挂墙板不发生旋转，两个竖向承重节点均受力，外挂墙板中由重力和竖向地震作用引起的节点竖向反力标准值可以用静力分析方法得到。$$R_{vb} = N \times b_2 / (b_1 + b_2)$$ $$R_{vc} = N \times b_1 / (b_1 + b_2)$$ 其中：$N$ 为重力 $G$ 或竖向地震作用 $F_{Ev}$ 垂直外挂墙板方向，由重力和竖向地震作用引起的节点反力标准值受到竖向偏心 $e_y$ 的影响，将产生垂直面外方向的反力。$$H_b = N \times (e_y + e_0) \times b_2 / [(b_1 + b_2)(h_1 + h_2)]$$ $$H_c = N \times (e_y + e_0) \times b_1 / [(b_1 + b_2)(h_1 + h_2)]$$ 其中：$N$ 为重力 $G$ 或竖向地震作用 $F_{Ev}$ | | |
| | 非承重节点 | 垂直外挂墙板方向，由重力和竖向地震作用引起的节点反力标准值受到竖向偏心 $e_y$ 的影响，将产生垂直面外方向的反力。$$H_a = N \times (e_y + e_0) \times b_2 / [(b_1 + b_2)(h_1 + h_2)]$$ $$H_d = N \times (e_y + e_0) \times b_1 / [(b_1 + b_2)(h_1 + h_2)]$$ 其中：$N$ 为重力 $G$ 或竖向地震作用 $F_{Ev}$ | | |
| 工况 2：平面内水平地震作用 | | 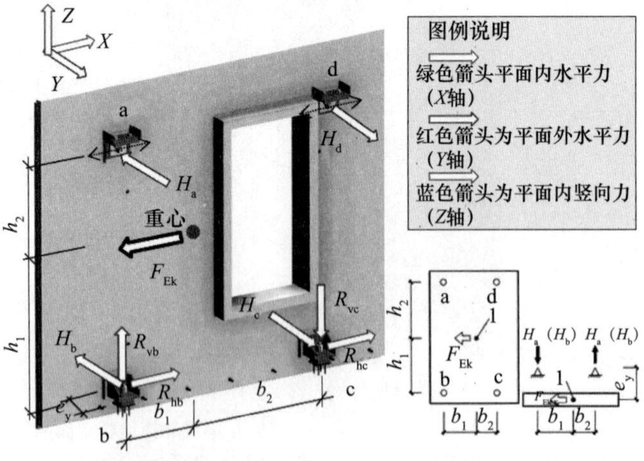 外挂墙板三维受力图示 | 外挂墙板平面外受力简图 |

图例说明

绿色箭头平面内水平力（x轴）

红色箭头为平面外水平力（y轴）

蓝色箭头为平面内竖向力（z轴）

承重铰，可向上滑动

可水平滑动

可竖向滑动

仅面外约束

| 工况 | | 受力分析 |
|---|---|---|
| 工况 2：平面内水平地震作用 | 承重节点 | 在水平地震作用下，偏于安全的认为水平作用引起的水平力由其中一个牛腿承担。$$R_{hb} = R_{hc} = F_{Ek}$$ 水平地震力产生的力矩会引起牛腿附加轴向力。$$R_{vb} = -R_{vc} = F_{Ek} \cdot h_1 / (b_1 + b_1)$$ 垂直外挂墙板方向，由水平地震力引起的节点反力标准值受到竖向偏心 $e_y$ 的影响，将产生垂直面外方向的反力。$$H_b = H_c = F_{Ek} \cdot (e_y + e_0) \cdot \frac{h_2}{(b_1 + b_2)(h_1 + h_2)}$$ |
| | 非承重节点 | $$H_a = H_d = F_{Ek} \cdot (e_y + e_0) \cdot \frac{h_1}{(b_1 + b_2)(h_1 + h_2)}$$ 其中：$F_{Ek}$ 为水平地震作用标准值 |
| 工况 3：平面外水平地震作用或风荷载作用 | | 图例说明<br>绿色箭头为平面内水平力（$X$ 轴）<br>红色箭头为平面外水平力（$Y$ 轴）<br>蓝色箭头为平面内竖向力（$Z$ 轴）<br><br>外挂墙板三维受力图示　外挂墙板平面外受力简图<br><br>外挂墙板与主体结构采用点支承连接时，在垂直外挂墙板平面的风荷载、地震作用下，外挂墙板支承点的反力宜按可能的三点支承板分别计算（宜考虑偏心影响），并取包络值确定。简化起见，也按照三个节点平均分配水平力 |

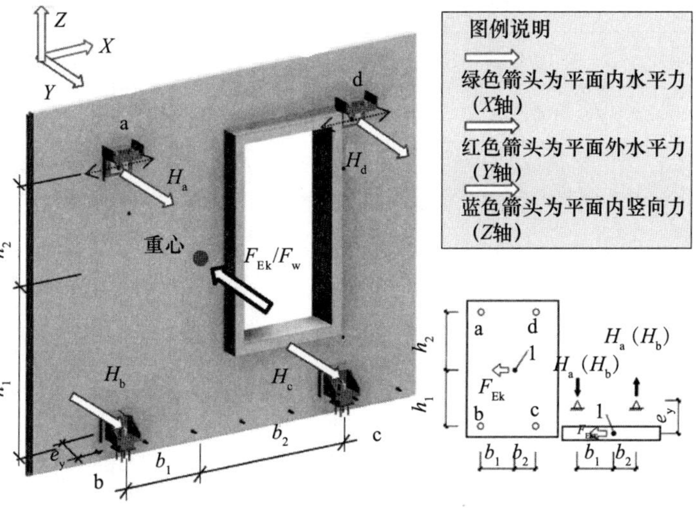

（2）墙板计算

1）无洞口外挂墙板

在垂直于外挂墙板平面的风荷载和地震作用下，当支承点的边距均不大于该方向边长的 25% 时，点支承外挂墙板的支座和跨中弯矩设计值 $M$ 可按公式（7-8）估算，挠度值可按公式（7-9）估算。

$$M = M_i q l_y^2 \tag{7-8}$$

$$\Delta = f \frac{q_k l_y^4}{D} \tag{7-9}$$

$M_i$——弯矩系数，包括 $M_x$、$M_y$，$M_{0x}$、$M_{0y}$ 按表 C.0.1 确定；$M_x$ 和 $M_y$ 分别为跨中板块 $x$ 方向和 $y$ 方向的弯矩系数，$M_{0x}$ 和 $M_{0y}$ 分别为支座板块 $x$ 方向和 $y$ 方向的弯矩系数；

$f$——挠度系数，按表 7-16 确定；

$D$——按荷载标准组合计算的预制混凝土外挂墙板构件的短期刚度。当采用非夹心保温墙板或非组合夹心保温墙板时，可按现行国家标准《混凝土结构设计规范》GB 50010 的相关规定计算；

$q$——垂直于墙板平面的均布荷载设计值；

$q_k$——按荷载标准组合计算的垂直于墙板平面的均布荷载；

$l_y$——墙板 $y$ 方向支承点间的长度；

四点支承无洞口外挂墙板的弯矩系数及挠度系数如表 7-16 所示。

四点支承无洞口外挂墙板的弯矩系数 $M_i$ 及挠度系数 $f$　　　　表 7-16

| $l_x/l_y$ | $f$ | $M_x$ | $M_y$ | $M_{0x}$ | $M_{0y}$ |
|---|---|---|---|---|---|
| 0.50 | 0.01420 | 0.0197 | 0.1222 | 0.0576 | 0.1303 |
| 0.55 | 0.01453 | 0.0254 | 0.1213 | 0.0650 | 0.1317 |
| 0.60 | 0.01497 | 0.0319 | 0.1205 | 0.0728 | 0.1335 |
| 0.65 | 0.01555 | 0.0391 | 0.1194 | 0.0810 | 0.1354 |
| 0.70 | 0.01629 | 0.0471 | 0.1182 | 0.0897 | 0.1375 |
| 0.75 | 0.01723 | 0.0558 | 0.1170 | 0.0990 | 0.1397 |
| 0.80 | 0.01840 | 0.0652 | 0.1158 | 0.1087 | 0.1422 |
| 0.85 | 0.02153 | 0.0754 | 0.1144 | 0.1191 | 0.1447 |
| 0.90 | 0.02153 | 0.0863 | 0.1130 | 0.1299 | 0.1474 |
| 0.95 | 0.02357 | 0.0978 | 0.1115 | 0.1413 | 0.1503 |
| 1.00 | 0.02597 | 0.1100 | 0.1100 | 0.1533 | 0.1533 |

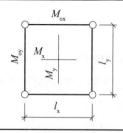

2）有洞口外挂墙板

如图 7-22 所示。

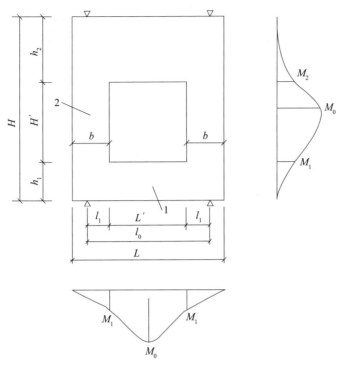

图 7-22　有洞口外挂墙板计算示意图

四点支承开洞外挂墙板在垂直于平面内的风荷载和地震作用下，当面外荷载设计值 $q$ 为均布荷载，门窗洞口沿水平方向位居墙板正中，且 $L' < l_0$ 墙板面内最大弯矩设计值可按表 7-17 的规定估算。

四点支承开洞外挂墙板弯矩设计值 　　　　　　　　　表 7-17

| 工况 | 最大弯矩 | |
|---|---|---|
| 当 $L' \leqslant H'$ 时 | 每延米纵板跨中 | $M_0 = \left( \dfrac{LH^2}{16} - \dfrac{L'^3}{48} \right) \dfrac{q}{b}$ |
| | 每延米上横板跨中 | $M_0 = \left\{ \dfrac{2h_2 l_0^2 + 4k_2 \alpha\gamma + H'\beta(2\alpha - \beta)}{16} + \dfrac{2L'^3}{48} \right\} \dfrac{q}{h_2}$ |
| | 每延米下横板跨中 | $M_0 = \left\{ \dfrac{2h_1 l_0^2 + 4k_1 \alpha\gamma + H'\beta(2\alpha - \beta)}{16} + \dfrac{2L'^3}{48} \right\} \dfrac{q}{h_1}$ |
| 当 $L' > H'$ 时 | 每延米纵板跨中 | $M_0 = \left\{ \dfrac{LH^2}{16} - \dfrac{3L' - 2H'}{12} \left( \dfrac{H}{2} - h_1 \right) \left( \dfrac{H}{2} - h_2 \right) \right\} \dfrac{q}{b}$ |
| | 每延米上横板跨中 | $M_0 = \left\{ \dfrac{2h_2 l_0^2 + 2k_2 \gamma(\alpha + l_0) + H'\beta(2\alpha - \beta)}{16} - \dfrac{kH'^3}{24} \right\} \dfrac{q}{h_2}$ |
| | 每延米下横板跨中 | $M_0 = \left\{ \dfrac{2h_1 l_0^2 + 2k_1 \gamma(\alpha + l_0) + H'\beta(2\alpha - \beta)}{16} - \dfrac{kH'^3}{24} \right\} \dfrac{q}{h_1}$ |

（3）施工验算

预制混凝土外挂墙板施工阶段的验算荷载取值如表 7-18 所示。

施工荷载验算工况 表 7-18

| 工况 | 荷载取值 |
|------|---------|
| 脱模 | 脱模起吊时，构件和模板之间的吸附力取构件自重乘以动力系数（≥1.2）与吸附力（≥1.5kN/m²）之和，且不小于构件自重的 1.5 倍 |
| 吊装 | 吊装过程动力系数取 1.5 |
| 运输 | 运输过程动力系数取 1.5，路面条件较差适当提高 |

预埋件可按下式验算

$$K_c S_c \leqslant R_c \qquad (7-10)$$

$K_c$——施工安全系数，预埋件取 3；

$S_c$——施工阶段荷载标准组合作用下的效应值；

$R_c$——按材料强度标准值计算或根据试验确定的承载力。

6. 板缝计算

外挂墙板板缝宽度应考虑立面分格、温度变形、风荷载及地震作用下的板缝变形量、密封材料最大拉伸—压缩变形量及施工安装误差等因素的影响，根据《预制混凝土外挂墙板应用技术标准》JGJ/T 458，板缝宽度 $w_s$ 可按表 7-19 规定计算。

不同工况下板缝宽度计算 表 7-19

| 不同工况 | 板缝宽度计算公式 |
|---------|----------------|
| 当接缝仅发生拉压变形时 | $w_s \geqslant \dfrac{D}{\varepsilon} + d_c$ |
| 当接缝仅发生剪切变形时 | $w_s \geqslant \dfrac{\delta}{\sqrt{\varepsilon^2 + \varepsilon}} + d_c$ |
| 当接缝发生拉剪组合变形时 | $w_s \geqslant \dfrac{D + \sqrt{D^2(1+\varepsilon)^2 + \delta^2(2\varepsilon + \varepsilon^2)}}{2\varepsilon + \varepsilon^2} + d_c$ |
| 当接缝发生压剪组合变形时 | $w_s \geqslant \dfrac{D + (1-\varepsilon)\sqrt{D^2 + \delta^2(2\varepsilon - \varepsilon^2)}}{2\varepsilon - \varepsilon^2} + d_c$ |

表中：$w_s$ 为外挂墙板接缝宽度计算值（mm），$D$ 为板缝宽度方向板缝变形量（mm），$d$ 为垂直板缝宽度方向板缝变形量（mm），$\varepsilon$ 为密封材料的拉伸变形能力，$d_c$ 为施工误差

外挂墙板沿宽度方向的板缝变形量 $D$ 和沿垂直板缝宽度方向的板缝变形量 $\delta$ 应符合表 7-20 的规定：

相邻外挂墙板的接缝对齐时，风荷载作用下板缝宽度方向的板缝变形量 $d_W$ 与垂直板缝方向的变形量 $d_W$，地震作下板缝宽度方向的板缝变形量 $E_d$ 与垂直板缝方向变形量 $d_E$ 可按表 7-21 的规定计算。

板缝变形量组合工况　　　　　　　　　　　　　　　表 7-20

| 工况 | | 板缝变形计算公式 | 参数说明 | |
|---|---|---|---|---|
| 密封胶受长期荷载作用 | | $D = d_G + d_T$ | $d_G$ | 外挂墙板节点施工完成后新增恒载作用下板缝宽度方向的板缝变形量（mm）；对于水平缝应取上下相邻外挂墙板之间的竖向变形值之差，夹心保温墙板应取外叶板处的竖向变形值之差；对于垂直缝取 0 |
| | | $\delta = \delta_G + \delta_T$ | $d_T$ | 温度作用下板缝宽度方向的板缝变形量 |
| 密封材料受短期荷载作用 | 温度作用控制 | $D = d_G + d_T + \psi_c d_w$ | $d_w$ | 风荷载作用下板缝宽度方向的板缝变形量 |
| | | $\delta = \delta_G + \delta_T + \psi_c \delta_w$ | $d_E$ | 多遇地震作用下板缝宽度方向的板缝变形量 |
| | 风荷载控制 | $D = d_G + d_w + \psi_c d_T$ | $d_G$ | 外挂墙板节点施工完成后新增恒载作用下垂直板缝宽度方向的板缝变形量（mm）水平缝取 0；垂直缝应取左右相邻外挂墙板之间的竖向变形值之差 |
| | | $\delta = \delta_G + \delta_w + \psi_c \delta_T$ | $d_T$ | 温度作用下垂直板缝宽度方向的板缝变形量（mm），应取板缝两侧墙板的温度变形差，当板缝两侧墙板的支承方式和尺寸大小相同时取 0 |
| | 多遇地震作用控制 | $D = d_G + d_E + \psi_c d_T$ | $d_w$ | 风荷载作用下垂直板缝宽度方向的板缝变形量（mm） |
| | | $\delta = \delta_G + \delta_E + \psi_c \delta_T$ | $d_E$ | 多遇地震作用下垂直板缝宽度方向的板缝变形量（mm） |
| | | | $\psi_c$ | 组合值系数，取 0.6 |

板缝变形量计算　　　　　　　　　　　　　　　　表 7-21

| 板缝部位 | | | 板缝变形量计算公式 | 参数说明 | |
|---|---|---|---|---|---|
| 板缝方向的变形量 $d_w$ 或 $d_E$ | 平移式外挂墙板和线支承外挂墙板的竖直缝 | 建筑角部竖直缝 | $d_w,\ d_E = \theta_{i,s} h_i$ | | |
| | | 其余部位竖直缝 | $d_w,\ d_E = \varphi_i h_i$ | $h_i$ | 第 $i$ 层外挂墙板的高度 |
| | 旋转式外挂墙板竖直缝 | 建筑角部竖直缝 | $d_w,\ d_E = \max(\theta_{i,s},\ \theta_{i,v}) \cdot h_i \left( \dfrac{h_i' + h_i''}{h - h_i' - h_i''} \right)$ | $\theta_i$ | 风荷载或地震作用下沿板缝宽度方向第 $i$ 层的弹性层间位移角 |
| | | 其余部位竖直缝 | $d_w,\ d_E = 0$ | $\theta_{i,s}$ | 风荷载或地震作用下沿角部竖直缝宽度方向第 $i$ 层的弹性层间位移角 |
| | 水平缝 | 最大受拉变形 | $d_w,\ d_E = \max(\Delta_{z,i} - \Delta_{z,i-1},\ \Delta_{y,i} - \Delta_{y,i-1})$ | $\theta_{i,v}$ | 风荷载或地震作用下沿垂直于角部竖直缝宽度方向第 $i$ 层的弹性层间位移角 |
| | | 水平缝最大受压变形 | $d_w,\ d_E = \min(\Delta_{z,i} - \Delta_{z,i-1},\ \Delta_{y,i} - \Delta_{y,i-1})$ | $f_i$ | 支承外挂墙板的主体梁板变形引起的竖缝两侧墙板沿同一方向的转角差 |

| 板缝部位 | | | 板缝变形量计算公式 | 参数说明 |
|---|---|---|---|---|
| 垂直板缝宽度方向的板缝变形$d_w$或$d_E$ | 平移式外挂墙板和线支承外挂墙板 | 建筑角部竖直缝 | $\delta_w,\ \delta_E = \theta_{i,\,y} h_i$ | $h_i'$ 第 $i+1$ 层楼板顶标高与墙板上部面外节点连接件的标高差 |
| | | 其余部位竖直缝 | $\delta_w,\ \delta_E = 0$ | $h_i''$ 外挂墙板下部面外节点连接件标高与第 $i$ 层楼板标高差 |
| | | 水平缝 | $\delta_w,\ \delta_E = \theta_i h_i$ | $\Delta_{z,\,i}$ 支承外挂墙板的主体梁板变形引起的第 $i$ 层墙板在左端点处的竖向变形值 |
| | 旋转式外挂墙板竖直缝 | 建筑角部竖直缝 | $\delta_w,\ \delta_E = \max(\theta_{i,\,s},\ \theta_{i,\,v}) \dfrac{b_{i,\,\max} h_i}{h_i - h_i' - h_i''}$ | $\Delta_{y,\,i}$ 支承外挂墙板的主体梁板变形引起的第 $i$ 层墙板在右端点处的竖向变形值 |
| | | 其余部位竖直缝 | $\delta_w,\ \delta_E = \dfrac{\theta_i L_i h_i}{h_i - h_i' - h_i''}$ | $L_i$ 第 $i$ 层竖直缝两侧墙板的旋转不动点的距离的最大值，墙板宽度和连接点布置完全相同的两相邻墙板之间的竖直缝计算时可取为墙板宽度 |
| | | 水平缝 | $\delta_w,\ \delta_E = \dfrac{\theta_i h_i (h_i' + h'')}{h_i - h_i' - h_i''}$ | $b_{i,\,\max}$ 第 $i$ 层角部竖直缝两侧墙板宽度的最大值 |

## 7. 防水构造

预制混凝土外挂墙板之间水平缝的构造宜采用高低缝或者企口缝构造，预制混凝土外挂墙板之间水平缝和竖向缝的防水宜采用空腔构造防水和材料防水相结合的方法，防水空腔应设置必要的排水措施，导水管宜设置在十字缝上部的垂直缝中，竖向间距不宜超过 3 层，当垂直缝下方因门窗等开口部位被隔断时，应在开口部位上方垂直缝处设置导水管等排水措施。预制混凝土外墙接缝防水应采用耐候性密封胶，接缝处的填充材料应与拼缝接触面粘结牢固，并能适应建筑物层间位移、外墙板的温度变形和干缩变形等，其最大变形量、剪切变形性能等均应满足设计要求。外墙板接缝处的密封止水带宜采用三元乙丙橡胶或氯丁橡胶等高分子材料，技术要求应满足现行国家标准《高分子防水材料 第 2 部分：止水带》GB 18173.2 中 J 型的规定。接缝密封材料及辅助材料的主要性能指标应符合表 7-22 的要求。

**预制装配结构外墙接缝密封材料及辅助材料的主要性能指标**　　表 7-22

| 序号 | 密封材料及辅助材料的主要性能要求 |
|---|---|
| 1 | 硅烷改性硅酮建筑密封胶（MS 胶）主要性能指标，应符合现行国家标准《硅硐和改性硅酮建筑密封胶》GB/T 14683 的规定 |
| 2 | 聚氨酯建筑密封胶（PU 胶）主要性能指标，应符合现行国家行业标准《聚氨酯建筑密封胶》JC/T 482 的规定 |
| 3 | 三元乙丙橡胶、氯丁橡胶、硅橡胶橡胶空心气密条主要性能指标，应符合现行国家标准《高分子防水材料 第 2 部分：止水带》GB 18173.2 中 J 型产品的规定 |

预制混凝土外挂墙板常用的防水构造可分为一道防水与二道防水，如表7-23所示。

防水措施 表7-23

| | 一道防水 | 二道防水 |
|---|---|---|
| 防水构造 | 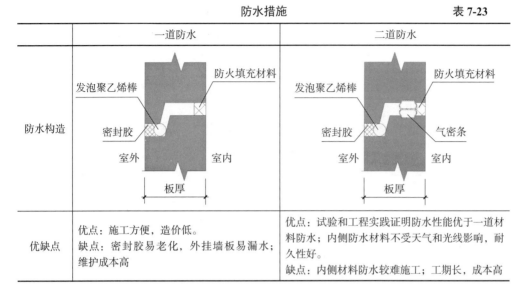 | |
| 优缺点 | 优点：施工方便，造价低。<br>缺点：密封胶易老化，外挂墙板易漏水；维护成本高 | 优点：试验和工程实践证明防水性能优于一道材料防水；内侧防水材料不受天气和光线影响，耐久性好。<br>缺点：内侧材料防水较难施工；工期长，成本高 |

预制混凝土剪力墙板外墙垂直缝宜选用结构防水与材料防水结合的两道防水构造，水平缝宜选用构造防水与材料防水结合的两道防水构造，外挂墙板与主体钢结构的板缝构造如图7-23～图7-26所示。

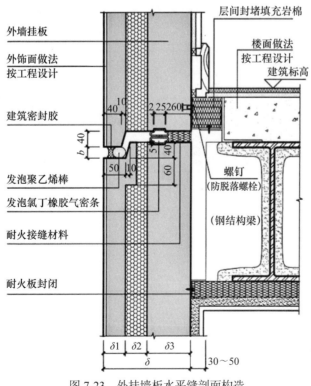

图7-23 外挂墙板水平缝剖面构造

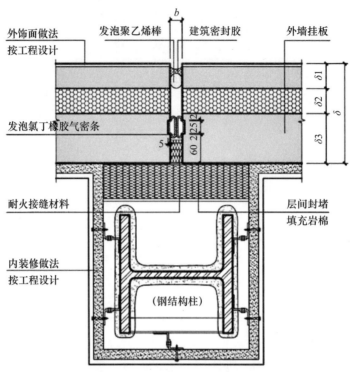

图 7-24　外挂墙板垂直缝剖面构造

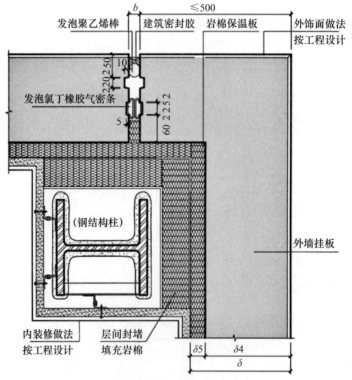

图 7-25　外挂墙板阳角横剖面构造（一）

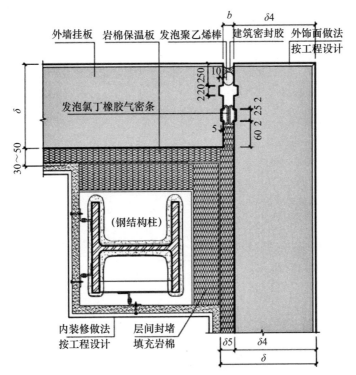

图 7-25  外挂墙板阳角横剖面构造（二）

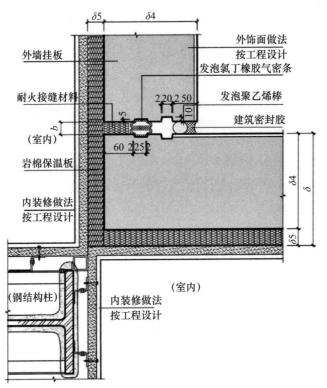

图 7-26  外挂墙板阴角横剖面构造（一）

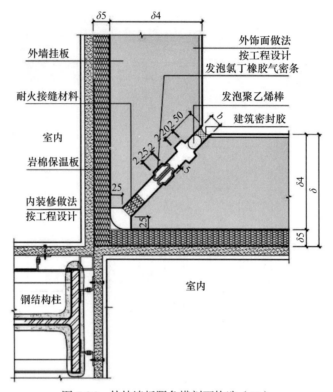

图 7-26　外挂墙板阴角横剖面构造（二）

# 7.3　装配式内墙墙体的设计方法

建筑内墙的主要作用是分隔与隔声，而装配式内墙区别于传统内墙的地方主要是应用建筑板材代替传统的砌块，用板材安装的施工方式代替传统湿作业的砌筑施工。各种内隔墙墙板的性能对内墙墙体设计起着重要作用，板材与结构构件之间的连接形式也是装配式内墙区别于传统墙体的重点。相比较与传统内墙抹灰的墙面做法，作为装配式内墙应与装饰装修结合，应用各种墙面装饰材料直接安装在墙体基材上，以避免各种湿作业，来提高装配式建筑的装配水平。

## 7.3.1　蒸压加气混凝土内墙墙体设计

蒸压轻质加气混凝土板可以直接用于各种建筑结构的内墙，包括分户墙、室内隔墙、卫生间和厨房隔墙等，墙壁应适合吊挂各种物件如空调、热水器等。由于蒸压轻质加气混凝土板表面平整度较好，作为内墙理论上可以直接在蒸压轻质加气混凝土板表面涂装建筑腻子后粉刷内墙涂料，但为防止内墙裂缝，可在板面外做一层抗裂砂浆压入耐碱网格布再做内墙涂装。蒸压加气混凝土内墙面层做法如图 7-27所示。

图 7-27　蒸压加气混凝土内墙面层做法示意

1. 蒸压加气混凝土板的设计参数与选型

"外墙讲保温，内墙讲隔声"，即外墙板材厚薄的基本选用原则是考虑保温效果而确定，内墙板材厚薄的基本选用原则是考虑其隔声技术要求而确定。常用的 ALC 板平均隔声检测指标见表 7-24。

ALC 板平均隔声检测指标　　　　表 7-24

| 序号 | 板材型号 | 检测值（dB） | 检测标准 |
|---|---|---|---|
| 1 | 100mm ALC | 36.7 | 《建筑隔声评价标准》GB/T 50121 |
| 1 | 100mm ALC ＋两面 1mm 腻子 | 40.8 | 《建筑隔声评价标准》GB/T 50121 |
| 2 | 120mm ALC | 41.7 | 《建筑隔声评价标准》GB/T 50121 |
| 2 | 120mm ALC ＋两面 3mm 腻子 | 45.1 | 《建筑隔声评价标准》GB/T 50121 |
| 3 | 150mm ALC | 43.8 | 《建筑隔声评价标准》GB/T 50121 |
| 3 | 150mm ALC ＋两面 3mm 腻子 | 45.6 | 《建筑隔声评价标准》GB/T 50121 |
| 4 | 180mm ALC | 46.7 | 《建筑隔声评价标准》GB/T 50121 |
| 4 | 180mm ALC ＋两面 3mm 腻子 | 48.1 | 《建筑隔声评价标准》GB/T 50121 |
| 5 | 200mm ALC | 49.8 | 《建筑隔声评价标准》GB/T 50121 |
| 5 | 200mm ALC ＋两面 3mm 腻子 | 51.3 | 《建筑隔声评价标准》GB/T 50121 |

注：参数引用 03SG715-1P95 和《蒸压加气混凝土建筑应用技术规程》。

选用蒸压加气板作为内隔墙使用，主要以实现其隔声防噪和安全功能为目的，所以在保证其功能实现的前提下首选最经济板型。

（1）住宅或公寓类建筑内墙板设计选型：

根据《民用建筑隔声设计规范》GB 50118 国家标准第 4.2 节规定了住宅建筑的分户构件、房间之间的空气声隔声性能标准，相关内容参见表 7-25。

分户构件、房间之间的空气声隔声标准　　　　表 7-25

| 构件（房间）名称 | 空气声隔声单值评价量＋频谱修正（dB） | |
|---|---|---|
| 分户墙、分户楼板 | 计权隔声量＋粉红噪声频谱修正量 $R_w + C$ | ＞45 |
| 分隔住宅和非居住用途空间的楼板 | 计权隔声量＋交通噪声频谱修正量 $R_w + C_{tr}$ | ＞51 |
| 卧室、起居室（厅）与邻户房间之间 | 计权标准化声压级差＋粉红噪声频谱修正 DnT，w ＋ C | ≥45 |
| 住宅和非居住用途空间分隔楼板上下的房间之间 | 计权标准化声压级差＋交通噪声频谱修正量 DnT，w ＋ $C_{tr}$ | ≥51 |

根据以上计隔声量标准，结合蒸压加气混凝土板材的隔声检测指标，分户墙三级隔声可以选用 100mm 厚的板材，二级隔声可以选用 120mm 或 150mm 厚的板材；鉴于分户墙可能会出现卫生间墙内走管线的问题，因此设计时宜选用 150mm 厚的板材。

《民用建筑隔声设计规范》GB 50118 国家标准中没有明确规定户内墙的隔声标准，根据实践经验可以选用 75mm 或 100mm 厚的板材。

住宅内墙的选用在满足隔声要求的前提下应充分考虑建筑层高和板材最大长度等因素；如建筑户内净层高为 4.3m 卫生间和户内墙则应选用 120mm 厚的板材（最大长度 4.5m）而不是 100mm 的板材（最大长度 4m）。

（2）学校类建筑内墙板设计选型

《民用建筑隔声设计规范》GB 50118 第 5.2 节规定了学校建筑教学用房隔墙、楼板及其与相邻房间之间的空气隔声标准，参见表 7-26。

教学用房隔墙、楼板及其与相邻房间之间的空气声隔声标准 　　　　表 7-26

| 构件（房间）名称 | 空气声隔声单值评价量＋频谱修正量（dB） | |
| --- | --- | --- |
| 语言教室、阅览室的隔墙与楼板 | 计权隔声量＋粉红噪声频谱修正量 $R_w + C$ | ＞ 50 |
| 普通教室与各种产生噪声的房间之间的隔墙、楼板 | 计权隔声量＋粉红噪声频谱修正量 $R_w + C$ | ＞ 50 |
| 普通教室之间的隔墙与楼板 | 计权隔声量＋粉红噪声频谱修正量 $R_w + C$ | ＞ 45 |
| 音乐教室、琴房之间的隔墙与楼板 | 计权隔声量＋粉红噪声频谱修正量 $R_w + C$ | ＞ 45 |
| 语言教室、阅览室与相邻房间之间 | 计权标准化声压级差＋粉红噪声频谱修正 $DnT, w + C$ | ≥ 50 |
| 普通教室与各种产生噪声的房间之间 | 计权标准化声压级差＋粉红噪声频谱修正 $DnT, w + C$ | ≥ 50 |
| 普通教室之间 | 计权标准化声压级差＋粉红噪声频谱修正 $DnT, w + C$ | ≥ 45 |
| 音乐教室、琴房之间 | 计权标准化声压级差＋粉红噪声频谱修正 $DnT, w + C$ | ≥ 45 |

注：产生噪声的房间系指音乐教室、舞蹈教室、琴房、健身房。

有特殊安静要求的房间与一般教室间的隔墙板应满足不小于 50dB 隔声要求，板材可选用 200mm 厚，或者选用复合板即（75mm ＋ 75mm）或（100mm ＋ 50mm）或（100mm ＋ 100mm）等组合形式。

教室与各种产生噪声的活动室间的隔墙板满足不小于 45dB 隔声要求，板材应选用 120mm 厚或 150mm 厚。

一般教室与教室之间的隔墙板满足不小于 40dB 隔声要求，板材应选用 100mm 厚或 120mm 厚。

（3）医院类建筑内墙板设计选型

根据《民用建筑隔声设计规范》GB 50118 第 6.2.1 条各类房间隔墙、楼板的空气声隔声性能标准参见表 7-27。

**各类房间隔墙、楼板的空气声隔声标准**　　　　　　　表 7-27

| 构件名称 | 空气声隔声单值评价量+频谱修正量 | 高要求标准(dB) | 低限标准(dB) |
|---|---|---|---|
| 病房与产生噪声的房间之间 | 计权隔声量＋交通噪声频谱修正量 $R_w + C_{tr}$ | > 55 | > 50 |
| 手术室与产生噪声的房间之间 | 计权隔声量＋交通噪声频谱修正量 $R_w + C_{tr}$ | > 50 | > 45 |
| 病房之间及病房、手术室与普通房间之间 | 计权隔声量＋粉红噪声频谱修正量 $R_w + C$ | > 50 | > 45 |
| 诊室之间 | 计权隔声量＋粉红噪声频谱修正量 $R_w + C$ | > 45 | > 40 |
| 听力测听室 | 计权隔声量＋粉红噪声频谱修正量 $R_w + C$ | — | > 50 |
| 体外震波碎石室、核磁共振室 | 计权隔声量＋交通噪声频谱修正量 $R_w + C_{tr}$ | — | > 50 |

病房与病房之间的隔声要求，三级不小于 35dB 板材可以选用 75mm 或 100mm 厚，二级不小于 40dB 板材厚度可以选用 100mm 或 120mm 厚度，建议该类房间选用 100mm 厚的板材较宜。

病房与产生噪声的房间之间有隔声要求，三级不小于 45dB 板材可以选用 150mm 厚，一和二级不小于 50dB 板材厚度可以选用 200mm 厚，或者选用复合板即 75mm＋75mm 或 100mm＋50mm 或 100mm＋100mm 等组合形式，建议本类选用 200mm 厚的板材较宜。

手术室与病房之间的隔声要求三级不小于 40dB 板材可以选用 100mm 厚，二级不小于 45dB 板材厚度可以选用 120mm 或 150mm，建议该类房间选用 150mm 厚的板材较宜。

手术室与产生噪声的房间之间隔声要求三级不小于 45dB 板材可以选用 120mm 或 150mm 厚，一二级不小于 50dB 板材厚度可以选用 200mm 厚，或者选用复合板即 75mm＋75mm 或 100mm＋50mm 或 100mm＋100mm 等组合形式；建议本类选用 200mm 厚的板材较宜。

听力测听室围护结构之间的隔声要求不小于 50dB，板材可以选用 200mm 厚的或者选用复合板即 75mm＋75mm 或 100mm＋50mm 或 100mm＋100mm 等组合形式；建议本类选用 200mm 厚的板材较宜。

（4）宾馆酒店类建筑内墙板设计选型

《民用建筑隔声设计规范》GB 50118 第 7.2.1 条客房围护结构空气声隔声标准参见表 7-28。

**客房墙、楼板的空气声隔声标准**　　　　　　　表 7-28

| 构件名称 | 空气声隔声单值评价量+频谱修正量 | 特级(dB) | 一级(dB) | 二级(dB) |
|---|---|---|---|---|
| 客房之间的隔墙、楼板 | 计权隔声量＋交通噪声频谱修正量 $R_w + C_{tr}$ | > 50 | > 45 | > 40 |
| 客房与走廊之间的隔墙 | 计权隔声量＋交通噪声频谱修正量 $R_w + C_{tr}$ | > 45 | > 45 | > 40 |
| 客房外墙（含窗） | 计权隔声量＋粉红噪声频谱修正量 $R_w + C$ | > 40 | > 35 | > 30 |

客房与客房间隔墙隔声要求二三级不小于40dB板材可以选用100mm厚，一级不小于45dB板材厚度可以选用120mm或150mm厚度，建议该类房间选用120mm厚的板材较宜。

客房与走廊间隔墙（包含门）隔声要求二三级不小于35dB板材可以选用75mm厚，一级不小于40dB板材厚度可以选用100mm或120mm厚度，建议该类房间选用100mm厚的板材较宜。

2. 写字楼、办公楼、商场（商铺）等建筑内墙板设计选型

《办公建筑设计规范》JGJ/T 67第6.3.2条规定了办公室、会议室隔墙、楼板的空气声隔声性能参见表7-29。

办公室、会议室隔墙、楼板的空气声隔声标准　　　　　表7-29

| 构件名称 | 空气声隔声单值评价+频谱修正量（dB） | A类、B类办公建筑 | C类办公建筑 |
| --- | --- | --- | --- |
| 办公室、会议室与产生噪声的房间之间的隔墙、楼板 | 计权隔声量+交通噪声频谱修正量 | ＞50 | ＞45 |
| 办公室、会议室与普通房间之间的隔墙、楼板 | 计权隔声量+粉红噪声频谱修正量 | ＞50 | ＞45 |

由上表可以看出，内隔墙板材选用100mm或120mm足以满足各类办公房间写字楼、办公室等隔音技术要求。

商场、商铺等商业建筑国家没有明确的隔声要求，并且很多情况下为不到顶的悬空隔墙设置，因此一般根据隔墙高度选用板材的厚薄，对开放性空间布置和隔墙安装，可采用75mm厚或者100mm厚板材板材悬空安装。

3. 蒸压加气混凝土板材的内墙板连接节点设计

内隔墙安装时，板顶一般连接在钢梁下翼缘处，将墙板与钢梁做成整体，避免钢梁出露。图7-28是几种不同的隔墙板与钢梁连接的构造详图。

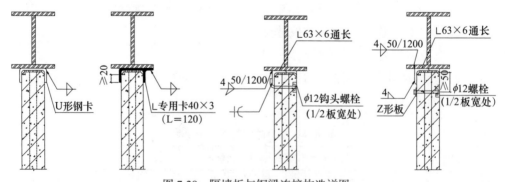

图7-28　隔墙板与钢梁连接构造详图

内隔墙安装时，板底一般是直接安装在混凝土楼板上。图7-29是几种不同的隔墙板与混凝土楼板连接的构造详图。

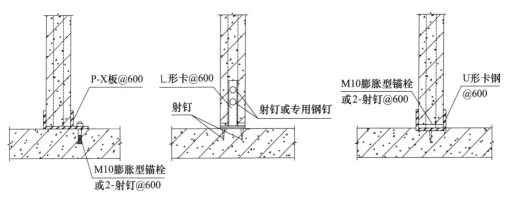

图7-29　隔墙板与混凝土楼板连接构造详图

### 4. 蒸压加气混凝土板材的其他使用

由于蒸压轻质加气混凝土板具有优越的耐火性能，所以可以直接将其作为防火墙使用。使用50mm或75mm厚的板材可以作为防火板单独贴面作防火墙使用，钢结构梁柱可以采用50mm厚度板材作防火板包装使用。根据防火等级或防火墙的高度需要，可以选择100～200mm厚的板材直接作为防火墙使用。图7-30是板材作为钢梁钢柱防火板的安装构造节点。

由于其具有优越的保温性能，可以将蒸压轻质加气混凝土板作为保温板使用，根据设计的需要，可以采用50mm或75mm厚的板材直接做保温板在外墙或内墙敷面使用。由于板材优越的隔声性能，也可以在某些场合作为隔声板（箱）使用。

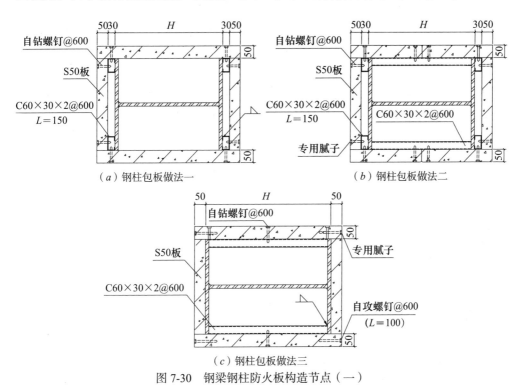

（a）钢柱包板做法一　　　　（b）钢柱包板做法二

（c）钢柱包板做法三

图7-30　钢梁钢柱防火板构造节点（一）

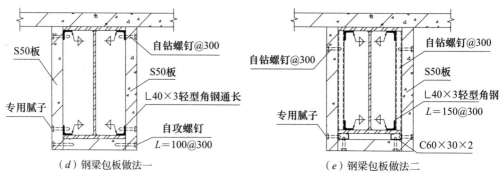

（d）钢梁包板做法一　　　　　　　（e）钢梁包板做法二

图 7-30　钢梁钢柱防火板构造节点（二）

建筑上经常会有很多特殊造型，诸如斜外墙面、造型假柱、外挂空调盒子、特殊造型的室外封闭等。部分无法采用砌体砌筑形式来实现，可以使用蒸压加气混凝土墙板和辅助角钢安装的形式来实现这种造型。

5. 蒸压加气混凝土板内墙设计的几个专题

（1）有水房间隔墙的防水

采用蒸压轻质加气混凝土板作卫生间和厨房隔墙时，环境存在防水要求，在做板面处理时应要求做防水技术处理（涂膜防水层）。一般施工工艺为刷界面剂—砂浆—涂抹防水层—砂浆—贴瓷砖。

在卫生间、厨房，经常需要贴瓷砖或其他小型贴面饰品，可以先在板材上刷一道丙乳液，然后满刷 2～3mm 界面剂，稍后用瓷砖或饰品黏结剂粘贴；也可根据使用条件和装修要求在界面剂上做 1～2 层薄层聚合物水泥砂浆粘贴瓷砖或其他小型贴面物品。图 7-31 是有水房间墙面及转角处建筑做法示意。

（2）水电预埋管线（盒）、管道等开槽

蒸压轻质加气混凝土板内配置有二层钢丝网，在施工中需要预埋水电管线时，板材不但可以采用纵向开槽，也可以开横向槽。当横向切槽时，槽长不应大于 1/2 板宽，槽深不应大于 20mm，槽宽不应大于 30mm。

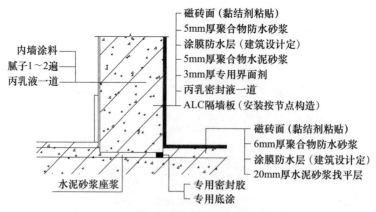

图 7-31　有水房间墙面及转角处建筑做法（一）

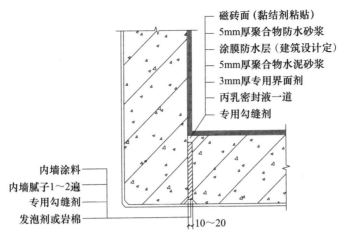

图 7-31　有水房间墙面及转角处建筑做法（二）

如接线盒或配电箱较大，需要开大型孔洞时，板材可以根据需要打穿，安装结束后用聚合物砂浆或黏结石膏抹平抹实。

对无法隐蔽设置和有美观要求的场合，安装厚度超过板厚的箱盒时，可以采用局部墙板加厚的形式，增加局部墙体的厚度来实现箱盒的隐蔽安装。

（3）关于墙面吊挂重物

蒸压轻质加气混凝土墙板上安装轻便吊件、挂钩等可采用自攻钉固定或胀管螺钉直接固定。当墙板上安装重物（脸盆、暖气片、热水器、洗手盆、室内外空调等）可用对穿螺栓（将作用力传递到墙上），如图 7-32 所示。当重物荷载超过表 7-30 的要求时，应采用角钢及槽钢加固的方式挂载重物（图 7-33），安装重物的允许荷载应通过计算确定。

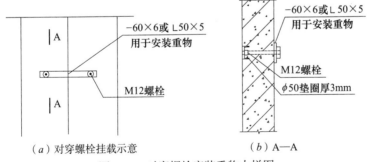

（a）对穿螺栓挂载示意　　　　　　（b）A—A

图 7-32　对穿螺栓安装重物大样图

对穿螺栓挂载重物的允许荷载　　　　　　　　表 7-30

| 墙板厚度（mm） | 允许荷载（kg） | |
| --- | --- | --- |
| | 静荷载 | 动荷载 |
| 75 | 80 | 60 |
| 100 | 110 | 80 |
| 125 | 140 | 100 |

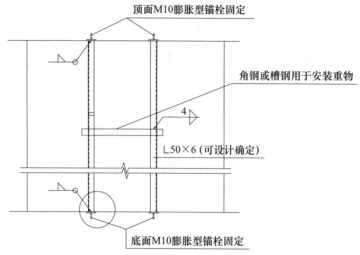

图7-33　角钢加固安装重物节点

### 7.3.2　钢筋陶粒混凝土轻质墙板的设计

钢筋陶粒混凝土轻质墙板通常是以硅酸盐水泥、砂、硅砂粉、陶粒、陶砂、外加剂和水等配制的轻骨料混凝土为基料，内置钢网架，经浇注成型、养护（蒸养、蒸压）而制成的轻质条型墙板，一般用于非承重内隔墙。

1. 钢筋陶粒混凝土轻质墙板的形状规格

钢筋陶粒混凝土轻质墙板的外形为条型板，可采用不同的企口、断面和孔洞构造。图7-34为一种设有企口的空心普通板外形示意图以及门（窗）洞边板、线（管）盒板及异型板示意图。

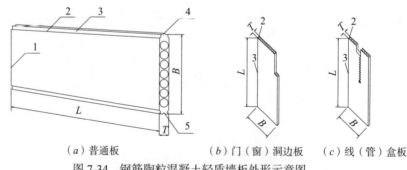

（a）普通板　　　（b）门（窗）洞边板　　　（c）线（管）盒板

图7-34　钢筋陶粒混凝土轻质墙板外形示意图

1—板端；2—板边；3—接缝槽；4—榫头；5—榫槽；L—长度；B—宽度；T—厚度

钢筋陶粒混凝土轻质墙板规格型号很多，长度多在2400～3200mm之间。主要的规格型号如表7-31所示。

2. 材料要求

钢筋陶粒混凝土轻质墙板的各项原材料应满足国家相应规范的要求。

| 序号 | 长度 L | 宽度 B | 厚度 T |
|------|--------|--------|--------|
| 1 | 2400～3200 | 500<br>600 | 85<br>90 |
| 2 | 2400～3200 | 500<br>600 | 100 |
| 3 | 2400～3200 | 500<br>600 | 120 |
| 4 | 2400～3200 | 500 | 150 |

注：1. 普通板宽度的实际生产尺寸为 495mm/595mm。

2. 其他规格尺寸可有供需双方协商生产。

钢筋陶粒混凝土轻质墙板的钢网架包括钢丝网架和钢筋网架两种，钢丝网架由不小于 $\phi 4.0$ 冷拔低碳钢丝采用点焊机焊接而成。钢丝网架的尺寸根据墙板尺寸而定，钢丝网架厚度比墙板厚度小 20～30mm，宽度小 40mm，长度小 60mm，钢丝网架的纵向钢丝每面不少于 3 根，2.4m 以上不少于 4 根，钢丝长度误差控制在 5mm 以内。钢丝网架横向钢筋间距不大于 500mm。

钢筋网架的尺寸要求同钢丝网架，钢筋的配置应根据墙板实际使用要求另行设计，钢筋混凝土保护层厚度应不小于 10mm。

3. 外观质量

墙板外观质量应符合表 7-32 的规定。

**钢筋陶粒混凝土轻质墙板外观质量要求** 表 7-32

| 序号 | 项目 | 指标 |
|------|------|------|
| 1 | 钢网外露，飞边毛刺，板厚度方向贯穿裂缝，板面贯穿裂缝 | 不允许 |
| 2 | 蜂窝气孔，长径 5～30mm | ≤3 处／板 |
| 3 | 缺棱掉角，宽度 × 长度：10mm×25mm～20mm×30mm | ≤2 处／板 |
| 4 | 板面裂缝，最大宽度 ≤ 0.3mm，长度 50～100mm | ≤2 处／板 |
| 5 | 芯孔状况 | 芯孔完整，无塌落 |
| 6 | 壁厚（mm） | ≥20 |

注：1. 序号 2、3、4 项中低于下限值的缺陷忽略不计，高于上限值的缺陷为不合格。

2. 空心板应测芯孔状况和壁厚。

墙板尺寸偏差应符合表 7-33 的规定。

**尺寸偏差** 表 7-33

| 序号 | 项目 | 允许偏差 |
|------|------|----------|
| 1 | 长度 | ±4mm |
| 2 | 宽度 | ±2mm |

| 序号 | 项目 | 允许偏差 |
|---|---|---|
| 3 | 厚度 | ±1.5mm |
| 4 | 板面平整度 | ≤2mm |
| 5 | 对角线差 | ≤5mm |
| 6 | 侧向弯曲 | ≤$L$/1000mm |

### 4. 主要设计参数

钢筋陶粒混凝土轻质墙板的主要的设计参数指标如表 7-34 所示。

主要的设计参数指标　　　　　　　　　　　表 7-34

| 序号 | 项目 | 指标 | | | | | | |
|---|---|---|---|---|---|---|---|---|
| | | 空心板 | | | | 实心板 | | |
| | | 板厚（mm） | | | | 板厚（mm） | | |
| | | 90 | 100 | 120 | 150 | 90 | 100 | 120 |
| 1 | 抗冲击性能 / 次 | ≥10 | | | | | | |
| 2 | 抗弯承载 / 板自重倍数 | ≥1.8 | | | | | | |
| 3 | 抗压强度 /MPa | ≥7.5 | | | | | | |
| 4 | 软化系数 | ≥0.85 | | | | | | |
| 5 | 面密度 /（kg/m²） | ≤90 | ≤110 | ≤125 | ≤140 | ≤120 | ≤140 | ≤170 |
| 6 | 含水率 /% | ≤6 | | | | | | |
| 7 | 干燥收缩值 /（mm/m） | ≤0.4 | | | | | | |
| 8 | 吊挂力 /N | 单点吊挂　荷载≥1500，24h，板面无宽度超过 0.3mm 的裂缝 | | | | | | |
| | | 多点吊挂　荷载 1500~4000，24h，锚固件无松动。墙面无裂缝 | | | | | | |
| 9 | 抗冻性 /15 次冻融循环 | 不得出现可见的裂纹且表面无变化 | | | | | | |
| 10 | 空气声计权隔声量 /dB | ≥35 | ≥40 | ≥45 | | ≥40 | ≥45 | |
| 11 | 耐火极限 / | ≥1 | ≥1.5 | ≥2 | | ≥2 | | |
| 12 | 传热系数 /［W/（m²·K）］ | — | — | ≤2.0 | | — | — | ≤2.0 |

注：1. 厚度 85mm 的产品按厚度 90mm 的要求执行，其他规格尺寸墙板的物理力学性能要求由供需双方商定。

　　2. 对于吊挂力不大于 4kN 的多点吊挂时。应以试验方法进行。

　　3. 用于分户墙和楼梯间墙有传热系数限值要求的墙板应检测传热系数。

更多参数资料可参考行业标准《钢筋陶粒混凝土轻质墙板》JC/T 2214。

## 7.3.3 轻钢龙骨石膏板内墙墙体的设计

轻钢龙骨石膏板内墙墙体是较常用的装配式内隔墙墙体，以轻钢龙骨为结构支撑，表面铺设纸面石膏板做墙体面层。内部依据隔声的要求可以填充岩棉等填充物。

1. 轻钢龙骨石膏板内墙墙体的优点

（1）干作业，施工便捷，按需组合，可灵活划分空间，同时易撤除，可有效节约人工，加快施工进度。

（2）重量轻、强度能满足使用要求。石膏板的厚度一般为9.5～15mm，每平方米自重6～12kg。用两张纸面石膏板中间夹轻钢龙骨即构成隔墙，该墙体每平方米重量约23kg，仅为普通砖墙的1/10左右。以纸面石膏板作为内墙资料，其强度能满足要求，厚度12mm的纸面石膏板纵向断裂载荷可达500N以上。

（3）化学物理性能稳定，枯燥吸湿过程中，伸缩率较小。

（4）装饰效果好，石膏板隔墙的面层可兼容多种面层装饰材料，满足大多数建筑物的装饰要求。

（5）经济合理，减少浪费。较之于普通砖混类的构造墙，具有防止因水电预留预埋形成的剔凿，防止因面层装饰做法而暂停的抹灰找平作业。在壁纸装饰面层作业中省略了石膏、腻子的粉刷作业，降低了造价，缩短了工期，又节约资源，防止浪费。

2. 轻钢龙骨石膏板内墙墙体配套材料

轻钢龙骨石膏板隔墙的分类：轻钢龙骨石膏板隔墙按构造可分为单排龙骨单层石膏板隔墙、单排龙骨双层石膏板隔墙和双排龙骨双层石膏板隔墙，前一种用于一般隔墙，后两种用于隔声墙。轻钢龙骨石膏板隔墙的构造体系配套材料见表7-35。

构造体系配套材料　　　　　　　　　　　表7-35

| 名称 | 图示 | 用途 | 名称 | 图示 | 用途 |
|---|---|---|---|---|---|
| 直角形金属护角条 | | 用于石膏板的阳角接缝，美观且抗冲击 | 圆弧形金属护角条 | | 用于石膏板圆弧形处的阳角接缝 |
| 嵌缝石膏 | | 石膏板拼缝的粘结嵌缝处理对表面破损进行修补 | 黏结石膏 | | 用于石膏板直接黏结墙系统，用于普通板、防火板与砌体墙的黏结固定 |
| 自攻螺钉 | | $\phi35\times25$（单层石膏板固定） | U形固定夹 | | 用于贴面墙系统：将覆面龙骨与墙面连接并固定　用于吊顶墙系统：吸顶吊件 |
| | | $\phi35\times35$（双层石膏板固定） | 支撑卡 | | 辅助支撑竖龙骨开口面，竖龙骨与通贯龙骨的连接卡件，提高竖龙骨抗变形能力 |
| | | $\phi35\times50$（三层石膏板固定） | 卡托 | | 竖龙骨开口面与C形横撑龙骨之间的连接件 |

| 名称 | 图示 | 用途 | 名称 | 图示 | 用途 |
|---|---|---|---|---|---|
| 自攻螺钉 | | $\phi35\times60$<br>（三层石膏板固定） | 角托 | | 竖龙骨背面与C形横撑龙骨之间的连接件 |
| 拉铆钉 | | 用于龙骨与龙骨之间的连接及固定 | 石膏板金属包边 | | 用于暴露在外的石膏板切割边的边缘修饰 |
| 伸缩缝条 | | 用于大面积隔墙吊顶的伸缩缝处理 | 嵌缝带或（玻纤网格带） | | 用于石膏板的接缝处理 |

### 3. 轻钢龙骨及石膏板的产品规格

轻钢龙骨是以连续热镀锌板带为原材料，经冷弯工艺轧制而成的建筑用金属骨架。用于以纸面石膏板、装饰石膏板等轻质板材做饰面的非承重墙体和建筑物屋顶的造型装饰。适用于多种建筑物屋顶的造型装饰、建筑物的内外墙体及棚架式吊顶的基础材料。纸面石膏板产品规格见表7-36。轻钢龙骨产品规格表7-37。

纸面石膏板产品规格　　　　　　　　　表 7-36

| 石膏板种类 | 规格 | | 推荐应用范围 | 主要性能指标 | 板材边部形状 |
|---|---|---|---|---|---|
| | 长×宽（mm） | 厚度（mm） | | | |
| 普通纸面石膏板 | 3000×1200 | 9.5/12/15 | 建筑围护墙内侧、内隔墙、吊顶 | 耐水：<br>吸水率≤10.0%；<br>表面吸水量≤160g/m²。<br>高级耐水：<br>吸水率≤5.0%；<br>表面吸水量≤160g/m²。<br>耐潮：<br>表面吸水量＜160g/m²。<br>耐火：<br>遇火稳定性≥20min。<br>高级耐火：<br>遇火稳定性≥45min。<br>耐潮耐火：<br>表面吸水量＜160g/m²；<br>遇火稳定性≥20min；<br>高级耐水耐火：<br>吸水率≤5.0%；<br>表面吸水量≤160g/m²；<br>遇火稳定性≥45min | 直角边<br><br><br>楔形边 |
| | 2400×1200 | 9.5/12/15 | | | |
| 耐潮纸面石膏板 | 3000×1200 | 9.5/12 | 有一定耐潮防霉要求的吊顶和隔墙 | | |
| 耐水纸面石膏板 | 3000×1200 | 9.5/12/15 | 卫生间、厨房等潮湿空间的隔墙和吊顶 | | |
| 高级耐水纸面石膏板 | 3000×1200 | 12 | | | |
| 耐火纸面石膏板 | 3000×1200 | 9.5/12/15 | 建筑中有防火要求的部位及钢结构耐火护面 | | |
| 高级耐火纸面石膏板 | 3000×1200 | 12/15 | | | |
| 特级耐火纸面石膏板 | 3000×1200 | 15 | | | |
| 耐潮耐火纸面石膏板 | 3000×1200 | 9.5/12 | 有一定耐潮防霉和耐火要求的部位 | | |
| 高级耐水耐火纸面石膏板 | 3000×1200 | 12/15/25 | 较高耐火耐水要求的部位 | | |
| 无覆膜装饰石膏板<br>1. 压花石膏板<br>2. 穿孔石膏板 | 595×595 | 9.5 | 需要改善音质、降低噪音的各类建筑隔墙及吊顶 | | |
| | 2700×1200 | 9.5/12 | | | |
| | 3000×1200 | 9.5/12 | | | |
| 覆膜石膏板 | 595×595 | 9.5 | 在装饰膜如PET纸布复合膜石膏板表面，覆上花色丰富的PVC膜，使其在保证原有石膏板应用及功能的基础上，增加色彩、纹样与肌理用于各种隔墙和吊顶的安装，表面无需再次装饰 | | |
| | 605×605 | 9.5 | | | |
| | 3000×600 | 12 | | | |
| | 3000×1200 | 12 | | | |
| 覆膜穿孔板 | 595×595 | 9.5 | | | |
| | 2700×1200 | 12 | | | |
| | 3000×1200 | 12 | | | |

备注：产品执行标准（《纸面石膏板》GB/T 9775）

产品检测报告需要时可向厂家或销售商索取。

轻钢龙骨产品规格

表 7-37

| 系列 | 名称 | 断面 | 实际尺寸 | | 应用范围 |
|---|---|---|---|---|---|
| | | | $A \times B$ (mm) | 厚度 (mm) | |
| 标准隔墙系列 | 横龙骨（U形龙骨） | | 50×40 | 0.6 | 墙体和建筑结构的连接构件 |
| | | | 75×40 | 0.6/0.8 | |
| | | | 100×40 | 0.6/0.8 | |
| | | | 150×40 | 0.7/1.0 | |
| | 竖龙骨（C形龙骨） | | 48.5×50 | 0.6/0.8 | 墙体的主要受力构件 |
| | | | 735.×50 | 0.6/0.7/0.8/1.0 | |
| | | | 98.5×50 | 0.6/0.7/0.8/1.0 | |
| | | | 148.5×50 | 0.6/0.7/0.8/1.0 | |
| | 通贯龙骨 | | 38×12 | 1.0/1.2 | 竖龙骨的中间连接构件 |
| 家装隔墙系列 | 横龙骨（U形龙骨） | | 50×32 | 0.5 | 适用于高度≤3000家庭装修的小开间隔墙 |
| | | | 75×32 | 0.5 | |
| | | | 75×35 | 0.55 | |
| | 竖龙骨（C形龙骨） | | 47.5×38/35 | 0.5 | |
| | | | 72.5×38/35 | 0.5 | |
| | | | 73.5×45 | 0.55 | |
| | 通贯龙骨 | | 38×12 | 0.8 | |
| 隔声墙系列 | Z形隔声龙骨 | | 73.5×50 | 0.6 | 对隔声要求较高的高档场所与C形龙骨安装方法相同 |
| | 减振龙骨 | | 65×15 | 0.6 | 可以增加墙体隔声量，与竖龙骨连接后再与石膏板连接的构件 |
| 井道墙系列 | CH形龙骨 | | 64×42 | 0.8/1.0 | 电梯井及管道井墙专用的竖龙骨 |
| | | | 75×42 | 0.8/1.0 | |
| | | | 92×42 | 0.8/1.0 | |
| | | | 100×42 | 0.8/1.0 | |
| | | | 146×42 | 0.8/1.0 | |
| | 不等边龙骨 | | 67×50/25 | 0.6/0.8 | 电梯井及管道井墙专用的横龙骨 |
| | | | 78×50/25 | 0.6/0.8 | |
| | | | 95×50/25 | 0.6/0.8 | |
| | | | 103×50/25 | 0.6/0.8 | |
| | | | 149×50/25 | 0.6/0.8 | |

| 系列 | 名称 | 断面 | 实际尺寸 | | 应用范围 |
|---|---|---|---|---|---|
| | | | $A×B$（mm） | 厚度（mm） | |
| 井道墙系列 | E 形竖龙骨 | | 64×30×20 | 0.8/1.0 | 电梯井及管道井墙专用的端头竖龙骨 |
| | | | 75×30×20 | 0.8/1.0 | |
| | | | 92×30×20 | 0.8/1.0 | |
| | | | 100×30×20 | 0.8/1.0 | |
| | | | 146×30×20 | 0.8/1.0 | |
| | 平行接头（连接钢带） | | 2400×62 | 0.6 | 可作为横撑龙骨使用便于石膏板错缝安装 |
| 标准吊顶系列 | 主（承载）龙骨 | | 38×12 | 0.8/1.0/1.2 | 吊顶骨架中主要受力构件 |
| | | | 50×15 | 1/1.2/1.5 | |
| | | | 60×27 | 1/1.2/1.5 | |
| | 次（覆面）龙骨 | | 50×19 | 0.45/0.5 | 吊顶骨架中固定饰面板的构件 |
| | | | 50×20 | 0.6 | |
| | | | 60×27 | 0.6 | |
| | 收边龙骨 | | 30×22×20 | 0.4 | 吊顶次龙骨收边 |

备注：产品执行标准《建筑用轻钢龙骨》GB/T 11981

4. 设计要求

（1）抗震设计：用于非地震区的各类隔墙与主体结构均采用常规的连接构造；用于抗震设防烈度 8 度和 8 度以下地区，内隔墙与主体连接应采用滑动连接。

（2）防火、隔声设计：应符合国家相关规范的要求。

（3）保温、隔热设计：根据各地区建筑节能标准的要求，有节能要求的隔墙应采用有保温、隔热层的构造。当分户采暖时分户墙应考虑保温、隔热措施。

（4）电气设计：利用隔墙腔体敷设线路时，应按设计要求安装石膏板隔离框并与龙骨固定，接线盒的四周用密封膏封严。作为分户墙或有防火要求的内隔墙，电气插座或接线盒四周应用岩棉包裹密实。

（5）防潮、防水设计：对于潮湿房间卫生间、厨房的内隔墙采用耐水石膏板，底部应用 C20 细石素混凝土做墙垫并在石膏板的下端嵌密封膏，缝宽不小于 5mm。其构造做法应严格按设计要求进行施工，并采用配套辅料。板面可以贴瓷砖或涂刷防水涂料。

（6）内隔墙墙面装修：根据装修要求，墙面装修饰面可采用喷浆、油漆、涂料、贴壁纸，亦可设计其他饰面。

## 5. 轻钢龙骨石膏板隔墙设计选用

（1）轻钢龙骨石膏板隔墙设计时主要考虑隔墙系统的厚度、重量、隔声、防火等性能参数，设计时可以根据项目的具体需要在表 7-38 隔墙系统选用表中选择隔墙的具体规格，也可依据石膏板及相应填充材料的性能自行设计隔墙的规格。

隔墙系统选用表           表 7-38

| 系统代号 | 排板方式 | 龙骨宽度（mm） | 板材 | 填充物 | 墙厚（mn） | 单重（kg/m²） | 隔声量（dB） | 耐火极限（h） |
|---|---|---|---|---|---|---|---|---|
| LQ 01 | 12＋12 | 50 | P | — | 74 | 23 | 37 | 0.50※ |
| LQ 02 | 12＋12 | 75 | P | — | 99 | 24 | 37 | 0.5 |
| LQ 12 | 12×2＋12 | 75 | P | — | 111 | 34 | 41 | 0.75※ |
| LQ 13 | 12＋12 | 50 | P | 50mm 100kg/m³ 岩棉 | 74 | 28 | 43※ | 0.75※ |
| LQ 14 | 12＋12 | 75 | P | 50mm 100kg/m³ 岩棉 | 99 | 29 | 43 | 0.75 |
| LQ 23 | 12×2＋12×2 | 75 | P | — | 123 | 44 | 44 | 1.0※ |
| LQ 24 | 12×2＋12×2 | 100 | P | — | 148 | 45 | 46 | 1.0※ |
| LQ 25 | 12＋12 | 50 | H | 50mm 100kg/m³ 岩棉 | 74 | 28 | 39 | 1.0※ |
| LQ 26 | 12＋12 | 75 | H | 50mm 100kg/m³ 岩棉 | 99 | 29 | 43 | 1 |
| LQ 28 | 15＋15 | 75 | WH | — | 105 | 28 | 38 | 1 |
| LQ 33 | 15＋15 | 75 | WH | 60mm 100kg/m³ 岩棉 | 105 | 34 | 43 | 1.5 |
| LQ 38 | 12×2＋12×2 | 34 | P | 50mm 100kg/m³ 岩棉 | 112 | 48 | 52※ | 1.5 |
| LQ 39 | 12×2＋12×2 | 75 | P | 50mm 100kg/m³ 岩棉 | 123 | 49 | 48 | 1.5 |
| LQ 40 | 12×2＋12×2 | 双排75 | P | 50mm 100kg/m³ 岩棉 | 50 | 45 | 56 | 1.5※ |
| LQ 41 | 12×2＋12×2 | 错列50 | P | 40mm 24kg/m³ 玻璃棉 | 123 | 46 | 50 | 1.5※ |

| 系统代号 | 排板方式 | 龙骨宽度（mm） | 板材 | 填充物 | 墙厚（mn） | 单重（kg/m²） | 隔声量（dB） | 耐火极限（h） |
|---|---|---|---|---|---|---|---|---|
| LQ 42 | 12×2＋12×2 | 错列75 | P | 40mm 24kg/m³ 玻璃棉 | 148 | 47 | 50 | 1.5※ |
| LQ 43 | 15＋12＋12＋15 | 75 | P | 50mm 100kg/m³ 岩棉 | 130.8 | 53 | 50 | 1.5※ |
| LQ 53 | 15＋15 | 75 | H | 50mm 120kg/m³ 岩棉 | 123 | 44 | 52 | 2 |
| LQ 54 | 12×2＋12×2 | Z型75 | H | 50mm 100kg/m³ 岩棉 | 123 | 49 | 54※ | 2.0※ |
| LQ 54 | 15＋12＋12＋15 | Z型75 | H | 50mm 100kg/m³ 岩棉 | 130.8 | 53 | 56 | 2.0※ |
| LQ 56 | 12×2＋12×2 | 双排75 | H | 50mm 100kg/m³ 岩棉 | 223 | 51 | 56※ | 2.0※ |
| LQ 61 | 12×2＋12×2 | 75 | WH | 60mm 150kg/m³ 岩棉 | 123 | 44 | 52 | 2.5 |
| LQ 62 | 15×2＋15×2 | 75 | GH | 50mm 100kg/m³ 岩棉 | 135 | 45 | 53※ | 2.5※ |
| LQ 71 | 12×3＋12×3 | 100 | H | 100mm 100kg/m³ 岩棉 | 172 | 75 | 53※ | 3 |
| LQ 72 | 15×2＋15×2 | 75 | WH | 60mm 100kg/m³ 岩棉 | 135 | 58 | 52※ | 3 |
| LQ 73 | 15×2＋15×2 | 100 | GH | 80mm 120kg/m³ 岩棉 | 135 | 63 | 52※ | 3 |
| LQ 81 | 15×3＋15×3 | 100 | H | 80mm 120kg/m³ 岩棉 | 190 | 87 | 53※ | 4 |
| LQ 82 | 15×3＋15×3 | 150 | H | 100mm 120kg/m³ 岩棉 | 240 | 90 | 53※ | 4 |
| LQ 83 | 15.9×2＋15.9×2 | 75 | WH | 75mm 120kg/m³ 岩棉 | 138.6 | 57 | 53※ | 4 |

| 系统代号 | 排板方式 | 龙骨宽度（mm） | 板材 | 填充物 | 墙厚（mn） | 单重（kg/m²） | 隔声量（dB） | 耐火极限（h） |
|---|---|---|---|---|---|---|---|---|
| LQ 84 | 15.9×2 + 15.9×2 | 100 | WH | 90mm 120kg/m³ 硅酸铝 | 163.6 | 58 | 53※ | 4 |
| LQ 85 | 15.9 + 12 + 12 + 15.9 + 12 + 15.9 | Z型75 | H | 50mm 120kg/m³ 硅酸铝 | 238.7 | 79 | 66 | 4.0※ |

注：1. 系统代码：LQ-隔墙系统；LT-井道墙系统。
   2. 板材代码：P-普通纸面石膏板；H-耐火纸面石膏板；CH-高级耐火纸面石膏板；WH-特级耐火纸面石膏板；SH-高级耐水耐火纸面石膏板。
   3. 注明 ※ 隔声量／耐火极限数据为评估数据暂无检测报告；未注明的数据为国家检测机构的检测数据，有检测报告。
   4. 石膏板为定尺生产产品，工程中有特殊需要时可协调生产。

（2）井道墙如果采用轻钢龙骨石膏板隔墙，对隔墙的构造及隔声等有特殊要求。设计时可以根据项目的具体需要在表 7-39 "井道墙系统选用表"中选择井道墙的具体规格，也可依据石膏板及相应填充材料的性能自行设计井道墙的规格。

井道墙系统选用表　　　　　表 7-39

| 系统代号 | 排板方式 | 龙骨宽度（mm） | 板材 | 填充物 | 墙厚（mm） | 单重（kg/m²） | 隔声量（dB） | 耐火极限（h） |
|---|---|---|---|---|---|---|---|---|
| LT 01 | 12×2 + 25 | 64CH | H SH | 40mm 岩棉 120kg/m³ | 88 | 48 | 50※ | 2.0※ |
| LT 02 | 12×2 + 12×2 | 92 CH | H SH | 50mm 岩棉 100kg/m³ | 116 | 49 | 50※ | 2 |
| LT 03 | 12×2 + 25 | 100 CH | H SH | 50mm 岩棉 100kg/m³ | 124 | 49 | 50※ | 2.0※ |
| LT 04 | 12×2 + 25 | 146 CH | H SH | 50mm 岩棉 100kg/m³ | 170 | 50 | 50※ | 2.0※ |
| LT 05 | 15×3 + 25 | 64 CH | H SH | 40mm 岩棉 150kg/m³ | 109 | 65 | 52※ | 3.0※ |
| LT 06 | 15×3 + 25 | 92 CH | H SH | 50mm 岩棉 150kg/m³ | 137 | 66 | 52※ | 3.0※ |
| LT 07 | 15×3 + 12×2 | 100 CH | H SH | 60mm 岩棉 120kg/m³ | 145 | 66 | 53※ | 3 |
| LT 08 | 15×3 + 25 | 146 CH | H SH | 80mm 岩棉 100kg/m³ | 191 | 67 | 53※ | 3.0※ |

注：1. 系统代码：LQ-隔墙系统；LT-井道墙系统。
   2. 板材代码：P-普通纸面石膏板；H-耐火纸面石膏板；GH-高级耐火纸面石膏板；WH-特级耐火纸面石膏板；SH-高级耐水耐火纸面石膏板。
   3. 注明 ※ 隔声量／耐火极限数据为评估数据暂无检测报告；未注明的数据为国家检测机构的检测数据，有检测报告。

（3）隔墙的高度与钢龙骨的尺寸、厚度、间距依据龙骨材料的强度值都有很大的关系，因此在轻钢龙骨石膏板隔墙的设计中应特别注意对隔墙高度的控制。表 7-40～表 7-44 是不同厚度及类型的钢龙骨所能承受的隔墙最高限制，在隔墙设计时可以参考。

0.6mm 厚轻钢龙骨隔墙限制高度表

表 7-40

| 龙骨尺寸（mm） | 间距 / 压强值 / 变形量 | 龙骨间距：300mm | | | | 龙骨间距：400mm | | | | 龙骨间距：600mm | | | |
|---|---|---|---|---|---|---|---|---|---|---|---|---|---|
| | | 180Pa | 240Pa | 360Pa | 480Pa | 180Pa | 240Pa | 360Pa | 480Pa | 180Pa | 240Pa | 360Pa | 480Pa |
| 50 | L/120 | 4600 | 4200 | 3600 | 3300 | 3900 | 3600 | 3100 | 2800 | 3500 | 3200 | 2800 | 2500 |
| | L/240 | 3900 | 3500 | 3000 | 2700 | 3400 | 3100 | 2700 | 2400 | 3000 | 2800 | 2500 | 2200 |
| | L/360 | 3400 | 3100 | 2700 | 2400 | 3000 | 2800 | 2400 | 2200 | 2700 | 2500 | 2100 | 1900 |
| 75 | L/120 | 6000 | 5500 | 4800 | 4300 | 5500 | 5000 | 4300 | 3900 | 4900 | 4500 | 3900 | 3500 |
| | L/240 | 5600 | 5100 | 4400 | 4000 | 4400 | 4000 | 3500 | 3100 | 3900 | 3600 | 3100 | 2800 |
| | L/360 | 4600 | 4200 | 3600 | 3300 | 3800 | 3500 | 3000 | 2700 | 3500 | 3200 | 2800 | 2500 |
| 100 | L/120 | 8500 | 7800 | 6800 | 6100 | 7600 | 6900 | 6000 | 5400 | 6800 | 6200 | 5400 | 4900 |
| | L/240 | 6800 | 6200 | 5400 | 4900 | 5700 | 5200 | 4500 | 4100 | 5300 | 4900 | 4200 | 3800 |
| | L/360 | 6000 | 5500 | 4800 | 4300 | 5200 | 4800 | 4000 | 3800 | 4800 | 4400 | 3800 | 3500 |

注：1. 本表隔墙两侧按各贴一层 12mm 厚石膏板考虑，当隔墙两侧各贴两层 12mm 厚石膏板时，其限制高度可按上表提高 1.07 倍。当隔墙仅一侧贴一层 12 厚石膏板时，其限制高度可按上表乘以 0.9 的系数。

2. 变形量、压强选用标准：L/120 为办公楼；L/240 为公共场所及工业厂房；L/360 为主要公共场所及重工业厂房。180Pa 为住宅隔墙；240Pa 为宾馆、酒店隔墙；360Pa 为公共场所、电梯井隔墙；480Pa 为有特殊要求的场所隔墙。

0.8mm 厚轻钢龙骨隔墙限制高度表

表 7-41

| 龙骨尺寸（mm） | 间距 / 压强值 / 变形量 | 龙骨间距：300mm | | | | 龙骨间距：400mm | | | | 龙骨间距：600mm | | | |
|---|---|---|---|---|---|---|---|---|---|---|---|---|---|
| | | 180Pa | 240Pa | 360Pa | 480Pa | 180Pa | 240Pa | 360Pa | 480Pa | 180Pa | 240Pa | 360Pa | 480Pa |
| 50 | L/120 | 5000 | 4600 | 3900 | 3600 | 4200 | 3900 | 3400 | 3000 | 3800 | 3500 | 3000 | 2700 |
| | L/240 | 4200 | 3800 | 3300 | 2900 | 3700 | 3400 | 2900 | 2600 | 3300 | 3000 | 2700 | 2400 |
| | L/360 | 3700 | 3400 | 2900 | 2600 | 3300 | 3000 | 2600 | 2400 | 2900 | 2700 | 2300 | 2000 |
| 75 | L/120 | 6600 | 6000 | 5200 | 4700 | 6000 | 5500 | 4700 | 4200 | 5300 | 4900 | 4200 | 3800 |
| | L/240 | 6100 | 5600 | 4800 | 4400 | 4800 | 4400 | 3800 | 3400 | 4200 | 3900 | 3400 | 3000 |
| | L/360 | 5000 | 4600 | 3900 | 3600 | 4100 | 3800 | 3300 | 2900 | 3800 | 3500 | 3000 | 2700 |
| 100 | L/120 | 9300 | 8500 | 7400 | 6700 | 8300 | 7500 | 6600 | 5900 | 7400 | 6800 | 5900 | 5300 |
| | L/240 | 7500 | 6800 | 5900 | 5300 | 6200 | 5700 | 4900 | 4500 | 5800 | 5300 | 4600 | 4100 |
| | L/360 | 6600 | 6000 | 5200 | 4700 | 5700 | 5200 | 4400 | 4100 | 5200 | 4800 | 4100 | 3800 |
| 150 | L/120 | 11500 | 10600 | 9200 | 8400 | 10200 | 9300 | 8100 | 7300 | 9100 | 8300 | 7200 | 6600 |
| | L/240 | 11000 | 10000 | 8700 | 7900 | 8100 | 7400 | 6500 | 5900 | 7300 | 6700 | 5800 | 5200 |
| | L/360 | 8900 | 8100 | 7000 | 6300 | 7100 | 6400 | 5600 | 5000 | 6400 | 5900 | 5100 | 4600 |

注：1. 本表隔墙两侧按各贴一层 12mm 厚石膏板考虑，当隔墙两侧各贴两层 12mm 厚石膏板时，其限制高度可按上表提高 1.07 倍。当隔墙仅一侧贴一层 12mm 厚石膏板时，其限制高度可按上表乘以 0.9 的系数。

2. 变形量、压强选用标准：L/120 为办公楼；L/240 为公共场所及工业厂房；L/360 为主要公共场所及重工业厂房。180Pa 为住宅隔墙；240Pa 为宾馆、酒店隔墙；360Pa 为公共场所、电梯井隔墙；480Pa 为有特殊要求的场所隔墙。

| 龙骨尺寸(mm) | 变形量 | 龙骨间距：300mm | | | | 龙骨间距：400mm | | | | 龙骨间距：600mm | | | |
|---|---|---|---|---|---|---|---|---|---|---|---|---|---|
| | | 180Pa | 240Pa | 360Pa | 480Pa | 180Pa | 240Pa | 360Pa | 480Pa | 180Pa | 240Pa | 360Pa | 480Pa |
| 50 | L/120 | 5400 | 5000 | 4200 | 3800 | 4600 | 4200 | 3600 | 3300 | 4100 | 3700 | 3300 | 2900 |
| | L/240 | 4600 | 4100 | 3500 | 3100 | 4000 | 3600 | 3100 | 2800 | 3500 | 3300 | 3000 | 2600 |
| | L/360 | 4000 | 3600 | 3100 | 2800 | 3500 | 3300 | 2800 | 2600 | 3100 | 2900 | 2500 | 2200 |
| 75 | L/120 | 7000 | 6400 | 5600 | 5000 | 6500 | 5900 | 5000 | 4600 | 5700 | 5300 | 4600 | 4100 |
| | L/240 | 6600 | 6000 | 5100 | 4700 | 5100 | 4700 | 4100 | 3600 | 4600 | 4200 | 3600 | 3300 |
| | L/360 | 5400 | 5000 | 4200 | 3800 | 4400 | 4100 | 3500 | 3100 | 4100 | 3700 | 3300 | 2900 |
| 100 | L/120 | 10000 | 9100 | 8000 | 7200 | 8900 | 8100 | 7000 | 6300 | 8000 | 7300 | 6300 | 5700 |
| | L/240 | 8000 | 7300 | 6300 | 5700 | 6700 | 6100 | 5300 | 4800 | 6200 | 5700 | 5000 | 4400 |
| | L/360 | 70000 | 6400 | 5600 | 5000 | 6100 | 5600 | 4700 | 4400 | 5600 | 5100 | 4400 | 4100 |
| 150 | L/120 | 12000 | 11000 | 9800 | 9000 | 11000 | 10000 | 8700 | 7900 | 9800 | 8900 | 7700 | 7000 |
| | L/240 | 11700 | 10700 | 9300 | 8500 | 8700 | 8000 | 6900 | 6300 | 7900 | 7100 | 6200 | 5600 |
| | L/360 | 9500 | 8700 | 7500 | 6800 | 7600 | 6900 | 6000 | 5400 | 6900 | 6300 | 5500 | 5000 |

注：1. 本表隔墙两侧按各贴一层 12mm 厚石膏板考虑，当隔墙两侧各贴两层 12mm 厚石膏板时，其限制高度可按上表提高 1.07 倍。当隔墙仅一侧贴一层 12mm 厚石膏板时，其限制高度可按上表乘以 0.9 的系数。

2. 变形量、压强选用标准：L/120 为办公楼；L/240 为公共场所及工业厂房；L/360 为主要公共场所及重工业厂房。180Pa 为住宅隔墙；240Pa 为宾馆、酒店隔墙；360Pa 为公共场所、电梯井隔墙；480Pa 为有特殊要求的场所隔墙。

| 龙骨尺寸(mm) | 变形量 | 龙骨间距：300mm | | | 龙骨间距：400mm | | | 龙骨间距：600mm | | |
|---|---|---|---|---|---|---|---|---|---|---|
| | | 240Pa | 360Pa | 480Pa | 240Pa | 360Pa | 480Pa | 240Pa | 360Pa | 480Pa |
| 64 | L/120 | 5600 | 4900 | 4500 | 4800 | 4200 | 3800 | 4300 | 3700 | 3400 |
| | L/240 | 4600 | 4100 | 3700 | 3900 | 3400 | 3100 | 3500 | 3100 | 2800 |
| | L/360 | 4100 | 3600 | 3300 | 3500 | 3100 | 2800 | 3100 | 2700 | 2500 |
| 92 | L/120 | 8000 | 7000 | 6400 | 6800 | 6000 | 5400 | 6100 | 5300 | 4800 |
| | L/240 | 6600 | 5800 | 5200 | 5600 | 4700 | 4400 | 5000 | 4400 | 4000 |
| | L/360 | 5800 | 5100 | 4600 | 4900 | 4300 | 3900 | 4400 | 3900 | 3500 |
| 100 | L/120 | 8800 | 7700 | 7000 | 7500 | 6500 | 5900 | 6700 | 5800 | 5300 |
| | L/240 | 7300 | 6400 | 5800 | 6100 | 5400 | 4900 | 5500 | 4800 | 4400 |
| | L/360 | 6400 | 5600 | 5100 | 5400 | 4700 | 4300 | 4900 | 4300 | 3900 |
| 146 | L/120 | 11800 | 10300 | 9400 | 9800 | 8600 | 7800 | 9700 | 8500 | 7700 |
| | L/240 | 10500 | 9100 | 8400 | 8900 | 7800 | 7000 | 8000 | 7000 | 6300 |
| | L/360 | 9300 | 8200 | 7400 | 7900 | 6900 | 6300 | 7000 | 6200 | 5600 |

注：本表隔墙按一侧插一层 25mm 厚石膏板考虑，另一侧贴二层 15mm 厚石膏板计算。240Pa 一般为管道井压强；360Pa 为一般电梯选用；480Pa 为压强要求较高的高速电梯选用。电梯井的压强要求由电梯厂家提供。

| 龙骨尺寸（mm） | 间距 变形量 | 龙骨间距：300mm | | | 龙骨间距：400mm | | | 龙骨间距：600mm | | |
|---|---|---|---|---|---|---|---|---|---|---|
| | 压强值 | 240Pa | 360Pa | 480Pa | 240Pa | 360Pa | 480Pa | 240Pa | 360Pa | 480Pa |
| 64 | L/120 | 5800 | 5100 | 4600 | 4900 | 4300 | 3900 | 4400 | 3800 | 3500 |
| | L/240 | 4800 | 4200 | 3800 | 4000 | 3500 | 3100 | 3600 | 3200 | 2900 |
| | L/360 | 4200 | 3700 | 3400 | 3500 | 3100 | 2800 | 3200 | 2800 | 2600 |
| 92 | L/120 | 8100 | 7200 | 6500 | 7000 | 6100 | 5500 | 6200 | 5400 | 4900 |
| | L/240 | 6700 | 5900 | 5300 | 5700 | 4900 | 4500 | 5100 | 4500 | 4100 |
| | L/360 | 6000 | 5200 | 4700 | 5000 | 4400 | 4000 | 4500 | 4000 | 3600 |
| 100 | L/120 | 9000 | 7900 | 7100 | 7600 | 6700 | 6000 | 6800 | 6000 | 5400 |
| | L/240 | 7400 | 6500 | 5900 | 6200 | 5500 | 5000 | 5600 | 4900 | 4500 |
| | L/360 | 6600 | 5800 | 5200 | 5500 | 4800 | 4400 | 5000 | 4400 | 4000 |
| 146 | L/120 | 12000 | 10500 | 9600 | 10500 | 9700 | 8800 | 9900 | 8700 | 7900 |
| | L/240 | 10700 | 9400 | 8500 | 9100 | 7900 | 7200 | 8200 | 7100 | 6500 |
| | L/360 | 7500 | 8300 | 7600 | 8000 | 7000 | 6400 | 7200 | 6300 | 5700 |

注：本表隔墙按一侧插一层 25mm 厚石膏板考虑，另一侧贴二层 15mm 厚石膏板计算。240Pa 一般为管道井压强；360Pa 为一般电梯选用；480Pa 为压强要求较高的高速电梯选用。电梯井的压强要求由电梯厂家提供。

（4）除了龙骨与石膏板材外，隔墙体系还需要用到包括射钉、密封胶条、支撑卡等其他的配套材料，相关配套材料的用量可以参考表 7-45 隔墙体系材料配比表中的数据准备。表格数据仅为理论计算结果，没有考虑门、窗洞口用量和施工损耗。

| 材料名称 | 高度 间距 单位 | 隔墙结构条件 | | | | | |
|---|---|---|---|---|---|---|---|
| | | 3000mm 及以下 | | | 3000～5000mm | | |
| | | 300mm | 400mm | 600mm | 300mm | 400mm | 600mm |
| 竖龙骨 | m/m² | 3.45 | 2.61 | 1.76 | 3.45 | 2.61 | 1.76 |
| 横龙骨 | m/m² | 0.67 | 0.67 | 0.67 | 0.89 | 0.89 | 0.89 |
| 射钉射弹 | 套 /m² | 1.39 | 1.39 | 1.39 | 1.02 | 1.02 | 1.02 |
| 密封胶条 | m/m² | 1.68 | 1.68 | 1.68 | 1.23 | 1.23 | 1.23 |
| 拉铆钉 | 个 /m² | 4.55 | 3.45 | 2.33 | 15.19 | 11.48 | 7.78 |
| 支撑卡 | 个 /m² | 5.74 | 4.34 | 2.94 | 5.35 | 4.05 | 2.75 |
| 自攻螺钉（内层） | 个 /m² | 17.0 | 16.0 | 15.0 | 17.0 | 16.0 | 15.0 |
| 自攻螺钉（外层） | 个 /m² | 45.0 | 39.0 | 34.0 | 45.0 | 39.0 | 34.0 |
| 嵌缝纸带 | m/m² | 4.66 | 4.66 | 4.66 | 4.66 | 4.66 | 4.66 |
| 嵌缝石膏 | kg/m² | 1.8 | 1.8 | 1.8 | 1.8 | 1.8 | 1.8 |
| * 通贯龙骨 | m/m² | 0.34 | 0.34 | 0.34 | 0.45 | 0.45 | 0.45 |

注：1. 嵌缝带和嵌缝石膏均按双层计算，此数值为参考值，应根据具体数据计算。

　　2. 如采用有通贯龙骨体系可参考表中带 * 标记的数值作为参考。

　　3. 在双层石膏板结构中，自攻螺钉用于内层板与外层板的长度规格不同，应根据石膏板厚度选用。

　　4. 当墙高超过 3000mm 时应加设两道横撑，以便石膏板安装。

轻钢龙骨石膏板隔墙可以按以上表格选用设计，以上数据部分选自图集《轻钢龙骨石膏板隔墙、吊顶》07CJ03-1，轻钢龙骨石膏板隔墙节点构造详图可以参考图集《轻钢龙骨石膏板隔墙、吊顶》07CJ03-1进行设计施工。

## 7.4　阳台板、空调搁板、装饰部品的连接构造与选型

连接构造因不同的体系而异。这里简单介绍冷弯薄壁型钢密肋结构住宅体系和普通钢结构住宅体系的连接构造。

### 7.4.1　冷弯薄壁型钢密肋结构住宅体系连接构造

该体系适用于三层及三层以下的独立或联排轻型钢结构住宅。基本构件截面形式主要有 C 形和 U 形两种。悬挑构件的长度不宜超过 600mm。阳台的悬挑构造详见图 7-35 和图 7-36。

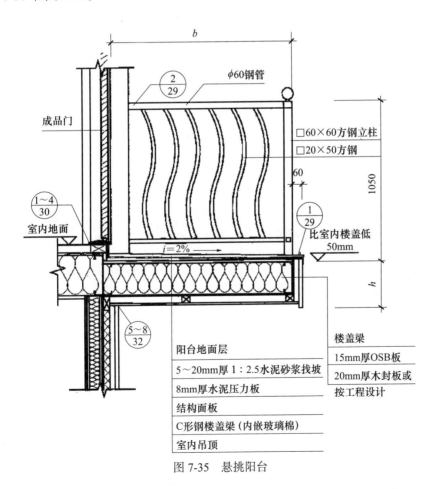

图 7-35　悬挑阳台

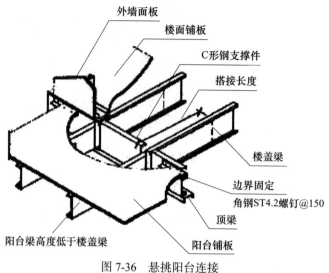

图 7-36　悬挑阳台连接

## 7.4.2　普通钢结构住宅体系连接构造

　　该体系适用于六层及以下的多层住宅、七层至九层的中高层住宅、十层至十二层的高层住宅。阳台的悬挑构造详见图 7-37、图 7-38。空调板的悬挑构造详见图 7-39、图 7-40。

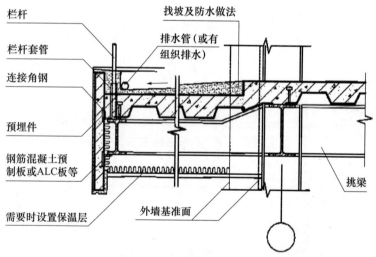

图 7-37　挑梁式非封闭阳台

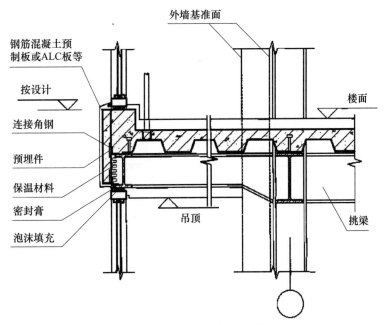

图 7-38　挑梁式非封闭阳台

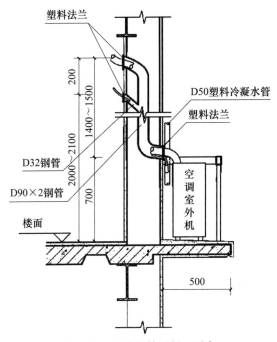

图 7-39　现浇钢筋混凝土平台

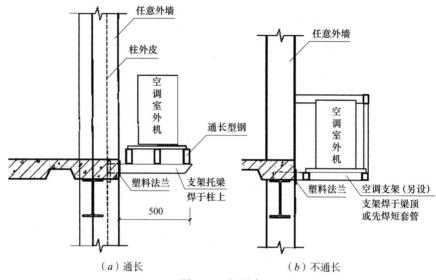

图 7-40 钢平台

（a）通长 （b）不通长

# 7.5 本章小结

本章对预制混凝土外墙、蒸压加气混凝土板材（ALC 板）、轻质空心隔墙板墙体、灌浆墙墙体系统、SP 预应力墙体等内外墙板的系统组成、构造、规格、连接方式、保温隔声等性能作了详细的介绍，给出了具体参数，可供设计选用参考。

## 本章参考文献

［1］中华人民共和国住房和城乡建设部. 装配式钢结构建筑技术标准：GB/T 51232—2016［S］. 北京：中国建筑工业出版社，2017.

［2］中华人民共和国住房和城乡建设部. 装配式钢结构住宅建筑技术标准：JGJ/T 469—2019［S］. 北京：中国建筑工业出版社，2019.

［3］中华人民共和国住房和城乡建设部. 装配式住宅建筑设计标准：JGJ/T 398—2017［S］. 北京：中国建筑工业出版社，2017.

［4］中华人民共和国住房和城乡建设部. 多高层钢结构住宅技术规程：DG/TJ 08-2029［S］. 上海：上海市建筑建材业市场管理总站，2007.

［5］刘东卫. 装配式建筑系统集成与设计建造方法［M］. 北京：中国建筑工业出版社，2020.

［6］中华人民共和国住房和城乡建设部. 钢结构住宅（一）：05J910-1［S］. 北京：中国建筑标准设计研究院，2005.

［7］中华人民共和国住房和城乡建设部. 钢结构住宅（二）：05J910-2［S］. 北京：中国建筑标准设计研究院，2005.

# 第8章 耐久性设计

建筑结构必须有足够的强度、刚度和稳定性，在正常维护的条件下，建筑结构应能在预计的使用年限内满足各项功能要求，即有足够的耐久性。

钢结构虽然具有强度高、韧性好、抗震性和抗冲击性能强等众多优点，但在防火方面存在无法回避的缺陷，它的机械性能，如屈服点、抗拉及弹性模量等会因温度的升高而急剧下降，一般在450～650℃温度时会失去承载能力，发生很大的形变，导致钢柱、钢梁弯曲、形变而失效，进而造成钢结构建筑工程整体倒塌。此外，钢材受自然因素影响较大，一旦长时间暴露在室外环境中，就极易发生大气腐蚀，影响钢材外观和钢结构质量。

基于防腐蚀和防火的需求，装配式钢结构工程必须进行针对性的防护设计，提升建筑耐久性。本章重点介绍装配式钢结构的防腐蚀和防火的策略、方案设计、材料和性能要求等方面的内容。

## 8.1 耐久性设计要求

《装配式钢结构建筑技术标准》GB/T 51232 要求：装配式钢结构建筑防火、防腐应符合国家相关标准的规定，满足可靠性、安全性和耐久性的要求。对装配式钢结构构件，应采取有效的防护措施以减缓钢材的生锈腐蚀过程，使钢结构在火灾温度升高时不超过临界温度，同时让钢结构在火灾中依然能保持稳定性，延长钢材构件使用寿命，提升钢结构建筑耐久性。

钢结构的防腐设计应符合国家标准《建筑钢结构防腐蚀技术规程》JGJ/T 251 的相关规定，应综合考虑介质环境的腐蚀性、建筑物的重要性和维护条件等因素，在建筑全寿命经济分析的基础上采取长效防腐蚀涂装措施进行防护。

钢结构的防火设计应符合国家标准《建筑设计防火规范》GB 50016 和《建筑钢结构防火技术规范》GB 51249 的相关规定，通过采用合理的防火技术与构造措施，如采用绝热、耐火材料阻隔火焰直接灼烧钢结构，降低热量传递的速度，推迟钢结构温升、强度变弱的时间，将钢结构的耐火极限提高到设计规范规定的极限范围，防止钢结构在火灾中迅速升温发生形变塌落并造成更大伤害。

# 8.2 防腐设计要求

根据钢材与环境介质的作用原理，钢结构的腐蚀分为化学腐蚀和电化学腐蚀。化学腐蚀是指钢材直接与大气或工业废气中的氧气、碳酸气、硫酸气等发生化学反应而产生腐蚀。电化学腐蚀是由于钢材内部有其他金属杂质，它们具有不同的电极电位，与电解质溶液接触产生原电池作用使钢材腐蚀。钢材在大气中腐蚀是电化学腐蚀和化学腐蚀同时作用的结果。根据防腐蚀的种类和特点，钢结构建筑常用的防腐蚀策略有以下几种：

（1）钢材本身抗腐蚀

只有选择使用防腐性能较强材料才能杜绝钢结构腐蚀问题，耐候钢防腐性能比一般普通钢材超出 2～3 倍，除了特定的环境，使用耐候钢的钢结构建筑通常无需再进行专门的防腐处理。耐候钢使用率最高的国家是美国，已有约 60% 的钢结构建筑工程使用到了耐候钢材料，而我国的钢结构建筑项目因耐候钢成本费用总体较高，在该材料使用方面受到了一定限制。

（2）钢结构防腐涂装

钢结构涂刷防腐涂料是当前钢结构建筑中应用最广最为有效的防腐蚀措施，钢结构用防腐涂料是以防止钢结构腐蚀为主要功能的一类涂料，其突出特点是厚膜化和长寿命，主要成分包括成膜物质（基料）、颜填料、溶剂和助剂等。防腐涂料对钢结构的防腐蚀机理主要分为物理屏蔽、钝化缓蚀和电化学保护三种。

1）物理屏蔽作用：涂料在钢结构表面形成屏蔽层，阻止外界环境中水分、氧气和氯离子等腐蚀介质与钢材表面接触；增加涂层膜厚可改善涂料的屏蔽作用，增强涂料的抗渗透性可提高涂层的防腐性能；

2）钝化缓蚀作用：涂料中某些活性颜料或助剂先于钢材发生化学反应，改变钢材表面性能，促进其电极电位正向移动，延缓腐蚀；

3）电化学保护：在防腐涂料中添加比钢材更活泼、负电位的金属填料，当电解质溶液在钢材表面发生电化学腐蚀时，涂料中活泼金属填料成为牺牲阳极而被溶解，保护钢材免遭腐蚀。

（3）电化学阴极保护

阴极保护技术是指通过电化学的方法，将需要保护的金属结构极化，使之电位向负向移动，以达到在环境介质中处于阴极，即被保护状态的地位的一种方法。该技术目前主要应用在重要的工业设施和船舶等方面，在钢结构建筑中应用不是很多。在一定程度上，采用热镀锌、热喷铝（锌）复合涂层除了隔离腐蚀，在钢结构腐蚀的过程中，锌粉作为阳极先被腐蚀，从而延缓钢材的腐蚀破坏，也是电化学阴极保护技术的应用。

由于钢材表面采用金属镀层（热喷涂锌或锌铝）防止锈蚀的方法造价较高，因而常用的防腐涂装以钢材表面涂刷防腐涂料，利用涂料的涂层使钢结构与环境隔离，从而达到防腐蚀的目的，延长钢结构的使用寿命。

## 8.2.1　防腐设计原则

防腐设计对钢结构工程是十分重要的，它是保证结构安全使用的关键之一。钢结构的防腐涂装工程设计应遵循预防为主、防护结合、安全可靠、经济合理的原则，综合考虑介质腐蚀性、建筑结构的重要性及维护条件，在建筑全寿命经济分析的基础上，采取优化结构选型、选材，完善节点构造，以较高的设防标准与施工质量要求，以及长效防腐涂装等综合措施进行防护。

钢结构的防腐设计应符合以下要求：

通常来说，民用建筑所处位置多为Ⅰ类和Ⅱ类腐蚀类型，个别为Ⅲ类腐蚀类型。应根据工作环境介质的腐蚀性级别与结构的重要性及技术经济要求，确定合理的防腐蚀设防标准与涂装方案。除有特殊要求外，不应因考虑锈蚀损伤而加大构件截面厚度。大气环境对建筑钢结构长期作用下的腐蚀性等级可按表8-1进行确定，大气环境气体类型按表8-2进行确定。

大气环境对建筑钢结构长期作用下的腐蚀性等级　　表8-1

| 腐蚀类型 | | 腐蚀速率（mm/a） | 腐蚀环境 | | |
| --- | --- | --- | --- | --- | --- |
| 腐蚀性等级 | 名称 | | 大气环境气体类型 | 年平均环境相对湿度（%） | 大气环境 |
| Ⅰ | 无腐蚀 | ＜0.001 | A | ＜60 | 乡村大气 |
| Ⅱ | 弱腐蚀 | 0.001～0.025 | A | 60～75 | 乡村大气 |
| | | | B | ＜60 | 城市大气 |
| Ⅲ | 轻腐蚀 | 0.025～0.05 | A | ＞75 | 乡村大气 |
| | | | B | 60～75 | 城市大气 |
| | | | C | ＜60 | 工业大气 |
| Ⅳ | 中腐蚀 | 0.05～0.2 | B | ＞75 | 城市大气 |
| | | | C | 60～75 | 工业大气 |
| | | | D | ＜60 | 海洋大气 |
| Ⅴ | 较强腐蚀 | 0.2～1.0 | C | ＞75 | 工业大气 |
| | | | D | 60～75 | 海洋大气 |

| 腐蚀类型 | | 腐蚀速率（mm/a） | 腐蚀环境 | | |
|---|---|---|---|---|---|
| 腐蚀性等级 | 名称 | | 大气环境气体类型 | 年平均环境相对湿度（%） | 大气环境 |
| Ⅵ | 强腐蚀 | 1.0～5.0 | D | ＞75 | 海洋大气 |

注：1. 在特殊场合与额外腐蚀负荷作用下，应将腐蚀类型提高等级。

2. 处于潮湿状态或不可避免结露的部位，环境相对湿度应取大于75%。

3. 大气环境气体类型可根据表8-2大气环境气体类型进行划分。

大气环境气体类型

表8-2

| 大气环境气体类型 | 腐蚀性物质名称 | 腐蚀性物质含量（kg/m³） |
|---|---|---|
| A | 二氧化碳 | ＜2×10⁻³ |
| | 二氧化硫 | ＜5×10⁻⁷ |
| | 氟化氢 | ＜5×10⁻⁸ |
| | 硫化氢 | ＜1×10⁻⁸ |
| | 氮的氧化物 | ＜1×10⁻⁷ |
| | 氯 | ＜1×10⁻⁷ |
| | 氯化氢 | ＜5×10⁻⁸ |
| B | 二氧化碳 | ＞2×10⁻³ |
| | 二氧化硫 | 5×10⁻⁷～1×10⁻⁵ |
| | 氟化氢 | 5×10⁻⁸～5×10⁻⁶ |
| | 硫化氢 | 1×10⁻⁸～5×10⁻⁶ |
| | 氮的氧化物 | 1×10⁻⁷～5×10⁻⁶ |
| | 氯 | 1×10⁻⁷～1×1⁻⁶ |
| | 氯化氢 | 5×10⁻⁸～5×10⁻⁶ |
| C | 二氧化硫 | 1×10⁻⁵～2×10⁻⁴ |
| | 氟化氢 | 5×10⁻⁶～1×10⁻⁵ |
| | 硫化氢 | 5×10⁻⁶～1×10⁻⁴ |
| | 氮的氧化物 | 5×10⁻⁶～2.5×10⁻⁵ |
| | 氯 | 1×10⁻⁶～5×10⁻⁶ |
| | 氯化氢 | 5×10⁻⁶～1×10⁻⁵ |
| D | 二氧化硫 | 2×10⁻⁴～1×10⁻³ |
| | 氟化氢 | 1×10⁻⁵～1×10⁻⁴ |
| | 硫化氢 | ＞1×10⁻⁴ |

| 大气环境气体类型 | 腐蚀性物质名称 | 腐蚀性物质含量（kg/m³） |
|---|---|---|
| D | 氮的氧化物 | $2.5\times10^{-5}\sim1\times10^{-4}$ |
| | 氯 | $5\times10^{-6}\sim1\times10^{-5}$ |
| | 氯化氢 | $1\times10^{-5}\sim1\times10^{-4}$ |

注：当大气中同时含有多种腐蚀性气体时，腐蚀级别应取最高的一种或几种为基准。

构件截面宜选用实腹截面或闭口（钢管）截面；开口薄壁型钢或薄壁板件截面的构件宜仅用于微腐蚀或轻侵蚀环境中。有条件时，重要承重构件可采用热镀锌防护措施；现场需局部补作涂层防护部位，可采用冷涂锌或无机富锌涂料补涂。外露环境或中度以上侵蚀环境中的承重钢结构宜采用耐候钢制作，同时其外表面宜再加涂层进行防护。

钢结构表面初始锈蚀等级和除锈质量等级，应按照国家标准《涂料涂覆前钢材表面处理 表面清洁度的目视评定 第1部分：未涂覆过的钢材表面和全面清除原有涂层后的钢材表面锈蚀等级和除锈等级》GB/T 8923.1从严要求。构件所用钢材的表面初始锈蚀等级不得低于C级；对薄壁（厚度不大于6mm）构件或主要承重构件不应低于B级；同时钢材表面的最低除锈质量等级应符合表8-3的规定，钢材截面除锈等级不应低于$Sa2\frac{1}{2}$级。

**不同涂料基层最低除锈等级** 表8-3

| 项目 | 最低除锈等级 |
|---|---|
| 富锌底涂料 | $Sa2\frac{1}{2}$ |
| 乙烯磷化底涂料 | |
| 环氧或乙烯基酯玻璃鳞片底涂料 | Sa2 |
| 氯化橡胶、聚氨酯、环氧、聚氯乙烯萤丹、高氯化聚乙烯、氯磺化聚乙烯、醇酸、丙烯酸环氧、丙烯酸聚氨酯等底涂料 | Sa2 或 St3 |
| 环氧沥青、聚氨酯沥青底涂料 | St2 |
| 喷铝及其合金 | Sa3 |
| 喷锌及其合金 | $Sa2\frac{1}{2}$ |

对新设计的钢结构，不宜采用带锈涂料进行除锈涂装；对既有建筑钢结构的维修需采用带锈涂料时，宜经论证后采用。

表面涂层应选用合理配套的复合涂层，即以与基层表面有较好附着力和长效防腐性能的涂料为底漆，有优异屏蔽功能的涂料为中间漆，以耐候性能好的涂料为面漆组成的复合涂层。对有特殊要求的环境条件并有技术经济论证依据时，可采用金属热喷涂与封闭层及涂层组合的长效复合涂层。常用防腐蚀保护层配套详见表8-4。

# 常用防腐蚀保护层配套

表 8-4

| 除锈等级 | 底层 涂料名称 | 底层 遍数 | 底层 厚度(μm) | 中间层 涂料名称 | 中间层 遍数 | 中间层 厚度(μm) | 面层 涂料名称 | 面层 遍数 | 面层 厚度(μm) | 涂层总厚度(μm) | 使用年限(a) 较强腐蚀 强腐蚀 | 使用年限(a) 中腐蚀 | 使用年限(a) 轻腐蚀 弱腐蚀 |
|---|---|---|---|---|---|---|---|---|---|---|---|---|---|
| Sa2或St3 | 醇酸底涂料 | 2 | 60 | — | — | — | 醇酸面涂料 | 2 | 60 | 120 | — | — | 2~5 |
| | 醇酸底涂料 | 2 | 60 | — | — | — | 醇酸面涂料 | 3 | 100 | 160 | — | 2~5 | 5~10 |
| | 与面层同品种的底涂料 | 2 | 60 | — | — | — | 氯化橡胶、高氯化聚乙烯、氯磺化聚乙烯等面涂料 | 2 | 60 | 120 | — | — | 2~5 |
| | 与面层同品种的底涂料 | 2 | 60 | — | — | — | 氯化橡胶、高氯化聚乙烯、氯磺化聚乙烯等面涂料 | 3 | 100 | 160 | — | 2~5 | 5~10 |
| | 与面层同品种的底涂料 | 3 | 100 | — | — | — | 氯化橡胶、高氯化聚乙烯、氯磺化聚乙烯等面涂料 | 3 | 100 | 200 | 2~5 | 5~10 | 10~15 |
| Sa2½ | 环氧铁红底涂料 | 2 | 60 | 环氧云铁中间涂料 | 1 | 70 | 环氧、聚氨酯、丙烯酸环氧、丙烯酸聚氨酯等面涂料 | 2 | 70 | 200 | 2~5 | 5~10 | 10~15 |
| | 环氧铁红底涂料 | 2 | 60 | 环氧云铁中间涂料 | 1 | 80 | 环氧、聚氨酯、丙烯酸环氧、丙烯酸聚氨酯等面涂料 | 3 | 100 | 240 | 5~10 | 10~11 | >15 |
| | 环氧铁红底涂料 | 2 | 60 | 环氧云铁中间涂料 | 1 | 70 | 环氧、聚氨酯、丙烯酸环氧、丙烯酸聚氨酯等厚膜型面涂料 | 2 | 70 | 200 | 2~5 | 5~10 | 10~15 |
| | 环氧铁红底涂料 | 2 | 60 | 环氧云铁中间涂料 | 1 | 80 | 环氧、聚氨酯、丙烯酸环氧、丙烯酸聚氨酯等厚膜型面涂料 | 3 | 100 | 240 | 5~10 | 10~11 | >15 |
| | 环氧铁红底涂料 | 2 | 60 | 环氧云铁中间涂料 | 2 | 120 | 环氧、聚氨酯等玻璃鳞片面涂料 | 3 | 100 | 280 | 10~15 | >15 | >15 |
| | 环氧铁红底涂料 | 2 | 60 | 环氧云铁中间涂料 | 1 | 70 | 环氧、聚氨酯等玻璃鳞片面涂料 | 2 | 150 | 280 | 10~15 | >15 | >15 |
| | 环氧铁红底涂料 | 2 | 60 | — | — | — | 乙烯基酯玻璃鳞片面涂料 | 2 | 260 | 320 | >15 | >15 | >15 |

| 除锈等级 | 底层 涂料名称 | 底层 遍数 | 底层 厚度(μm) | 中间层 涂料名称 | 中间层 遍数 | 中间层 厚度(μm) | 面层 涂料名称 | 面层 遍数 | 面层 厚度(μm) | 涂层总厚度(μm) | 使用年限(a) 较强腐蚀、强腐蚀 | 使用年限(a) 中腐蚀 | 使用年限(a) 轻腐蚀、弱腐蚀 |
|---|---|---|---|---|---|---|---|---|---|---|---|---|---|
| Sa2 或 St3 | 聚氯乙烯萤丹底涂料 | 3 | 100 | — | — | — | 聚氯乙烯萤丹面涂料 | 2 | 60 | 160 | 5~10 | 10~11 | >15 |
| | | 3 | 100 | | | | | 3 | 100 | 200 | 10~11 | >15 | >15 |
| Sa2½ | | 2 | 80 | — | — | — | 聚氯乙烯含氟萤丹面涂料 | 2 | 60 | 140 | 5~10 | 5~10 | >15 |
| | | 3 | 110 | | | | | 2 | 60 | 170 | 10~11 | >15 | >15 |
| | | 3 | 100 | | | | | 3 | 100 | 200 | >15 | >15 | >15 |
| Sa2½ | 富锌底涂料 | 见表注 | 70 | 环氧云铁中间涂料 | 1 | 60 | 环氧、聚氨酯、丙烯酸环氧、丙烯酸聚氨酯等面涂料 | 2 | 70 | 200 | 5~10 | 5~10 | >15 |
| | | | 70 | | 1 | 70 | | 3 | 100 | 240 | 10~11 | 10~11 | >15 |
| | | | 70 | | 2 | 110 | 环氧、聚氨酯聚氨酯丙烯酸酯等厚膜型面涂料 | 3 | 100 | 280 | >15 | >15 | >15 |
| | | | 70 | | 1 | 60 | 环氧、聚氨酯、丙烯酸环氧、丙烯酸聚氨酯等面涂料 | 2 | 150 | 280 | >15 | >15 | >15 |
| Sa3（用于铝层）、Sa2½（用于锌层） | 喷涂锌、铝及其合金的金属覆盖层 120μm，其上再涂环氧密封底涂料 20μm | | | 环氧云铁中间涂料 | 1 | 40 | 环氧、聚氨酯、丙烯酸环氧、丙烯酸聚氨酯等面涂料 | 2 | 60 | 240 | 10~15 | >15 | >15 |
| | | | | | | | | 3 | 100 | 280 | >15 | >15 | >15 |
| | | | | | | | 环氧、聚氨酯、丙烯酸环氧、丙烯酸聚氨酯等厚膜型面涂料 | 1 | 100 | 280 | >15 | >15 | >15 |

注：1. 涂层厚度系指干膜的厚度。

2. 富锌底涂料的遍数与品种有关，当采用正硅酸乙酯富锌底涂料、硅酸锂富锌底涂料、硅酸钾富锌底涂料、硅酸钠富锌底涂料和冷涂锌涂料时，宜为2遍；当采用环氧富锌底涂料、聚氨酯富锌底涂料时，宜为1遍。

装配式钢结构建筑的防腐设计应符合国家准《建筑钢结构防腐蚀技术规程》JGJ/T 251 的有关规定。钢结构的防腐蚀保护层最小厚度应符合表 8-5 的规定，建筑立面栏杆等外露金属件宜采用不锈钢或镀锌防腐。

钢结构防腐蚀保护层最小厚度

表 8-5

| 防腐蚀保护层设计使用年限（a） | 钢结构防腐蚀保护层最小厚度（μm） | | | | |
|---|---|---|---|---|---|
| | 腐蚀性等级Ⅱ级 | 腐蚀性等级Ⅲ级 | 腐蚀性等级Ⅳ级 | 腐蚀性等级Ⅴ级 | 腐蚀性等级Ⅵ级 |
| $2 \leqslant t_1 < 5$ | 120 | 140 | 160 | 180 | 200 |
| $5 \leqslant t_1 < 10$ | 160 | 180 | 200 | 220 | 240 |
| $10 \leqslant t_1 \leqslant 15$ | 200 | 220 | 240 | 260 | 280 |

注：1. 防腐蚀保护层厚度包括涂料层的厚度或金属层与涂料层复合的厚度。
　　2. 采用喷锌、铝及其合金时，金属层厚度不宜小于 120μm；采用热镀浸锌时，锌的厚度不宜小于 85μm。
　　3. 室外工程的涂层厚度宜增加 20～40μm。

构件及连接节点的构造应避免易于积尘、积潮并便于涂装作业与检查维护，并在设计文件中明确使用期间的检查、维护要求。建筑围护结构的设计构造还应避免钢结构构件表面因热桥影响引起结露或积潮。

钢结构构件防腐涂装施工应满足国家有关法律、法规对环境保护的要求，涂装过程 VOC 的排放应满足江苏省的相关要求，所采用的防腐涂料应满足《工业防护涂料中有害物质限量》GB 30981 的技术要求。应优先选用水性防腐涂料，装配式钢结构建筑户外区域或重要区域选用水性防腐涂料时，设计防护要求可酌情提升一个等级。

在装配式钢结构建筑的结构设计中，还应注意与防腐设计相协调。

（1）腐蚀性介质环境中钢结构的布置应符合材料集中使用的原则，排架、框架或桁架结构宜采用较大柱距或间距，承重构件宜选用相对较厚实的实腹截面。除有特殊要求外，不应因考虑锈蚀损伤而加大钢材截面的厚度。

（2）腐蚀环境中钢结构构件截面形式的选择，应符合下列规定：

1）中等腐蚀环境中的框架、梁、柱等主要承重结构，不宜采用格构式的构件或冷弯薄壁型钢构件；所用实腹组合截面板件厚度不宜小于 6mm，闭口截面壁厚不宜小于 5mm。

2）桁架与网格结构的杆件不应采用双角钢组合的 T 形截面或双槽钢组合的 H 形截面，宜采用钢管截面，并沿全长封闭；其节点宜采用相贯线焊接节点或焊接球节点；当采用螺栓球节点时，杆件与螺栓球的接缝应采用密封材料填嵌严密，多余螺栓孔应封堵密实。

（3）轻钢龙骨低层房屋的龙骨钢材应采用符合国家标准《连续热镀锌和锌合金

镀层钢板及钢带》GB/T 2518 的热镀锌板，其双面镀锌量不宜低于 330g/m²。

（4）轻型钢结构屋面、墙面围护结构的防腐设计，应符合以下规定：

1）金属屋面可选用彩涂钢板；在无氯化氢气体及碱性粉尘作用的环境中可采用镀铝锌板或铝合金板。有侵蚀性粉尘作用的环境中，压型钢板屋面的坡度不宜小于 10%。

2）腐蚀环境中屋面压型钢板的厚度不应小于 0.6mm 并宜选用咬边构造的板型；其连接宜采用紧固件不外露的隐藏式连接。当为中等腐蚀环境时，墙面压型钢板的连接亦应采用隐藏式连接。

3）门、窗包角板宜采用长板以减少接缝，过水处的接缝应连接紧密并以防水密封胶嵌缝；中等腐蚀环境中板缝搭接处的外露切边宜以冷镀锌涂覆防护。

4）屋面排水应避免内落水构造和防止因排水不畅而引起的渗漏；屋面非溢水天沟宜采用薄钢板制作，其容量应经计算确定，其壁厚按受力构件计算确定并不宜小于 4mm，同时应按室外构件并不低于中等腐蚀环境的要求进行防腐涂装；必要时，可采用不锈钢天沟。

（5）预应力钢结构的外露拉索体系应采取可靠的防腐保护措施，并符合以下规定：

1）索体防护可采用钢丝镀层加整索挤塑护套，单根钢绞线镀（涂）层加挤塑护套或加整索高密度聚乙烯护套等方法；

2）锚固区锚头采用镀层防腐，室外拉索下锚固区应设置排水孔等排水措施；

3）对可换索锚头应灌注专用防腐蚀油脂防护，其锚固区与索体应全长封闭。

（6）构件截面应避免有难以检查、维护的缝隙与死角；组合构件中零件之间需维护涂装的空隙不宜小于 120mm。构件节点的缝隙、外包混凝土与钢构件的接缝处以及塞焊、槽焊等部位均应以耐腐蚀型密封胶封堵。

（7）钢柱脚埋入地下部分应以强度级别不低于 C20 的密实混凝土包裹，并高出室内地面不少于 50mm；高出室外地面或可能有积水作业室内地面应不少于 150mm，顶面接缝应以耐腐蚀型密封胶封堵。

（8）焊接材料、紧固件及节点板等连接材料的耐腐蚀性能不应低于主材材料。承重结构的连接焊缝应采用连续焊缝。任何情况下，构件的组合连接焊缝不应采用单侧焊缝。所有现场焊缝或补焊焊缝处，均应仔细清理焊渣、污垢，并严格按照构件涂装要求进行补涂，或以冷镀锌进行补涂。

（9）紧固件连接的防腐蚀构造应符合下列规定：

1）钢结构的连接不得使用有锈迹或锈斑的紧固件。连接螺栓存放处应有防止受潮生锈、潮湿及沾染脏物等措施。

2）高强度螺栓连接应符合以下要求：高强螺栓连接的摩擦面应严格按设计要求进行处理，并保证抗滑移系数符合承载力要求，其除锈等级应不低于主材除锈等级；连接处于露天或中等腐蚀作用环境时，其除锈后摩擦面宜采用涂覆无机富锌底涂或锌加底漆的涂层摩擦面构造，涂层厚度不应小于 70μm；终拧完毕并检查合格后的高强螺栓周边未经涂装的摩擦面，应仔细清除污垢，并严格按主材要求进行涂装；连接处的缝隙，应嵌刮耐腐蚀型密封胶。

3）中等侵蚀性环境中的普通螺栓应采用镀锌螺栓，其直径不应小于 12mm；并于安装后以与主体结构相同的防腐蚀措施涂覆封闭；当有防松要求时应采用双螺帽紧固，不应采用弹簧垫圈。

4）连接铝合金与钢构件的紧固件，应采用热浸镀锌紧固件。

## 8.2.2 防腐涂装材料

目前钢结构防腐的主流技术为涂刷钢结构防腐涂料，钢结构防腐涂料应优先选用水性防腐涂料，水性涂料应满足《钢结构用水性防腐涂料》HG/T 5176 的规定；当设计要求选用溶剂型涂料时，应符合行业标准《建筑用钢结构防腐涂料》JG/T 224 的规定。用于钢结构防腐蚀涂装工程的材料，必须具有产品质量证明文件，其质量和材料性能不得低于国家标准《建筑防腐蚀工程施工规范》GB 50212 或其他相关标准的规定。同一涂层体系中各层涂料的材料性能应能匹配互补，并相互兼容结合良好。

1. 防腐涂料底涂

防腐涂料底涂的选择应符合以下要求：

（1）锌、铝和含锌、铝金属层的钢材，其底涂料应采用锌黄类，不得采用红丹类；

（2）在（水性）无机富锌底涂料上，宜选用（水性）环氧云铁或（水性）环氧铁红的涂料，不得采用醇酸涂料。

2. 防腐涂料面涂

钢材基层上防腐面涂料的选择应符合以下要求：

（1）用于酸性介质环境时，宜选用（水性）聚氨酯、（水性）环氧树脂、（水性）丙烯酸聚氨酯、氯化橡胶、聚氯乙烯萤丹、高氯化聚乙烯类涂料；用于弱酸性介质环境时，可选用（水性）醇酸涂料；

（2）用于碱性介质环境时，宜选用（水性）环氧树脂涂料，或者选用前述相关面漆涂料，但不得选用醇酸涂料；

（3）用于室外环境时，可选用（水性）氟碳、聚硅氧烷、（水性）脂肪族聚氨酯、（水性）丙烯酸聚氨酯、（水性）丙烯酸环氧、氯化橡胶、聚氯乙烯萤丹、高氯化聚乙烯和（水性）醇酸（室外耐候略差）等涂料，不应选用环氧、环氧沥青、聚氨酯沥青和芳香族聚氨酯等涂料及过氯乙烯涂料、氯乙烯醋酸乙烯共聚涂料、聚苯乙烯涂料与沥青涂料。

3. 热喷涂锌、铝及合金

热喷涂锌、铝或锌铝合金所用喷涂材料的质量要求应符合国家标准《热喷涂 金属和其他无机覆盖层锌、铝及其合金》GB/T 9793 的规定。铝合金可采用符合国家标准《变形铝及铝合金化学成分》GB/T 3190 中的 LF5，即含镁 5% 的铝合金。金属热喷涂层表面所用的封闭涂层可采用磷化底涂料或双组分（水性）环氧涂料、双组分（水性）聚氨酯等涂料。

4. 热镀铝锌成品构件及其他

选用镀锌板、镀铝锌板、彩色涂层钢板和耐候钢的质量和材料性能应符合下列要求：

（1）镀锌板应采用符合国家标准《连续热镀锌和锌合金镀层钢板及钢带》GB/T 2518 规定的 S250 或 S350 结构级钢板；板面镀层量应符合设计要求，无要求时，在微侵蚀、弱侵蚀或中等侵蚀环境中，其相应双面镀锌量不应低于 $180g/m^2$、$250g/m^2$ 或 $280g/m^2$；

（2）热镀铝锌合金基板应采用符合国家标准《连续热镀锌和锌合金镀层钢板及钢带》GB/T 2518 规定的 S250 或 S350 结构级钢板；板面镀层量应符合设计要求，无要求时，在微侵蚀、弱侵蚀或中等侵蚀环境中，其相应双面镀层重量不应低于 $100g/m^2$、$120g/m^2$ 或 $150g/m^2$；

（3）压型钢板用彩色涂层钢板的材质、性能与镀锌量等应符合国家标准《建筑用压型钢板》GB/T 12755 的规定；

（4）耐候钢应采用符合国家标准《耐候结构钢》GB/T 4171 规定的焊接结构用耐候钢。

## 8.2.3　防腐涂装要求

常见的钢结构防腐涂装工序为：除锈→清洗→防腐底涂→检查补涂→防腐面涂→检查补涂→防腐面涂。装配式钢结构建筑的大部分构件需现场拼装，因此其所涉及的钢结构件多在工厂加工制作后涂装底漆和中间漆，待现场拼装焊接完成后，由现场涂装防腐面漆。装配式钢结构建筑构件防腐涂料施工可根据加工现场实际和构件实际情况综合选用喷涂、滚涂和涂刷等工艺。

现场所用防腐涂料要与构件加工厂一致，所用封闭漆、中间漆成分性能应与底漆相容；应遵照产品说明书进行搭配使用，不得随意改变配比。钢结构构件因运输过程和现场安装等原因会造成构件涂层破损，在钢构件安装前和安装后需对构件破损涂层进行现场防腐修补，修补之后才能进行面漆涂装。

涂装施工完成后，涂层应达到设计要求厚度，涂装质量应满足验收要求。防腐涂装质量控制主要分涂装效果和涂层厚度两方面。

1）涂层外观质量检验要求：表面平整，无气泡、起皮、流挂、漏涂、龟裂等影响涂层寿命的缺陷。

2）涂层厚度检验要求：涂层厚度采用触点式干漆膜测厚仪测定，符合各道涂层的设计厚度，并符合两个 90% 的原则，即 90% 的测点应在规定膜厚以上，余下 10% 的测点应达到规定膜厚的 90%。

## 8.3 防火设计要求

钢结构建筑主要结构材料为钢材，由于钢材具有不耐高温的特点，一旦温度达到相应程度，钢材会出现断裂情况，从而对整个钢结构建筑产生巨大的安全隐患。《建筑设计防火规范》GB 50016 对建筑耐火等级作了相关规定，根据组成建筑物构件的燃烧性能和构件最低的耐火极限，将建筑物的耐火等级分为四级。未经防火保护的钢结构建筑工程物耐火等级仅为四级，不能满足火灾情况下对建筑防火要求。一般火场温度最高可达到 1000℃，在这样的高温下，裸露的钢结构会很快出现塑性变形，产生局部破坏，造成钢结构建筑工程整体倒塌，在钢结构建筑设计时必须充分考虑其防火问题。

钢结构的防火设计，其目的就是将钢结构的耐火极限提高到设计规范规定的极限范围，防止钢结构在火灾中迅速升温发生形变塌落并造成更大伤害。常见的策略主要：

（1）采用耐火钢

采用耐火钢可以减薄或省去常规钢结构的防火涂层和防火板，并能保证在高温下保持较高的强度水平，还能减少工序，缩短建造周期，减轻建筑重量，降低建造成本。目前已在欧美国家、日本和韩国等地区得到广泛应用，其中以日本应用最广泛，可显著减少建筑物的防火涂层厚度。目前国内高强度耐火钢的研究与应用也有一定的进展，但目前的成本也较高，主要用在高层和超高层建筑，全面推广还需要一定的时间。

（2）采用防火保护措施

在钢结构建筑设计中，防火保护措施主要通过阻挡火焰和隔绝热量，推迟钢结构的升温速率，延缓钢结构表面到达临界温度的时间，常用的防火保护措施主要有以下几种。

1）喷涂防火涂料。为了提高钢结构的耐火性能，可在其表面喷涂防火涂料，提高钢结构的耐火性，它具有施工简单等特点，而且不用考虑钢结构构件的形状，经济性和适用性较好。

民用建筑及大型公共建筑的承重钢结构经常采用防火涂料进行防火，一般按建筑物耐火等级及构件耐火极限的要求选用。根据各类防火涂料的性能及适用范围，选用时要优先选用薄型防火涂料，装饰要求较高的部位可以选用超薄型防火涂料。

选用厚型防火涂料时，外表面需要做装饰面隔护。

近年来，兼具防腐功能的防火涂料的研究与开发日渐增多。防火防腐涂料具有优异的防火性能，在火灾发生时可有效阻挡热量传递，延缓钢结构的温升；同时，涂料具有良好的防腐性能，有效阻挡空气中腐蚀介质对钢结构的破坏。兼具防火、防腐功能的建筑涂料的技术成熟将更有利于装配式钢结构的进一步推广应用。

2）包敷混凝土、防火板或者防火棉毡等保护材料。主要是采用砖、混凝土、硅钙板等材料将钢结构包裹，从而形成保护层，提高构件耐火极限。通过在钢结构和火源之间设置一个屏障，使得火灾发生时，热量无法快速传递给钢结构或者完全隔绝钢结构和火源的直接接触，实现对钢结构的防火保护。

3）水冷却法。主要包括注水和淋水两种。为了控制钢结构的温度，水冷却注水法的主要实现方法是在内部中空的钢柱内进行注水，并与上部的冷却水水箱连同，形成一个可以内部循环的冷却封闭系统。当外界发生火灾而导致钢结构温度升高的时候，钢柱内的冷却水由于钢结构传导的热而温度升高，随即和上部冷却水水箱中的水进行热量交换，不断带走钢结构上面的热量，在一定时间内保持适宜的温度。而水淋冷却法是在钢结构上部布置自动喷淋系统，发生火灾时，启动喷淋在钢结构表面形成一层连续的水膜，达到保护作用。

综上，钢结构防火保护应根据工程实践选用合理的防火保护方法、材料和构造措施，保证构件的耐火极限达到规定的设计耐火极限。必要时，部分区域可根据需要进行复合防火保护，即在钢结构表面涂敷防火涂料或采用柔性毡状隔热材料包覆，再用轻质防火板作饰面板、柔性毡状隔热材料包覆，重要的承重构件还可以采用耐火钢外加防火涂料等防火保护措施。

## 8.3.1 防火设计原则

建筑钢构件的设计耐火极限应符合国家标准《建筑设计防火规范》GB 50016中的有关规定。当钢构件的耐火时间不能达到规定的设计耐火极限要求时，应进行防火保护设计，建筑钢结构应按国家标准《建筑钢结构防火技术规范》GB 51249进行抗火性能验算。

钢结构防火保护措施应按照安全可靠、经济实用的原则选用，并充分考虑下列要求：在要求的耐火极限内能有效地保护钢构件；防火材料应易于与钢构件结合，并对钢构件不产生有害影响；当钢构件受温度产生允许变形时，防火保护材料不应发生结构性破坏，仍能保持原有的保护作用直到规定的耐火时间；施工方便，易于保证施工质量；防火保护材料不应对人体有毒害。

钢结构的防火设计应满足如下要求：

（1）钢结构的防火设计应符合国家标准《钢结构设计标准》GB 50017、《建筑钢结构防火技术规范》GB 51249 的规定，采用防火涂料时还应满足《钢结构防火涂料应用技术规程》T/CECS 24 的规定，其防火保护措施及构造应根据建筑物的类别与使用条件，综合考虑结构类型、耐火极限要求、工作环境等条件，按照安全可靠、经济合理的原则确定。

（2）在钢结构设计文件中应有防火设计专项内容，应注明建筑结构的耐火等级、构件的设计耐火极限、所需防火保护材料的性能要求与防火措施及构造要求。

（3）需防火设防建筑中的压型钢板组合楼板结构，其下层的压型钢板不宜因兼作受力钢筋而进行防火涂层防护，仅适于作为施工阶段的校板使用。

（4）必要时对大跨度、大空间及超高层建筑结构，可采用性能化抗火设计方法，模拟实际火灾升温条件. 验算分析结构的抗火性能. 采取合理有效地防火保护措施。

（5）单、多层建筑和高层建筑中的各类钢构件，应根据防火设防要求，采取外包防火涂料或其他有效防火隔热措施，保证各类构件的耐火极限应符合国家标准《建筑设计防火规范》GB50016 的规定。

### 8.3.2　防火涂装与防火构造

钢结构防火保护措施除了目前广泛使用的涂刷防火涂料，还有包敷混凝土、防火板或者防火棉毡等。

1. 涂刷防火涂料

涂刷防火涂料主要将防火涂料涂覆于钢材表面，见图 8-1 涂刷防火涂料构造示意图，这种方法施工简便、重量轻、耐火时间长，而且不受钢构件几何形状限制，具有较好的经济性和实用性，也是目前使用最广泛的钢结构防火措施。

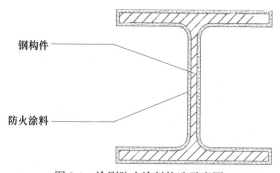

钢构件

防火涂料

图 8-1　涂刷防火涂料构造示意图

（1）防火涂料类型

通常根据高温下涂层变化情况将防火涂料分为膨胀型和非膨胀型两大系列。

膨胀型防火涂料又称薄型防火涂料，厚度一般为 1～7mm，其中厚度小于 3mm 时也称超薄膨胀型防火涂料。膨胀型防火涂料基料为有机树脂，配方中还含有发泡剂、碳化剂等成分，遇火后自身会发泡膨胀，形成比原涂层厚度大十几倍到数十倍的多孔碳质层。多孔碳质层可阻挡外部热源对基材的传热，如同绝热屏障。膨胀型防火涂料用于钢结构防火，耐火极限可达 0.5～2.0h。膨胀型防火涂料涂层薄、重量轻、抗震性好，有较好的装饰性，缺点是施工时气味较大，涂层易老化，若处于吸湿受潮状态会失去膨胀性。

非膨胀型防火涂料又称厚型防火涂料，涂层厚度从 7～50mm，主要成分为无机绝热材料，遇火不膨胀，自身具有良好的隔热性。对应耐火极限可达到 0.5～3h 以上。非膨胀型防火涂料一般不燃、无毒、耐老化、耐久性较可靠，适用于永久性建筑中。

厚型防火涂料又分两类，一类是以矿物纤维为骨料采用干法喷涂施工；另一类是以膨胀蛭石、膨胀珍珠岩等颗粒材料为主的骨料，采用湿法喷涂施工。采用干法喷涂纤维材料与湿法喷涂颗粒材料相比，涂层容重轻，但施工时容易散发细微纤维粉尘，给施工环境和人员的保护带来一定问题，另外表面疏松，只适合于完全封闭的隐蔽工程。厚型防火涂料两种类型的性能比较见表 8-6。

两种类型厚型涂料性能和应用比较　　　　　　表 8-6

| 涂料类型 | 颗粒型（蛭石） | 纤维型（矿棉） |
| --- | --- | --- |
| 主要原料 | 蛭石、珍珠岩、微珠等 | 石棉、矿棉、硅酸铝纤维 |
| 容重（kg/m³） | 350～450 | 250～350 |
| 抗震性 | 一般 | 良 |
| 吸声系数（0.5～2k） | ≤ 0.5 | ≥ 0.7 |
| 导热系数（W/m·K） | 0.1 左右 | ≤ 0.06 |
| 施工工艺 | 湿法机喷或手抹 | 干法机喷 |
| 一次喷涂厚度（cm） | 0.5～1.2 | 2～3 |
| 外观 | 光滑平整 | 粗糙 |
| 劳动条件 | 基本无粉尘 | 粉尘多 |
| 修补难易程度 | 易 | 难 |

（2）钢结构防火涂料技术要求

钢结构防火涂料技术应符合以下要求：

1）用于制造防火涂料的原料不得使用石棉材料和苯类溶剂。

2）防火涂料可用喷涂、抹涂、辊涂或刷涂等方法中的任何一种或多种方法方便地施工，并能在通常的自然环境条件下干燥固化。

3）防火涂料应呈碱性或偏碱性，复层涂料应相互配套。底层涂料应能同防锈漆或钢板相协调。

4）涂层实干后不应有刺激性气味，燃烧时不产生浓烟和有害人体健康的气味。

室内钢结构防火涂料的性能应符合表 8-7 的规定。室外用钢结构防火涂料除与室内防火涂料具有相同耐火极限要求外，还应具有优良的耐候性。室外钢结构防火涂料的性能应符合表 8-8 的规定。

室内钢结构防火涂料性能要求 表 8-7

| 序号 | 理化性能项目 | 技术指标 | | 缺陷类别 |
| --- | --- | --- | --- | --- |
| | | 膨胀型 | 非膨胀型 | |
| 1 | 在容器中的状态 | 经搅拌后呈均匀细腻状态或稠厚流体状态，无结块 | 经搅拌后呈均匀稠厚流体状态，无结块 | C |
| 2 | 干燥时间（表干）/h | ≤ 12 | ≤ 21 | C |
| 3 | 初期干燥抗裂性 | 不应出现裂纹 | 允许出现 1～3 条裂纹，其宽度应 ≤ 0.5mm | C |
| 4 | 黏结强度 /MPa | ≥ 0.15 | ≥ 0.04 | A |
| 5 | 抗压强度 /MPa | / | ≥ 0.3 | C |
| 6 | 干密度 /（kg/m³） | / | ≤ 500 | C |
| 7 | 隔热效率偏差 | ±15% | ±15% | / |
| 8 | pH 酸碱值 | ≥ 7 | ≥ 7 | C |
| 9 | 耐水性 /h | 24h 试验后，涂层应无起层、发泡、脱落现象，且隔热效率衰减量应 ≤ 35% | | A |
| 10 | 耐冷热循环性 / 次 | 15 次试验后，涂层应无开裂、剥落、起泡现象，且隔热效率衰减量应 ≤ 35% | | B |

注 1. A 为致命缺陷，B 为严重缺陷，C 为轻缺陷；"/"表示无要求。
　　2. 隔热效率偏差只作为出厂检验项目。
　　3. pH 酸碱值只适用于水基性钢结构防火涂料。

室外钢结构防火涂料性能要求 表 8-8

| 序号 | 理化性能项目 | 技术指标 | | 缺陷类别 |
| --- | --- | --- | --- | --- |
| | | 膨胀型 | 非膨胀型 | |
| 1 | 在容器中的状态 | 经搅拌后呈均匀细腻状态或稠厚流体状态，无结块 | 经搅拌后呈均匀稠厚流体状态，无结块 | C |
| 2 | 干燥时间（表干）/h | ≤ 12 | ≤ 21 | C |
| 3 | 初期干燥抗裂性 | 不应出现裂纹 | 允许出现 1～3 条裂纹，其宽度应 ≤ 0.5mm | C |
| 4 | 粘结强度 /MPa | ≥ 0.15 | ≥ 0.04 | A |
| 5 | 抗压强度 /MPa | / | ≥ 0.5 | C |
| 6 | 干密度 /（kg/m³） | / | ≤ 650 | C |
| 7 | 隔热效率偏差 | ±15% | ±15% | / |

| 序号 | 理化性能项目 | 技术指标 | | 缺陷类别 |
|---|---|---|---|---|
| | | 膨胀型 | 非膨胀型 | |
| 8 | pH 酸碱值 | ≥7 | ≥7 | C |
| 9 | 耐曝热性 /h | 720h 试验后，涂层应无起层、脱落、空鼓、开裂现象，且隔热效率衰减量应≤35% | | B |
| 10 | 耐湿热性 / 次 | 504h 试验后，涂层应无起层、脱落现象，且隔热效率衰减量应≤35% | | B |
| 11 | 耐冻融循环性 / 次 | 15 次试验后，涂层应无开裂、脱落、起泡现象，且隔热效率衰减量应≤35% | | B |
| 12 | 耐酸性 /h | 360h 试验后，涂层应无起层、脱落、开裂现象，且隔热效率衰减量应≤35% | | B |
| 13 | 耐碱性 /h | 360h 试验后，涂层应无起层、脱落、开裂现象，且隔热效率衰减量应≤35% | | B |
| 14 | 耐盐雾腐蚀性 / 次 | 30 次试验后，涂层应无起泡、明显的变质、软化现象，且隔热效率衰减量应≤35% | | B |
| 15 | 耐紫外线辐射性 / 次 | 60 次试验后，涂层应无起层、开裂、粉化现象，且隔热效率衰减量应≤35% | | B |

注　1. A 为致命缺陷，B 为严重缺陷，C 为轻缺陷；"/"表示无要求。

　　2. 隔热效率偏差只作为出厂检验项目。

　　3. pH 酸碱值只适用于水基性钢结构防火涂料。

选用钢结构防火涂料时，应考虑结构类型、耐火极限要求、工作环境等，选用原则如下：

1）高层建筑钢结构，单、多层钢结构的室内隐蔽构件，当规定其耐火极限在 1.5h 以上时，应选用非膨胀型钢结构防火涂料；

2）室内裸露钢结构、轻型屋盖钢结构及有装饰要求的钢结构，宜选用膨胀型钢结构防火涂料；

3）钢结构耐火极限要求在 2.5h 及以上，以及室外钢结构工程不宜选用膨胀型防火涂料；

4）装饰要求较高的室内裸露钢结构、特别是钢结构住宅、设备的承重钢框架、支架、裙座等易被碰撞的部位，规定耐火极限要求在 2.5h 以上时，宜选用钢结构防火板材；

5）露天钢结构，应选用适合室外用的钢结构防火涂料，并至少应有一年以上室外钢结构工程应用验证，且涂层性能无明显变化；不能把技术性能仅能满足室内的涂料用于室外，室内外气候环境差异较大，非膨胀比膨胀型耐候性好，而非膨胀型中蛭石、珍珠岩颗粒型厚型涂料并采用水泥为黏结剂要比水玻璃为粘结剂的要好，水泥用量较多，密度较大的更适宜用于室外；

6）复层涂料应相互配套，底层涂料应能同普通的防锈漆配合使用，或者底层涂料自身具有防锈性能；

7）特殊性能的防火涂料在选用时，必须有一年以上的工程应用，其耐火性能必须符合要求；

8）膨胀型防火涂料的保护层厚度必须以实际构件的耐火试验确定；

9）饰面型防火涂料的选用要慎重，饰面型防火涂料用于木结构和可燃基材，一般厚度小于1mm，薄型的涂膜对于可燃材料能起到有效的阻燃和防止火焰蔓延的作用，但其隔热性能一般达不到大幅度提高钢结构耐火极限的目的。

钢结构采用防火涂料的保护构造宜按图8-2选用。对于采用厚型防火涂料进行保护的，在下列情况下应在涂层内设置与钢构件相连接的钢丝网作为加固措施：

1）承受冲击，振动荷载的梁；

2）涂层厚度大于等于30mm的梁；

3）粘结强度小于等于0.05MPa的钢结构防火涂料；

4）腹板高度超过500mm的梁；

5）涂层长期暴露在室外，幅面又较大（腹板高度超过300mm）的梁柱。

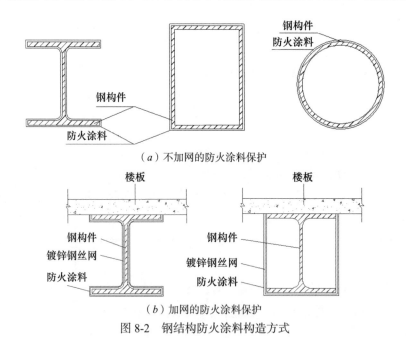

（a）不加网的防火涂料保护

（b）加网的防火涂料保护

图8-2　钢结构防火涂料构造方式

2. 浇筑混凝土或砌筑砌块

（1）浇筑混凝土或砌筑砌块防护

浇筑混凝土或砌筑砌块防护主要采用混凝土或耐火砖完全封闭钢构件，见图8-3。这种方法优点是强度高，耐冲击，但缺点是要占用的空间较大；另外，施工也较麻烦，特别在钢梁、斜撑上，施工十分困难。

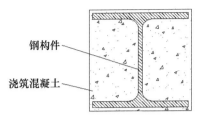
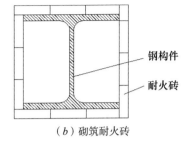

（a）浇筑混凝土　　　　　　　　（b）砌筑耐火砖

图 8-3　浇筑混凝土或砌筑耐火砖构造示意图

（2）浇筑混凝土或砌筑砌块防护技术要求

钢结构采用外包混凝土、金属网抹砂浆或砌筑砌体保护时，应符合下列规定：

1）外包混凝土时，混凝土的强度等级不应低于 C20；

2）外包金属网抹砂浆时，砂浆的强度等级不应低于 M5；金属丝网的网格不应大于 20mm，丝径不应小于 0.6mm；砂浆最小厚度不小于 25mm；

3）砌筑砌体时，砌块的强度等级不应低于 MU10。

3. 外包轻质防火板材

外包轻质防火板材主要采用纤维增强水泥板（如 TK 板、FC 板）、石膏板、硅酸钙板、蛭石板将钢构件包覆起来，见图 8-4。防火板由工厂加工，表面平整、装饰性好，施工为干作业。相较于浇筑混凝土或砌筑砌块，外包轻质防火板材用于钢柱防火具有占用空间少、综合造价低的优点。

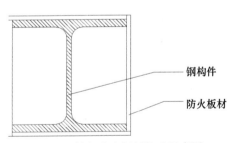

图 8-4　外包防火板材构造示意图

（1）防火板材类型

对结构能起防火保护作用的板材，除了应具有常温状态下的各种良好物理力学性能外，高温下在要求的时间内还应能保持一定强度和尺寸稳定，不产生较大收缩变形，受火时不炸裂、不产生裂纹，具有优异的隔热性，使被保护基材不致温升过快而受到损害。根据防火板材的类型及性能，通常可以分防火薄板和防火厚板。

防火薄板的特点是密度大（800～1800kg/m³），强度高（抗折强度 10～50MPa），导热系数大（0.2～0.4W/m·K），使用厚度大多在 6～15mm 之间，主要用作轻钢龙骨隔墙的面板、吊顶板（又统称为罩面板），以及钢梁、钢柱经厚型防火涂料涂覆后的装饰面板（或称罩面板）。

防火厚板的特点是密度小（小于 500kg/m³），导热系数低 [ 0.08W/（m·K）以下 ]，其厚度可按耐火极限需要确定，大致在 20～50mm 之间。由于本身具有优良耐火隔热性，可直接用于钢结构防火，提高结构耐火极限。

防火厚板主要有轻质（或超轻质）硅酸钙防火板及膨胀蛭石防火板两种。

（2）防火板的包敷技术要求

防火板的包敷构造必须根据构件形状，构件所处部位，在满足耐火性能的条件下，充分考虑牢固稳定，进行包敷构造设计。同时，固定和稳定防火板的龙骨及粘结剂应为不燃材料，龙骨材料应能便于和构件，防火板连接，粘接剂应能在高温下仍能保持一定的强度，保证结构的稳定和完整。采用防火板保护的钢结构防火保护结构如图 8-5 所示。

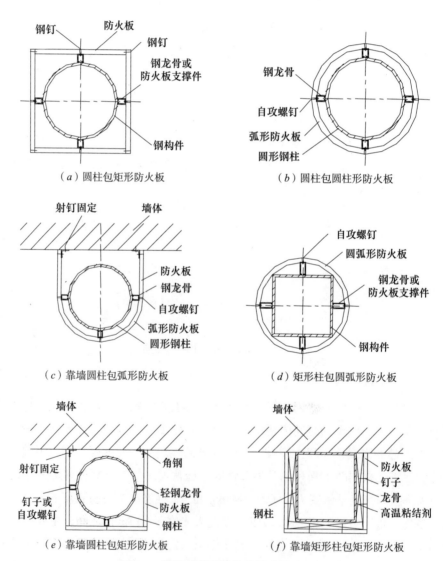

（a）圆柱包矩形防火板

（b）圆柱包圆柱形防火板

（c）靠墙圆柱包弧形防火板

（d）矩形柱包圆弧形防火板

（e）靠墙圆柱包矩形防火板

（f）靠墙矩形柱包矩形防火板

图 8-5 防火板保护钢构件构造图（一）

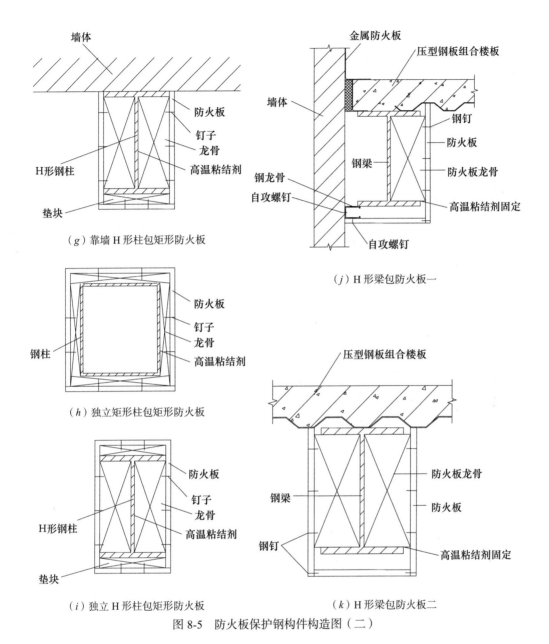

（g）靠墙 H 形柱包矩形防火板

（j）H 形梁包防火板一

（h）独立矩形柱包矩形防火板

（i）独立 H 形柱包矩形防火板

（k）H 形梁包防火板二

图 8-5　防火板保护钢构件构造图（二）

4. 包裹柔性毡状隔热材料

（1）柔性毡状隔热材料防火保护

包裹柔性毡状隔热材料主要采用隔热毯、隔热膜等柔性毡状隔热材料包裹构件。这种方法隔热性好，施工简便，造价低，但使用部位受限，主要用于室内不易受机械伤害和免受水湿的部位。

（2）柔性毡状隔热材料防火保护技术要求

采用柔性毡状隔热材料防火保护的构造宜按图 8-6 选用，并符合下列要求：

1）方法仅适用于平时不受机械伤害和不易被人为破坏，而且应免受水湿的部位；

2）包覆构造的外层应设金属保护壳；

3）包覆构造应满足在材料自重下，不应使毡状材料发生体积压缩不均的现象。金属保护壳应固定在支撑构件上，支撑构件应固定在钢构件上，支撑构件为不燃材料。

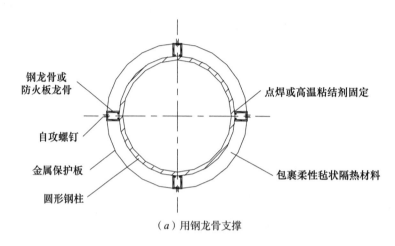

钢龙骨或防火板龙骨
点焊或高温粘结剂固定
自攻螺钉
金属保护板
圆形钢柱
包裹柔性毡状隔热材料

（a）用钢龙骨支撑

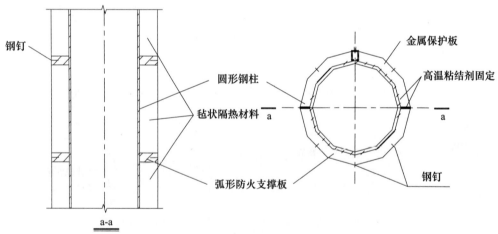

钢钉
金属保护板
圆形钢柱
高温粘结剂固定
毡状隔热材料
弧形防火支撑板
钢钉

a-a

（b）用圆弧形防火板支撑

图 8-6　柔性毡状隔热材料防火构造图

5. 复合防火构造

对于同时采用防火涂料或防火毡与防火板进行复合防火保护的构造，应充分考虑外层包敷施工时，不应对内层的防火构造造成结构性破坏的损伤，具体的构造措施可以按图 8-7 和图 8-8 选用。

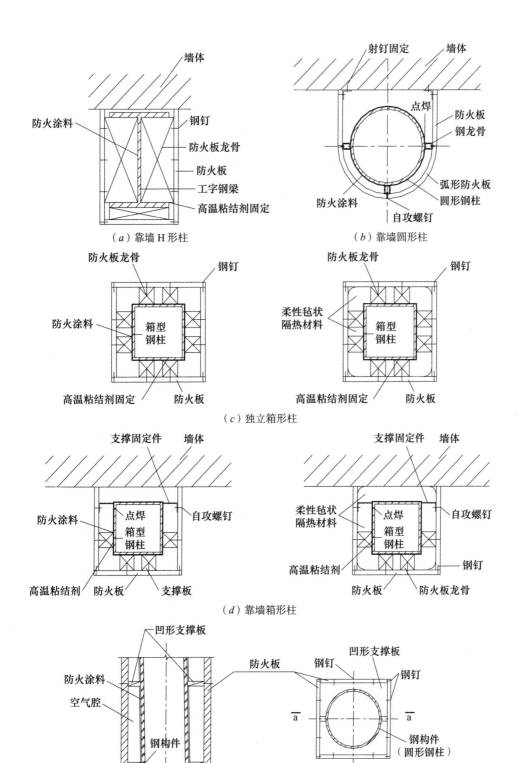

（a）靠墙 H 形柱

（b）靠墙圆形柱

（c）独立箱形柱

（d）靠墙箱形柱

（e）独立圆形柱

图 8-7 采用复合防火保护的钢柱构造图

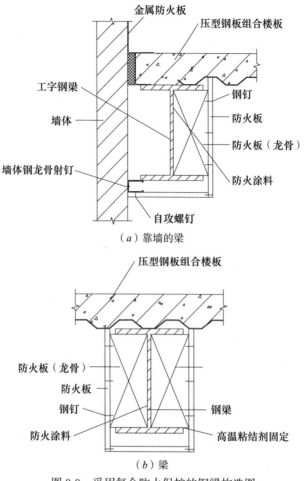

（a）靠墙的梁

（b）梁

图 8-8　采用复合防火保护的钢梁构造图

### 8.3.3　防火涂装要求

　　装配式钢结构建筑的大部分构件需现场拼装，现场拼装焊接施工完成后，再进行现场涂装防火涂层或者设置防火构造。常见的钢结构防火涂装工序为：基层防腐验收→按需要设置底涂（2道）→检查补涂→防火面涂（根据设计厚度要求分道）→检查补涂→防火面涂。装配式钢结构建筑构件防火涂料施工可根据加工现场实际和构件实际情况综合选用喷涂、抹涂和涂刷等工艺。

　　防火涂料与钢结构防腐涂层必须相容。防火涂料的性能、涂层厚度及质量要求应符合《钢结构防火涂料》GB 14907 和《钢结构防火涂料应用技术规程》T/CECS 24的要求。钢结构防火涂层与钢基材之间、各涂层之间应粘结牢固，无脱层、空鼓等情况，涂层厚度符合技术标准要求，颜色与外观符合设计要求，轮廓清晰，接槎平整。涂层表面平整，无气泡、起皮、流挂、漏涂、龟裂等影响涂层寿命的缺陷，涂层表面裂纹宽度不大于 0.5mm。

涂层应达到设计要求厚度，涂层测厚仪检测钢结构防火涂料涂层厚度。防火涂层保养 10 天后可检测其理化性能，30 天后可检测其耐火性能。

# 8.4　本章小结

1. 装配式钢结构防腐设计中应通过优化结构选型、选材，完善节点构造，以较高的设防标准与施工质量要求，以及长效防腐涂装等综合措施，满足可靠性、安全性和耐久性的要求。

2. 装配式钢结构防火设计中应按照安全可靠、经济合理的原则选择涂刷防火涂料、包敷混凝土、防火板或者防火棉毡等防火保护措施及构造。

3. 装配式钢结构构件防护涂装应优先选用水性防护涂料，满足 VOC 排放等环保要求。建筑户外区域或重要区域选用水性防腐涂料时，设计防护要求可酌情提升一个等级。

# 参考文献

[1] 中华人民共和国住房和城乡建设部. 建筑钢结构防火技术规范：GB 51249—2017 [S]. 北京：中国计划出版社，2017.

[2] 中华人民共和国住房和城乡建设部. 钢结构设计标准：GB 50017—2017 [S]. 北京：中国建筑工业出版社，2017.

[3] 中华人民共和国住房和城乡建设部. 装配式钢结构建筑技术标准：GB/T 51232—2016 [S]. 北京：中国建筑工业出版社，2017.

[4] 中华人民共和国住房和城乡建设部. 建筑防腐蚀工程施工规范：GB 50212—2014 [S]. 北京：中国计划出版社，2015.

[5] 全国消防标准化技术委员会. 钢结构防火涂料：GB 14907—2018 [S]. 北京：中国标准出版社，2018.

[6] 全国涂料和颜料标准化技术委员会. 涂覆涂料前钢材表面处理表面清洁度的目视评定第 1 部分：未涂覆过的钢材表面和全面清除原有涂层后的钢材表面的锈蚀等级和处理：GB/T 8923.1—2011 [S]. 北京：中国标准出版社，2011.

[7] 全国涂料和颜料标准化技术委员会. 涂覆涂料前钢材表面处理表面清洁度的目视评定第 2 部分：已涂覆过的钢材表面局部清除原有涂层后的处理等级：GB/T 8923.2—2008 [S]. 北京：中国标准出版社，2008.

[8] 全国涂料和颜料标准化技术委员会涂漆前金属表面处理及涂漆工艺技术委员会. 涂覆涂料前钢材表面处理表面清洁度的目视评定第 3 部分：焊缝、边缘和其他区域的表面缺陷的处理等级：GB/T 8923.3—2009 [S]. 北京：中国标准出版社，2009.

［9］全国涂料和颜料标准化技术委员会涂漆前金属表面处理及涂漆工艺技术委员会. 涂覆涂料前钢材表面处理表面清洁度的目视评定第4部分: 与高压水喷射处理有关的初始表面状态、处理等级和闪锈等级: GB/T 8923.4—2013［S］. 北京: 中国标准出版社, 2013.

［10］中华人民共和国住房和城乡建设部. 建筑钢结构防腐蚀技术规程: JGJ/T 251—2011［S］. 北京: 中国建筑工业出版社, 2011.

［11］全国金属与非金属覆盖层标准化技术委员会. 热喷涂金属和其他无机覆盖层锌、铝及其合金: GB/T 9793—2012［S］. 北京: 中国标准出版社, 2013.

［12］中国工程建设标准化协会. 钢结构防火涂料应用技术规程: T/CECS 24—2020［S］. 北京: 中国计划出版社, 2020.

［13］全国涂料和颜料标准化技术委员会. 钢结构用水性防腐涂料: HG/T 5176—2017［S］. 北京: 化学工业出版社, 2018.

［14］中华人民共和国公安部. 建筑设计防火规范(2018版): GB 50016—2014［S］. 北京: 中国计划出版社, 2018.

［15］建设部建筑制品与构配件产品标准化技术委员会. 建筑用钢结构防腐涂料: JG/T 224—2007［S］. 北京: 中国标准出版社, 2008.

［16］全国有色金属标准化技术委员会. 变形铝及铝合金化学成分: GB/T 3190—2020［S］. 北京: 中国标准出版社, 2020.

［17］全国钢标准化技术委员会. 建筑用压型钢板: GB/T 12755—2008［S］. 北京: 中国标准出版社, 2009.

［18］全国钢标准化技术委员会. 耐候结构钢: GB/T 4171—2008［S］. 北京: 中国标准出版社, 2009.

［19］全国钢标准化技术委员会. 连续热镀锌和锌合金镀层钢板及钢带: GB 2518［S］. 北京: 中国标准出版社, 2019.

［20］但泽义, 等. 钢结构设计手册: 第四版［M］. 北京: 中国建筑工业出版社, 2019.

［21］全国金属与非金属覆盖层标准化技术委员会. 钢结构防护涂装通用技术条件: GB/T 28699—2012［S］. 北京: 中国标准出版社, 2013.

［22］中华人民共和国住房和城乡建设部. 工业建筑防腐蚀设计标准: GB/T 50046—2018［S］. 北京: 中国计划出版社, 2019.

# 第9章 装配式钢结构建筑施工图设计评价与深化设计要求

随着科技水平的迅速提高，装配式钢结构以其独特的设计要求和设计理念，在社会各行业的应用中扮演着重要角色，并在社会的发展中得到非常广泛的应用，在市场经济体制下逐渐显现出其重要的生存价值。本章主要分析了装配式钢结构建筑的设计要求，阐述了预制装配率的计算方法，并对装配式钢结构建筑深化设计要求做了说明。

## 9.1 施工图设计评价

### 9.1.1 施工图设计评价的目的、意义和基本要求

1. 目的和意义

通过对装配式钢结构施工图的审核、评审，提高装配式钢结构施工图设计的质量，减少装配式钢结构施工图设计的错、碰、漏，使设计深度能满足施工要求，装配式方面能够满足规范、政策的相关要求。有助于完善装配式钢结构设计，为装配式钢结构建筑的安全、性能提供坚实的保障，对规范装配式钢结构建筑的建设，具有重要意义。

2. 基本要求

装配式钢结构建筑施工图设计除满足常规钢结构建筑施工图设计的要求以外（表9-1~表9-3），宜满足以下设计要求：

（1）装配式钢结构建筑应遵循建筑全寿命期的可持续性原则，并应标准化设计、工厂化生产、装配化施工、一体化装修、信息化管理和智能化应用。

（2）装配式钢结构建筑应将结构系统、外围护系统、设备与管线系统、内装系统集成，实现建筑功能完整、性能优良。

（3）装配式钢结构建筑应采用系统集成的方法统筹设计、生产运输、施工安装和使用维护，实现全过程的协同。

（4）装配式钢结构建筑应按照通用化、模数化、标准化的要求，以少规格、多组合的原则，实现建筑及部品部件的系列化和多样化。

（5）部品部件的工厂化生产应建立完善的生产质量管理体系设置产品标识，提

高生产精度，保障产品质量。

（6）装配式钢结构建筑应综合协调建筑、结构、设备和内装等专业，制定相互协同的施工组织方案，并应采用装配式施工保证工程质量，提高劳动效率。

（7）装配式钢结构建筑应实现全装修，内装系统应与结构系统、外围护系统、设备与管线系统一体化设计建造。

（8）装配式钢结构建筑宜采用建筑信息模型（BIM）技术实现全专业、全过程的信息化管理。

（9）装配式钢结构建筑宜采用智能化技术，提升建筑使用的安全、便利、舒适和环保等性能。

（10）装配式钢结构建筑应进行技术策划，对技术选型、技术经济可行性和可建造性进行评估，并应科学合理地确定建造目标与技术实施方案。

（11）装配式钢结构建筑应采用绿色建材和性能优良的部品部件，提升建筑整体性能和品质。

（12）装配式钢结构建筑防火、防腐应符合国家现行相关标准的规定，满足可靠性、安全性和耐久性的要求。

| | 装配式钢结构设计总说明应包含内容　　　　　　　　　　　表 9-1 | |
|---|---|
| 工程概况 | 简述建设项目的建设地点、建设规模、建设性质、规划建筑总面积（地上）、采用装配式建筑的总建筑面积、装配式建筑所占比例、各单体装配率、项目主要特征、建筑结构安全等级、抗震设防烈度、建筑抗震设防类别、建筑抗震等级、建筑防火分类等级和耐火等级等 |
| 结构形式 | 装配式钢结构包括：钢框架结构、钢框架—支撑结构、钢框架—延性墙板结构、钢管混凝土—核心筒结构及模块化建筑结构等结构体系 |
| 设计依据 | 1. 建设单位提出相关要求。<br>2. 设计所涉及装配式建筑的主要相关法规和所采用的主要标准（装配式钢结构设计除应满足国家及地方现行有关装配式标准规定外，还应满足国家及地方现行相关政策标准的规定，注明标准的名称、编号、年号和版本号） |
| 装配式内容 | 装配率的计算及结论（表单形式） |

| | 装配式钢结构专业设计说明应包含内容　　　　　　　　　　表 9-2 | |
|---|---|
| 建筑专业 | 1. 说明装配式建筑在围护系统、内装系统拟采用的技术措施，如标准化设计要点、非承重预制墙板的连接方式、预制部位及装配率计算等情况的说明。<br>2. 说明装修一体化设计的范围及技术内容，内装部品的设计和选型。如采用集成厨房，须说明集成厨房中所选用材料的品种与规格，部品部件的安装连接做法及密封措施；如采用集成卫生间，须说明集成卫生间选用材料的品种与规格，选用防水底盘、顶板与壁板的类型，集成卫生间的排水方式。<br>3. 装配式建筑特有的建筑节能设计内容。<br>4. 说明所采用的建筑保温体系、保温材料的性能参数（导热系数、干密度、抗压强度、抗拉强度等）、外墙饰面做法、保温及防水节点做法 |

| 建筑专业 | 5. 说明所采用的防火措施，防火涂料或防火板材的性能参数。如采用防火板，应给出具体封闭方法。<br>6. 说明采用的隔声做法，选用的隔声材料的性能参数以及柔性连接或间接连接等的具体构造措施。<br>7. 应根据环境条件、材质、结构形式、使用要求、施工条件和维护管理条件等进行防腐蚀设计。说明选用的防腐涂料的品种及性能参数，涂层设计总厚度。<br>8. 说明建筑设计中遵循模块化、标准化的情况，以及少规格、多组合的设计思想。说明模块化装配式钢结构中选用的模块地板与顶板形式，采用的内、外模块墙体板材类型及材料特性 |
|---|---|
| 结构专业 | 1. 说明采用的材料及性能要求。<br>2. 说明采用钢构件类型及使用范围，并说明钢构件最大重量及尺寸。<br>3. 说明结构整体力学性能可靠性的关键控制部位所采取的加强措施。<br>4. 构件连接。<br>（1）明确钢构件之间、预制楼板与钢梁以及钢构件与围护结构之间的连接要求，并给出相应做法。<br>（2）应绘制钢柱的平面位置及其与下部混凝土构件的连接构造详图。<br>5. 明确采用的消能减震构件种类及型号，给出与主体结构构件的连接做法。<br>6. 接收设备管线穿越钢构件或悬挂在钢构件布置的提资图，明确钢构件中预留孔洞的补强加固做法和加设吊架的位置。<br>7. 如采用模块化装配式钢结构，应说明模块间连接做法 |
| 电气专业 | 1. 说明电气专业选用系统的形式、设备管线布置与装配式构件的关系。<br>2. 说明管线设计在钢构件上预留孔洞及其相应的做法和要求。<br>3. 说明钢构件的防雷、接地以及等电位的做法和要求 |
| 给水排水专业 | 1. 说明采用装配式管线及其配件连接的信息。<br>2. 采用同层排水架空地板或集成卫生间时，应给出相关设计信息 |
| 供暖通风与空气调节专业 | 说明暖通空调、防排烟设备及管线系统的协同设计信息及连接方案 |

**钢构件相关要求** 表 9-3

| 钢构件的生产和检验要求 | 1. 钢构件加工单位根据设计规定及施工要求编制生产加工方案，内容包括生产计划和生产工艺。<br>2. 明确钢构件质量检验执行的标准，对有特殊要求的应单独说明 |
|---|---|
| 钢构件的运输和堆放要求 | 1. 制定钢构件堆放与运输专项方案。<br>2. 制定钢构件堆放的场地及堆放方式的要求 |
| 钢构件安装及施工注意事项 | 1. 明确钢结构的设计温度差、施工合拢温度要求。<br>2. 对跨度较大的钢构件必要时提出起拱要求 |
| 钢构件检测要求 | 1. 钢构件的材料性能、连接、构件的尺寸与偏差、变形与损伤、构造以及涂装等应符合相关规定要求。<br>2. 明确大跨度结构及特殊结构的检测或施工安装期间的监测要求。<br>3. 高层、超高层结构应根据情况补充日照变形观测等特殊变形观测要求 |

| 装配式钢结构的验收要求 | 1. 装配式钢结构建筑的验收应符合现行国家标准《建筑工程施工质量验收统一标准》GB 50300 及相关标准的规定。<br>2. 部品部件应符合国家现行有关标准的规定，并应具有产品标准、出厂检验合格证、质量保证书和使用说明文件书 |
| --- | --- |

### 9.1.2　装配式钢结构建筑预制装配率计算

《江苏省装配式建筑综合评定标准》DB32/T 3753 中第 1.0.2 条把预制装配率作为综合评定的重要指标。装配式钢结构建筑的预制装配率按式（9-1）计算。

$$Z = \alpha_1 Z_1 + \alpha_2 Z_2 + \alpha_3 Z_3 \tag{9-1}$$

式中：$Z$——预制装配率；

　　　$Z_1$——主体结构预制构件的应用占比；

　　　$Z_2$——装配式外围护和内隔墙构件的应用占比；

　　　$Z_3$——装修和设备管线的应用占比。

《江苏省装配式建筑综合评定标准》DB32/T 3753 中第 4.0.2 条要求，居住建筑的预制装配率最低为 50%，公共建筑的预制装配率最低为 45%。

1. $Z_1$ 项计算规则

当装配式钢结构建筑当满足以下条件时，$Z_1$ 可取值为 100%：

（1）楼板采用免模板技术；

（2）楼梯采用预制混凝土楼梯、钢楼梯或木楼梯；

（3）阳台采用预制（或叠合）混凝土阳台、钢制阳台或木制阳台。

当装配式钢结构建筑当不满足上述条件时，$Z_1$ 应按式（9-2）计算。

$$Z_1 = \left( 0.3 \times \frac{A_{1楼板、墙}}{A_{楼板、墙}} + 0.7 \times \frac{L_{1梁} + 10 \times L_{1柱、支撑}}{L_{梁} + 10 \times L_{柱、支撑}} \right) \times 100\% \tag{9-2}$$

式中：$A_{1楼板、墙}$——装配式钢结构主体结构中预制或免模板浇筑的楼板水平投影面积和墙板单侧竖向投影面积之和；

　　　$A_{楼板、墙}$——装配式钢结构主体结构中楼板水平投影面积和墙板单侧竖向投影面积之和；

　　　$L_{1梁}$——装配式钢结构主体结构中预制或免模板浇筑的梁的长度之和；

　　　$L_{梁}$——装配式钢结构主体结构中梁的长度之和；

　　　$L_{1柱、支撑}$——装配式钢结构主体结构中预制或免模板浇筑的柱、支撑构件的长度之和；

　　　$L_{柱、支撑}$——装配式钢结构主体结构中柱、支撑构件的长度之和。

柱、承重墙、支撑、梁、楼板、阳台板、空调板、雨棚、楼梯等应计入 $Z_1$ 项计算。

2. $Z_2$ 项计算规则

装配式钢结构外围护和内隔墙构件 $Z_2$ 项应按式（9-3）计算。

$$Z_2 = \frac{A_{2外围护} + A_{2内隔墙}}{A_{外围护} + A_{内隔墙}} \times 100\% \qquad （9-3）$$

式中：$A_{2外围护}$——装配式外围护构件的墙面面积之和；

$A_{外围护}$——非承重外围护构件的墙面面积之和；

$A_{2内隔墙}$——装配式内隔墙构件的墙面面积之和；

$A_{内隔墙}$——非承重内隔墙构件的墙面面积之和。

外围护构件采用单元式幕墙时，可按幕墙总面积计入装配式外围护构件的墙面面积；非单元式幕墙可按幕墙总面积的 50% 计入装配式外围护构件的墙面面积。

3. $Z_3$ 项计算规则

装配式钢结构装修和设备管线 $Z_3$ 项应按式（9-4）计算。

$$Z_3 = 35\% q_{全装修} + （0.25 q_{卫生间、厨房} + 0.3 q_{干式} + 0.1 q_{管线}）\times 100\% \qquad （9-4）$$

式中：$q_{全装修}$——满足居住建筑全装修，公共建筑公共部位全装修时，$q_{全装修} = 1$；

$q_{卫生间、厨房}$——集成卫生间和集成厨房的应用占比；

$q_{干式}$——干式工法楼地面的应用占比；

$q_{管线}$——管线分离的构件应用占比。

集成卫生间和集成厨房的应用占比应计算集成卫生间和集成厨房的水平投影面积之和占总卫生间和厨房水平投影面积的比例。

干式工法楼地面的水平投影面积比例应计算干式工法楼地面水平投影面积之和占楼地面水平投影总面积的比例。

厨房、卫生间、阳台和住宅建筑中公共部位面积可不计入干式工法楼地面水平投影面积比例的计算。

管线分离的构件应用占比按式（9-5）计算。

$$q_{管线} = \frac{管线分离的单元（户型）的投影面积}{对应单元（户型）的总面积} \qquad （9-5）$$

### 9.1.3 装配式钢结构建筑评价标准

根据《江苏省装配式建筑综合评定标准》DB32/T 3753 的要求，装配式钢结构建筑综合评定等级应符合表 9-4 规定，综合评定标准按照表 9-5 执行。

**装配式钢结构建筑综合评定等级** 表 9-4

| 装配式建筑等级 | 综合评定得分 |
| --- | --- |
| 一星级 | 60 分 ≤ $S$ < 75 分 |
| 二星级 | 75 分 ≤ $S$ < 90 分 |
| 三星级 | $S$ ≥ 90 分 |

| 评定项 | | | 评分要求 | 评定分 | 最低分 | 评定得分 | 评定项总分 |
|---|---|---|---|---|---|---|---|
| 标准化与一体化设计$S_1$【10】 | 标准化设计 | 基本单元/户型标准化 | 基本单元/户型的应用比例≥70% | 3 | 5 | | |
| | | 预制构件标准化 | 预制标准化构件应用比例≥60% | 3 | | | |
| | 一体化设计 | 建筑、结构、机电设备、室内装修一体化设计 | 具有完整的专项设计策划方案 | 0.5 | | | |
| | | | 具有完整的室内装修设计图 | 0.5 | | | |
| | | | 具有完整的构件深化设计图 | 1 | | | |
| | | 外墙保温装饰一体化 | 外墙保温装饰一体化应用比例≥50% | 2 | | | |
| 预制装配率评定$S_2$【100】 | | 居住建筑 | Z | 50~100 | 50 | | |
| | | 公共建筑 | | 45~100 | 45 | | |
| 集成技术应用$S_3$【4】 | | 绿色建筑技术 | 绿色建筑预评价一星 | 2 | — | | |
| | | | 绿色建筑预评价二星及以上 | 3 | | | |
| | | 节能技术 | 综合节能率75% | 1 | | | |
| | | | 综合节能率85% | 2 | | | |
| | | 隔震减震技术 | | 2 | | | |
| 信息化技术应用$S_4$【6】 | | 设计、生产、施工阶段一体化应用 | 从设计阶段开始应用BIM技术，随着项目设计、构件生产及施工建造等环节实施信息共享、有效传递和协同工作 | 1 | 1 | | |
| | 设计阶段 | 完成BIM总体策划 | 完成项目总体设计、方案优化、标准化定型等，并将信息传递给后续环节 | 1 | | | |
| | | BIM模型及管线综合设计 | 完成BIM模型设计，并进行管线综合设计 | 0.5 | | | |
| | | BIM构件深化设计 | 完成BIM构件库及连接节点设计，并提供钢筋碰撞检测报告及构件清单 | 0.5 | | | |

| 评定项 | | | 评分要求 | 评定分 | 最低分 | 评定得分 | 评定项总分 |
|---|---|---|---|---|---|---|---|
| 信息化技术应用 $S_4$【6】 | 生产阶段 | 完成工厂生产信息化管理系统 | 包括生产计划安排、构件生产流程管理、构件质量控制管理等 | 0.5 | 1 | | |
| | | 建立构件生产信息数据库 | 对每个构件进行智能化标识，实现建设全过程的控制和管理 | 0.5 | | | |
| | 施工阶段 | 完成施工过程信息化管理系统 | 包括施工进度管理、成本管理、材料采购、质量控制等内容 | 0.5 | | | |
| | | 建立竣工验收信息模型 | 实现信息可追溯 | 0.5 | | | |
| | | 智慧工地 | 对工地现场设备、人员、物资、环境等要素全面监测、管理 | 1 | | | |
| 混凝土项目组织和施工技术 $S_5$【10】 | 项目组织与管理 | | 采用工程总承包管理模式，满足设计、生产、施工、装修等环节的一体化组织实施，实现交钥匙工程 | 1 | 4 | | |
| | | | 建立了工程质量管理体系，职责划分明确、清晰 | 1 | | | |
| | 装配化施工专项方案 | | 具有完整的装配化施工专项方案，内容包括装配化施工吊装要求，构件和部品安装技术措施，进度、材料、人员、机械的组织，以及相应的质量、环境、安全管理措施，减少现场作业量 | 1 | | | |
| | 自动化加工技术 | 混凝土 | 采用成套自动化钢筋加工设备，具有合理的工艺流程和固定的加工场地，集中将钢筋加工成工程所需的各种成型钢筋。包括：钢筋焊接网片、钢筋笼、钢筋桁架等 | 1 | | | |

| 评定项 | | 评分要求 | 评定分 | 最低分 | 评定得分 | 评定项总分 |
|---|---|---|---|---|---|---|
| 混凝土项目组织和施工技术 $S_5$【10】 | 自动化加工技术 | 钢结构/混合结构 | 主要钢构件采用自动化生产线进行加工制作，减少手工作业。除端板及加劲板外均应采用自动焊接或半自动焊接，螺栓孔采用平面数控钻床或数控锁口机 | 1 | 4 | | |
| | | 木结构 | 围护类部品部件主体由工厂加工完成，重型木结构构件及其连接部位加工在工厂采用机械加工完成，工厂具备完整的质量、环境、安全管理控制措施 | | | | |
| | 预制构件专设堆场、插放架 | | 施工现场专设预制构件堆场和插放架，连接板等零星配件也应有专门盛放器具，并进行专门围护，具有可靠的防雨防潮措施 | 1 | | | |
| | 装配式围墙或道路板 | | 采用可拆卸、可重复使用、工厂预制、现场模块化组装的装配式围墙或道路板 | 1 | | | |
| | 施工技术 | 混凝土 | 外墙减少外脚手架；室内采用工具式、定型化安全支撑设施；后浇混凝土部位采用工具式、定型化模板及支撑系统 | 1分 | 2 | | |
| | | | 采用组合铝合金模或铝框木模板施工技术，具有专项施工方案；有配模设计和工法，模板类型、配件和支护系统配套齐全，有专业队伍施工操作 | 0.5分 | | | |

| 评定项 | | 评分要求 | 评定分 | 最低分 | 评定得分 | 评定项总分 |
|---|---|---|---|---|---|---|
| 混凝土项目组织和施工技术 $S_5$【10】 | 施工技术 | 混凝土 | 采用集成附着式升降脚手架施工技术，具有防倾覆、防坠落装置和自动化升降控制机构。具有专项施工方案、工艺流程和安全保障措施 | 0.5 分 | 2 | | |
| | | 钢结构/木结构/混合结构 | 外墙减少外脚手架；室内采用工具式、定型化安全支撑设施；楼面后浇混凝土部位采用工具式、定型化非木质模板及支撑系统，管道洞口具有完善的技术方案 | | 4 | | |
| | 免抹灰工艺 | | 外墙、内墙、顶棚基本实现免抹灰工艺（无抹灰操作需求的可直接得分） | 1 | | | |
| | 装饰一体化墙板快装技术 | | 采用集门窗、装饰一体化的墙体部件快装技术，工厂预制组装完成，现场无二次加工作业，部品部件吊装一次成型，具备专项吊装施工方案 | 1 | | | |
| 合计 | | | | 130 | — | — | |

## 9.2　深化设计要求

装配式钢结构工程制作和安装前应进行深化设计，对于简单的钢结构工程，结构施工图深度直接满足加工和安装时，可不进行深化设计。深化设计开始前，应编制完成设计策划文件。深化设计工程师应由设计单位培训上岗，培训内容应包括建筑材料、结构设计、焊接设计、制作和安装工艺及软件应用等。深化设计软件宜采用通用成熟的设计软件。自行开发的设计工具软件或计算软件，必须经过多个案例验证后方能使用。

深化设计选用的设计指标应符合设计文件、现行国家标准《钢结构设计标准》

GB 50017 和行业标准《钢结构工程深化设计标准》T/CECS 606 等标准的有关规定，必须以设计文件和相关技术要求为依据，应满足设计构造、施工工艺、构件运输等有关技术要求。设计文件存在疑问时，可采用技术疑问（RFI）的形式进行书面协调，经相关单位解决后执行。若需对设计文件和相关技术要求进行修改或优化，必须经原设计单位对相应内容进行书面正式确认。深化设计单位应采用设计校审的方式进行评审。

装配式钢结构工程深化设计应综合考虑工程结构特点、工厂制造、构件运输、现场安装、专业技术要求等内容，应满足设计文件、制造和安装工艺技术、构件运输条件等要求，深化设计过程中应与混凝土、机电、幕墙等专业进行技术协调。

钢结构深化设计流程应按图 9-1 执行，应包括输入文件收集、输入文件评审、设计问题协调、结构深化设计、设计单位确认、施工详图设计、图纸发放及交底等环节。

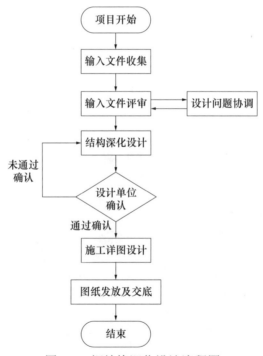

图 9-1　钢结构深化设计流程图

### 9.2.1　深化设计的交付内容

装配式钢结构深化设计应按交付标准和设计深度不同分为施工图深化设计和施工详图设计两个阶段。

深化设计单位应提交施工图深化设计技术说明、深化设计图和节点深化设计文件由原设计单位确认，也可直接提交三维信息模型替代深化设计图进行确认；钢结构施工详图和安装详图应经项目总工或项目技术负责人确认，宜提交原设计单位和监理工程备案。

深化设计开始前应做好深化设计交付策划，明确深化设计成果交付批次及每批次内容，每个交付批宜包括一（或多）个材料采购批、制作检验批或现场安装检验批。

装配式钢结构深化设计的交付内容参考表 9-6。

装配式钢结构深化设计的交付内容      表 9-6

| 施工图深化设计 | 施工图详图设计 |
| --- | --- |
| 1. 深化设计技术说明；<br>2. 深化设计布置图；<br>3. 节点深化设计图及计算文件；<br>4. 焊缝连接通用图；<br>5. 墙屋面压型金属板系统深化设计文件；<br>6. 涂装系统深化设计文件；<br>7. 深化设计清单；<br>8. 深化设计模型 | 1. 施工详图设计技术说明；<br>2. 构件加工详图；<br>3. 零部件详图；<br>4. 预拼装图；<br>5. 安装详图；<br>6. 施工详图设计清单；<br>7. 施工详图设计模型 |

## 9.2.2 施工图深化设计的要求

施工图深化设计的设计深度应符合表 9-7 的规定，施工图详图设计的深度应符合表 9-8 的规定。

施工图深化设计深度要求      表 9-7

| 交付内容 | 设计深度要求 |
| --- | --- |
| 施工图深化设计技术说明 | 准确表达施工图深化设计依据，包括：<br>1. 材料要求，包括性能指标、复验要求；<br>2. 连接要求，包括焊接材料、螺栓规格性能指标、复验要求，以及焊技术要求、焊缝等级、焊接质量检验要求、螺栓连接技术要求等；<br>3. 加工工艺要求；<br>4. 涂装要求，包括防腐防火涂装技术要求、涂料品种、规格、性能指涂装部位、涂装施工要求；<br>5. 运输要求，包含构件包装、防变形要求等；<br>6. 装技术要求；<br>7. 检测要求；<br>8. 其他要求等 |
| 节点深化设计图 | 1. 精确表达节点详图，包括连接板尺寸、螺栓数量和尺寸、焊缝坡口等；<br>2. 准确表达钢结构与钢筋及其他专业连接件相互关系 |
| 深化设计模型 | 1. 精确的构件几何定位、截面尺寸和材料属性；<br>2. 准确的预留洞尺寸和位置 |
| 结构平面布置图 | 精确表达结构构件平面定位、标高、洞口平面位置 |

| 交付内容 | 设计深度要求 |
|---|---|
| 立面剖面布置图 | 精确表达结构构件立面定位、标高、洞口平面位置 |
| 相关计算文件 | 精确表达节点深化设计过程 |

**施工详图设计深度要求** 表 9-8

| 交付内容 | 设计深度要求 |
|---|---|
| 施工详图设计技术说明 | 准确表达钢结构施工详图设计依据，包括：<br>1. 材料要求，包括结构钢材等性能指标、复验要求；<br>2. 连接要求，包括焊接材料、螺栓规格性能指标、复验要求，以及焊技术要求、焊缝等级、焊接质量检验要求、螺栓连接技术要求等；<br>3. 加工要求；<br>4. 涂装要求：包括防腐防火涂装技术要求、涂料品种、规格、性能指标，涂装部位，涂装施工要求；<br>5. 运输要求，包含构件包装、防变形要求等；<br>6. 安装要求；<br>7. 检测要求；<br>8. 构件编号信息；<br>9. 其他要求等 |
| 详图设计模型 | 精确表达构件的加工工艺（如构造措施、焊接坡口、起拱等）、安装工艺、运输要求 |
| 构件加工详图 | 精确表达构件加工信息 |
| 零件和部件图 | 精确表达零件和部件的外形尺寸、开孔洞、坡口等信息 |
| 工厂预拼装图 | 精确表达构件预拼装尺寸、坐标信息及预拼装技术要求 |
| 结构安装详图 | 精确表达构件安装定位信息、坐标信息及安装技术要求 |
| 设计报表 | 1. 每批的构件清单；<br>2. 每批的材料摘料清单；<br>3. 每批的零部件清单 |

### 9.2.3 深化设计的 BIM 技术应用要求

装配式钢结构深化设计（包括施工图深化设计、施工详图设计、工程量统计及专业协调检查等工作）宜应用 BIM 技术。采用的 BIM 应用软件应与工程 BIM 平台软件有对应接口、能够进行碰撞检查、可以生成二维图纸、还可以统计工程量。各阶段的交付成果需包含 BIM 模型、碰撞检查分析报告及施工图深化设计和表 9-6 中的内容。

装配式钢结构深化设计 BIM 模型应在施工图设计模型基础上逐步细化完成，也可单独建立，应按不同的设计阶段采用相应等级的模型细度。模型细度宜分为两个等级，即施工图深化设计模型细度和施工详图模型细度，其等级划分详见表 9-9，细度要求详见表 9-10。

装配式钢结构深化设计模型细度等级

表 9-9

| 模型细度 | 施工图深化设计模型深度 | 施工详图模型细度 |
|---|---|---|
| 阶段名称 | 深化设计阶段 | 施工详图设计阶段 |
| 模型内容 | 1. 装配式钢结构的准确几何位置和截面尺寸；<br>2. 典型的装配式钢结构设计深化节点；<br>3. 现场分段连接节点；<br>4. 施工可行性问题；<br>5. 用于进一步细化为深化设计模型；<br>6. 可用生成设计深化的二维图 | 1. 所有钢构件的详细信息；<br>2. 所有节点的详细信息；<br>3. 装配式钢结构施工的工艺构造及施工措施信息；<br>4. 用于加工的深化设计模型；<br>5. 可用生成钢构件加工的二维图 |
| 工程量计算 | 可预算装配式钢结构工程量 | 可精确计算装配式钢结构工程量 |
| 专业协调 | 模型信息可用于多个设计专业碰撞检查及设计参考；<br>可进行较为详细的专业协调 | 模型信息可用于所有专业碰撞检查；<br>可进行详细的专业协调 |
| 模型完成者 | 结构工程师、深化设计工程师 | 深化设计工程师、工艺师 |
| 模型应用者 | 业主单位、总承包单位、设计单位、其他专业单位、钢结构专业单位 | 总承包单位、设计单位、钢结构专业单位 |

装配式钢结构施工详图模型细度等级

表 9-10

| 施工图深化设计 | 施工图详图设计 |
|---|---|
| 模型几何信息，应包括：<br>1. 模型准确的轴网及标高；<br>2. 钢梁、钢柱、钢支撑、钢板墙、钢梯等构件的准确几何位置、方向和截面尺寸；<br>3. 钢结构连接节点位置，连接板及加劲板的准确位置和尺寸；<br>4. 现场分段连接节点位置，连接板及加劲板的准确位置和尺寸。<br>模型非几何信息，应包括：<br>1. 钢构件及零件的材料属性；<br>2. 钢结构表面处理方法；<br>3. 钢构件的编号信息 | 模型几何信息，应包括：<br>1. 节点的螺栓连接副、销轴等；<br>2. 熔焊栓钉；<br>3. 焊缝；<br>4. 设计构造的零部件；<br>5. 工艺构造的零部件；<br>6. 施工措施 |

# 第10章 案例分析与示范工程

本章通过五个典型的工程案例介绍了装配式钢结构建筑设计、结构设计、节点设计、内装设计、BIM技术应用以及现场施工注意事项等方面的内容，同时给出了项目设计施工过程中的经验总结供相关从业人员参考。

## 10.1 宝应县国强家园装配式钢结构住宅项目

### 10.1.1 工程概况

宝应县国强家园项目是由宝胜系统集成科技股份有限公司总承包的装配式钢结构住宅项目。项目包括国强家园17号～20号楼、地下汽车库及3#配电房、国强家园地下人防工程。项目位于扬州市宝应县南淮江路南侧、淮江复线西侧，整个地块规则呈长方形，总用地面积15928.32m²（约23.89亩）。总平面图见图10-1。项目主要功能为经济适用房住宅及少量商业和物业社区用房，小区主入口设在北侧南淮江路，四栋住宅采用装配式组合结构（钢框架—现浇钢筋混凝土核心筒结构），实施建筑产业化方案。鸟瞰效果图见图10-2。

图10-1　总平面图　　　　　　图10-2　鸟瞰效果图

国强家园项目共四个单体建筑，17号楼地上十四层，建筑面积7044.95m²，建筑高度44.89m；18号楼地上十五层，建筑面积11922.98m²，建筑高度47.79m；19号楼地上十五层，建筑面积12120.61m²，建筑高度47.79m；20号楼地上十四层，建筑面积10442.54m²，建筑高度44.89m。内外墙采用蒸压加气混凝土墙板，楼面采用可拆卸钢筋桁架楼承板，绿色设计星级目标为二星级。项目整体规划指标见表10-1。

| 序号 | 名称 | | | 单位 | 数值 | 备注 | |
|---|---|---|---|---|---|---|---|
| 1 | 规划总用地面积 | | | m² | 16170.51 | （约 24.3 亩） | |
| 2 | 总建筑面积 | | | m² | 44726.45 | | |
| 3 | 计容建筑面积 | | | m² | 35055.64 | | |
| | 其中 | 住宅建筑面积 | | m² | 33895.83 | | |
| | | 物业管理用房、社区服务、配套 | 物业用房 | m² | 412.55 | ≥ 7‰ | （地上地下总建面） |
| | | | 社区用房 | m² | 150.6 | ≥ 3‰ | |
| | | | 配套用房 | m² | 435.88 | | |
| | | 变配电房 | | m² | 207 | | |
| 4 | 建筑占地面积 | | | m² | 2902.06 | | |
| 5 | 消防水池、消防泵房 | | | m² | 177.49 | 不计容 | |
| | 非机动车库面积 | | | m² | 5141.98 | 不计容 | |
| 6 | 地下机动车 | | | m² | 1812.71 | 不计容 | |
| | 地下人防工程 | | | m² | 2493.5 | 不计答 | |
| 7 | 容积率 | | | | 2.17 | | |
| 8 | 建筑密度 | | | % | 17.1 | | |
| 9 | 绿地率 | | | % | 30.0 | | |
| 10 | 居住户数 | | | 户 | 472 | | |
| 11 | 机动车停车 | | | 辆 | 248 | | |
| | 其中 | 住宅 | 室外 | 辆 | 117 | 0.7 辆 /100m² 经济适用房 | |
| | | | 地下 | 辆 | 122 | | |
| | | 配套用房物管社区 | 室外 | 辆 | 7 | 0.7 辆 /100 m² | |
| 12 | 非机动车停车库 | | | 个 | 472 | | |
| 13 | 非机动车停车（配套用房物管社区） | | | 辆 | 50 | | |

## 10.1.2 建筑设计

国强家园建筑立面采用规则的"一"字形布置，配合建筑墙面凹凸关系使得整个建筑错落有致，立面简约而又不失韵律美观，由于平面功能单一，形体不可能太复杂，而且采用色彩分隔及墙体和玻璃的虚实对比，丰富整个建筑的形体，力求展现住宅建筑的温馨，与地形南侧一期建筑群体和谐统一。图 10-3 为单体建筑的立面效果图。

图 10-3　建筑立面效果图

　　整个设计贯穿了"简约主义"的理念。17 号楼和 20 号楼地下 1 层，地上 15 层，18 号楼和 19 号楼地下 1 层地上 16 层。依据不同的使用功能共设计了 6 个基本户型，通过这 6 种基本户型的不同组合来实现人们对住宅空间最基本的需求（套内使用面积）。图 10-4 是三种不同户型的组合示意图。通过组合减少户型种类，减少装配式建筑预制构件规格，通过少规格、多组合满足人们对建筑使用空间多样化的要求，以少胜多，以简胜繁。

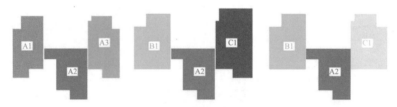

图 10-4　三种不同户型组合图

　　国强家园项目采用钢框架—现浇钢筋混凝土核心筒结构，把柱布置在整个建筑的外围，使整个建筑的内部没有一根柱子，最大化地满足了建筑大空间的要求，后期使用过程中人们可以对建筑空间进行自由的改造。

　　国强家园项目楼面采用可拆卸钢筋桁架楼承板，内外围护墙均采用 ALC 板材。由于室内空间没有剪力墙及钢柱的制约，建筑内墙满足设计功能的要求下，大多可以采用 150mm 的 ALC 板来代替 200mm 的砌块，这样可以最大限度增加每个户型的套内使用面积。通过对比不同户型组合下混凝土剪力墙结构与钢结构两种结构形式的建筑布置，发现项目建筑面积有明显增加。图 10-5 为 A1、A2、A3 户型组合下两种结构形式的建筑平面布置图对比；图 10-6 为 B1、A2、C1 户型组合下两种结构形式的建筑平面布置图对比；图 10-7 为 B1、A2、B2 户型组合下两种结构形式的建筑平面布置图对比。

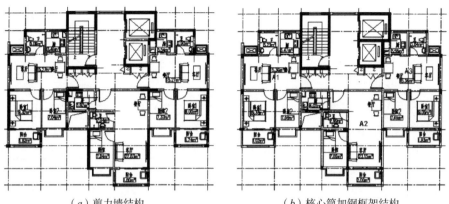

（a）剪力墙结构 （b）核心筒加钢框架结构

图 10-5　A1、A2、A3 户型组合的建筑平面布置

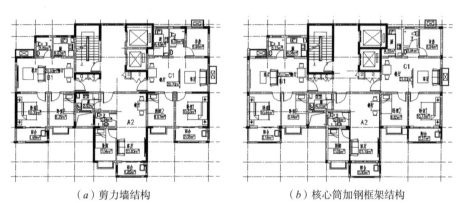

（a）剪力墙结构 （b）核心筒加钢框架结构

图 10-6　B1、A2、C1 户型组合的建筑平面布置

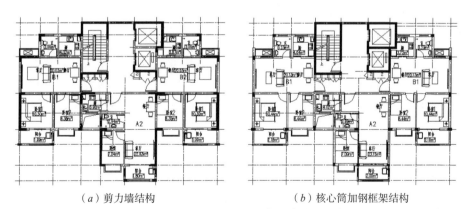

（a）剪力墙结构 （b）核心筒加钢框架结构

图 10-7　B1、A2、B2 户型组合的建筑平面布置

计算各种户型在剪力墙结构和钢框架 - 现浇钢筋混凝土核心筒结构两种结构形式下的建筑面积，表 10-2 是混凝土剪力墙结构各户型的套内使用面积。表 10-3 是钢框架—现浇钢筋混凝土核心筒结构各户型的套内使用面积。对比两种结构下各户型套内使用面积，采用钢框架—现浇钢筋混凝土核心筒结构的户型套内使用面积有所增加。

混凝土剪力墙结构各户型套内使用面积（单位：m²）　　表 10-2

| 户型 | 客厅 | 卫生间 | 厨房 | 卧室 1 | 卧室 2 | 书房 | 阳台 | 合计 |
|---|---|---|---|---|---|---|---|---|
| A1 | 15.27 | 3.09 | 3.46 | 9.32 | 7.04 | | 1.82 | 40.00 |
| A2 | 22.83 | 2.94 | 3.92 | 7.04 | | | 1.80 | 38.53 |
| A3 | 15.27 | 2.90 | 3.54 | 9.00 | 7.37 | | 1.74 | 39.82 |
| B1 | 20.03 | 3.09 | 4.02 | 10.30 | 8.35 | | 1.99 | 47.78 |
| B2 | 20.03 | 3.09 | 3.67 | 10.30 | 8.35 | | 1.99 | 47.43 |
| C1 | 20.70 | 4.09 | 4.43 | 10.63 | 8.67 | 5.96 | 2.05 | 56.53 |

钢框架—现浇钢筋混凝土核心筒结构各户型套内使用面积（单位：m²）　表 10-3

| 户型 | 客厅 | 卫生间 | 厨房 | 卧室 1 | 卧室 2 | 书房 | 阳台 | 合计 |
|---|---|---|---|---|---|---|---|---|
| A1 | 15.36 | 3.23 | 3.47 | 9.38 | 7.08 | | 1.92 | 40.44 |
| A2 | 23.15 | 2.99 | 4.02 | 7.09 | | | 2.00 | 39.25 |
| A3 | 15.36 | 3.04 | 3.58 | 9.05 | 7.49 | | 1.93 | 40.45 |
| B1 | 20.13 | 3.23 | 4.04 | 10.40 | 8.44 | | 2.18 | 48.42 |
| B2 | 20.13 | 3.23 | 3.72 | 10.40 | 8.44 | | 2.18 | 48.10 |
| C1 | 21.03 | 3.94 | 4.55 | 10.73 | 8.85 | 6.04 | 2.27 | 57.41 |

表 10-4 给出了两种结构总的套内使用面积增加量。

各户型套内使用面积比较　　表 10-4

| 户型 | 户数 | 剪力墙结构面积（m²） | 核心筒钢框架结构面积（m²） | 剪力墙结构总面积（m²） | 核心筒钢框架结构总面积（m²） | 增加面积（m²） |
|---|---|---|---|---|---|---|
| A1 | 100 | 40.00 | 40.44 | 4000.00 | 4044.00 | 44.00 |
| A2 | 158 | 38.53 | 39.25 | 6087.74 | 6201.50 | 113.76 |
| A3 | 42 | 39.82 | 40.45 | 1672.44 | 1698.90 | 26.46 |
| B1 | 60 | 47.78 | 48.42 | 2866.80 | 2905.20 | 38.40 |
| B2 | 30 | 47.43 | 48.10 | 1422.90 | 1443.00 | 20.10 |
| C1 | 100 | 56.53 | 57.41 | 5653.00 | 5741.00 | 88.00 |
| 合计 | | | | | | 330.72 |

通过分析，国强家园采用的装配式钢结构加 ALC 内外围护板材墙体的建筑方案，套内使用面积可增加 330.72m²，大大增加了住户的建筑使用空间。

### 10.1.3 结构设计

**1. 结构体系选型**

本工程地下 1 层，地上 15 层，结构高度 43.010m。结构设计使用年限为 50 年，安全等级为二级，结构重要性系数 1.0，抗震设防烈度为 6 度（0.05g），设计地震分组为第三组，建筑物场地土类别为Ⅳ类，特征周期 $T_g = 0.9s$，抗震设防类别为丙类，采用 CQC 振型反应谱法并考虑偶然偏心的影响，阻尼比取 0.04。基本风压为 $w_0 = 0.4kN/m^2$（重现期 50 年），地面粗糙度为 B 类，体型系数为 1.4，基本雪压为 $S_0 = 0.35kN/m^2$（重现期 50 年）。风和多遇地震作用下的层间位移角限值为 1/800，主梁挠度限值 $L/400$；次梁挠度限值 $L/250$，梁柱应力比限值 0.9，扭平周期比限值 0.85，层间位移比限值 1.5。

项目所在地属于低烈度区。若采用钢框架—支撑结构体系，不仅用钢量高，其刚度小，在风荷载作用下就有较大的变形，顶点风振加速度相对较大，舒适性相对较差。且外墙设置支撑时会影响窗户布置，内墙布置支撑时也会占用较多的房间使用面积。若采用钢框架—现浇钢筋混凝土核心筒结构体系，钢筋混凝土剪力墙抗侧刚度大，并且在风荷载作用下的变形小，顶点风振加速度小，舒适性好，同时也具有较好的经济性。

因此本工程地下室部分采用混凝土框架—核心筒结构体系；地上部分采用钢框架—核心筒结构体系，为实现钢筋混凝土向钢结构过渡，钢柱延伸至基础顶部，负 1 层采用型钢混凝土柱。钢筋混凝土框架抗震等级为三级，钢框架抗震等级为四级，核心筒底部加强区范围为基础顶至地上 2 层，核心筒抗震等级为二级，其抗震构造措施取一级。本工程单位面积用钢量约 55kg/m²，在低烈度区具有较好的经济性基础采用桩筏基础，桩采用先张法预应力混凝土实心方桩基础。

**2. 结构计算模型**

在建筑竖向交通楼梯和电梯间周边布置厚度为 200mm 的钢筋混凝土剪力墙，并形成筒体。在南侧外墙处设置宽度 200mm、长度 300~400mm 的矩形钢管柱，为保证围护等配套部品部件的通用性，柱自下至上采用相同外轮廓尺寸，仅调整钢管壁厚；钢梁采用热轧和焊接 H 形钢，并全部统一钢梁的截面高度和翼缘宽度，通过调整钢板厚度满足不同承载力的要求。这样不仅梁柱节点连接较为标准统一，同时也便于墙板安装，更容易实现结构构件和部品部件的标准化、通用化。图 10-8 为项目的结构计算三维模型；图 10-9 为项目标准层的结构布置图。结构的构件截面规格见表 10-5 所列。

**3. 计算结果分析**

采用 PKPM SATWE V4.3 对该结构进行整体内力和变形计算，整体指标的计算结果如表 10-6 所示。

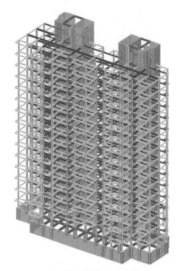

（*a*）结构计算三维模型

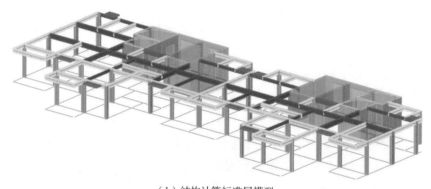

（*b*）结构计算标准层模型

图 10-8　项目的结构计算三维模型

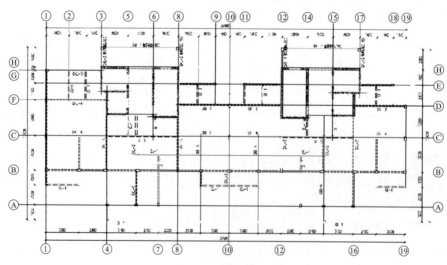

图 10-9　项目标准层的结构布置图

结构的构件截面规格表 表 10-5

| 构件 | 截面尺寸（mm） | 材质 | 类型 |
|---|---|---|---|
| 柱 1 | □ 200×300×12×12 | Q345B | 冷弯矩形钢管 |
| 柱 2 | □ 200×400×12×12 | Q345B | 冷弯矩形钢管 |
| 柱 3 | □ 200×400×16×16 | Q345B | 焊接箱型截面 |
| 柱 4 | □ 200×400×25×25 | Q345B | 焊接箱型截面 |
| 梁 1 | HN248×124×5×8 | Q345B | 热轧 H 形钢 |
| 梁 2 | H248×125×8×12 | Q345B | 焊接 H 形钢 |
| 梁 3 | H248×150×8×16 | Q345B | 焊接 H 形钢 |
| 梁 4 | H400×125×8×12 | Q345B | 焊接 H 形钢 |
| 梁 5 | H400×150×8×20 | Q345B | 焊接 H 形钢 |

整体指标计算结果 表 10-6

| 类型 | | 指标 | 规范限值 |
|---|---|---|---|
| 基本周期 | $T_1$（$X$ 向平动） | 1.79 | $T_3/T_1 = 0.73 < 0.85$ |
| | $T_2$（$Y$ 向平动） | 1.65 | |
| | $T_3$（扭转） | 1.30 | |
| 风荷载作用顶点加速度和层间位移角 | $X$ 顺风向顶点最大加速度 m/s$^2$ | 0.041 | < 0.15 |
| | $X$ 横风向顶点最大加速度 m/s$^2$ | 0.036 | |
| | $Y$ 顺风向顶点最大加速度 m/s$^2$ | 0.095 | |
| | $Y$ 横风向顶点最大加速度 m/s$^2$ | 0.080 | |
| | 最大层间位移角—$X$ 向 | 1/3101 | < 1/400 |
| | 最大层间位移角—$Y$ 向 | 1/1195 | |
| 地震作用下位移比和层间位移角 | $X$ 向位移比 | 1.12 | < 1.5 |
| | $Y$ 向位移比 | 1.39 | |
| | 最大层间位移角—$X$ 向 | 1/1139 | < 1/800 |
| | 最大层间位移角—$Y$ 向 | 1/1154 | |
| 刚重比 | $X$ 方向 | 3.54 | > 1.4 |
| | $Y$ 方向 | 4.01 | |

从计算结果可以看出，扭平周期比 $T_3/T_1 < 0.85$，位移比小于 1.5，说明结构具有较好的抗扭刚度。风荷载作用下 $X$、$Y$ 方向层间位移角分别为 1/3101 和 1/1195，远小于规范限值 1/800；风荷载作用下的最大风振加速度为 0.95m/s$^2$，远小于限值 0.15m/s$^2$，说明结构在正常使用情况下的变形和舒适度均接近于钢筋混凝土框

剪结构，具有较高的舒适度。地震作用下 $X$、$Y$ 方向层间位移角分别为 1/1139 和 1/1154，说明结构在地震作用下具有较好的刚度。刚重比大于 2.7，可不考虑重力二阶效应的影响，整体稳定性满足规范要求。

规定水平力下，钢筋混凝土核心筒分担的地震倾覆力矩百分比约 90%，钢框架所分担的地震剪力比例小于 10%，根据规范将每层钢框架分担的地震剪力标准值调整到结构底部总地震剪力标准值的 15%，同时要求核心筒承担全部地震剪力，且墙体抗震构造措施的抗震等级提高一级，核心筒底部加强部位分布钢筋的最小配筋率不小于 0.35%，其他部位的分布筋不小于 0.30%。

4. 节点设计

钢结构连接节点是钢结构工程设计的一大重点和难点，节点设计好坏，不仅影响构件传力效果和施工难度以及连接节点的标准化和通用化；同时也影响与主体结构连接的围护结构、设备管线以及内装的标准化和通用化。所以节点设计应通盘考虑，尽量做到标准统一。

（1）梁与柱连接节点

矩形钢管柱设置内隔板，通过悬臂梁段与 H 形钢梁采用栓焊混合刚性连接。翼缘采用焊缝连接，腹板采用高强度螺栓双剪连接。本工程，高度相同的梁均采用图 10-10 所示的通用连接节点。

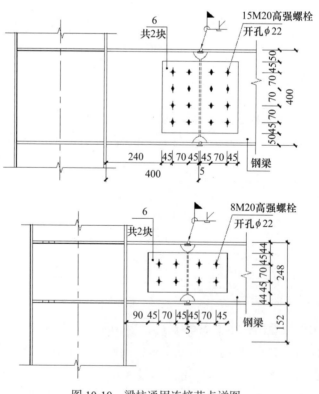

图 10-10　梁柱通用连接节点详图

（2）钢梁与核心筒连接节点

剪力墙面外刚度和承载力较低，为尽量减少剪力墙面外受力，钢梁与钢剪力墙连接仅腹板采用高强度螺栓柔性连接。为满足剪力墙施工偏差的要求，采用长圆孔连接。本工程高度相同的梁与剪力墙的连接节点均采用如图 10-11 所示的通用连接节点。

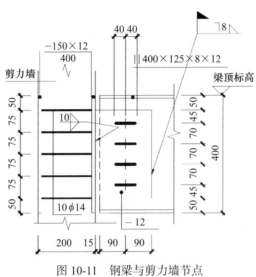

图 10-11　钢梁与剪力墙节点

（3）钢结构次梁与主梁连接节点

钢结构次梁通过腹板采用高强螺栓摩擦型连接与钢结构主梁铰接，为便于次梁安装，采用如图 10-12 所示连接板外伸的节点形式。螺栓采用单排单剪，螺栓数量按照次梁规格统一确定，以保证节点的通用性。

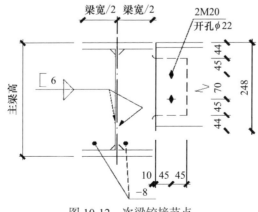

图 10-12　次梁铰接节点

（4）钢柱柱脚节点

为保证框架柱由钢筋混凝土柱向钢柱过渡，并保证钢柱可靠锚固，钢柱从首层地面伸至地下一层，以形成型钢混凝土过渡层。要求外包混凝土厚度不小于200mm，埋入混凝土部分的钢柱全长范围内设置栓钉，直径19mm，间距150mm，如图10-13所示。

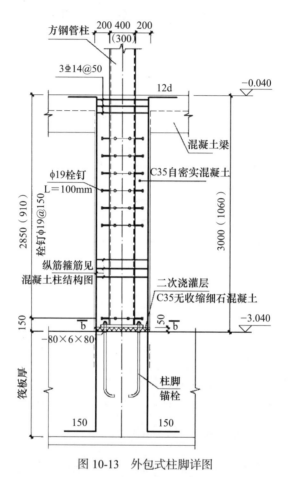

图 10-13　外包式柱脚详图

### 10.1.4　BIM 技术应用

本项目通过建立虚拟的建筑工程三维模型，利用数字化技术，为这个模型提供完整的、与实际情况一致的建筑工程信息库。在三维可视化基础上利用 Revit 细化方案，完善 BIM 模型，协同各专业进行施工设计。大大提高了建筑工程的信息集成化程度，从而为项目的相关利益方提供了一个工程信息交换和共享的平台。

1. 建筑可视化

本项目在设计过程中根据建筑的实际方案与构件确切尺寸建立 BIM 模型、并随方案更改与细化及时完善，将以往的二维线条式的构件形成三维的立体实物图形展示在人们的面前。较之传统效果图（图 10-14），BIM 为设计师及业主提供了更真实的建筑样貌参考（图 10-15），能够同构件之间形成互动性和反馈性的可视化，不仅可以用作效果图展示，而且在项目设计、建造、运营过程中的沟通、讨论、决策都在可视化的状态下进行，更加便于讨论雕琢。项目由抽象的图纸变为具象的模型，更便于直观的观察，不再需要去想象；对于复杂的构造，可大大减小读图人员的难度。

图 10-14　传统效果图

图 10-15　BIM 三维图

**2. 各专业间协调**

在项目设计阶段，往往由于各专业设计师均为在建筑图纸基础上进行绘制，各专业间沟通没有及时到位，管线交叉、净空不足，抑或结构承重构件阻碍管线布置的问题时有发生（图 10-16），而传统方式遇到诸如此类的错漏碰缺问题的协调解决，只能在项目实施过程出现问题之后才能进行。项目的施工过程中一旦遇到了问题，就要将各专业有关人士组织起来开协调会，找到问题发生的原因并拟定解决办法，进而出具变更，做出相应补救措施等来解决问题。

本项目在建造前期设计阶段，通过建立带有构件的几何信息、专业属性及状态信息的三维 BIM 模型，运用软件进行分析，对各专业的碰撞问题进行协调，生成协调数据，查找出问题并在项目实施前进行解决，避免施工过程中的返工现象，节省了时间与成本。

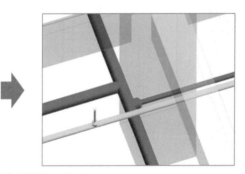

图 10-16　管线碰撞检查修正

**3. 模拟施工建造优化施工方案**

本项目不仅模拟建立出建筑物的三维模型，并且在此基础上加上了时间维度，根据施工的组织设计对施工方案进行实时、交互和逼真的模拟，进而对已有的施工方案进行验证、优化和完善，合理安排施工顺序，在劳动力、材料物资及资金消耗最少的情况下，按规定工期完成拟建工程施工任务，制定出合理的施工方案来指导施工。在对施工过程进行三维模拟操作中（图10-17），能预知在实际施工过程中可能碰到的问题，提前避免和减少返工以及资源浪费的现象，优化施工方案，合理配置施工资源，节省施工成本，加快施工进度，控制施工质量，达到提高建筑施工效率的目的。

图 10-17　模拟施工建造过程

### 4. 节点详图设计

本项目在建立的三维模型基础上，对节点进行了细化设计，在此基础上进行图纸导出，经 CAD 简单加工，就有了准确的节点详图（图10-18），大大减小了设计绘图工作量；并且还可以生成材料明细表，生产车间可以直接下料制作，工程量更加准确，更便于成本控制。

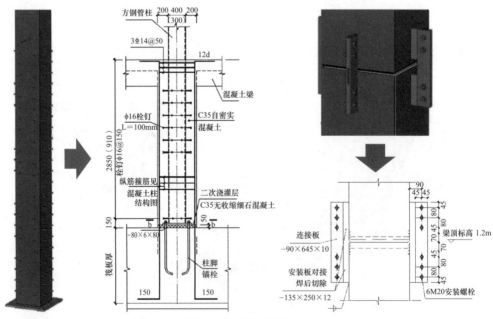

图 10-18　节点详图设计

## 10.1.5 现场施工照片

本项目由宝胜系统集成科技股份有限公司总承包公司同时负责项目的前期运营、施工设计、钢结构深化、钢结构加工安装、土建施工、水电安装以及室内装修施工等项目全程序的管理。EPC 工程总承包管理模式是推进装配式建筑一体化、全过程、系统性管理的重要途径和手段。可以整合产业链上下游的分工，解决工程建设切块分割、碎片化管理问题。将工程建设的全过程联结为一体化的完整产业链，以实现资源的优化配置。

相比于传统的设计与施工分离的承发包模式，EPC 工程总承包管理模式下设计、采购、施工各环节均由 EPC 总承包承担，可以有序地交叉进行；可以充分地发挥设计及其优化的主导作用，设计时能够充分考虑施工因素，便于后期施工；设计与施工进度协调能够深度交叉，这样能够大大的节省项目的建设周期及建设成本。

宝胜系统集成配备了相关专业化施工队伍，ALC 隔板的施工安装、钢结构的吊装以及钢筋桁架楼承板的安装选择信誉好，管理经验足，技术力量雄厚的专业队伍进行合作，严标准高要求打造精品项目。

1. 基础施工

项目的基础设计采用桩筏基础，采用大开挖的形式组织施工。施工如图 10-19 所示。

图 10-19　基础筏板及地下剪力墙施工图

2. 混凝土核心筒施工

核心筒为现浇混凝土剪力墙结构，采用的是传统的钢筋绑扎及支模施工工艺。施工如图 10-20 所示。

3. 钢结构施工

钢柱采用两层一根吊装，现场节点大部分采用高强螺栓连接，尽量避免现场焊接施工工作。施工如图 10-21 所示。

图 10-20　混凝土核心筒施工图

图 10-21　钢结构施工图

4. 钢筋桁架板施工

楼板体系采用可拆卸的钢筋桁架楼承板。该板是将楼板中的受力钢筋在工厂内焊接成钢筋桁架，并将钢筋桁架与镀锌钢板焊接成整体，形成模板和受力钢筋一体化建筑制品。钢筋桁架楼承板是在施工阶段能够承受湿混凝土及施工荷载，在使用阶段钢筋桁架成为混凝土配筋，承受使用荷载的技术。施工如图 10-22 所示。

图 10-22　钢筋桁架板施工图

5. ALC 板材安装

本项目均采用蒸压加气轻质混凝土板材（ALC 板）。该板材具有耐火、隔音、隔热、保温等良好的性能。钢梁采用 50mm 厚 ALC 包裹，既解决钢梁的防火问题，又填充了 H 形钢梁的缺口，使钢梁与墙板外平。解决钢梁外漏问题。钢柱喷涂防火涂料后与外墙板齐平，然后共同做外墙面层，做到钢柱不外露，完美的隐藏在外墙之中。施工如图 10-23 所示。

图 10-23　ALC 板材安装施工图

## 10.1.6　工程总结与思考

国强家园作为装配式钢结构住宅项目的试点，在满足住宅使用功能需要方面做了一些工作。首先是解决结构构件漏梁漏柱问题，本项目采用钢框架—现浇钢筋混凝土核心筒结构，所有钢柱均布置在外墙位置，一方面实现室内建筑的大空间，同时也有利于钢柱的包裹与隐藏。压缩钢梁的翼缘宽度，减小内隔墙的厚度，尽量扩大建筑的可使用面积。另外在建筑的标准化、通用化设计方面做了一些工作。主结构的钢柱截面宽度固定在 200mm，规格也控制在四种之内。钢梁的高度仅有 250mm、400mm 两种规格，这样有利于 ALC 板材高度规格的统一。更有利于建筑装配化的实现。国强家园项目在装配式钢结构住宅建筑方面取得了一些经验，对钢结构装配式住宅建筑的发展具有积极意义，为装配式钢结构建筑的发展积累了经验。

# 10.2　宿迁市中心城区中小学建设项目

## 10.2.1　工程概况

宿迁市中心城区中小学建设项目 EPC 总承包共 11 所学校，主要分布在宿豫区、宿城区和经开区三个主城区内，其中厦门路学校位于宿迁市经济技术开发区，占地 149 亩，东侧为城市主干道——世纪大道，南侧为厦门路，西侧为湖州路，北侧为浦东路。为装配式钢结构建筑，结构体系为钢框架—支撑结构。厦门路学校项目总平面如图 10-24 所示，学校共有小学教学楼、小学实验楼、中学教学楼、合班教室、报告厅艺术楼、体育馆、图书馆、食堂 8 个主要单体，总建筑面积 8.8 万 m²。现以 1 号中学教学楼为例，对多层装配式钢结构建筑进行解析，建筑单体效果如图 10-25 所示，本栋建筑面积 1.561 万 m²，无地下室，地上 5 层，一层层高 4.8m，二至五层层高为 3.9m，建筑总高度 23.35m。平面布置图如图 10-26 所示。

图 10-24　项目总平面鸟瞰图

图 10-25　1 号中学教学楼单体效果图

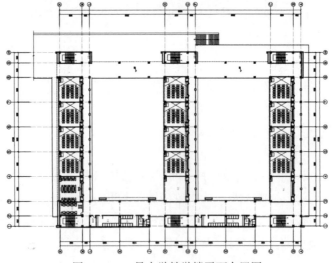

图 10-26　1 号中学教学楼平面布置图

1号中学教学楼为装配式钢结构建筑，内隔墙及走廊通道处的外墙采用预制墙板。根据《装配式建筑评价标准》GB/T 51129，该单体装配率为71.5%。具体各评分项得分如表10-7所示。

$$P = \frac{Q_1 + Q_2 + Q_3}{100 - Q_4} = \frac{50 + 7 + 6}{100 - 12} \times 100\% = 71.5\%$$

装配率计算 表10-7

| 评价项 | | 评价要求 | 评价分值 | 得分 |
|---|---|---|---|---|
| 主体结构<br>（50分） | 柱、支撑、承重墙、延性墙板等竖向构件 | 30%≤比例≤80% | 20～30 | 30 |
| | 梁、板、楼梯、阳台、空调板等构件 | 70%≤比例≤80% | 10～20 | 20 |
| 围护墙和<br>内隔墙<br>（20分） | 非承重围护墙非砌筑 | 比例≥80% | 5 | 0 |
| | 围护墙与保温、隔热、装饰一体化 | 50%≤比例≤80% | 2～5 | 0 |
| | 内隔墙非砌筑 | 比例≥50% | 5 | 5 |
| | 内隔墙与管线、装修一体化 | 50%≤比例≤80% | 2～5 | 2 |
| 装修和<br>设备管线<br>（30分） | 全装修 | — | 6 | 6 |
| | 干式工法楼面、地面 | 比例≥70% | 6 | — |
| | 集成厨房 | 70%≤比例≤90% | 3～6 | — |
| | 集成卫生间 | 70%≤比例≤90% | 3～6 | 0 |
| | 管线分离 | 50%≤比例≤70% | 4～6 | 0 |

## 10.2.2 建筑设计

中学教学楼采用标准化模块装配设计，优化配置模块单元，统一材料规格，提高生产和安装效率，降低建造成本，同时大大缩短了施工周期。

首先，控制立面层高。除底层考虑消防车通道为4.8m外，其余均采用3.9m，更好的统一了各层竖向钢构件的高度规格，预制填充墙板的高度规格，楼梯间梯段的标准规格，加快了生产和安装的效率，节省了施工的时间成本。

其次，合理进行平面模块化布置。通过平面的模块化设置，有利于对单元模块进行精准优化配置，对墙顶地的用材用料精确策划。本教学楼仅两种类型教室，即普通教室和专业教室。标准普通教室尺寸采用9.6m×8.7m，专业教室尺寸采用12.8m×8.7m，如图10-27所示。整栋教学楼普通教室数量共36间，专业教室为12间，普通教室单元占比75%。男女卫生间也采用标准单元设计，如图10-28所示，男卫平面尺寸4.8m×4.5m，共10间。女卫平面尺寸6.0m×4.8m，共10间，设计统一平面布置，方便集成安装。

同时对立面窗体、空调板等规格进行了标准模块化设计，统一规格和尺寸，减少种类（图10-29～图10-31）。

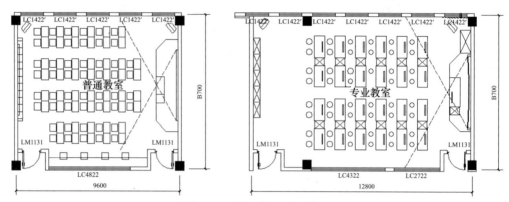

图 10-27　教室标准单元模块

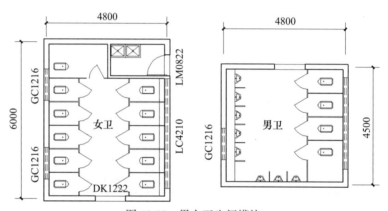

图 10-28　男女卫生间模块

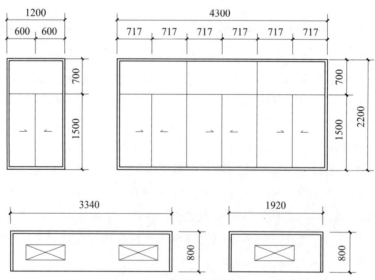

图 10-29　窗房及空调板模块

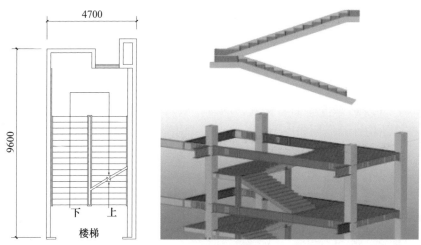

图 10-30 楼梯间模块

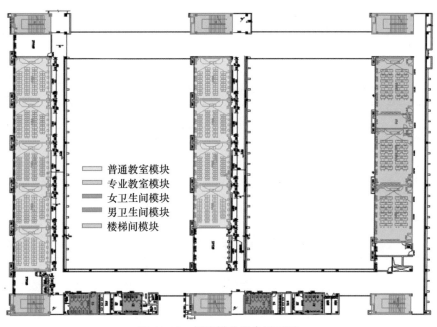

普通教室模块
专业教室模块
女卫生间模块
男卫生间模块
楼梯间模块

图 10-31 标准模块组合平面图

## 10.2.3 结构设计

本工程设计使用年限为 50 年,宿迁城区抗震设防烈度为 8 度(0.3g),结构安全等级一级,根据根据《建筑抗震设计规范》GB 50011 第 6.1.2 条以及《建筑工程抗震设防分类标准》GB 50223 第 6.0.8 条规定,学校类建筑抗震设防类别为重点设防,框架抗震等级为二级,构造措施抗震等级为一级。通过对上部结构纯钢框架结构及钢框架—支撑结构两种结构体系进行对比分析,采用钢框架—支撑结构体系,整体含钢量能减少 10% 左右,所以本项目最终选取了钢框架—支撑的结构体系。钢材采用 Q355B，主体钢结构以热轧构件为主，焊接构件为辅，钢梁采用 H 形截面，钢柱及斜撑采用箱形截面，美观适用。楼板采用 120mm 厚钢筋桁架楼承板，内外预制墙板采用 200mm 厚 ALC 墙板。结构三维计算模型图如图 10-32 所示。根据《建筑工程抗震设防分类标准》GB 50223 第 4.1.1 条，本工程主要荷载取值如表 10-8 所示，通过优化计算分析及考虑加工安装的因素，最终结构主要构件尺寸选取如表 10-9 所示，整体结构计算周期如表 10-10 所示，结构位移角计算位移如表 10-11 所示。

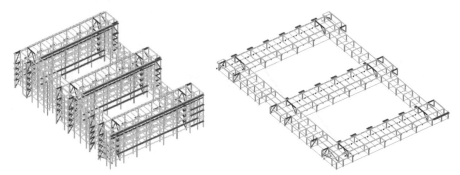

图 10-32　结构三维计算模型图

主要荷载取值　　　　　　　　　　　　　　　　表 10-8

| 类别 | 荷载取值 | 类别 | 荷载取值 |
| --- | --- | --- | --- |
| 基本风压 | 0.40 kN/m² | 走廊、楼梯间 | 3.5kN/m² |
| 基本雪压 | 0.40 kN/m² | 卫生间 | 8.0kN/m² |
| 办公室 | 2.0 kN/m² | 屋顶花园 | 5.0kN/m² |
| 教室 | 2.5 kN/m² | 电梯机房 | 7.0kN/m² |

结构主要构件尺寸　　　　　　　　　　　　　　表 10-9

| 构件 | 截面尺寸（mm） | 材质 | 重复率 |
| --- | --- | --- | --- |
| H 形钢梁 | HM550×300×11×18 | Q355B | 24% |
| | HN400×200×8×13 | Q355B | 18% |
| | HN450×200×9×14 | Q355B | 11% |
| | HN500×200×10×16 | Q355B | 9% |
| | HN300×150×6.5×9 | Q355B | 18% |
| 箱型柱 | □ 400×400×14×14 | Q355B | 32% |
| | □ 450×450×16×16 | Q355B | 23% |
| | □ 450×450×20×20 | Q355B | 16% |

| 构件 | 截面尺寸（mm） | 材质 | 重复率 |
|---|---|---|---|
| 箱型支撑 | □ 250×250×20×20 | Q355B | 28% |
| | □ 300×300×16×16 | Q355B | 24% |
| | □ 300×300×22×22 | Q355B | 12% |

**结构周期** 表 10-10

| 振型 | 周期（S） | 转角（度） | 平动系数 | 扭转系数 |
|---|---|---|---|---|
| 1 | 1.0183 | 179.54 | 0.99（0.99 + 0.00） | 0.01 |
| 2 | 0.9088 | 92.51 | 0.98（0.00 + 0.98） | 0.02 |
| 3 | 0.7336 | 97.25 | 0.10（0.03 + 0.07） | 0.90 |

**结构位移角** 表 10-11

| 荷载类型 | $x$ 向 | $y$ 向 | 规范限值 |
|---|---|---|---|
| 风荷载作用下的弹性位移角 | 1/3813 | 1/8728 | W1/250 |
| 地震作用下的弹性位移 | 1/265 | 1/394 | W1/250 |

根据结构计算模型及结构施工图进行结构加工深化设计，图 10-33 为钢结构深化后的安装节点模型。图 10-34 为桁架楼承板装配节点图。图 10-35 为现场安装施工图。

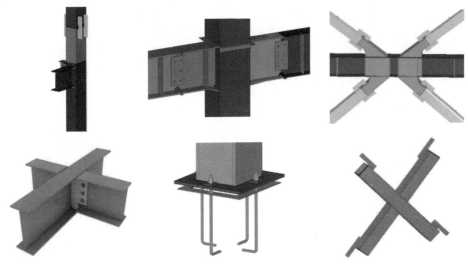

图 10-33 钢结构深化后的安装节点模型

图 10-34　桁架楼承板装配节点图

图 10-35　现场安装施工图

　　学校类建筑楼梯间经常设置在外侧，为避免外墙保温系统在钢结构处产生冷桥现象，钢结构建筑外墙通常外贴钢结构设置，钢支撑会暴露在楼梯间，需要进行墙板包裹隐蔽。如图 10-36 所示。

图 10-36　楼梯间处支撑安装及包裹隐蔽图

## 10.2.4　围护结构设计

　　本项目建筑平面设计结合预制墙板的规格尺寸，采用 3nM 和 5nM 的标准模数布置，有利于预制墙体的排布。教学楼内隔墙均采用预制墙板，走廊、楼梯通道处的外墙采用预制墙板，其余外墙采用加气混凝土砌块砌筑。通过对陶粒板、硫氧镁板和加气混凝土板的材料性能进行比较分板，最终本项目选择蒸压加气混凝土板（ALC 板）作为装配式墙板，ALC 墙体重量轻，强度较高，防火隔音效果较好，市场应用也比较成熟，是装配式建筑优选预制墙体。

ALC 墙板采用企口拼缝，底部采用管卡，顶部用 U 形卡槽与主体结构连接，施工简单，安装快捷。墙板内可预留预埋开关、线盒、线管等。图 10-37 为预制墙板平面布置图。图 10-38 至图 10-42 为预制墙板安装节点图。

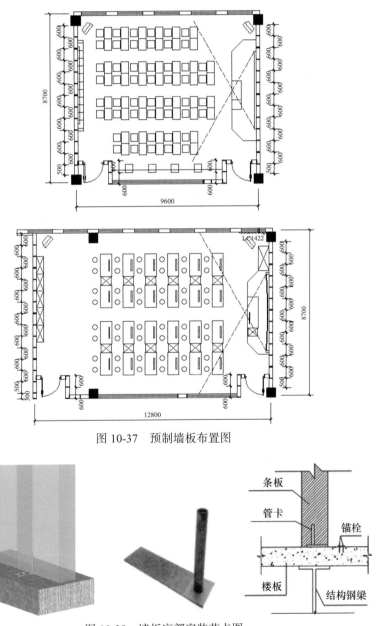

图 10-37　预制墙板布置图

图 10-38　墙板底部安装节点图

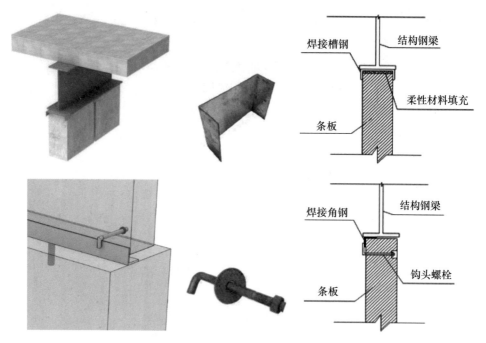

图 10-39　墙板顶部安装节点图

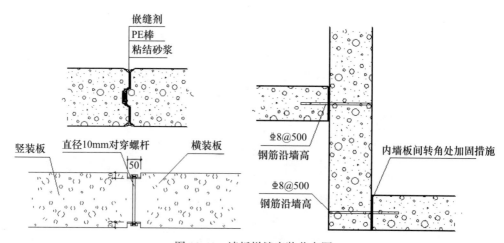

图 10-40　墙板拼缝安装节点图

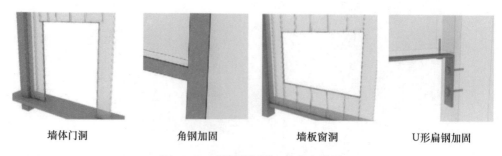

图 10-41　预制墙板洞口节点安装图

图 10-42　预制墙板现场安装图

## 10.2.5　内装设计

本工程采用全装修设计标准，并同时应用集成厨房、集成卫生间、管线与结构分离装配式方案等。具体设计内容和材料做法如表 10-12 所示。

内装标准做法　　　　　　　　　　　　表 10-12

| 房间 | 地面 | 墙面 | 顶面 | 备注 |
|---|---|---|---|---|
| 教室 | 地砖 | 1400mm 以上乳胶漆<br>1200mm 以下墙砖墙裙 | 石膏板和矿棉板吊顶 | 根据不同教室功能，吊顶形式多变 |
| 办公室 | 地砖 | 乳胶漆 | 石膏板吊顶 | 局部叠级吊顶 |
| 卫生间 | 防滑地砖 | 墙砖满铺 | 铝扣板吊顶 | 蹲坑两步抬高，木质隔断分隔 |
| 走廊 | 防滑地砖 | 1400mm 以上乳胶漆<br>1400mm 以下墙砖墙裙 | 铝方通吊顶 | |
| 楼梯间 | 水磨石 | 1400mm 以上乳胶漆<br>1400mm 以下墙砖墙裙 | 氟碳漆 | |

全装修是功能空间的固定面装修和设备设施安装全部完成，达到建筑使用功能和建筑性能的基本要求。设计过程中考虑装配式装修理念，通过以下四方面进行协同施工：① 标准化设计：建筑设计与装修设计一体化模数，BIM 模型协同设计；验证建筑、设备、管线与装修零冲突。② 工业化生产：产品统一部品化、部品统一型号规格、部品统一设计标准。③ 装配化施工：由产业工人现场装配，通过工厂化管理规范装配动作和程序。④ 信息化协同：部品标准化、模块化、模数化，从测量数据与工厂智造协同，现场进度与工程配送协同。各空间装修效果图展示如图 10-43～图 10-46 所示。

图 10-43　普通教室吊顶图

图 10-44　专业教室吊顶图

图 10-45　卫生间吊顶图

图 10-46　走廊吊顶图

### 10.2.6　BIM 技术应用

教学楼建筑综合管线错综复杂，对其进行 BIM 深化设计，将复杂的管线以三维的形式直观地表达出来，用以指导现场施工，能有效提高施工效率，减少返工。通过 BIM 模型，找出机电、管线、梁之间的碰撞，通过碰撞点对管线进行综合优化，检查安装净空高度，便于施工，避免返工（图 10-47～图 10-48）。

图 10-47　水平综合管线

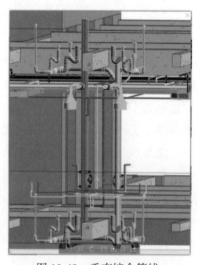

图 10-48　垂直综合管线

### 10.2.7 现场施工图片

项目施工现场如图 10-49 所示。

图 10-49　项目施工现场图

### 10.2.8　工程总结与思考

近年来，装配式钢结构建筑被广泛应用到学校、医院、展馆等建筑中。经过理论和实践过程分析，钢结构建筑具有以下几点优势：① 钢结构建设周期短。钢结构生产工业化程度高，构件均在工厂提前加工，现场拼接吊装，工期短，效率高。② 抗震抗冲击性能好。钢结构强度高，塑性韧性好，抗震性能优越。③ 综合成本低。与传统钢筋混凝土结构相比，钢结构重量轻，对基础要求较低，降低基础成本。主体虽然大量使用钢材，钢材成本高，但节省了大量水泥、模板等辅材辅料，所需的人工数量也大幅减少。工厂加工显著减低了现场加工难度，提高施工速度。综合成本大幅降低。④ 钢结构容易满足国家装配式建筑要求，预制墙板、楼板、楼梯板与钢结构方面连接，装配率极易达到要求。⑤ 钢材含量高，回收利用率大。装配式钢结构建筑，改造灵活，拆迁钢材，标准构件可二次回收利用，节约资源成本。⑥ 有效使用空间大。钢结构强度高，韧性好，构件截面较钢筋混凝土结构较小，空间利用率较大。⑦ 绿色环保。钢结构较混凝土结构产生较少的建设和拆迁垃圾。施工过程无粉尘，对周围环境污染小。

# 10.3　南京江北新区人才公寓项目3号楼

### 10.3.1　工程概况

南京江北新区人才公寓项目位于南京市浦口区顶山街道吉庆路以东、现状河道以南、珍珠南路以西、迎江路以北，项目总平面如图 10-50 所示。其中 3 号楼建筑效果如图 10-51 所示，该楼栋地下一层，地上 29 层，层高 3.3m，结构总高度 94.2m，建筑面积为 2.28 万 $m^2$，采用装配式组合结构体系（装配式钢框架＋混凝土剪力墙）。图 10-52 给出了标准层建筑平面图，图 10-53 给出了首层建筑平面图。

图 10-50　项目总平面图

图 10-51　3 号楼建筑效果图

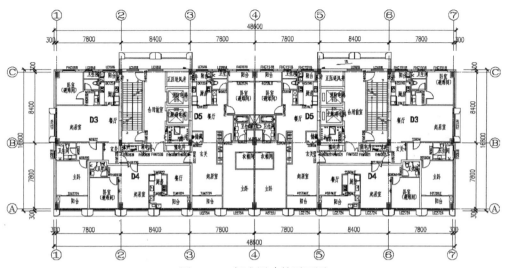

图 10-52 标准层建筑平面图

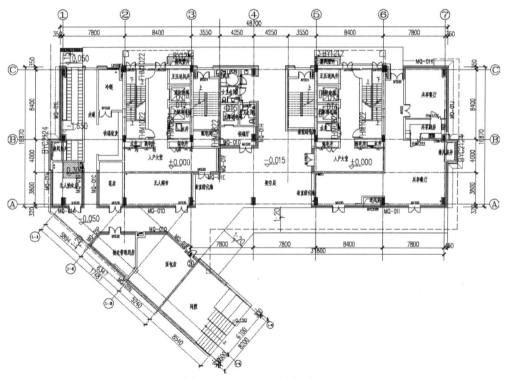

图 10-53 首层建筑平面图

项目预制装配率达到 82.72%，表 10-13 给出了本项目装配式技术配置情况，表 10-14 给出了本项目预制装配率具体计算情况。

| 系统分类 | | 技术配置选项 |
| --- | --- | --- |
| 主体结构 | 竖向构件 | 钢管混凝土柱 |
| | 水平构件 | 钢梁 |
| | | 钢筋桁架楼承板 |
| 围护墙和内隔墙 | 外围护构件 | 预制混凝土外墙挂墙板 |
| | | GRC 单元式幕墙 |
| | 内隔墙构件 | 轻钢龙骨石膏板隔墙 |
| | | 钢筋陶粒混凝土轻质墙板 |
| 装修和设备管线 | | 全装修 |
| | | 集成式卫生间 |
| | | 集成式厨房 |
| | | 楼地面干式铺装 |
| | | 管线分离 |

预制装配率计算 表 10-14

| 技术配置选项 | | 项目实施情况 | 长度或面积 | 对应部分总长度或面积 | 比例 | 权重 | | $a_i Z_i$ |
| --- | --- | --- | --- | --- | --- | --- | --- | --- |
| 主体结构 | 型钢柱 | 1~29层 | 0 | 978m | 67.76% | 0.7 | 0.45 | 29.87% |
| | 钢管混凝土柱 | 1~29层 | 1467m | 1467m | | | | |
| | 合计 | | 1467m | 2445m | | | | |
| | 钢梁 | 2~29层 | 8493m | 9735m | | | | |
| | 剪力墙 | 1~29层 | 0 | 8359m² | 63.15% | 0.3 | | |
| | 钢筋桁架叠合板 | 2~29层 | 19066m² | 20615m² | | | | |
| | 预制混凝土楼梯 | 1~29层 | 0 | 1218m² | | | | |
| | 合计 | | 19066m² | 30192m² | | | | |
| 外围护和内隔墙 | 单元式幕墙 | 1~29层 | 8760m² | 8760m² | 98.70% | 0.25 | | 24.67% |
| | 轻钢龙骨石膏板隔墙 | 1~29层 | 24613m² | 25054m² | | | | |
| | 合计 | | 33373m² | 33814m² | | | | |
| 装修和设备管线 | 全装修 | 1~29层 | | | 100% | 0.35 | 0.3 | 28.17% |
| | 集成式厨房 | 2~29层 | 786m² | 786m² | 100% | 0.25 | | |
| | 集成式卫生间 | 2~29层 | 1982m² | 1982m² | | | | |
| | 合计 | | 2768m² | 2768m² | | | | |
| | 楼地面干式铺装 | 1~29层 | 11545m² | 13444m² | 85.88% | 0.3 | | |
| | 管线分离 | 1~29层 | 13970m² | 17150m² | 81.46% | 0.1 | | |
| 预制装配率 | | | | | | | | 82.72% |

注：计算依据《江苏省装配式建筑综合评定标准》DB32/T 3753。

## 10.3.2 建筑设计

平面轴线尺寸取 7.8m 为基本模数，围绕标准化核心筒布置多变户型，如图 10-54 所示。户型内部以 3 为模数进行空间划分，利用轻钢龙骨轻质隔墙、管线分离、架空楼面等"SI"内装体系灵活布置户型，提供多种可能性。左右核心筒均满足自然采光通风要求，设置垂直健身跑道，在第 13、23 层通过空中花园互相联通，在楼栋内提供健身场所。建筑功能分区如图 10-55 所示。

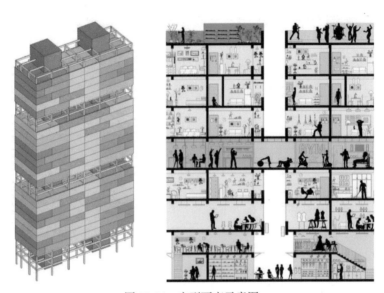

图 10-54　户型可变示意图

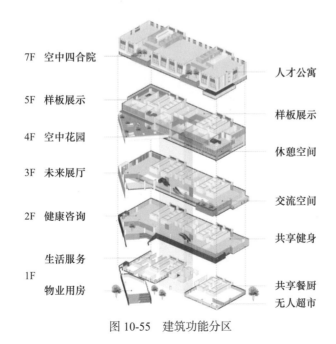

| 7F | 空中四合院 | 人才公寓 |
| 5F | 样板展示 | 样板展示 |
| 4F | 空中花园 | 休憩空间 |
| 3F | 未来展厅 | 交流空间 |
| 2F | 健康咨询 | 共享健身 |
| 1F | 生活服务 物业用房 | 共享餐厨 无人超市 |

图 10-55　建筑功能分区

（1）平面模块化设计

采用建筑平面模块化设计，高层以 8 种户型拼接（表 10-15），组合成 4 种单元形式（图 10-56、图 10-57）。

户型概况 表 10-15

| 户型 | 套型 | 套内面积（m$^2$） | 建筑面积（m$^2$） | 公摊面积（m$^2$） |
|------|------|-----------------|-----------------|-----------------|
| D1 | 四室两厅三卫 | 152.52 | 207.17 | 46.69 |
| D2 | 三室两厅三卫 | 155.29 | 206.57 | 46.56 |
| D3 | 两室两厅两卫 | 110.95 | 150.29 | 33.87 |
| D4 | 两室一厅一卫 | 68.4 | 92.91 | 20.94 |
| D5 | 两室两厅两卫 | 128.46 | 170.54 | 38.44 |
| D6 | 四室两厅三卫 | 184.18 | 281.64 | 93.25 |
| D7 | 两室两厅三卫 | 132.19 | 178.73 | 40.28 |
| D8 | 一室一厅一卫 | 47.15 | 64.47 | 14.53 |

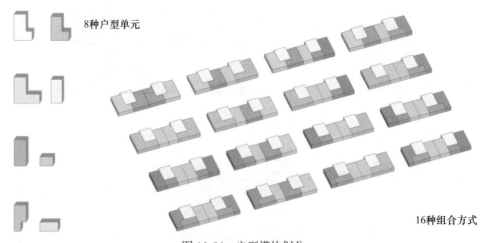

图 10-56 户型模块划分

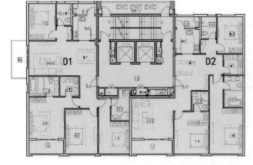
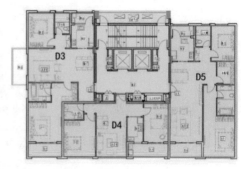

图 10-57 不同户型的组合方式（一）

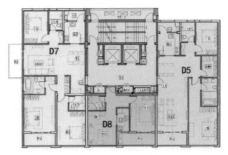

图 10-57　不同户型的组合方式（二）

（2）立面模块化设计

住宅南立面设计为一个多功能表皮系统，实现保温（高性能玻璃幕墙）、采光（南向大窗墙比）、通风（开启率35%以上）、遮阳（GRC构件水平和垂直综合遮阳），以及太阳能光伏薄膜一体化五大功能集成。通过工业化的处理手法，使用标准化GRC模块与标准化玻璃幕墙组合构件，构件尺寸模数化，以两层为一个基本单元模块进行拼接，如图10-58所示。

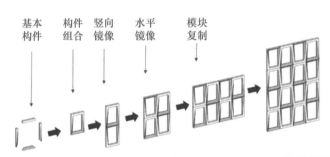

图 10-58　南立面 GRC 单元幕墙

东西山墙以预制混凝土外墙挂板为主，插入南立面的标准化GRC模块与标准化玻璃幕墙组合构件。预制混凝土外墙挂板竖向高度均为3275mm，板宽分为两种：3962mm、4380mm。墙板总厚度为150mm，墙板板身采用凹凸处理，120mm＋30mm板厚相互间隔分布，凹凸部分采用不同质感外墙涂料。

北立面墙板采用墙板—外窗一体化设计，墙板拆分后高度均为3275mm，合计三种板宽：2975mm、2400mm、2663mm。北侧墙板板厚150mm。根据外窗位置在板面开槽（开槽尺寸20mm×20mm），对墙板进行分隔，并根据立面效果涂抹涂料。

（3）集成化核心筒设计

采用集成化核心筒，将本栋所有竖向管线系统（水、电、通风、新风等）全部集成于核心筒周围，套内仅设横向管线，便于套型的重新调整组合（图10-59）。同时，核心筒开间宽度与住宅部分协调一致，保证外墙板的模数统一协调。项目以7.8m为基本模数，将厨房、卫生间与次卧组成标准厨卫组合模块，分别在四种户型中应用，形成标准化、模块化设计。

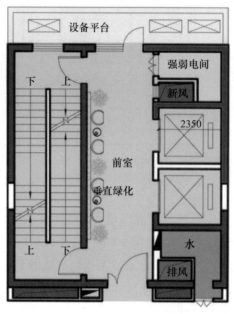
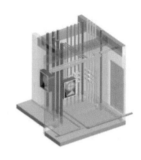

图 10-59　集成化核心筒设计

### 10.3.3　结构设计

本项目为百年居住建筑，与设计年限为 50 年的住宅相比，百年住宅需要调整以下参数：① 根据《建筑结构可靠性设计统一标准》GB 50068 第 8.2.10 条，结构重要性系数应取 1.1。② 根据《建筑抗震设计规范》GB 50011 第 3.10.3 条条文说明中给出的调整系数进行地震力的调整，放大 1.3～1.4 倍。③《建筑结构荷载规范》GB 50009 中根据活荷载按设计使用年限定义的标准值与按设计基准期 $T$（50 年）定义的标准值具有相同概率分布的分位值的原则，来确定活荷载考虑设计使用年限的调整系数，并给出了考虑设计使用年限 100 年时的调整系数取 1.1。④ 基本雪压与基本风压均按《建筑结构荷载规范》GB 50009 中 100 年重现期取值。⑤ 根据《混凝土结构设计规范》GB 50010，设计使用年限为 100 年时，混凝土保护层厚度与 50 年相比应相应提高 40%。综上，百年居住建筑设计参数汇总如表 10-16 所示。

百年住宅主要设计参数　　　　　　　　　　　　　　　表 10-16

| 参数指标 | 设计使用年限 50 年 | 设计使用年限 100 年 |
|---|---|---|
| 钢筋保护层厚度 | a 类环境下，墙和板保护层厚度取 20mm，梁和柱保护层厚度取 25mm | 设计使用年限 50 年时的 1.4 倍；a 类环境下，墙和板保护层厚度取 28mm，梁和柱保护层厚度取 35mm |
| 活荷载取值 | 设计使用年限调整系数取 1.0 | 设计使用年限调整系数取 1.1 |
| 地震作用取值 | 全楼地震作用放大系数取 1.0 | 全楼地震作用放大系数取 1.4 |

| 参数指标 | 设计使用年限 50 年 | 设计使用年限 100 年 |
|---|---|---|
| 基本风压 | 0.40kN/m² | 0.45kN/m² |
| 基本雪压 | 0.65kN/m² | 0.75kN/m² |

核心筒剪力墙采用现浇钢筋混凝土剪力墙；基础采用桩筏基础；柱采用矩形钢管混凝土柱和型钢混凝土柱；钢梁采用焊接 H 形钢梁，采用悬臂段栓焊刚接连接方式，必要时为实现"强柱弱梁"，可采取加焊盖板和犬骨式梁端连接等措施。H 形钢梁之间刚接，采用栓焊刚接连接方式。采用矩形钢管混凝土刚接柱脚。结构三维模型如图 10-60 所示，结构标准层平面布置如图 10-61 所示，关键节点大样如图 10-62～图 10-64 所示，具体结构构件尺寸如表 10-17 所示，结构计算指标如表 10-18～表 10-20 所示。

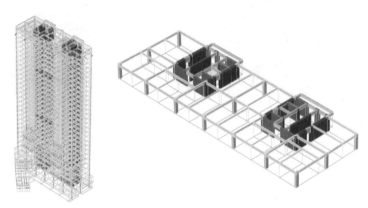

图 10-60　结构三维模型

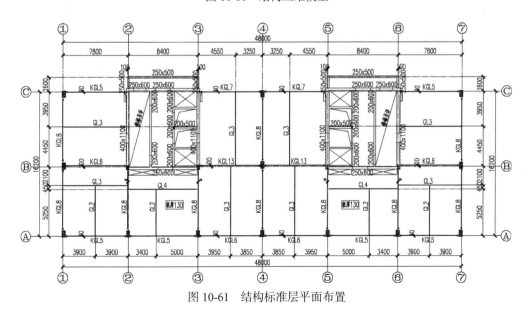

图 10-61　结构标准层平面布置

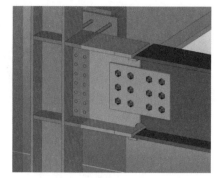

图 10-62 梁柱连接节点

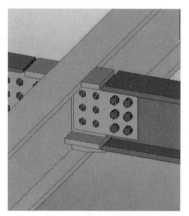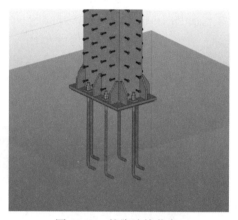

图 10-63 主次梁连接节点　　　　图 10-64 柱脚连接节点

结构构件尺寸　　　　　　　　　　　　　　表 10-17

| 构件 | 截面尺寸（mm） | 材质 |
|---|---|---|
| 钢梁 1 | H400×200×18×30 | Q345B |
| 钢梁 2 | H300×200×10×18 | Q345B |
| 钢梁 3 | H600×250×16×20 | Q345B |
| 钢梁 4 | H700×300×20×30 | Q345B |
| 矩形钢管混凝土柱 | □ 400～500×700～900×20×20 | Q345B + C60～C40 |
| 型钢混凝土柱 | □ 500～650×600～800 | Q345B + C60～C40 |

结构周期　　　　　　　　　　　　　　表 10-18

| 振型 | 周期（S） | 转角（度） | 平动系数 | 扭转系数 |
|---|---|---|---|---|
| 1 | 3.0366 | 2.50 | 0.98（0.97 + 0.00） | 0.02 |
| 2 | 2.9088 | 92.51 | 1.00（0.00 + 1.00） | 0.00 |
| 3 | 2.2876 | 2.25 | 0.03（0.03 + 0.00） | 0.97 |

| 结构剪力及倾覆力矩 | | | 表 10-19 |
|---|---|---|---|
| | $x$ 向 | $y$ 向 | 限值 |
| 底部地震剪力（kN） | 7212.89 | 8523.82 | — |
| 底部地震倾覆力矩（kN·m） | 384465.29 | 396909.65 | — |
| 底部地震剪力系数 | 2.287% | 2.703% | ≥ 1.6% |
| 有效质量系数 | 97.70% | 97.68% | ≥ 90% |

| 结构位移角 | | | 表 10-20 |
|---|---|---|---|
| | $x$ 向 | $y$ 向 | 规范限值 |
| 风荷载作用下的弹性位移角 | 1/2420 | 1/826 | ≤ 1/800 |
| 地震作用下的弹性位移 | 1/830 | 1/802 | ≤ 1/800 |

## 10.3.4 围护结构设计

项目北立面及东西山墙外围护结构采用预制混凝土外挂墙板，如图 10-65 所示。

（a）北立面效果图

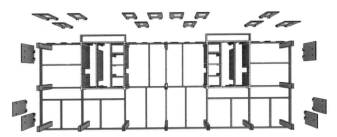

（b）预制混凝土外挂墙板拆分

（c）预制混凝土外挂墙板构件效果图

图 10-65  北立面及东西山墙预制混凝土外挂墙板

某预制混凝土外挂墙板大样如图 10-66 所示。

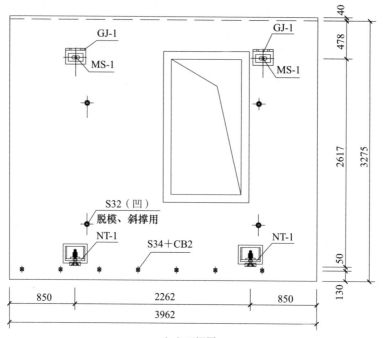

（a）正视图

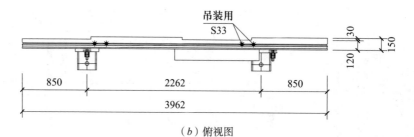

（b）俯视图

（c）三维图

图 10-66　预制混凝土外挂墙板大样

| 运动模式选择原则 | | 表 10-21 |
|---|---|---|
| 运动模式 | 选择原则 | |
| 平移式 | 外挂墙板适用于整间板，适合板宽大于板高的情况 | |
| 旋转式 | 外挂墙板适用于整间板和竖条板，适合板宽不大于板高的情况 | |
| 固定式 | 外挂墙板适用于横条板和装饰板 | |

预制混凝土外挂墙板的运动模式可按照表 10-21 进行选择，但同时还需考虑建筑使用功能的需求。本项目为公寓，考虑防水、隔声、防烟等问题选用平移式预制混凝土外挂墙板。

平移式预制混凝土外挂墙板与主体结构钢梁连接分为承重节点和非承重节点。上节点为非承重节点，其连接构造如图 10-67 所示，该构造实现了预制混凝土外挂墙板上部节点与主体结构之间能够发生相对位移的效果。通过槽钢与角钢实现了预制混凝土外挂墙板与主体钢梁有效的连接，避免了在主体钢梁翼缘上开洞，削弱钢梁的承载能力。下节点为承重节点，连接构造如图 10-68 所示。该构造实现了预制混凝土外挂墙板与钢梁的铰接，节点具有承重功能的同时能够保持与主体结构一致的变形，墙板下端和楼板之间缝隙后期可采用水泥砂浆填实，上下户之间的防水、隔声、防烟问题可有效解决。

图 10-67　上节点连接构造　　　　图 10-68　下节点连接构造

结构南立面 GRC 外墙采用工业化薄膜太阳能光伏表皮（图 10-69），具体尺寸如图 10-70 所示，独特的立面形成了高效的遮阳体系，利用夏季太阳高度角较高的特点，将夏季大部分阳光反射出去，同时利用冬季太阳高度角较低的原理将大部分阳光引入室内。整栋建筑太阳能板面积约为 1000m²，能有效减少每栋公寓的能源消耗。

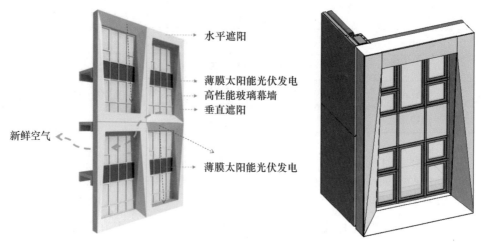

图 10-69　太阳能光伏发电一体化设计

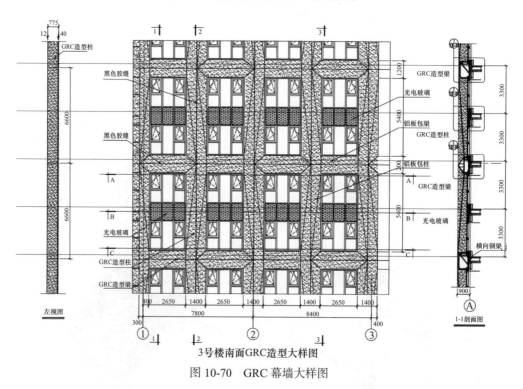

图 10-70　GRC 幕墙大样图

### 10.3.5　内装设计

依据住区总体设计原则，采用装配式装修建造体系（CSI体系），从而达到百年住宅建造要求。墙面、顶面、地面装饰面与主体结构分离，实现可变、可更换；管线系统与主体结构分离实现管线技术可持续改造及围护。内装 CSI 体系如图 10-71 所示。

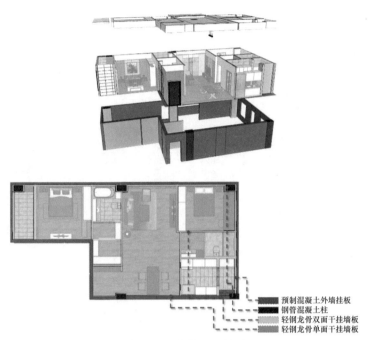

预制混凝土外墙挂板
钢管混凝土柱
轻钢龙骨双面干挂墙板
轻钢龙骨单面干挂墙板

图 10-71　内装 CSI 体系

（1）架空地板

采用架空地板，可以根据需要不时地改变电缆和导线布置系统，减少综合布线的建筑结构预埋线管。地脚支撑定制模块，架空层内布置水暖电管，地脚螺栓调平，对 0～50mm 楼面偏差有较强适应性。架空地板布置如图 10-72 所示。

图 10-72　架空地板布置图（一）

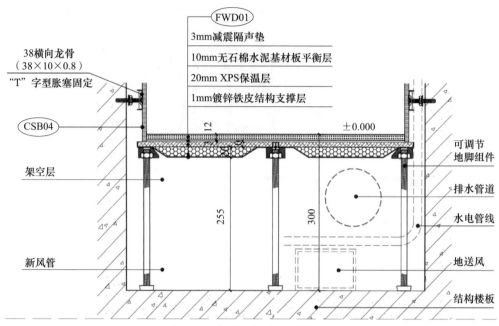

图 10-72　架空地板布置图（二）

（2）装配式吊顶

集成吊顶布置如图 10-73 所示，采用成品石膏板吊顶（图 10-74），具有良好的装饰效果和较好的吸音性能。

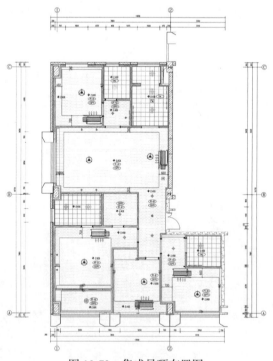

图 10-73　集成吊顶布置图

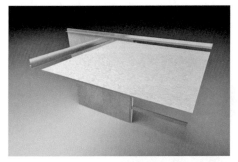

图 10-74　集成石膏板吊顶成品示意图

（3）轻质快装集成墙体

内隔墙采用 90mm 厚轻质硅酸钙复合保温墙板，分户墙采用 200mm 厚硅酸钙复合保温墙板，满足隔音、保温性能要求，同时空腔可集成管线，易于更换维修，如图 10-75 所示。

图 10-75　轻质隔墙

（4）集成式卫生间

卫生间采用集成式卫生间（图 10-76），薄法同层排水系统，卫生间降板高度仅为 150mm，采用整体防水底盘，薄法同层侧排地漏，在架空地面下，布置排水管，与其他房间无高差。

图 10-76　集成式卫生间

（5）集成式厨房

厨房采用集成式厨房模块（图 10-77），标准化的橱柜系统，实现操作、储藏等不同功能的统一协作，使其达到功能的完备与空间的美观。

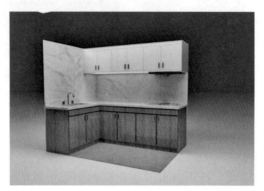

图 10-77　集成厨房

### 10.3.6　BIM 技术应用

项目依托 BIM 技术作为"设计—建造—交付"EPC 项目全过程管理的工具，致力于提升设计管理能力，控制建设全过程成本，数字化交付建设成果。为了保证项目工期，提升项目质量，本工程将在设计阶段，施工阶段进行 BIM 建模及 BIM 技术应用，完成土建、钢结构、机电、幕墙等专业建模及模型整合，对施工过程中的深化设计、施工进度、资源管理等各类信息进行补充，最终形成竣工 BIM 模型。

1. BIM 在设计阶段的应用

在设计阶段，通过确定建筑的外立面方案及装饰材料，结合立面方案和墙板组合设计方案，实现需要的立面效果，并反映在 BIM 技术的立面效果图上。在预制的墙板构件上考虑电气专业的强、弱电箱、预埋管线和开关点位的技术方案。同时，装修设计也需要提供详细的设施布置图。在 BIM 技术的数据模型中进行碰撞检查，从而确定布置方案的可行性。根据 BIM 技术数据模型中提供的经济性信息，初步评估并分析建造成本对技术方案的影响，并确定最终的技术路线。本项目依托 BIM 平台在设计阶段进行如表 10-22 所示的技术路线。以下简要介绍节点模拟及管线综合的情况。

设计阶段 BIM 工作内容及交付成果　　　　　　　　　　　　表 10-22

| BIM 工作内容 | BIM 交付成果 |
| --- | --- |
| 设计模型搭建 | BIM 模型 |
| 建筑性能分析 | 性能分析报告 |
| 碰撞检测 | 碰撞问题报告 |

| BIM 工作内容 | BIM 交付成果 |
| --- | --- |
| 设计优化 | 优化报告 |
| 工程量统计 | 设计工程量清单 |
| 预制装配率计算 | 预制装配率计算书 |
| 预制构件深化建模 | 预制件碰撞检测报告 |
| 虚拟漫游 | VR 漫游 |
| 多媒体展示 | 动画视频 |

（1）节点模拟

首先，将所有的方钢管混凝土柱，型钢梁、装饰材料，节点连接、螺栓焊缝等信息都通过三维实体建模进入整体模型，该 BIM 三维实体模型与以后实际建造的建筑完全一致。通过建立实体模型，可以在模型中任意进行旋转和查看材料属性，并可以任意剖面，软件可以自动碰撞校核检查，解决了结构与结构，结构与其他专业碰撞问题。结构关键部位节点如图 10-78～图 10-81 所示。

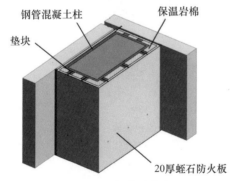

图 10-78　柱与外墙节点

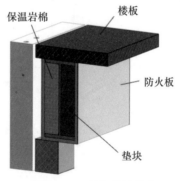

图 10-79　板与外墙节点

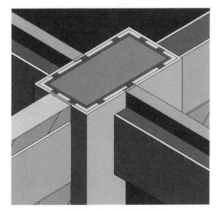

图 10-80　梁柱节点

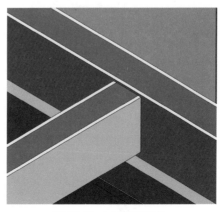

图 10-81　主次梁节点

（2）管线综合

项目采用集成化核心筒，将本栋所有竖向管线系统（水、电、通风、新风等）全部集成于核心筒周围，套内仅设横向管线。在建筑结构模型基础上输入电气、给水排水、暖通等专业机电管线模型（图 10-82～图 10-84），根据各专业要求及净高控制条件对管线进行合理的布局和优化，对管线综合调整的过程中会不断地更新机电管线模型，使得各专业管线排布更加合理。对模型进行碰撞检查，对碰撞位置的管线重新进行排布，降低设计疏漏，减少现场的重复拆装、返工和浪费，提高建造效率，有利于缩短工期。

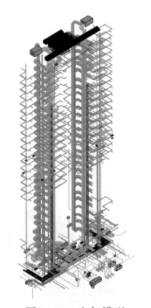 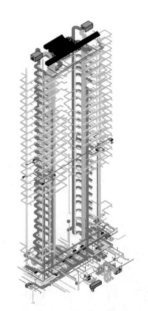

图 10-82　电气模型　　　　图 10-83　给水排水、暖通模型

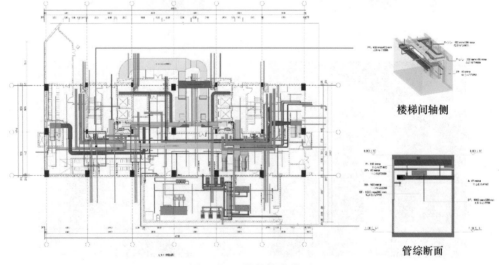

楼梯间轴侧

管综断面

图 10-84　管线综合模型

2. BIM 在施工阶段的应用

本项目采用设计 - 采购 - 施工总承包管理模式,将工程建设的全过程联结为完整的一体化的产业链,形成设计、生产、施工和管理一体化,使资源优化、整体效益最大化。信息管理手段的核心是实现工程管理信息化。本项目建立了基于网络的信息管理平台,对施工进度进行模拟,同时与现场的实际进度进行比较,针对进度滞后的施工段,通过增加人工、设备等方法,保证工期目标的实现。施工阶段 BIM 工作内容及交付成果如表 10-23 所示。

施工阶段 BIM 工作内容及交付成果 表 10-23

| 阶段 | BIM 工作内容 | BIM 交付成果 |
| --- | --- | --- |
| 施工准备 | 施工场地优化 | 施工场地布置模型 |
| 施工阶段 | BIM 工程交底 | 工程交底记录 |
| | 施工深(优)化设计 | 深(优)化设计模型 |
| | 施工方案模拟 | 施工方案模拟动画 |
| | 施工节点资源库搭建 | 节点资源库 |
| | BIM 协调会议 | BIM 协调会议纪要 |
| | 工程进度模拟 | 进度模拟动画 |
| | 工程造价控制 | 工程造价模型 |
| 竣工阶段 | 竣工模型 | 竣工交付模型 |

施工前应用 BIM 技术进行场地综合平面布置,建筑三维模型结合施工现场模型,立体展现施工现场布置情况,合理进行施工平面布置和施工交通组织。通过优化布局,合理分配空间,将办公区和生活区合理分割。

BIM 模型导出的物料文件需包含每个构件的详细物料信息,并且统计单位和采购单位一致,与 ERP 系统对接,用于项目物料管理。物料文件包含:项目名称、合同编号、楼栋号、楼层号、构件物料编码、名称、轮廓尺寸、重量等基本信息,用于包装和运输环节。通过 BIM 技术追踪每一块预制构件的编码信息,明确实时的生产、装车、运输信息,构件装配过程中共享产品的设计、生产、运输信息,实现信息化的装配过程。

3. 基于 BIM 的成本精细化管理

建立 BIM 模型将施工中所需的数据进行收集、采纳、存储,再关联时间维度(4D)形成 BIM 4D 进度管理模型,配合相关的 BIM 软件对项目进行进度施工模拟,合理制定施工计划、精确掌握施工进程,优化使用施工资源以及科学地进行场地布置,对整个工程的施工进度、资源和质量进行统一管理和控制,准确计算出每个工序、每个工区、每个时间节点段的工程量。按照企业定额进行分析,及时计算出各个阶段每个构件的中标单价和施工成本的对应关系，实现项目成本的精细化管理。同时根据施工进度进行及时统计分析，实现成本的动态管理。

## 10.3.7　现场施工图片

图 10-85～图 10-90 给出了项目的现场施工照片。

图 10-85　主体结构

图 10-86　预制混凝土外挂墙板

图 10-87　钢梁与方钢管混凝土柱连接节点

图 10-88　主次梁连接节点

图 10-89　钢梁与混凝土核心筒连接节点

图 10-90　钢筋桁架楼承板

## 10.3.8　工程总结与思考

南京江北人才公寓项目 3 号楼为百年居住建筑，采用长寿命主体结构和外墙体系、大空间技术、"SI"建造体系，达到百年住宅技术要求。主体结构采用钢框架—混凝土核心筒结构。核心筒剪力墙为现场浇筑，框架柱为方钢管混凝土柱，楼板、阳台采用钢筋桁架楼承板，框架梁为工字形钢梁，外围护构件采用 GRC 幕墙和预制混凝土外挂墙板，内围护构件采用分户墙、楼电梯间墙采用陶粒混凝土墙板，其他内墙采用轻钢龙骨轻质填充墙。

项目综合运用了工业化建造技术、绿色健康技术、科技智慧技术、可变建造技术、建筑太阳能光伏发电一体化技术等。建筑方案通过平面标准化、户型标准化、立面标准化等设计手法，最大限度地提高效率降低成本，充分发挥工业化建造建筑的优势，结构设计从全生命周期出发，在结构布置考虑适应使用年限内功能的变化，同时用材方面考虑绿色低碳，并保证结构安全性能和主体耐久性。

# 10.4　江北新区图书馆

## 10.4.1　工程概况

江北新区图书馆位于顶山街道石佛大道以西、万寿路以北，效果图见图 10-91。图 10-92～图 10-94 给出了建筑平面图。该项目占地面积 48 亩，总建筑面积 77403m²，其中地上 42380m²，地下 35023m²。地面以上共 8 层，结构高度 40m，层高均为5m，首层主要用作商业和多功能大厅，二层为儿童活动和自习区，三层及以上为图书阅览、陈列展览和办公会议；地下共 2 层，−1 层层高 7.2m，主要用作商业餐饮和设备用房，−2 层层高 4.2m，用作车库和战时人防。地面以上楼面长 130.7m，宽 85.0m；地下室长约 142m，宽 126m。

（a）效果图 1

（b）效果图 2

图 10-91　效果图

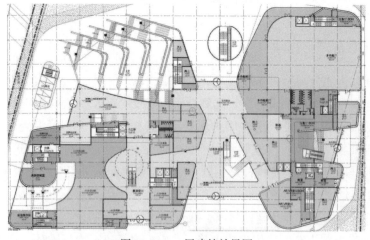

图 10-92　一层建筑效果图

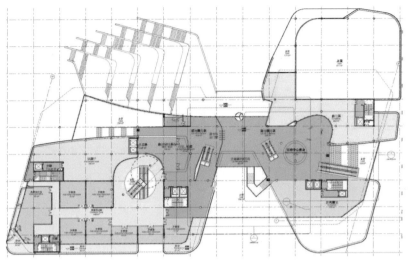

图 10-93　二层建筑平面图

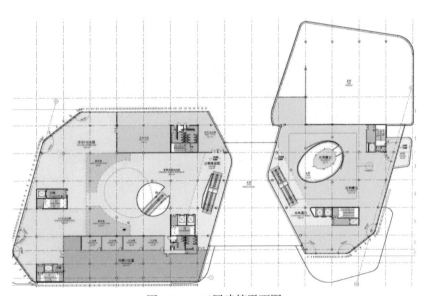

图 10-94　三层建筑平面图

建筑功能主要分为五大部分：阅览区、媒体区、儿童区、办公设备区和信息储藏区，见图 10-95。五大部分功能组合为一个整体：两个功能体量位于二层以上，分别包含阅览区、办公设备区和媒体区，形成开放中不失私密的主体功能空间；中间的中庭空间作为城市路径，设置连桥联系两侧空间，创造精彩的公共活动场所；一层（部分地下一层）基座和二层主要是公共服务区，成为友好的入口场所；闭架书库设置于公园一侧地下一层内，保持独立性，不影响主要公共空间，同时与上层阅览空间形成紧密的流线联系；在室内空间和建筑整体造型中引入突出的形式元素。地下一层设置信息储藏区、数据库网络中心和部分设备用房，同时保持面向中庭的文化商业界面；地下二层以停车库和后勤用房为主，见图 10-96。

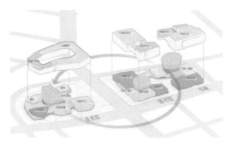

图 10-95　多元功能的互补

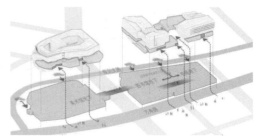

图 10-96　图书馆的交通组织

### 10.4.2　主体结构设计

上部主体结构采用钢框架结构，一般柱网尺寸为 9m×9m。钢框架柱采用钢管柱及钢管混凝土柱，截面尺寸一般为 P800mm×30mm；框架梁采用 H 形钢梁，一般截面尺寸 HM588mm×300mm×12mm×20mm，结构三维模型见图 10-97，结构平面布置图见图 10-98 和图 10-99，整体指标见表 10-24～表 10-26。

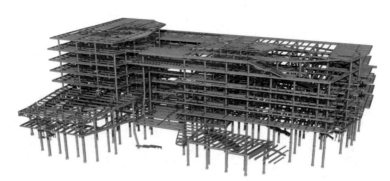

图 10-97　结构三维模型

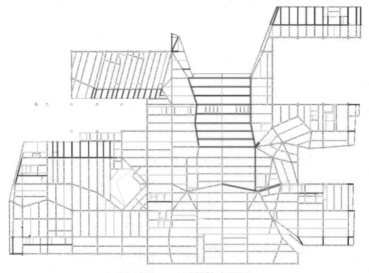

图 10-98　二层结构布置图

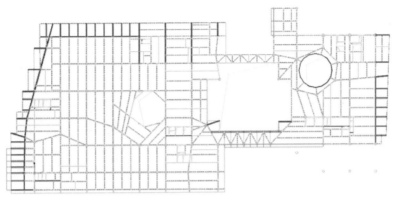

图 10-99　三层结构布置图

结构位移主要计算结果　　　　　　　　　　　　　　　　表 10-24

| 项目 | | x 向风荷载 | y 向风荷载 | x 向地震 | y 向地震 |
|---|---|---|---|---|---|
| 结构顶点最大位移（mm） | SATWE | 8.83 | 12.13 | 34.50 | 32.45 |
| | MIDAS | 8.95 | 12.66 | 33.47 | 31.69 |
| 最大层间位移角 | SATWE | 1/2926 | 1/1747 | 1/663 | 1/743 |
| | MIDAS | 1/2773 | 1/1672 | 1/698 | 1/762 |
| 偶然偏心地震下最大水平位移比 | SATWE | — | — | 1.36 | 1.43 |
| | MIDAS | — | — | 1.41 | 1.46 |

SATWE 整体抗倾覆验算结果　　　　　　　　　　　　　表 10-25

| 工况 | 抗倾覆力矩 $M_r$（kN·m） | 倾覆力矩 $M_{ov}$（kN·m） | 比值 $M_r/M_{ov}$ | 零应力区（%） |
|---|---|---|---|---|
| WX | 34089668 | 80230 | 424.90 | 0 |
| WY | 19565928 | 134203 | 145.79 | 0 |
| EX | 35316256 | 304632 | 115.93 | 0 |
| EY | 20222388 | 329022 | 61.46 | 0 |

结构整体用钢量如表 10-26 所示。

结构整体用钢量　　　　　　　　　　　　　　　　　　表 10-26

| 构件类型 | 总重约（t） | 所占比例 |
|---|---|---|
| 圆管柱 | 4800 | 41.30% |
| 轧制钢梁 | 4200 | 36.12% |
| 箱型梁 | 1200 | 8.45% |
| 焊接 H 形钢梁 | 942 | 7.37% |

| 构件类型 | 总重约（t） | 所占比例 |
|---|---|---|
| 变截面梁 | 840 | 6.60% |
| 埋件 | 18 | 0.16% |
| 总计 | 12000 | 100% |

### 10.4.3　装配式设计

本项目采用钢管柱和 H 形钢梁，楼板均采用免模的钢筋桁架楼承板，板厚为 110mm、120mm、150mm，见图 10-100；内隔墙除卫生间及电梯间外，均采用铝蜂窝复合隔墙板，外立面使用玻璃幕墙。图 10-101 给出了一层结构梁、柱布置图。

图 10-100　钢筋桁架楼承板

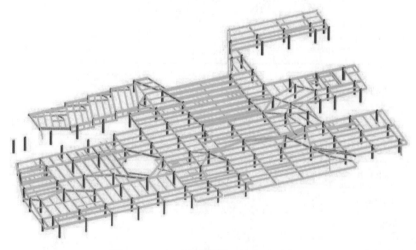

图 10-101　一层结构梁、柱布置示意图

项目预制装配率达到 79.18%，表 10-27 给出了该项目装配式技术配置情况。由于该项目楼板采用免支模，楼梯采用钢楼梯，因此 $Z_1$ 可取值 100%。表 10-28 给出了该项目的预制装配率具体计算。

技术配置情况 表 10-27

| 系统分类 | | 预制构件类型及技术配置 |
|---|---|---|
| 主体结构 | 竖向构件 | 型钢柱、钢管混凝土柱 |
| | 水平构件 | 型钢梁 |
| | | 钢筋桁架楼承板 |
| 外围护和内隔墙 | 外围护构件 | 玻璃幕墙＋石材幕墙 |
| | 内隔墙构件 | 铝蜂窝复合隔墙板、混凝土空心砌块 |
| 装修和设备管线 | | 全装修 |
| | | 楼地面干式铺装 |

预制装配率计算 表 10-28

| 结构体系 | | 装配式钢结构 | | | | |
|---|---|---|---|---|---|---|
| 技术配置项 | | 项目实施情况 | 预制装配率计算使用量 | 对应部分总用量 | 权重 | 比值 |
| 主体结构 $Z_1$ | 柱（m³ 或 m） | √ | — | — | 0.4 | 40.00% |
| | 水平梁类构件（m² 或 m） | √ | — | — | | |
| | 水平板类构件（m²） | √ | — | — | | |
| | $Z_1$ | | 100.00% | | | |
| 外围护和内隔墙 $Z_2$ | 外围护构件（m²） | √ | 2590.15 | 31012.88 | 0.30 | 27.49% |
| | 内隔墙构件（m²） | √ | 25832.58 | | | |
| | $Z_2$ | | 91.65% | | | |
| 工业化内装部品 $Z_3$ | 全装修 | √ | — | 1.00 | 0.30 | 11.69% |
| | 卫生间、厨房（m² 或应用比例） | | 0.00 | 698.09 | | |
| | 干式工法楼地面（m² 或应用比例） | √ | 5596.23 | 42380.00 | | |
| | 管线分离（m² 或应用比例） | | — | 0.00 | | |
| | $Z_3$ | | 38.96% | | | |
| 预制装配率 $Z$ | | | | | 79.18% | |

注：计算根据《江苏省装配式建筑综合评定标准》DB32/T 3753。

### 10.4.4　围护结构设计

江北图书馆外围护结构为非单元式玻璃幕墙，见图 10-102；内隔墙采用铝蜂窝复合隔墙板，卫生间和电梯井采用混凝土空心砌块，见图 10-103，铝蜂窝复合隔墙板符合国家能源节约、环境保护以及新型墙体材料和制品的发展方向。

图 10-102　幕墙龙骨安装

图 10-103　铝蜂窝复合隔墙板

### 10.4.5　内装设计

（1）装配式管线支吊架

装配式管线支吊架采用标准化设计，安装简易、安全环保，同时也节约能源。本工程装配式管线支吊架见图 10-104 和图 10-105。

图 10-104　装配式管线吊架

图 10-105　装配式管线支架

（2）装配式机房

装配式机房技术在制冷机房、水泵房、空调机房、风机房等重点机房的应用，对提高机房施工质量、生产效率，保证机房施工进度具有重要意义。本工程装配式机房设计及布置如图 10-106 所示。

图 10-106　装配式机房

## 10.4.6　相关构件及节点施工现场图片

焊接节点主要用于钢柱、箱梁的连接，如图 10-107 所示；栓接节点主要用于 BH 主梁与次梁连接节点，如图 10-108 所示；栓焊节点主要用于 BH 框架梁与 BH 牛腿连接节点，如图 10-109 所示。图 10-110 给出了该工程施工现场图片。

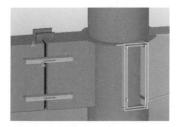

图 10-107　焊接节点

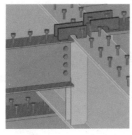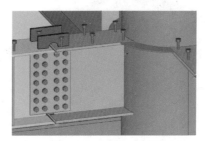

图 10-108　栓接节点　　　　　图 10-109　栓焊节点

图 10-110　施工现场

### 10.4.7 BIM 建造技术

装配式建筑 BIM 技术应用始于建筑设计阶段，设计阶段 BIM 技术应用的水平及深度会直接影响到装配式项目的建造质量、建造效率以及建造成本，提高设计阶段 BIM 技术的应用水平对于提高整个项目的综合效益具有重要意义。通过 BIM 三维可视化设计，保证各种预埋件、管线、插座和孔洞位置的准确。在建筑设计时实现预制装配可视化、三维设计可视化、管线综合、碰撞检查，并实现计算机模拟施工，指导现场精细化施工，提高了装配式建筑的建造质量和效率。图 10-111 给出了江北图书馆 BIM 模型整体效果图。

本项目机电设计涵盖了给水、污水、雨水、消火栓、自动灭火、防排烟、空调、新风、照明、电力、火灾自动报警、信息设施、综合布线、视频监控等各项子系统。其中，室内消火栓系统和自动喷水灭火系统覆盖全项目，雨水、污水系统分离设置。空调水系统为两管制，管道异程布置；报告厅、门厅以及阅览区采用全空气系统，商铺和小空间采用风机盘管加新风系统，采编工作区采用变频多联机系统。照明运用了智能控制技术，火灾自动报警采用集中型系统，信息化各子系统依托于集成设施系统。

项目管线错综复杂，星罗棋布，为此运用 BIM 技术对各系统进行了深度设计，综合排布相关管线，统筹协调，提前发现了部分潜在冲突节点。通过对风管、水管、桥架等管线布置方案的进一步优化，有效提升了局部区域净高，节省了相关管材，为安装施工提供了切实可行的实施方案，如图 10-112～图 10-114 所示。

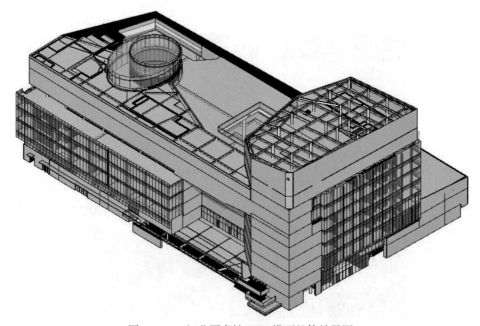

图 10-111　江北图书馆 BIM 模型整体效果图

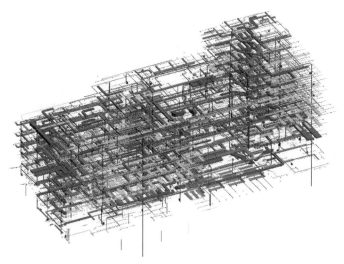

图 10-112　BIM 模型设备管线图

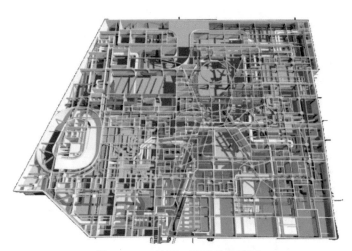

图 10-113　地下一层设备管线图

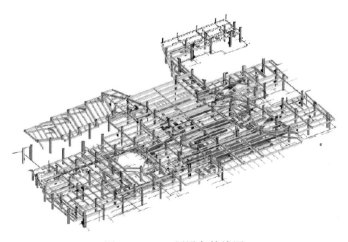

图 10-114　一层设备管线图

### 10.4.8 工程总结与思考

南京江北图书馆主体属于复杂超限高层建筑，东西两单体由中间薄弱走廊连接，结构内存在大跨桁架（梁柱）转换、大悬挑、斜柱、穿层柱等复杂情况，设计中有针对性地对结构进行弹性、弹塑性时程分析及楼板应力分析、施工模拟分析、节点分析，确保了结构安全。同时该工程运用 BIM 技术，通过三维设计、管线综合以及碰撞检查等，实现计算机模拟现场施工，有效避免了后期各专业图纸不一致带来的工期及经济损失。该项目的实施，在推动装配式钢结构建筑与建筑产业现代化方面具有一定的积极意义。

# 10.5 某电站生活舱单元模块式集成房屋

### 10.5.1 工程概况

某公司需为散布于各地的光伏电站配置生活舱，电站现场基本没有房屋建造条件，因此要求生活舱在现场搭建的工作量降到最低。经多方论证，决定采用钢结构单元模块式集成建筑。按各电站规模的不同，需要如表 10-29 所示三种规格的生活舱。

生活舱规格一览表      表 10-29

| 序号 | 名称 | 规格 |
| --- | --- | --- |
| 1 | 三标间生活舱 | 长 × 宽 × 高 = 14.7m×10.8m×3.1m，轴线尺寸 |
| 2 | 五标间生活舱 | 长 × 宽 × 高 = 18.0m×14.7m×3.1m，轴线尺寸 |
| 3 | 七标间生活舱 | 长 × 宽 × 高 = 25.2m×14.7m×3.1m，轴线尺寸 |

因电站散布于全国各地，为满足单元的标准化要求，统一采用如下环境条件参数进行设计，如表 10-30 所示。

环境条件参数一览表      表 10-30

| 序号 | 名称 | | 单位 | 采用值 |
| --- | --- | --- | --- | --- |
| 1 | 环境温度 | 最高日温度 | ℃ | ＋55 |
| | | 最低日温度 | | −40 |
| | | 最大日温差 | k | 25 |
| 2 | 月平均最高相对湿度，20℃以下（％） | 日相对湿度平均值 | ％ | ≤ 95 |
| | | 月相对湿度平均值 | | ≤ 90 |

| 序号 | 名称 | 单位 | 采用值 |
|---|---|---|---|
| 3 | 海拔高度 | m | ≤3000 |
| 4 | 太阳辐射强度（晴天中午） | W/m² | ≤1100 |
| 5 | 最大覆冰厚度 | mm | ≤10 |
| 6 | 离地面高 10m 处，维持 10min 的平均最大风速（m/s） | m/s | ≤40 |
| 7 | 耐受地震能力（对应水平加速度，安全系数不小于 1.67） | m/s² | 0.3 |
| 8 | 火灾危险性类别 | | 戊类 |
| 9 | 耐火等级 | | 二级 |
| 10 | 大气压力 | kPa | 88～106 |
| 11 | 使用寿命 | 年 | 25 |

本工程设计执行的标准见表 10-31。

**工程设计执行的标准**　　　　　　　　　　表 10-31

| 序号 | 名称 | 代号 |
|---|---|---|
| 1 | 集装箱—RFID 货运标签系统 | ISO 18186—2011 |
| 2 | 货运挂车系列型谱 | GB 6420—2004 |
| 3 | 外壳防护等级（IP 代码）<br>系列 1 集装箱 分类、尺寸和额定重量<br>公路工程技术标准<br>建筑结构荷载规范<br>建筑抗震设计规范<br>建筑设计防火规范<br>建筑照明设计标准<br>消防应急照明和疏散指示系统规范 | GB 4208—2008<br>GB 1413—2008<br>JTG B01—2014<br>GB 50009—2012<br>GB 50011—2010<br>GB 50016—2014<br>GB 50034—2013<br>GB 17945—2010 |
| 4 | 工业建筑防腐蚀设计规范<br>构筑物抗震设计规范<br>钢结构设计标准<br>建筑地基基础设计规范<br>钢结构工程施工质量验收标准<br>涂覆涂料前钢材表面处理 表面清洁度的目视评定 第 1 部分：未涂覆过的钢材表面和全面清除原有涂层后的钢材表面的锈蚀等级和处理等级 | GB 50046—2018<br>GB 50191—2012<br>GB 50017—2017<br>GB 50007—2011<br>GB 50205—2020<br>GB/T 8923.1—2011 |
| 5 | 变电站建筑结构设计技术规程 | DL/T 5457—2012 |
| 6 | 热力设备检验机构基本能力要求 | DL/T 965—2005 |
| 7 | 标准配送式智能变电站建设技术导则（征求意见稿） | |
| 8 | 民用建筑工程室内环境污染控制标准 | GB 50352—2020 |

| 序号 | 名称 | 代号 |
|---|---|---|
| 9 | 住宅建筑规范 | GB 50368—2005 |
| 10 | 住宅设计规范 | GB 50096—2011 |
| 11 | 办公建筑设计规范 | JGJ 67—2019 |
| 12 | 建筑给水排水设计标准 | GB 50015—2019 |
| 13 | 建筑给水排水及采暖工程施工质量验收规范 | GB 50242—2002 |
| 14 | 建筑灭火器配置设计规范 | GB 50140—2005 |
| 15 | 建设工程施工现场消防安全技术规范 | GB 50720—2011 |
| 16 | 电力设备典型消防规程 | DL 5027—2015 |
| 17 | 民用建筑供暖通风与空气调节设计规范 | GB 50736—2012 |
| 18 | 民用建筑供暖通风与空气调节设计规范 | GB 50736—2012 |
| 19 | 光伏发电站设计规范 | GB 50797—2012 |

### 10.5.2　建筑设计

建筑效果图如图 10-115 所示，三标间生活舱平面取 3.68m 宽为模数，单层共分为 6 个模块，如图 10-116 所示。每个模块外包尺寸均为宽 3.680m、长分别为7.940m 和 7.880m。三标间生活仓首层建筑平面如图 10-117 所示，三标间生活仓立面如图 10-118 所示。

（a）三标间生活舱

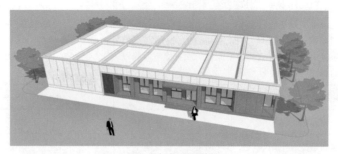

（b）七标间生活舱

图 10-115　建筑效果图

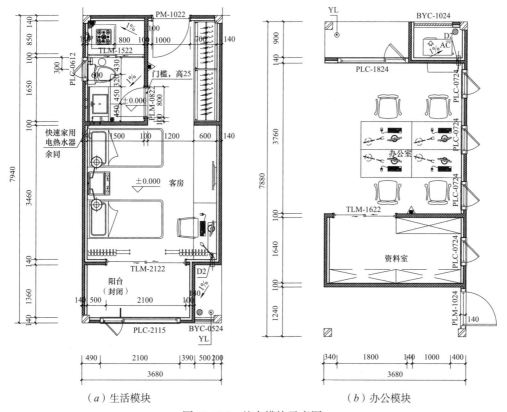

（a）生活模块 （b）办公模块

图 10-116 基本模块示意图

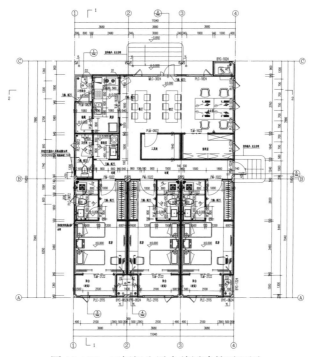

图 10-117 三标间生活仓首层建筑平面图

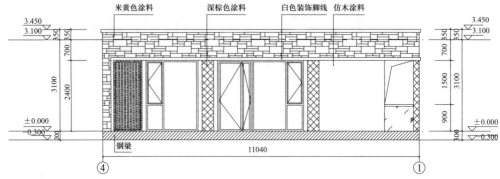

图 10-118　三标间生活仓建筑立面图

　　模块内、外装修都在工厂内完成，仅模块连接处在工地安装。模块建筑典型连接如图 10-119 所示。

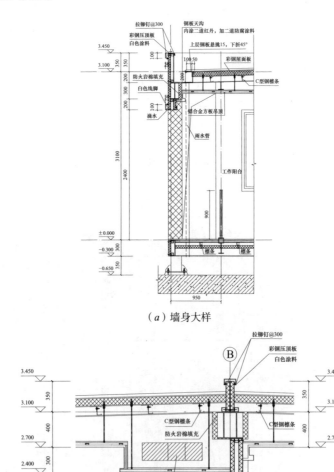

（a）墙身大样

（b）屋脊大样

图 10-119　模块建筑典型连接示意图

项目预制装配率超过 90%，表 10-32 给出了装配式建筑技术应用情况。

装配式建筑技术应用情况 表 10-32

| 系统分类 | | 技术应用 |
|---|---|---|
| 主体结构 | 竖向构件 | 钢管柱 |
| | 水平构件 | 钢梁 |
| | | 型钢龙骨＋钢板 |
| 围护构件 | 内、外隔墙 | 聚酯夹芯板墙 |
| 装修和设备管线 | | 全装修 |
| 内装 | | 集成式卫生间 |
| | | 集成式厨房 |
| | | 楼地面干式铺装 |
| | | 管线分离 |

## 10.5.3 结构设计

结构主体采用钢框架结构；基础为独立基础。柱采用矩形钢管柱，钢梁采用国标 H 形钢，梁柱之间采用全焊接刚性连接。单元之间采用对穿长螺栓连接。结构三维模型采用 ETABS 建立，如图 10-120 所示，具体结构构件尺寸如表 10-33 所示，结构计算指标如表 10-34、表 10-35 所示。

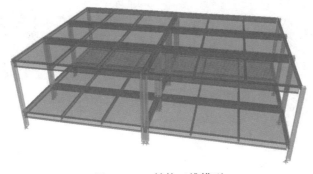

图 10-120 结构三维模型

结构构件尺寸 表 10-33

| 构件 | 截面尺寸（mm） | 材质 |
|---|---|---|
| 钢梁 1 | H200×100×5.5×8 | Q235B |
| 钢梁 2 | H350×150×7×11 | Q345B |
| 矩形钢管柱 | □200×200×8 | Q345B |

| 结构周期及振型质量参与系数 | | | | 表 10-34 |
|---|---|---|---|---|
| 振型 | 周期（$S$） | $U_x$ | $U_y$ | $R_z$ |
| 1 | 0.43 | 60.5783 | 0.0000 | 0.0005 |
| 2 | 0.39 | 0.0000 | 62.8996 | 0.0000 |
| 3 | 0.34 | 0.0006 | 0.0000 | 58.3841 |

| 层间位移角 | | | 表 10-35 |
|---|---|---|---|
| | $x$ 向 | $y$ 向 | 规范限值 |
| 风荷载作用下的弹性位移角 | 1/2817 | 1/3436 | $\leqslant 1/400$ |
| 地震作用下的弹性位移 | 1/387 | 1/498 | $\leqslant 1/300$ |

## 10.5.4　现场施工照片

结构现场制作及施工图片如图 10-121 所示。

图 10-121　结构现场制作及施工图

### 10.5.5　工程总结与思考

与其他钢结构建筑相比，单元模块集成式钢结构房屋在设计时需要切分出单元模块，在工厂完成单元模块的建造，包括主体结构和大部分内外装修，然后按单元整体运输到建造现场。在现场仅进行单元模块之间的拼装和内外围护的接缝工作，因此这种类型的预制装配率可以达到很高的水平，在适合的范围内将得到有很大的发展。

# 10.6　本 章 小 结

本章选取了 5 个装配式钢结构的典型案例，建筑类型涵盖图书馆、学校、住宅、公寓等，结构体系包括装配式钢框架—混凝土剪力墙组合结构、装配式钢框架结构、装配式钢框架—支撑结构及钢结构单元模块式结构。重点介绍了建筑设计、结构设计，内外围护结构设计，内装设计等相关内容，案例的最后给出了相关的工程总结与思考，供广大设计师参考和借鉴。